KB214453

올림포스
유형편

수학(상)

| 교재 내용 문의 | 교재 및 강의 내용 문의는 EBS*i* 사이트 (www.ebsi.co.kr)의 학습 Q&A 서비스를 이용하시기 바랍니다. | 교재 정오표 공지 | 발행 이후 발견된 정오 사항을 EBS*i* 사이트 정오표 코너에서 알려 드립니다. 교재 ▶ 교재 자료실 ▶ 교재 정오표 | 교재 정정 신청 | 공지된 정오 내용 외에 발견된 정오 사항이 있다면 EBS*i* 사이트를 통해 알려 주세요. 교재 ▶ 교재 정정 신청 |

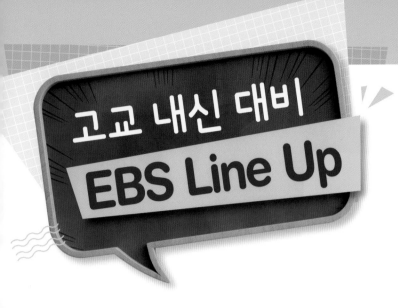

고교 내신 대비 EBS Line Up

고등학교 0학년 필수 교재
고등예비과정

국어, 영어, 수학, 한국사, 사회, 과학 6책

모든 교과서를 한 권으로,
교육과정 필수 내용을 빠르고 쉽게!

국어 · 영어 · 수학 내신 + 수능 기본서
올림포스

국어, 영어, 수학 16책

내신과 수능의 기초를 다지는 기본서
학교 수업과 보충 수업용 선택 No.1

국어 · 영어 · 수학 개념+기출 기본서
올림포스
전국연합학력평가
기출문제집

국어, 영어, 수학 10책

개념과 기출을 동시에 잡는 신개념 기본서
최신 학력평가 기출문제 완벽 분석

한국사 · 사회 · 과학 개념 학습 기본서
개념완성

한국사, 사회, 과학 19책

한 권으로 완성하는 한국사, 탐구영역의 개념
부가 자료와 수행평가 학습자료 제공

수준에 따라 선택하는 영어 특화 기본서
영어 POWER 시리즈

Grammar POWER 3책
Reading POWER 4책
Listening POWER 2책
Voca POWER 2책

원리로 익히는 국어 특화 기본서
국어 독해의 원리

현대시, 현대 소설, 고전 시가, 고전 산문,
독서 5책

국어 문법의 원리

수능 국어 문법, 수능 국어 문법 180제 2책

유형별 문항 연습부터 고난도 문항까지
올림포스 유형편

수학(상), 수학(하), 수학 I, 수학 II,
확률과 통계, 미적분 6책

올림포스 고난도

수학(상), 수학(하), 수학 I, 수학 II,
확률과 통계, 미적분 6책

최다 문항 수록 수학 특화 기본서
수학의 왕도

수학(상), 수학(하), 수학 I, 수학 II,
확률과 통계, 미적분 6책

개념의 시각화 + 세분화된 문항 수록
기초에서 고난도 문항까지 계단식 학습

단기간에 끝내는 내신
단기 특강

국어, 영어, 수학 8책

얇지만 확실하게, 빠르지만 강하게!
내신을 완성시키는 문항 연습

올림포스
유형편

수학(상)

구성과 특징

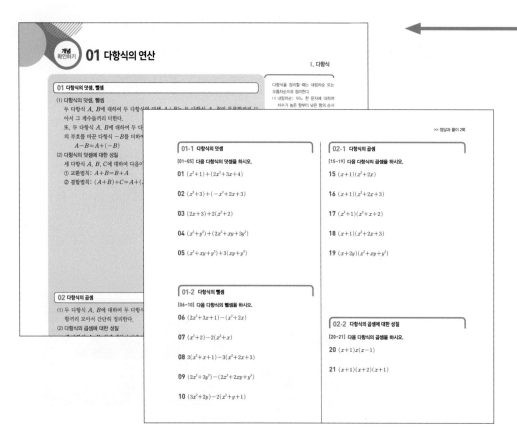

개념 확인하기

핵심 개념 정리

교과서의 내용을 철저히 분석하여 핵심 개념만을 꼼꼼하게 정리하고, **설명**, **참고**, **예** 등의 추가 자료를 제시하였습니다.

개념 확인 문제

학습한 내용을 바로 적용하여 풀 수 있는 기본적인 문제를 제시하여 핵심 개념을 제대로 파악했는지 확인할 수 있도록 구성하였습니다.

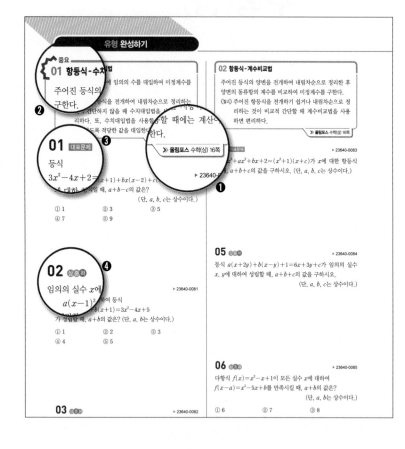

유형 완성하기

핵심 유형 정리

각 유형에 따른 핵심 개념 및 해결 전략을 제시하여 해당 유형을 완벽히 학습할 수 있도록 하였습니다.

❶ ▶ **올림포스 수학(상) 16쪽**

올림포스의 기본 유형 익히기 쪽수를 제시하였습니다.

❷ 중요

세분화된 유형 중 시험 출제율이 70% 이상인 유형으로 중요 유형은 반드시 익히도록 해야 합니다.

❸ 대표문제

각 유형에서 가장 자주 출제되는 문제를 대표문제로 선정하였습니다.

❹ 상 중 하

각 문제마다 상, 중, 하 3단계로 난이도를 표시하였습니다.

서술형 완성하기

01 서술형 ▶ 23640-0072

두 다항식 A, B에 대하여
$$A+B=2x^2-3xy+4y^2$$
$$2A-3B=-x^2-xy+3y^2$$
일 때, $X+B=2(A+B)$를 만족시키는 다항식 X를 구하시오.

02 ▶ 23640-0073

다항식
$$(x^2+x-1)\{(x^2+x)^2+x^2+x+1\}$$
을 전개하시오.

03 내신기출 ▶ 23640-0074

$x+y=3$, $xy=-1$일 때, 다음 식의 값을 구하시오.

$$(x+2y)(x^2-2xy+4y^2)-7y^3$$

04 ▶ 23640-0075

$x+y=3$, $xy=1$일 때, $(x^2+y+1)^3+(y^2+x+1)^3$의 값을 다음 단계로 구하시오.

(1) $x^2+y+1=P$, $y^2+x+1=Q$라 할 때, $P+Q$와 PQ의 값을 구하시오.

(2) (1)의 P, Q를 이용하여 $(x^2+y+1)^3+(y^2+x+1)^3$의 값을 구하시오.

05 ▶ 23640-0076

x에 대한 다항식 $P(x)$를 $(x-1)^2$으로 나누었을 때의 몫이 $Q(x)$, 나머지는 $x+5$이다. 다항식 $Q(x)$를 $x-1$로 나누었을 때의 몫이 x, 나머지가 2일 때, $P(x)$를 x에 대한 내림차순으로 정리하시오.

서술형 완성하기

시험에서 비중이 높아지는 서술형 문제를 제시하였습니다. 실제 시험과 유사한 형태의 서술형 문제로 시험을 더욱 완벽하게 대비할 수 있습니다.

▶ ≫ 올림포스 수학(상) 12쪽

올림포스의 서술형 연습장 쪽수를 제시하였습니다.

▶ 내신기출

학교시험에서 출제되고 있는 실제 시험문제를 엿볼 수 있습니다.

내신 + 수능 고난도 도전

01 ▶ 23640-0077

세 실수 a, b, c가 $a+b+c=5$, $a^2+b^2+c^2=9$를 만족시킨다. 다항식 $(1+ax)(1+bx)(1+cx)$의 전개식에서 x^2의 계수는?

① 5 ② 6 ③ 7 ④ 8 ⑤ 9

02 ▶ 23640-0078

네 실수 a, b, x, y에 대하여
$$a+b=1, ab=-1, x+y=3, xy=1$$
이 성립한다. $p=ax+by$, $q=bx+ay$일 때, $\dfrac{p^3+q^3}{pq(p+q)}$의 값은?

① $-\dfrac{21}{4}$ ② $-\dfrac{11}{2}$ ③ $-\dfrac{23}{4}$ ④ -6 ⑤ $-\dfrac{25}{4}$

03 ▶ 23640-0079

두 다항식 $P_1(x)$, $P_2(x)$와 $R(x)$가 다음 조건을 만족시킨다.

(가) 다항식 $3P_1(x)-P_2(x)$를 x^2+1로 나누었을 때의 나머지는 $R(x)$이다.
(나) 다항식 $P_2(x)$를 x^2+1로 나누었을 때의 나머지는 $R(x)$이다.
(다) 다항식 $P_1(x)$를 x^2+1로 나누었을 때의 나머지는 $2x+4$이다.

이때 $R(10)$의 값을 구하시오.

내신+수능 고난도 도전

수학적 사고력과 문제 해결 능력을 함양할 수 있는 난이도 높은 문제를 풀어 봄으로써 실전에 대비할 수 있습니다.

▶ ≫ 올림포스 수학(상) 13쪽

올림포스의 고난도 문항 쪽수를 제시하였습니다.

차례

수학(상)

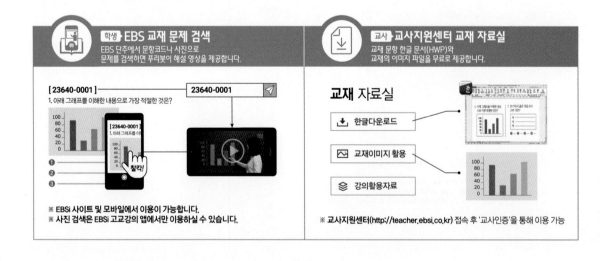

학생 EBS 교재 문제 검색
EBS 단추에서 문항코드나 사진으로
문제를 검색하면 푸리봇이 해설 영상을 제공합니다.

[23640-0001]
1. 아래 그래프를 이해한 내용으로 가장 적절한 것은?

23640-0001

찰칵!

※ EBSi 사이트 및 모바일에서 이용이 가능합니다.
※ 사진 검색은 EBSi 고교강의 앱에서만 이용하실 수 있습니다.

교사 교사지원센터 교재 자료실
교재 문항 한글 문서(HWP)와
교재의 이미지 파일을 무료로 제공합니다.

교재 자료실

⬇ 한글다운로드

🖼 교재이미지 활용

≋ 강의활용자료

※ 교사지원센터(http://teacher.ebsi.co.kr) 접속 후 '교사인증'을 통해 이용 가능

I

다항식

01 다항식의 연산

01 다항식의 덧셈, 뺄셈

(1) 다항식의 덧셈, 뺄셈

두 다항식 A, B에 대하여 두 다항식의 덧셈 $A+B$는 두 다항식 A, B의 동류항끼리 모아서 그 계수들끼리 더한다.

또, 두 다항식 A, B에 대하여 두 다항식의 뺄셈 $A-B$는 다항식 A에 다항식 B의 각 항의 부호를 바꾼 다항식 $-B$를 더하여 계산한다. 즉,

$$A-B=A+(-B)$$

(2) 다항식의 덧셈에 대한 성질

세 다항식 A, B, C에 대하여 다음이 성립한다.

① 교환법칙: $A+B=B+A$

② 결합법칙: $(A+B)+C=A+(B+C)$

> 다항식을 정리할 때는 내림차순 또는 오름차순으로 정리한다.
>
> (1) 내림차순: 어느 한 문자에 대하여 차수가 높은 항부터 낮은 항의 순서로 나타내는 방법
>
> (2) 오름차순: 어느 한 문자에 대하여 차수가 낮은 항부터 높은 항의 순서로 나타내는 방법

02 다항식의 곱셈

(1) 두 다항식 A, B에 대하여 두 다항식의 곱 AB는 분배법칙을 이용하여 전개한 다음 동류항끼리 모아서 간단히 정리한다.

(2) 다항식의 곱셈에 대한 성질

세 다항식 A, B, C에 대하여 다음이 성립한다.

① 교환법칙: $AB=BA$

② 결합법칙: $(AB)C=A(BC)$

③ 분배법칙: $A(B+C)=AB+AC$, $(A+B)C=AC+BC$

> 다항식의 곱셈에서는 중학교에서 배운 다음의 지수법칙이 이용된다.
>
> 두 실수 a, b와 두 자연수 m, n에 대하여
>
> ① $a^m \times a^n = a^{m+n}$
>
> ② $(a^m)^n = a^{mn}$
>
> ③ $(ab)^m = a^m b^m$

01-1 다항식의 덧셈

[01~05] 다음 다항식의 덧셈을 하시오.

01 $(x^2+1)+(2x^2+3x+4)$

02 $(x^2+3)+(-x^2+2x+3)$

03 $(2x+3)+2(x^2+2)$

04 $(x^2+y^2)+(2x^2+xy+3y^2)$

05 $(x^2+xy+y^2)+3(xy+y^2)$

01-2 다항식의 뺄셈

[06~10] 다음 다항식의 뺄셈을 하시오.

06 $(2x^2+3x+1)-(x^2+2x)$

07 $(x^2+2)-2(x^2+x)$

08 $3(x^2+x+1)-3(x^2+2x+3)$

09 $(2x^2+3y^2)-(2x^2+2xy+y^2)$

10 $(3x^2+2y)-2(x^2+y+1)$

01-3 다항식의 덧셈에 대한 성질

[11~14] 두 다항식 $A=x^2+1$, $B=x^2+2x+3$에 대하여 다음을 구하시오.

11 $(A+B)+A$

12 $A+2(A-B)$

13 $2A-(A+B)$

14 $A+2B-(A-B)$

02-1 다항식의 곱셈

[15~19] 다음 다항식의 곱셈을 하시오.

15 $(x+1)(x^2+2x)$

16 $(x+1)(x^2+2x+3)$

17 $(x^2+1)(x^2+x+2)$

18 $(x+1)(x^3+2x+3)$

19 $(x+2y)(x^2+xy+y^2)$

02-2 다항식의 곱셈에 대한 성질

[20~21] 다음 다항식의 곱셈을 하시오.

20 $(x+1)x(x-1)$

21 $(x+1)(x+2)(x+1)$

[22~24] 세 다항식 $A=x+1$, $B=x+2$, $C=x^2+3$에 대하여 다음을 계산하시오.

22 $A(B+C)-AC$

23 $A(B+C)-BA$

24 $(A+B)C-A(B+C)$

03 곱셈 공식과 곱셈 공식의 변형

(1) 곱셈 공식

① $(a+b+c)^2=a^2+b^2+c^2+2ab+2bc+2ca$

② $(a+b)^3=a^3+3a^2b+3ab^2+b^3$

$(a-b)^3=a^3-3a^2b+3ab^2-b^3$

③ $(a+b)(a^2-ab+b^2)=a^3+b^3$

$(a-b)(a^2+ab+b^2)=a^3-b^3$

(2) 곱셈 공식의 변형

① $a^2+b^2+c^2=(a+b+c)^2-2(ab+bc+ca)$

② $a^3+b^3=(a+b)^3-3ab(a+b)$

$a^3-b^3=(a-b)^3+3ab(a-b)$

다항식의 곱셈은 분배법칙을 이용하여 전개할 수 있지만, 자주 쓰이는 형태의 곱셈은 곱셈 공식을 이용하여 간단하게 정리할 수 있다.

· $(a+b)^3=a^3+3a^2b+3ab^2+b^3$에
  b 대신 $-b$를 대입하면
  $(a-b)^3=a^3-3a^2b+3ab^2-b^3$
· $(a+b)(a^2-ab+b^2)=a^3+b^3$에
  b 대신 $-b$를 대입하면
  $(a-b)(a^2+ab+b^2)=a^3-b^3$
· $a^3+b^3=(a+b)^3-3ab(a+b)$에
  b 대신 $-b$를 대입하면
  $a^3-b^3=(a-b)^3+3ab(a-b)$

04 다항식의 나눗셈

(1) 다항식의 나눗셈

다항식을 다항식으로 나눌 때에는 각 다항식을 내림차순으로 정리한 다음 자연수의 나눗셈과 같은 방법으로 계산한다.

(2) 다항식의 나눗셈의 표현

다항식 A를 다항식 $B(B \neq 0)$로 나누었을 때의 몫을 Q, 나머지를 R라 하면

$A=BQ+R$ (단, $(R$의 차수$)<(B$의 차수$))$

가 성립한다.

특히, $R=0$이면 A는 B로 나누어떨어진다고 한다.

다항식의 나눗셈
(1) 3차식을 1차식으로 나누었을 때의 몫은 2차식이고 나머지는 상수이다.
(2) 3차식을 2차식으로 나누었을 때의 몫은 1차식이고 나머지는 1차 이하의 다항식이다.
(3) 4차식을 1차식으로 나누었을 때의 몫은 3차식이고 나머지는 상수이다.
(4) 4차식을 2차식으로 나누었을 때의 몫은 2차식이고 나머지는 1차 이하의 다항식이다.
(5) 4차식을 3차식으로 나누었을 때의 몫은 1차식이고 나머지는 2차 이하의 다항식이다.

03-1 곱셈 공식

[25~26] 다음 식을 전개하시오.

25 $(x+y+1)^2$

26 $(x^2+x+1)^2$

[27~30] 다음 식을 전개하시오.

27 $(x+1)^3$

28 $(x-1)^3$

29 $(2x+1)^3$

30 $(x-2y)^3$

[31~34] 다음 식을 전개하시오.

31 $(x+1)(x^2-x+1)$

32 $(2x+1)(4x^2-2x+1)$

33 $(x-1)(x^2+x+1)$

34 $(x-2y)(x^2+2xy+4y^2)$

03-2 곱셈 공식의 변형

[35~36] 다음 식의 값을 구하시오.

35 $x+y=3$, $xy=1$일 때, x^3+y^3의 값

36 $x+y+z=3$, $xy+yz+zx=1$일 때, $x^2+y^2+z^2$의 값

04-1 다항식의 나눗셈

[37~40] 다항식 A를 다항식 B로 나누었을 때의 몫과 나머지를 구하시오.

37 $A=x^2+x+1$, $B=x+2$

38 $A=x^3+2x+3$, $B=x+1$

39 $A=3x^3+x$, $B=x-2$

40 $A=4x^3+x^2+x$, $B=x^2+x+1$

04-2 다항식의 나눗셈의 표현

[41~42] 다항식 A를 다항식 B로 나누었을 때의 몫이 Q, 나머지가 R일 때, A를 구하시오.

41 $B=x+1$, $Q=x-1$, $R=1$

42 $B=x^2+1$, $Q=2x$, $R=x+3$

01 다항식의 덧셈과 뺄셈

(1) **다항식의 덧셈**

두 다항식 A, B의 덧셈 $A+B$는 동류항끼리 모아서 계수끼리 더하여 계산한다.

(2) **다항식의 뺄셈**

두 다항식 A, B의 뺄셈 $A-B$는 다항식 A에 다항식 B의 각 항의 부호를 바꾼 $-B$를 더하여 계산한다. 즉,

$$A-B=A+(-B)$$

≫ 올림포스 수학(상) 8쪽

01 대표문제
▶ 23640-0001

a가 상수일 때, 두 다항식 $A=x^2+2x+a$, $B=ax^2+ax+2$에 대하여 $A+B$의 x의 계수가 3이다. 다항식 $A-B$는?

① $x-1$ ② $x+1$ ③ x^2-1
④ x^2+1 ⑤ x^2-x+1

02 상중하
▶ 23640-0002

두 다항식 $A=x^2-2x+3$, $B=-2x^2+3x+4$에 대하여 $A+2B$의 x의 계수는?

① 1 ② 2 ③ 3
④ 4 ⑤ 5

03 상중하
▶ 23640-0003

k가 상수일 때, 두 다항식 $A=2x^2+3x$, $B=x^3+2x^2-3x+4$에 대하여 $A+kB$의 일차항의 계수가 -3이다. 다항식 $kA+B$는?

① x^3+3x^2+3x+3 ② x^3+3x^2+3x+6
③ x^3+6x^2+x+3 ④ x^3+6x^2+3x+4
⑤ x^3+6x^2+3x+6

04 상중하
▶ 23640-0004

a, b가 상수일 때, 두 다항식 $A=x^2+ax+b$, $B=ax^2+bx+a$에 대하여 $A+B$, $A-B$의 일차항의 계수가 각각 1, 3이다. $A+(2a+3b)B$를 정리했을 때, 각 항의 계수와 상수항 중 가장 큰 값은?

① 1 ② 2 ③ 3
④ 4 ⑤ 5

05 상중하
▶ 23640-0005

n이 자연수일 때, 두 다항식 $A=x^{2n}+nx^2+1$, $B=x^{n+2}+2x+n$에 대하여 다항식 $A-B$의 차수가 2이다. $A+B$의 최고차항의 계수와 상수항의 합은?

① 1 ② 2 ③ 3
④ 4 ⑤ 5

02 다항식의 덧셈에 대한 성질

세 다항식 A, B, C에 대하여 다음이 성립한다.
① $A+B=B+A$
② $(A+B)+C=A+(B+C)$

≫ **올림포스** 수학(상) 8쪽

06 대표문제 ▶ 23640-0006

두 다항식 $A=2x^2+x+1$, $B=-x^2+2x+3$에 대하여
$A-(2^{100}-1)(A+B)+(2^{100}+1)(B+A)$를 간단히 한 것은?

① $2x^2+5x+7$ ② $2x^2+7x+9$
③ $4x^2+5x+7$ ④ $4x^2+7x+7$
⑤ $4x^2+7x+9$

07 상중하 ▶ 23640-0007

두 다항식 $A=3x^2+2x+1$, $B=-x^2+2x+3$에 대하여 다항식 $2(A+B)-(A-B)$를 간단히 한 것은?

① $4x+3$ ② $8x+10$ ③ $4x^2+3$
④ $8x^2+10$ ⑤ $4x^2+x$

08 상중하 ▶ 23640-0008

두 다항식 $A=x^2+2$, $B=2x+3$에 대하여
다항식 $A+B+A-2B+A+3B$를 간단히 한 것은?

① $3x^2+4x+6$ ② $3x^2+4x+12$
③ $4x^2+3x+6$ ④ $4x^2+3x+12$
⑤ $4x^2+6x+12$

09 상중하 ▶ 23640-0009

세 다항식 A, B, C가
$$A=x^2+1, \; B+2C=2x^2+x+3$$
을 만족시킬 때, $2(A+B)-(B-2C)$를 간단히 한 것은?

① $3x^2+x+1$ ② $3x^2+x+5$
③ $4x^2+x+3$ ④ $4x^2+x+5$
⑤ $4x^2+2x+3$

10 상중하 ▶ 23640-0010

두 다항식 $A=x^2+2x+1$, $B=2x^2-x+3$에 대하여 다항식
$$\sqrt{2}(A+\sqrt{2}B)-\left(\frac{1}{\sqrt{2}-1}A+B\right)$$
를 정리했을 때, 각 항의 계수와 상수항 중 가장 큰 값은?

① 1 ② 2 ③ 3
④ 4 ⑤ 5

중요
03 다항식의 덧셈에 대한 성질의 활용

다항식의 덧셈에 대한 성질을 이용하여 방정식과 관련된 문제를 풀 수 있다.

즉, $X+A=B$를 풀면

$(X+A)+(-A)=B+(-A)$

$X+\{A+(-A)\}=B-A$

$X=B-A$

≫ **올림포스** 수학(상) 8쪽

11 대표문제
▶ 23640-0011

두 다항식 $A=x^2+2x+3$, $B=2x^2+3$에 대하여

$A+X=2A+B$

를 만족시키는 다항식 X는?

① $2x^2+2x+3$

② $2x^2+2x+6$

③ $3x^2+2x+3$

④ $3x^2+2x+6$

⑤ $4x^2+2x+3$

12 상중하
▶ 23640-0012

두 다항식 $A=x^2+x+1$, $B=3x^2-2$에 대하여

$X+A=2(X+B)$

를 만족시키는 다항식 X는?

① $-5x^2+x+5$

② $-5x^2+5x+1$

③ $5x^2+x+5$

④ $5x^2+5x+1$

⑤ $5x^2+5x+7$

13 상중하
▶ 23640-0013

두 다항식 X, Y가

$X+Y=x^2+2x+3$

$X-Y=3x^2+4x+1$

을 만족시킬 때, $X+2Y$의 최고차항은?

① $-x$

② x

③ $2x$

④ $-x^2$

⑤ $2x^2$

14 상중하
▶ 23640-0014

두 다항식 X, Y가

$X+2Y=x^2+3$

$3X-4Y=13x^2+10x-1$

을 만족시킬 때, $X+Y$의 모든 항의 계수와 상수항의 합은?

① 1

② 2

③ 3

④ 4

⑤ 5

15 상중하
▶ 23640-0015

두 다항식 X, Y가 상수 k에 대하여

$X+Y=x^2+x+3$

$X-kY=-x^2-x+1$

을 만족시키고 다항식 Y의 일차항의 계수가 -1일 때, 다항식 X의 최고차항의 계수와 다항식 Y의 최고차항의 계수의 곱은?

① -5

② -4

③ -3

④ -2

⑤ -1

04 다항식의 곱셈

두 다항식의 곱은 분배법칙을 이용하여 전개한 다음 동류항끼리 모아서 간단히 정리한다.

>> **올림포스** 수학(상) 8쪽

16 [대표문제] ▶ 23640-0016

다항식 $(x^2+2x+3)(x^2+x+4)$의 전개식에서 x^2의 계수는?

① 5   ② 6   ③ 7
④ 8   ⑤ 9

17 (상중하) ▶ 23640-0017

다항식
$$(x+1)(x-1)(x^2+2x+3)$$
의 전개식에서 x^2의 계수는?

① 1   ② 2   ③ 3
④ 4   ⑤ 5

18 (상중하) ▶ 23640-0018

다항식
$$(x+1)(x^2+2x+3)(x^3+2x^2+3x+4)$$
의 전개식에서 x^3의 계수는?

① 20   ② 22   ③ 24
④ 26   ⑤ 28

19 (상중하) ▶ 23640-0019

다항식
$$(x+1)(x^2+2x+3)+2(x^3+x^2+x+1)$$
의 전개식에서 x^2의 계수는?

① 5   ② 6   ③ 7
④ 8   ⑤ 9

20 (상중하) ▶ 23640-0020

상수 a에 대하여 다항식
$$(x^2-2x+a)(x^2+3x-1)$$
의 전개식에서 모든 항의 계수와 상수항의 합이 6일 때, x^2의 계수는?

① -5 ② -4 ③ -3
④ -2 ⑤ -1

05 다항식의 곱셈에 대한 교환법칙, 분배법칙

세 다항식 A, B, C에 대하여 다음이 성립한다.
① $AB=BA$ (교환법칙)
② $A(B+C)=AB+AC$ (분배법칙)
   $(A+B)C=AC+BC$ (분배법칙)

>> 올림포스 수학(상) 8쪽

21 대표문제 ▶ 23640-0021

두 다항식 $A=x+1$, $B=x^2+2x-1$에 대하여
$\frac{1}{3}AB+\frac{2}{3}BA$를 간단히 한 것은?

① x^3+x^2+x-1 ② x^3+x^2+x+2
③ x^3+3x^2+x-1 ④ x^3+3x^2+x+2
⑤ x^3+4x^2+x-1

22 상중하 ▶ 23640-0022

두 다항식 $A=x+1$, $B=x-\frac{1}{3}$에 대하여 다항식
$A+AB+2BA$의 일차항의 계수는?

① 1   ② 2   ③ 3
④ 4   ⑤ 5

23 상중하 ▶ 23640-0023

세 다항식 A, B, C가
$$A=x^2+x, \ B+C=x+1$$
을 만족시킬 때, 다항식 $AB+CA$의 x의 계수는?

① 1   ② 2   ③ 3
④ 4   ⑤ 5

24 상중하 ▶ 23640-0024

두 다항식 $A=x^2+xy+y^2$, $B=x^2-xy-2y^2$에 대하여
$A(A+B)-(A-B)A$의 x^2y^2의 계수는?

① -4 ② -2 ③ 0
④ 2   ⑤ 4

25 상중하 ▶ 23640-0025

세 다항식 $A=x+1$, $B=x^2+x+1$, $C=x^2-x+1$에 대하여
$A(B+3C)+(B-C)A$의 x^2의 계수와 x의 계수의 합은?

① 2   ② 4   ③ 6
④ 8   ⑤ 10

06 다항식의 곱셈에 대한 교환법칙, 분배법칙의 활용

다항식의 곱셈에 대한 교환법칙과 분배법칙을 활용하면
중학교에서 배운 곱셈 공식과 인수분해 공식을 다항식에
도 이용할 수 있다.
즉, 두 다항식 A, B에 대하여 다음이 성립한다.
$(A+B)^2=A^2+2AB+B^2$
$(A-B)^2=A^2-2AB+B^2$
$(A+B)(A-B)=A^2-B^2$

>> 올림포스 수학(상) 8쪽

26 대표문제 ▶ 23640-0026

두 다항식 A, B에 대하여
$$A+B=x^2+3x$$
일 때, $A^2+AB+BA+B^2$의 삼차항의 계수는?

① 3   ② 6   ③ 9
④ 12   ⑤ 15

27 상중하 ▶ 23640-0027

두 다항식 A, B에 대하여
$$A+B=x^2+1,\ A-B=x+2$$
일 때, A^2-B^2의 일차항의 계수는?

① 1   ② 2   ③ 3
④ 4   ⑤ 5

28 상중하 ▶ 23640-0028

두 다항식 A, B에 대하여
$$A+B=x+3$$
$$A+2B=x^2+2$$
이다. 다항식 $A^2+3AB+2B^2$의 차수를 n, 일차항의 계수를 a라 할 때, $n+a$의 값은?

① 5   ② 6   ③ 7
④ 8   ⑤ 9

29 상중하 ▶ 23640-0029

두 다항식 A, B에 대하여
$$(A+B)^2=x^4+4x^3+10x^2+12x+9$$
$$A-B=x+1$$
일 때, $AB+3BA$의 일차항의 계수는?

① 8   ② 9   ③ 10
④ 11   ⑤ 12

30 상중하 ▶ 23640-0030

두 다항식 A, B에 대하여
$$A+2B=x^2+2,\ 2A-B=x-1$$
일 때, $X+4B^2=(A+B)(A-2B)$를 만족시키는 다항식 X의 삼차항의 계수와 일차항의 계수의 합은?

① 1   ② 2   ③ 3
④ 4   ⑤ 5

07 다항식의 곱셈에 대한 교환법칙, 결합법칙의 활용

세 다항식 A, B, C에 대하여 다음이 성립한다.
① $AB=BA$ (교환법칙)
② $(AB)C=A(BC)$ (결합법칙)
이 성질을 활용하면 중학교에서 배운 지수법칙을 다항식에도 이용할 수 있다. 즉, 두 다항식 A, B와 자연수 n에 대하여 다음이 성립한다.
$$(AB)^n=A^nB^n$$

≫ 올림포스 수학(상) 8쪽

31 대표문제 ▶ 23640-0031

두 다항식 A, B에 대하여
$$AB=x^2-1$$
일 때, A^2B^2의 이차항의 계수는?

① -5 ② -4 ③ -3
④ -2 ⑤ -1

32 상중하 ▶ 23640-0032

세 다항식 A, B, C가
$$AB=x^2+3x+2$$
$$AC=x^2-x-2$$
를 만족시킬 때, A^2BC의 x^2의 계수는?

① -3 ② -1 ③ 1
④ 3 ⑤ 5

33 상중하 ▶ 23640-0033

두 다항식 A, B가
$$AB+2A=x^2+x$$
를 만족시킬 때, $A(B+2)^2A$의 x^3의 계수는?

① 1 ② 2 ③ 3
④ 4 ⑤ 5

34 상중하 ▶ 23640-0034

세 다항식 A, B, C에 대하여
$$A=x+1$$
$$B^2+C^2=2x^2+2$$
일 때, $(AB)^2+(AC)^2$의 x^3의 계수는?

① 1 ② 2 ③ 3
④ 4 ⑤ 5

35 상중하 ▶ 23640-0035

두 다항식 $A=x+2$, $B=x^2+x+1$에 대하여
$(AB+1)^2-A^2B^2$의 상수항은?

① 1 ② 2 ③ 3
④ 4 ⑤ 5

08 곱셈 공식(1)

$$(a+b+c)^2=a^2+b^2+c^2+2(ab+bc+ca)$$

>> **올림포스** 수학(상) 9쪽

36 대표문제 ▶ 23640-0036

$(x+2y+3z)^2$을 전개하였을 때, 계수가 5 이상인 항의 개수는?

① 1   ② 2   ③ 3
④ 4   ⑤ 5

37 상중하 ▶ 23640-0037

$(x+y+z)^2+(x+y)^2$을 전개하여 정리했을 때, 계수가 2인 서로 다른 항의 개수는?

① 1   ② 2   ③ 3
④ 4   ⑤ 5

38 상중하 ▶ 23640-0038

$(x+y+z)^2-(xy+z+1)^2$을 전개하여 정리했을 때, 서로 다른 항의 개수는?

① 5   ② 6   ③ 7
④ 8   ⑤ 9

39 상중하 ▶ 23640-0039

$(x^2+x+2)(x^2+x+1)-(x^2+x+1)$을 전개하여 정리했을 때, 차수가 2 이상인 항의 계수의 합은?

① 5   ② 6   ③ 7
④ 8   ⑤ 9

40 상중하 ▶ 23640-0040

서로 다른 두 자연수 m, $n(m>n)$에 대하여 다항식 $(x^m+x^n+2)^2$을 전개한 식을 $P(x)$라 할 때, $P(x)$가 다음 조건을 만족시킨다.

(가) $P(x)$의 서로 다른 항의 개수는 5이다.
(나) x^6의 계수는 5이다.

$m+n$의 값을 구하시오.

중요
09 곱셈 공식 (2)

(1) $(a+b)^3 = a^3 + 3a^2b + 3ab^2 + b^3$

(2) $(a-b)^3 = a^3 - 3a^2b + 3ab^2 - b^3$

≫ 올림포스 수학(상) 9쪽

41 대표문제
▶ 23640-0041

$(x+y)^3 + (x-2y)^3$을 정리했을 때, 계수가 양수인 항의 계수의 합은?

① 15　　　　② 16　　　　③ 17

④ 18　　　　⑤ 19

42 상중하
▶ 23640-0042

$(x+\sqrt{2})^3(x-\sqrt{2})^3$을 전개했을 때, 계수가 양수인 항의 모든 차수의 합은?

① 2　　　　② 4　　　　③ 6

④ 8　　　　⑤ 10

43 상중하
▶ 23640-0043

두 정수 p, q에 대하여 $(2-\sqrt{3})^3 = p + q\sqrt{3}$일 때, $p+q$의 값은?

① 8　　　　② 9　　　　③ 10

④ 11　　　　⑤ 12

44 상중하
▶ 23640-0044

$(x+2)^4 - x(x+2)^3$의 전개식에서 각 항의 계수와 상수항 중 가장 큰 값은?

① 16　　　　② 20　　　　③ 24

④ 28　　　　⑤ 32

45 상중하
▶ 23640-0045

다음은 $(x^2+x+1)^3 - (x^2-x-1)^3$을 전개하는 과정이다.

$(x^2+x+1)^3 - (x^2-x-1)^3$
$= \{x^2 + (x+1)\}^3 - \{x^2 - (x+1)\}^3$
이때 $x^2 = X$, $x+1 = Y$라 하면
$(X+Y)^3 - (X-Y)^3$
$= \boxed{(가)} X^{\boxed{(나)}} Y + 2Y^3$
따라서 주어진 식을 x에 대한 내림차순으로 정리하면
$(x^2+x+1)^3 - (x^2-x-1)^3$
$= \boxed{(가)} x^5 + \boxed{(가)} x^4 + \boxed{(다)} x^3 + \cdots$

위의 (가), (나), (다)에 알맞은 수를 각각 a, b, c라 할 때, $a+b+c$의 값을 구하시오.

중요
10 곱셈 공식 (3)

(1) $(a+b)(a^2-ab+b^2)=a^3+b^3$

(2) $(a-b)(a^2+ab+b^2)=a^3-b^3$

>> 올림포스 수학(상) 9쪽

46 대표문제
▶ 23640-0046

$(2x-4)\{(x+2)^2-2x\}$를 전개하면?

① x^3-8 ② x^3+8

③ $2x^3-16$ ④ $2x^3+16$

⑤ $2x^3+24$

47 상중하
▶ 23640-0047

$(x^2-1)(x^2+x+1)(x^2-x+1)$을 전개하면?

① x^6-2 ② x^6-1

③ x^6 ④ x^6+1

⑤ x^6+2

48 상중하
▶ 23640-0048

자연수 n과 9 이하의 자연수 k에 대하여

$$101 \times (10^4-10^2+1)=10^n+k$$

가 성립할 때, $n+k$의 값은?

① 5   ② 6   ③ 7

④ 8   ⑤ 9

49 상중하
▶ 23640-0049

$(x-1)^3(x^2+x+1)^3$의 전개식에서 차수가 5 이상인 모든 항의 계수의 합은?

① -2 ② -1 ③ 0

④ 1   ⑤ 2

50 상중하
▶ 23640-0050

자연수 n에 대하여

$$\frac{(2n+1)(4n^2-2n+1)-1}{8}$$

의 값이 10^6 이하가 되도록 하는 n의 개수는?

① 10   ② 10^2 ③ 10^3

④ 10^4 ⑤ 10^5

11 곱셈 공식의 변형 (1)

$a^2+b^2+c^2=(a+b+c)^2-2(ab+bc+ca)$

≫ 올림포스 수학(상) 9쪽

51 대표문제
▶ 23640-0051

세 실수 a, b, c가
$$a+b+c=2,\ ab+bc+ca=1$$
을 만족시킬 때, $(a+b)^2+(b+c)^2+(c+a)^2$의 값은?

① 2   ② 4   ③ 6

④ 8   ⑤ 10

52 상중하
▶ 23640-0052

세 실수 a, b, c가
$$a+b+c=\sqrt{5},\ ab+bc+ca=-2$$
를 만족시킬 때, $(a+2b)^2+(b+2c)^2+(c+2a)^2$의 값은?

① 37   ② 38   ③ 39

④ 40   ⑤ 41

53 상중하
▶ 23640-0053

세 실수 a, b, c가
$$a+2b+2c=5,\ ab+2bc+ca=1$$
을 만족시킬 때, $a^2+4b^2+4c^2$의 값은?

① 21   ② 22   ③ 23

④ 24   ⑤ 25

54 상중하
▶ 23640-0054

세 실수 a, b, c가
$$a+b+c=0,\ a^2+b^2+c^2=24$$
를 만족시킬 때, $a^2b^2+b^2c^2+c^2a^2$의 값은?

① 140   ② 144   ③ 148

④ 152   ⑤ 156

55 상중하
▶ 23640-0055

오른쪽 그림과 같은 직육면체 ABCD−EFGH의 겉넓이는 36이고 모든 모서리의 길이의 합은 40일 때, 선분 AG의 길이를 구하시오.

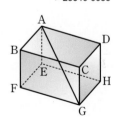

중요
12 곱셈 공식의 변형(2)

$$a^3+b^3=(a+b)^3-3ab(a+b)$$

>> 올림포스 수학(상) 9쪽

56 대표문제
▶ 23640-0056

$x+y=2$, $xy=-1$일 때, x^4y+xy^4의 값은?

① -14 ② -7 ③ 0

④ 7 ⑤ 14

57 상중하
▶ 23640-0057

$x=3+\sqrt{3}$, $y=3-\sqrt{3}$일 때, x^3+y^3의 값은?

① 100 ② 102 ③ 104

④ 106 ⑤ 108

58 상중하
▶ 23640-0058

0이 아닌 두 실수 x, y에 대하여 $x+y=4$, $xy=1$일 때,

$\dfrac{x^2}{y}+\dfrac{y^2}{x}$의 값은?

① 51 ② 52 ③ 53

④ 54 ⑤ 55

59 상중하
▶ 23640-0059

$x+y=\sqrt{7}$, $x^2+y^2=5$일 때, x^3+y^3의 값은?

① $\sqrt{7}$ ② $2\sqrt{7}$ ③ $3\sqrt{7}$

④ $4\sqrt{7}$ ⑤ $5\sqrt{7}$

60 상중하
▶ 23640-0060

$x-2y=3$, $xy=1$일 때, 다음은 $x^3-(2y)^3$의 값을 구하는 과정이다.

> $-2y=z$라 하면 $x-2y=3$, $xy=1$에서
> $x+z=3$, $xz=\boxed{(가)}$
> 따라서
> $x^3-(2y)^3=x^3+z^3$
> $\qquad\qquad=\boxed{(나)}$

위의 (가), (나)에 알맞은 수를 각각 a, b라 할 때, $a+b$의 값을 구하시오.

61 상중하
▶ 23640-0061

두 실수 x, y가

$$(x+y)^2=-xy, \ x^3+y^3=32$$

를 만족시킬 때, $(x+y)^6$의 값은?

① 4 ② 16 ③ 32

④ 64 ⑤ 128

13 다항식의 나눗셈

다항식을 다항식으로 나눌 때에는 각 다항식을 내림차순으로 정리한 다음 자연수의 나눗셈과 같은 방법으로 계산한다.

≫ 올림포스 수학(상) 9쪽

62 대표문제

▶ 23640-0062

오른쪽은 x에 대한 삼차식을 일차식으로 나누는 과정을 나타낸 것이다. $a+b+c+d+e$의 값을 구하시오. (단, a, b, c, d, e는 상수이다.)

$$
\begin{array}{r}
x^2+c \\
ax+1{\overline{\smash{\big)}\,2x^3+x^2+4x+4}} \\
\underline{bx^3+x^2} \\
4x+4 \\
\underline{dx+e} \\
2
\end{array}
$$

63 상중하

▶ 23640-0063

다음은 다항식 $3x^3-2x^2+3x+5$를 다항식 x^2-x+2로 나누는 과정이다. $a+b+c+d$의 값을 구하시오.

(단, a, b, c, d는 상수이다.)

$$
\begin{array}{r}
ax+b \\
x^2-x+2{\overline{\smash{\big)}\,3x^3-2x^2+3x+5}} \\
\underline{3x^3-3x^2+6x} \\
bx^2-3x+5 \\
\underline{bx^2-bx+2b} \\
cx+d
\end{array}
$$

64 상중하

▶ 23640-0064

다항식 x^3+3x^2+2x+1을 x^2+a로 나누었을 때의 나머지가 $x+b$일 때, $a+b$의 값은? (단, a, b는 상수이다.)

① -2 ② -1 ③ 0
④ 1 ⑤ 2

65 상중하

▶ 23640-0065

다항식 $2x^3-3x^2+ax+1$이 x^2-x+b로 나누어떨어질 때, $a+b$의 값은? (단, a, b는 상수이다.)

① -2 ② -1 ③ 0
④ 1 ⑤ 2

66 상중하

▶ 23640-0066

다항식 $x(x+2)^3$을 $(x+1)^2$으로 나누었을 때의 몫을 $Q(x)$, 나머지를 $R(x)$라 할 때, $Q(1)+R(2)$의 값은?

① 1 ② 2 ③ 3
④ 4 ⑤ 5

14 다항식의 나눗셈의 표현

다항식 A를 다항식 $B(B \neq 0)$로 나누었을 때의 몫을 Q, 나머지를 R라 하면

$$A = BQ + R \text{ (단, } (R\text{의 차수}) < (B\text{의 차수}))$$

가 성립한다.

특히, $R = 0$이면 A는 B로 나누어떨어진다고 한다.

>> **올림포스** 수학(상) 9쪽

67 대표문제

▶ 23640-0067

다항식 $P(x)$를 $x+1$로 나누었을 때의 몫이 $x^2 - x + 1$, 나머지가 3이다. $P(1)$의 값은?

① 1　　　　② 2　　　　③ 3

④ 4　　　　⑤ 5

68 상중하

▶ 23640-0068

다항식 $x^7 + 2x + 3$을 $x^2 - 1$로 나누었을 때의 나머지를 $R(x)$라 할 때, $R(2)$의 값은?

① 5　　　　② 6　　　　③ 7

④ 8　　　　⑤ 9

69 상중하

▶ 23640-0069

다항식 $x^{10} + ax + b$를 $x^2 - x$로 나누었을 때의 나머지가 $2x + 3$일 때, ab의 값은? (단, a, b는 상수이다.)

① 1　　　　② 2　　　　③ 3

④ 4　　　　⑤ 5

70 상중하

▶ 23640-0070

다항식 $P(x)$를 $x^2 + x$로 나누었을 때의 몫이 $x+2$, 나머지가 $x+3$이다. 다항식 $P(x)$를 $x+1$로 나누었을 때의 몫을 $Q(x)$, 나머지를 R라 할 때, $Q(2) + R$의 값은?

① 9　　　　② 10　　　　③ 11

④ 12　　　　⑤ 13

71 상중하

▶ 23640-0071

다항식 $P(x)$를 $x+1$로 나누었을 때의 몫이 $x^2 + 2x + 1$, 나머지가 2이다. 다항식 $P(x)$를 $x^2 + 1$로 나누었을 때의 몫을 $Q(x)$, 나머지를 $R(x)$라 할 때, $Q(1) + R(1)$의 값은?

① 5　　　　② 6　　　　③ 7

④ 8　　　　⑤ 9

서술형 완성하기

01 내신기출 ▶ 23640-0072

두 다항식 A, B에 대하여

$$A+B=2x^2-3xy+4y^2$$
$$2A-3B=-x^2-xy+3y^2$$

일 때, $X+B=2(A+B)$를 만족시키는 다항식 X를 구하시오.

02 ▶ 23640-0073

다항식

$$(x^2+x-1)\{(x^2+x)^2+x^2+x+1\}$$

을 전개하시오.

03 내신기출 ▶ 23640-0074

$x+y=3$, $xy=-1$일 때, 다음 식의 값을 구하시오.

$$(x+2y)(x^2-2xy+4y^2)-7y^3$$

04 ▶ 23640-0075

$x+y=3$, $xy=1$일 때, $(x^2+y+1)^3+(y^2+x+1)^3$의 값을 다음 단계로 구하시오.

(1) $x^2+y+1=P$, $y^2+x+1=Q$라 할 때, $P+Q$와 PQ의 값을 구하시오.

(2) (1)의 P, Q를 이용하여 $(x^2+y+1)^3+(y^2+x+1)^3$의 값을 구하시오.

05 ▶ 23640-0076

x에 대한 다항식 $P(x)$를 $(x-1)^2$으로 나누었을 때의 몫이 $Q(x)$, 나머지는 $x+5$이다. 다항식 $Q(x)$를 $x-1$로 나누었을 때의 몫이 x, 나머지가 2일 때, $P(x)$를 x에 대한 내림차순으로 정리하시오.

내신 + 수능 고난도 도전

▶ 23640-0077

01 세 실수 a, b, c가 $a+b+c=5$, $a^2+b^2+c^2=9$를 만족시킨다. 다항식 $(1+ax)(1+bx)(1+cx)$의 전개식에서 x^2의 계수는?

① 5   ② 6   ③ 7   ④ 8   ⑤ 9

▶ 23640-0078

02 네 실수 a, b, x, y에 대하여

$$a+b=1,\ ab=-1,\ x+y=3,\ xy=1$$

이 성립한다. $p=ax+by$, $q=bx+ay$일 때, $\dfrac{p^3+q^3}{pq(p+q)}$의 값은?

① $-\dfrac{21}{4}$ ② $-\dfrac{11}{2}$ ③ $-\dfrac{23}{4}$ ④ -6 ⑤ $-\dfrac{25}{4}$

▶ 23640-0079

03 두 다항식 $P_1(x)$, $P_2(x)$와 $R(x)$가 다음 조건을 만족시킨다.

> (가) 다항식 $3P_1(x)-P_2(x)$를 x^2+1로 나누었을 때의 나머지는 $R(x)$이다.
> (나) 다항식 $P_2(x)$를 x^2+1로 나누었을 때의 나머지는 $R(x)$이다.
> (다) 다항식 $P_1(x)$를 x^2+1로 나누었을 때의 나머지는 $2x+4$이다.

이때 $R(10)$의 값을 구하시오.

02 나머지정리

01 항등식

(1) 주어진 등식의 문자에 어떤 값을 대입해도 항상 성립하는 등식을 그 문자에 대한 항등식이라고 한다.

(2) 항등식의 성질

① $ax^2+bx+c=0$이 x에 대한 항등식이면 $a=0$, $b=0$, $c=0$이다.

또한 $a=0$, $b=0$, $c=0$이면 $ax^2+bx+c=0$은 x에 대한 항등식이다.

② $ax^2+bx+c=a'x^2+b'x+c'$이 x에 대한 항등식이면 $a=a'$, $b=b'$, $c=c'$이다.

또한 $a=a'$, $b=b'$, $c=c'$이면 $ax^2+bx+c=a'x^2+b'x+c'$은 x에 대한 항등식이다.

(3) 미정계수법

항등식의 뜻과 성질을 이용하여 주어진 등식에서 알지 못하는 계수를 구하는 방법을 미정계수법이라고 한다.

① 계수비교법: 양변의 동류항의 계수를 비교하여 미정계수를 정한다.

② 수치대입법: 주어진 등식의 문자에 임의의 수를 대입하여 미정계수를 정한다.

02 나머지정리

(1) x에 대한 다항식 $f(x)$를 일차식 $x-\alpha$로 나누었을 때의 나머지를 R라 하면

$R=f(\alpha)$이다.

(2) x에 대한 다항식 $f(x)$를 일차식 $ax+b$로 나누었을 때의 나머지를 R라 하면

$R=f\left(-\dfrac{b}{a}\right)$이다.

03 인수정리

다항식 $f(x)$에 대하여 $f(\alpha)=0$이면 $f(x)$는 일차식 $x-\alpha$로 나누어떨어진다.

또한 다항식 $f(x)$가 일차식 $x-\alpha$로 나누어떨어지면 $f(\alpha)=0$이다.

(참고) '다항식 $f(x)$는 일차식 $x-\alpha$로 나누어떨어진다.'와 같은 표현

① $f(x)$를 $x-\alpha$로 나누었을 때의 나머지는 0이다.

② $f(\alpha)=0$

③ $x-\alpha$는 $f(x)$의 인수이다.

④ $f(x)$는 $f(x)=(x-\alpha)Q(x)$로 인수분해된다. (단, $Q(x)$는 다항식)

04 조립제법

(1) 다항식을 일차식으로 나눌 때 계수만을 이용하여 몫과 나머지를 간단하게 구하는 방법을 조립제법이라고 한다.

(예) 다항식 $2x^2+x+3$을 $x-1$로 나눌 때, 오른쪽과 같이 조립제법을 이용하면 몫은 $2x+3$이고 나머지는 6이다.

$$
\begin{array}{r|rrr}
1 & 2 & 1 & 3 \\
  &   & 2 & 3 \\
\hline
  & 2 & 3 & \boxed{6}
\end{array}
$$

(2) 다항식 $f(x)$를 일차항의 계수가 1이 아닌 일차식 $ax+b$로 나누었을 때의 몫과 나머지는 조립제법을 이용하여 $x+\dfrac{b}{a}$로 나누었을 때의 몫 $Q(x)$와 나머지 R를 구한 다음,

$f(x)=\left(x+\dfrac{b}{a}\right)Q(x)+R=\dfrac{1}{a}(ax+b)Q(x)+R=(ax+b)\left(\dfrac{1}{a}Q(x)\right)+R$임을 이용하여 구한다.

'x에 대한 항등식'과 같은 표현

① 모든 x에 대하여 성립하는 등식

② 임의의 x에 대하여 성립하는 등식

③ x의 값에 관계없이 항상 성립하는 등식

④ x가 어떤 값을 갖더라도 항상 성립하는 등식

다항식의 곱셈 공식은 모두 항등식이다.

x에 대한 두 다항식 $f(x)$, $g(x)$에 대하여 $f(x)$를 $g(x)$로 나누었을 때의 몫과 나머지를 각각 $Q(x)$, $R(x)$라 하면 다항식의 나눗셈에 의하여 다음 등식이 성립한다.

$f(x)=g(x)Q(x)+R(x)$

위 식은 x에 대한 항등식이다.

나머지정리는 다항식을 일차식으로 나누었을 때의 나머지를 직접 나눗셈을 하지 않고 간단하게 구하는 방법이다.

나눗셈이나 조립제법을 이용할 때, 특정 차수의 항이 없을 때에는 그 계수가 0임을 잊지 않아야 한다.

(예) 다항식 $2x^2+x+3$을 $2x-1$로 나눌 때, 다음과 같이 조립제법을 이용하면

$$
\begin{array}{r|rrr}
\frac{1}{2} & 2 & 1 & 3 \\
  &   & 1 & 1 \\
\hline
  & 2 & 2 & \boxed{4}
\end{array}
$$

$2x^2+x+3=\left(x-\dfrac{1}{2}\right)(2x+2)+4$

$=(2x-1)(x+1)+4$

이므로 몫은 $x+1$, 나머지는 4이다.

01 항등식

[01~05] 다음 등식이 x에 대한 항등식일 때, 세 상수 a, b, c의 값을 구하시오.

01 $ax^2+bx+c=2x^2+x-1$

02 $ax^2+bx+c=x+1$

03 $(x+1)^2-ax=bx^2+c$

04 $a(x+1)(x-1)+b(x+1)+c=0$

05 $ax(x+1)+b(x+1)+c=2x^2+1$

02 나머지정리

[06~07] 다항식 $f(x)=x^3+2x^2+3x+1$을 다항식 $g(x)$로 나누었을 때의 나머지를 구하시오.

06 $g(x)=x+1$

07 $g(x)=x+2$

[08~09] 다항식 $f(x)=8x^3+4x^2+4x+1$을 다항식 $g(x)$로 나누었을 때의 나머지를 구하시오.

08 $g(x)=2x-1$

09 $g(x)=2x+1$

10 다항식 $f(x)=x^3+kx^2-3x-1$을 $x-3$으로 나누었을 때의 나머지가 -1일 때, 상수 k의 값을 구하시오.

03 인수정리

[11~13] 다항식 $f(x)=-3x^3-2x^2+kx+4$가 다항식 $g(x)$로 나누어떨어질 때, 상수 k의 값을 구하시오.

11 $g(x)=x-1$

12 $g(x)=x+1$

13 $g(x)=x-2$

14 다항식 $f(x)=3x^3+ax^2+bx-4$가 이차식 $(x-1)(x-2)$로 나누어떨어질 때, 상수 a, b의 값을 구하시오.

04 조립제법

[15~16] 조립제법을 이용하여 다항식 $f(x)=x^3+2x^2+x+1$을 다항식 $g(x)$로 나누었을 때의 몫과 나머지를 구하시오.

15 $g(x)=x+1$

16 $g(x)=x-1$

중요

01 항등식 - 수치대입법

주어진 등식의 문자에 임의의 수를 대입하여 미정계수를 구한다.

(참고) 주어진 항등식을 전개하여 내림차순으로 정리하는 것이 간단하지 않을 때 수치대입법을 사용하면 편리하다. 또, 수치대입법을 사용할 때에는 계산이 간편하도록 적당한 값을 대입한다.

> **올림포스** 수학(상) 16쪽

01 대표문제

▶ 23640-0080

등식

$3x^2-4x+2=ax(x+1)+bx(x-2)+c(x+1)(x-2)$가

x에 대한 항등식일 때, $a+b-c$의 값은?

(단, a, b, c는 상수이다.)

① 1   ② 3   ③ 5

④ 7   ⑤ 9

02 상중하

▶ 23640-0081

임의의 실수 x에 대하여 등식

$$a(x-1)^2+b(x+1)=3x^2-4x+5$$

가 성립할 때, $a+b$의 값은? (단, a, b는 상수이다.)

① 1   ② 2   ③ 3

④ 4   ⑤ 5

03 상중하

▶ 23640-0082

등식 $a(x+1)(x+2)+b(x+1)+c=2x^2-1$이 x에 대한 항등식일 때, abc의 값을 구하시오. (단, a, b, c는 상수이다.)

02 항등식 - 계수비교법

주어진 등식의 양변을 전개하여 내림차순으로 정리한 후 양변의 동류항의 계수를 비교하여 미정계수를 구한다.

(참고) 주어진 항등식을 전개하기 쉽거나 내림차순으로 정리하는 것이 비교적 간단할 때 계수비교법을 사용하면 편리하다.

> **올림포스** 수학(상) 16쪽

04 대표문제

▶ 23640-0083

등식 $x^3+ax^2+bx+2=(x^2+1)(x+c)$가 x에 대한 항등식일 때, $a+b+c$의 값을 구하시오. (단, a, b, c는 상수이다.)

05 상중하

▶ 23640-0084

등식 $a(x+2y)+b(x-y)+1=6x+3y+c$가 임의의 실수 x, y에 대하여 성립할 때, $a+b+c$의 값을 구하시오.

(단, a, b, c는 상수이다.)

06 상중하

▶ 23640-0085

다항식 $f(x)=x^2-x+1$이 모든 실수 x에 대하여 $f(x-a)=x^2-5x+b$를 만족시킬 때, $a+b$의 값은?

(단, a, b는 상수이다.)

① 6   ② 7   ③ 8

④ 9   ⑤ 10

03 여러 가지 항등식

'x에 대한 항등식'과 같은 표현
① 모든 x에 대하여 성립하는 등식
② 임의의 x에 대하여 성립하는 등식
③ x의 값에 관계없이 항상 성립하는 등식
④ x가 어떤 값을 갖더라도 항상 성립하는 등식

>> **올림포스** 수학(상) 16쪽

07 대표문제　　　　　　　　▶ 23640-0086

등식 $(k+y)x+ky-2k+3=0$이 k의 값에 관계없이 항상 성립할 때, 두 상수 x, y에 대하여 x^2+y^2의 값을 구하시오.

08 상중하　　　　　　　　▶ 23640-0087

등식 $x^2+ky^2-2k-12=0$이 임의의 실수 k에 대하여 항상 성립할 때, x^2+y^2의 값을 구하시오.

09 상중하　　　　　　　　▶ 23640-0088

x, y의 값에 관계없이 $\dfrac{ax+by+2}{2x+3y+4}$의 값이 항상 일정할 때, $a+b$의 값은? (단, a, b는 상수이고, $2x+3y \neq -4$이다.)

① $\dfrac{1}{2}$　　　　② 1　　　　③ $\dfrac{3}{2}$

④ 2　　　　⑤ $\dfrac{5}{2}$

10 상중하　　　　　　　　▶ 23640-0089

x에 대한 이차방정식
$$x^2+(k+1)x+(k+2)m+n=0$$
이 k의 값에 관계없이 항상 -1을 근으로 가질 때, 두 상수 m, n에 대하여 $m-n$의 값은?

① 1　　　　② 2　　　　③ 3

④ 4　　　　⑤ 5

11 상중하　　　　　　　　▶ 23640-0090

등식 $(x-1)^3+kx+(y+1)^3+ky-3(k+3)=0$이 임의의 실수 k에 대하여 항상 성립할 때, $(x-1)(y+1)$의 값을 구하시오.

04 조건식이 주어진 항등식

조건식을 한 문자에 대하여 정리한 후 주어진 등식에 대입하여 항등식의 성질을 이용한다.

≫ 올림포스 수학(상) 16쪽

12 대표문제
▶ 23640-0091

$x+y=2$를 만족시키는 임의의 실수 x, y에 대하여 등식 $ax^2-x+by+c=0$이 성립할 때, $a+2b+3c$의 값을 구하시오. (단, a, b, c는 상수이다.)

13 상중하
▶ 23640-0092

$2x-y=-1$을 만족시키는 모든 실수 x, y에 대하여 등식 $a(x-1)+b(y+1)+12=0$이 성립할 때, $a-b$의 값을 구하시오. (단, a, b는 상수이다.)

14 상중하
▶ 23640-0093

$x+y=1$을 만족시키는 모든 실수 x, y에 대하여 등식 $x^2+px+qy^2-xy-ry=0$이 성립할 때, pqr의 값을 구하시오. (단, p, q, r는 상수이다.)

05 항등식에서 계수의 합 구하기

x에 적절한 값을 대입하여 상수항 또는 계수의 합을 구한다.

≫ 올림포스 수학(상) 16쪽

15 대표문제
▶ 23640-0094

등식
$$(x-1)^8=a_8x^8+a_7x^7+a_6x^6+\cdots+a_1x+a_0$$
이 모든 실수 x에 대하여 성립할 때, $a_1+a_3+a_5+a_7$의 값은? (단, a_0, a_1, a_2, $\cdots$, a_8은 상수이다.)

① -2^8 　　　② -2^7-1 　　　③ -2^7

④ 2^7-1 　　　⑤ 2^7+1

16 상중하
▶ 23640-0095

등식
$$(x^2+x+1)^3=a_0+a_1x+a_2x^2+\cdots+a_5x^5+a_6x^6$$
이 x에 대한 항등식일 때, $a_1+a_2+a_3+a_4+a_5+a_6$의 값을 구하시오. (단, a_0, a_1, a_2, $\cdots$, a_6은 상수이다.)

17 상중하
▶ 23640-0096

모든 실수 x에 대하여
$$x^7-1=a_7(x+1)^7+a_6(x+1)^6+\cdots+a_1(x+1)+a_0$$
이 성립할 때, $a_2+a_4+a_6$의 값을 구하시오. (단, a_0, a_1, a_2, $\cdots$, a_7은 상수이다.)

06 다항식의 나눗셈과 항등식

다항식 $A(x)$를 다항식 $B(x)(B(x) \neq 0)$로 나누었을 때의 몫을 $Q(x)$, 나머지를 $R(x)$라 하면
$$A(x) = B(x)Q(x) + R(x)$$
$$(단, (R(x)의 차수) < (B(x)의 차수))$$
가 성립하고, 이 식은 x에 대한 항등식이다.

>> **올림포스** 수학(상) 16쪽

18 대표문제
▶ 23640-0097

다항식 $x^4 + ax^2 + b$를 $x^2 + x - 2$로 나누었을 때의 나머지가 $2x - 1$일 때, $b - a$의 값은? (단, a, b는 상수이다.)

① 12   ② 14   ③ 16
④ 18   ⑤ 20

19 상중하
▶ 23640-0098

다항식 $x^5 + ax^3 - 2x + b$를 $x^2 - x$로 나누었을 때의 나머지가 $3x + 2$일 때, ab의 값은? (단, a, b는 상수이다.)

① 8   ② 9   ③ 10
④ 11   ⑤ 12

20 상중하
▶ 23640-0099

임의의 실수 x에 대하여 등식
$$x^3 + ax^2 + bx = (x^2 + 1)Q(x) + x + 1$$
이 성립할 때, $b - a$의 값을 구하시오. (단, a, b는 상수이다.)

21 상중하
▶ 23640-0100

다항식 $f(x) = x^3 + ax + b$를 $x^2 + x + 1$로 나누었을 때의 나머지가 $-x$이다. $f(3)$의 값을 구하시오. (단, a, b는 상수이다.)

22 상중하
▶ 23640-0101

다항식 $x^5 + ax^2 + bx - 5$를 $x^2 - 1$로 나누었을 때의 몫과 나머지가 각각 $Q(x)$, $2x - 3$일 때, $Q(2)$의 값을 구하시오. (단, a, b는 상수이다.)

07 나머지정리 - 일차식으로 나누는 경우

(1) 다항식 $f(x)$를 $x-a$로 나누었을 때의 나머지는 $f(a)$이다.

(2) 다항식 $f(x)$를 $ax+b(a\neq0)$로 나누었을 때의 나머지는 $f\left(-\dfrac{b}{a}\right)$이다.

» 올림포스 수학(상) 16쪽

23 대표문제

▶ 23640-0102

다항식 $f(x)$를 $x-2$로 나누었을 때의 나머지가 3일 때, 다항식 $xf(x)+1$을 $x-2$로 나누었을 때의 나머지는?

① 1   ② 3   ③ 5

④ 7   ⑤ 9

24 (상중하)

▶ 23640-0103

다항식 $f(x)=x^3+ax+2$를 $x-1$로 나누었을 때의 나머지가 4일 때, 다항식 $f(x^2)+x$를 $x+a$로 나누었을 때의 나머지는? (단, a는 상수이다.)

① 1   ② 2   ③ 3

④ 4   ⑤ 5

25 (상중하)

▶ 23640-0104

다항식 x^3+ax^2+bx-1을 $x-1$로 나누었을 때의 나머지가 2이고, $x-2$로 나누었을 때의 나머지가 1일 때, $b-a$의 값은? (단, a, b는 상수이다.)

① 11   ② 12   ③ 13

④ 14   ⑤ 15

26 (상중하)

▶ 23640-0105

다항식 $f(x)$를 $x+1$로 나누었을 때의 나머지가 -2일 때, 다항식 $x^2f(x+1)+5$를 $2x+4$로 나누었을 때의 나머지를 구하시오.

27 (상중하)

▶ 23640-0106

다항식 $f(x)+2g(x)$를 $x-2$로 나누었을 때의 나머지가 11이고, 다항식 $f(x)-g(x)$를 $-x+2$로 나누었을 때의 나머지가 -1이다. 이때 다항식 $f(x-1)+g(x-1)$을 $x-3$으로 나누었을 때의 나머지를 구하시오.

08 나머지정리 - 이차식으로 나누는 경우

(1) 다항식 $f(x)$를 n차식으로 나누었을 때의 나머지는 $(n-1)$차 이하의 다항식이다.

(2) 다항식 $f(x)$를 $(x-\alpha)(x-\beta)$로 나누었을 때의 나머지는 $f(\alpha)$, $f(\beta)$의 값을 이용하여 구한다.

>> **올림포스** 수학(상) 16쪽

28 대표문제
▶ 23640-0107

다항식 $x^{10}-x^5+1$을 x^2-1로 나누었을 때의 나머지가 $R(x)$일 때, $R(-3)$의 값은?

① 1 　　　　② 2 　　　　③ 3

④ 4 　　　　⑤ 5

29 상중하
▶ 23640-0108

다항식 $f(x)$를 $x+1$, $x-2$로 나누었을 때의 나머지가 각각 -8, 1이다. $f(x)$를 x^2-x-2로 나누었을 때의 나머지를 $R(x)$라 할 때, $R(3)$의 값은?

① 1 　　　　② 2 　　　　③ 3

④ 4 　　　　⑤ 5

30 상중하
▶ 23640-0109

다항식 x^5+ax^3+x+b를 x^2-x로 나누었을 때의 몫이 $Q(x)$, 나머지가 $3x-2$이다. 이때 $Q(x)$를 $x-2$로 나누었을 때의 나머지를 구하시오. (단, a, b는 상수이다.)

31 상중하
▶ 23640-0110

다항식 $f(x)$를 $x-3$으로 나누었을 때의 몫이 $Q(x)$, 나머지가 12이고, $Q(x)$를 $x+2$로 나누었을 때의 나머지가 5이다. 이때 다항식 $f(x)$를 x^2-x-6으로 나누었을 때의 나머지를 구하시오.

32 상중하
▶ 23640-0111

다항식 $(x+1)^{10}(x^2+ax+b)$를 $(x+3)^2$으로 나누었을 때의 나머지가 $2^{10}(x+3)$일 때, $a+b$의 값을 구하시오.

(단, a, b는 상수이다.)

09 인수정리 - 일차식으로 나누는 경우

중요

'다항식 $f(x)$는 일차식 $x-a$로 나누어떨어진다.'와 같은 표현

① $f(x)$를 $x-a$로 나누었을 때의 나머지는 0이다.

② $f(a)=0$

③ $x-a$는 $f(x)$의 인수이다.

④ $f(x)$는 $f(x)=(x-a)Q(x)$로 인수분해된다.

(단, $Q(x)$는 다항식)

》 **올림포스** 수학(상) 17쪽

33 대표문제

▶ 23640-0112

다항식 $f(x)=2x^3+ax^2+3x+b$는 $x-2$로 나누었을 때의 나머지가 6이고, $x+1$로 나누어떨어진다. 두 상수 a, b에 대하여 $b-a$의 값은?

① 16   ② 17   ③ 18

④ 19   ⑤ 20

34 상중하

▶ 23640-0113

$x+3$이 다항식 $f(x)=x^3+kx^2-2x+3$의 인수일 때, $f(x)$를 $x-2$로 나누었을 때의 나머지를 구하시오.

(단, k는 상수이다.)

35 상중하

▶ 23640-0114

다항식 $f(x)=x^5-ax^3+3x+b$는 $x-1$로 나누어떨어지고, $f(x-1)$을 $x-3$으로 나누었을 때의 나머지가 -1이다. 두 상수 a, b에 대하여 ab의 값은?

① 1   ② 2   ③ 3

④ 4   ⑤ 5

36 상중하

▶ 23640-0115

다항식 $f(x)=x^3+ax^2+bx+8$에 대하여 $f(2x-1)$은 $2x+1$로 나누어떨어지고, $f(2x+1)$은 $2x-1$로 나누어떨어질 때, ab의 값을 구하시오. (단, a, b는 상수이다.)

37 상중하

▶ 23640-0116

최고차항의 계수가 1인 삼차식 $f(x)$가 다음 조건을 만족시킨다.

(가) $f(0)=0$

(나) $f(x)-12$가 $x-2$로 나누어떨어진다.

(다) $f(x)-12$가 $x+2$로 나누어떨어진다.

$f(x)$를 $x-3$으로 나누었을 때의 나머지를 구하시오.

10 인수정리 - 이차식으로 나누는 경우

다항식 $f(x)$에 대하여 $f(\alpha)=f(\beta)=0$이면
$f(x)=(x-\alpha)(x-\beta)Q(x)$ (단, $Q(x)$는 다항식)

>> **올림포스** 수학(상) 17쪽

38 대표문제
▶ 23640-0117

다항식 $f(x)=x^3+ax^2+bx+3$이 x^2-2x-3으로 나누어떨어질 때, ab의 값은? (단, a, b는 상수이다.)

① 1   ② 2   ③ 3
④ 4   ⑤ 5

39 상중하
▶ 23640-0118

다항식 $(x-1)^3+ax+b$가 x^2-1로 나누어떨어질 때, $a+2b$의 값은? (단, a, b는 상수이다.)

① 4   ② 5   ③ 6
④ 7   ⑤ 8

40 상중하
▶ 23640-0119

다항식 $f(x)=x^3-3x^2+ax+b$가 $(x+2)(x-1)$로 나누어떨어질 때, $f(x)$를 $x-2$로 나누었을 때의 나머지는?

(단, a, b는 상수이다.)

① -9   ② -8   ③ -7
④ -6   ⑤ -5

41 상중하
▶ 23640-0120

다항식 $f(x+3)$이 x^2+5x+6으로 나누어떨어질 때, $f(x)-3$을 x^2-x로 나누었을 때의 나머지를 구하시오.

42 상중하
▶ 23640-0121

다항식 $f(x)$를 $x+3$으로 나누었을 때의 몫이 $Q(x)$이고 나머지는 0이다. $Q(x)$가 $x-3$으로 나누어떨어질 때, 다항식 $f(x+1)-1$을 x^2+2x-8로 나누었을 때의 나머지를 구하시오.

>> 올림포스 수학(상) 17쪽

11 조립제법(1)

> 중요

다항식 $f(x)$를 $x-a$로 나누었을 때 조립제법을 이용하여 몫과 나머지를 구한다.

43 대표문제
▶ 23640-0122

다음은 다항식 $x^3+2x^2+ax+11$을 $x-b$로 나누었을 때의 몫과 나머지를 조립제법을 이용하여 구하는 과정이다. 세 상수 a, b, c에 대하여 abc의 값은?

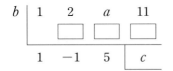

① 21   ② 22   ③ 23

④ 24   ⑤ 25

44 상중하
▶ 23640-0123

다항식 x^3+ax^2+1을 $x-1$로 나누었을 때의 몫을 $Q(x)$라 하자. $Q(x)$를 $x-1$로 나누었을 때의 나머지가 -1일 때, 상수 a의 값은?

① -1 ② -2 ③ -3

④ -4 ⑤ -5

45 상중하
▶ 23640-0124

다항식 x^4+ax^2-4를 $x-2$로 나누었을 때의 몫을 $Q(x)$라 하자. $Q(x+1)$을 $x+4$로 나누었을 때의 나머지가 1일 때, 상수 a의 값을 구하시오.

46 상중하
▶ 23640-0125

다항식 $f(x)=2x^3+ax^2+x-6$을 $x+1$로 나누었을 때의 몫이 $2x^2+bx+b-1$일 때, 두 상수 a, b에 대하여 ab의 값을 구하시오.

47 상중하
▶ 23640-0126

다음은 다항식 x^3+ax^2+3x+b를 $(x-2)(x+1)$로 나누었을 때의 몫 $Q(x)$와 나머지 $R(x)$를 구하기 위해 조립제법을 2번 반복한 과정이다. $Q(a)+R(b)$의 값을 구하시오.

(단, a, b는 상수이다.)

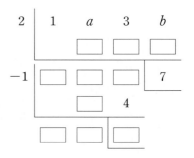

48 상중하
▶ 23640-0127

다항식 $2x^3+ax^2-3x+b$가 $(x-1)^2$을 인수로 가질 때, $4ab$의 값은? (단, a, b는 상수이다.)

① -15 ② -14 ③ -13

④ -12 ⑤ -11

12 조립제법(2)

다항식 $f(x)$를 $ax+b\,(a\neq0)$로 나누었을 때의 몫과 나머지는 조립제법을 이용하여 다항식 $f(x)$를 $x+\dfrac{b}{a}$로 나누었을 때의 몫과 나머지를 구한 후, 이를 이용하여 구한다.

>> 올림포스 수학(상) 17쪽

49 대표문제 ▶ 23640-0128

다음은 다항식 $2x^3-3x^2+4x+2$를 $2x+1$로 나누었을 때의 몫과 나머지를 구하기 위하여 조립제법을 이용하는 과정이다.

조립제법을 이용하면

$$
-\frac{1}{2} \begin{array}{|cccc} 2 & -3 & 4 & 2 \\ & \boxed{} & \boxed{} & -3 \\ \hline 2 & \boxed{} & \boxed{} & -1 \end{array}
$$

이므로

$$2x^3-3x^2+4x+2=\left(x+\frac{1}{2}\right)(\boxed{\text{(가)}})-1$$
$$=(2x+1)(\boxed{\text{(나)}})-1$$

따라서 구하는 몫은 $\boxed{\text{(나)}}$이고, 나머지는 -1이다.

위의 (가), (나)에 들어갈 식을 각각 $f(x)$, $g(x)$라 할 때, $f(1)+g(1)$의 값은?

① 6　　　　　② 7　　　　　③ 8
④ 9　　　　　⑤ 10

50 상중하 ▶ 23640-0129

다항식 $3x^3-7x^2-x+2$를 $x-\dfrac{1}{3}$로 나누었을 때의 몫과 나머지를 각각 $f(x)$, p라 하고, $3x-1$로 나누었을 때의 몫과 나머지를 각각 $g(x)$, q라 하자. $\dfrac{f(p)}{g(q)}$의 값을 구하시오.

51 상중하 ▶ 23640-0130

다항식 $8x^3+2ax+1$을 $2x-1$로 나누었을 때의 몫을 $Q(x)$라 하자. $Q(x)$를 $2x-1$로 나누었을 때의 나머지가 -1일 때, 상수 a의 값을 구하시오.

13 조립제법과 항등식

조립제법을 반복하여 다항식 $f(x)$를 $(x-a)^n$항의 합으로 나타낼 수 있다.

>> 올림포스 수학(상) 17쪽

52 대표문제 ▶ 23640-0131

등식

$$2x^3+x^2-x+2=a(x-1)^3+b(x-1)^2+c(x-1)+d$$

가 x에 대한 항등식일 때, $cd-ab$의 값은?
(단, a, b, c, d는 상수이다.)

① 11　　　　　② 12　　　　　③ 13
④ 14　　　　　⑤ 15

53 상중하 ▶ 23640-0132

다음은 다항식 $f(x)$에 대하여 조립제법을 여러 번 반복한 것이다. $f(x)$를 $x+2$로 나누었을 때의 나머지를 구하시오.

$$
\begin{array}{r}
-1 \\
-1 \\
-1 \\
\end{array}
\begin{array}{|cccc}
\boxed{} & \boxed{} & \boxed{} & \boxed{} \\
& \boxed{} & \boxed{} & \boxed{} \\
\boxed{} & \boxed{} & \boxed{} & 1 \\
& \boxed{} & \boxed{} & \\
\boxed{} & \boxed{} & 2 & \\
& \boxed{} & & \\
1 & 3 & &
\end{array}
$$

54 상중하
▶ 23640-0133

모든 실수 x에 대하여 등식

$$x^3+x^2+2x+3=a(x+1)^3+b(x+1)^2+c(x+1)+d$$

가 성립할 때, $abcd$의 값을 구하시오.

(단, a, b, c, d는 상수이다.)

55 상중하
▶ 23640-0134

다항식 x^3-2x^2-3x+4를 $x-2$로 나누었을 때의 몫을 $Q_1(x)$, 나머지를 R_1이라 하고, $Q_1(x)$를 $x-2$로 나누었을 때의 몫을 $Q_2(x)$, 나머지를 R_2라 하자. $Q_2(x)$를 $x-2$로 나누었을 때의 나머지가 R_3일 때, $R_1+R_2+R_3$의 값을 구하시오.

56 상중하
▶ 23640-0135

모든 실수 x에 대하여 등식

$$8x^3+4x+1=a(2x-1)^3+b(2x-1)^2+c(2x-1)+d$$

가 성립할 때, $abcd$의 값을 구하시오.

(단, a, b, c, d는 상수이다.)

---

14 나머지정리, 수의 나눗셈

나머지정리를 이용하여 복잡한 수의 나눗셈을 간단히 구할 수 있다.

>> **올림포스** 수학(상) 16쪽

57 대표문제
▶ 23640-0136

다음은 2026^{10}을 507로 나누었을 때의 나머지를 구하는 과정이다.

다항식 $(4x-2)^{10}$을 x로 나누었을 때의 몫을 $Q(x)$, 나머지를 R라 하면

$(4x-2)^{10}=xQ(x)+R$이다.

이때 $R=$ (가) 이다.

등식 $(4x-2)^{10}=xQ(x)+$ (가) 에 $x=507$을 대입하면

$2026^{10}=507\times Q(507)+$ (가)

$\qquad =507\times\{Q(507)+$ (나) $\}+$ (다)

이다.

따라서 2026^{10}을 507로 나누었을 때의 나머지는 (다) 이다.

위의 (가), (나), (다)에 알맞은 수를 각각 a, b, c라 할 때, $a+b+c$의 값은?

① 1035　　② 1036　　③ 1037

④ 1038　　⑤ 1039

58 상중하
▶ 23640-0137

100^{11}을 99로 나누었을 때의 나머지는?

① 1　　② 2　　③ 3

④ 4　　⑤ 5

59 상중하 ▶ 23640-0138

다음은 $9^{10}-10$을 20으로 나누었을 때의 나머지를 구하는 과정이다.

다항식 $x^{10}-10$을 $2x+2$로 나누었을 때의 몫을 $Q(x)$, 나머지를 R라 하면
$$x^{10}-10=(2x+2)Q(x)+R$$
양변에 $x=\boxed{(가)}$을 대입하면 $R=\boxed{(나)}$이다.
등식 $x^{10}-10=(2x+2)Q(x)+(\boxed{(나)})$에 $x=9$를 대입하면
$$9^{10}-10=20\times Q(9)+(\boxed{(나)})$$
$$=20\times\{Q(9)-1\}+\boxed{(다)}$$
이다.
따라서 $9^{10}-10$을 20으로 나누었을 때의 나머지는 $\boxed{(다)}$이다.

위의 (가), (나), (다)에 알맞은 수를 각각 a, b, c라 할 때, abc의 값은?

① 96   ② 97   ③ 98
④ 99   ⑤ 100

60 상중하 ▶ 23640-0139

$1+11+11^2+\cdots+11^{201}$을 10으로 나누었을 때의 나머지를 구하시오.

61 상중하 ▶ 23640-0140

$5^{99}+5^{100}+5^{101}$을 24로 나누었을 때의 나머지를 구하시오.

---

15 다항식의 추론

항등식과 나머지정리를 이용하여 주어진 다항식을 추론할 수 있다.

>> 올림포스 수학(상) 16쪽

62 대표문제 ▶ 23640-0141

최고차항의 계수가 1인 삼차다항식 $f(x)$가 다음 조건을 만족시킨다.

(가) $f(2)=3$
(나) $f(x)$를 $(x-2)^2$으로 나누었을 때의 몫과 나머지가 같다.

$f(x)$를 $x-2$로 나누었을 때의 몫을 $Q(x)$라 할 때, $Q(3)$의 값은?

① 1   ② 2   ③ 3
④ 4   ⑤ 5

63 상중하 ▶ 23640-0142

상수항을 포함한 모든 항의 계수가 양수인 다항식 $f(x)$가 모든 실수 x에 대하여
$$\{f(x)\}^2=2xf(x)+2x+1$$
을 만족시킬 때, $f(x)$를 구하시오.

64 상중하 ▶ 23640-0143

두 다항식 $f(x)$, $g(x)$가 모든 실수 x에 대하여 다음 조건을 만족시킬 때, $g(x)$를 $x-2$로 나누었을 때의 나머지는?

(가) $g(x)=x(x-1)f(x)$
(나) $g(x)-(2x^2+x)f(x)=x^3+ax^2+2x+b$
(단, a, b는 상수이다.)

① -10 ② -9 ③ -8
④ -7 ⑤ -6

서술형 완성하기

01 ▶ 23640-0144

삼차다항식 $f(x)$가 다음 조건을 만족시킨다.

(가) $f(x)+2$는 $(x+2)^2$으로 나누어떨어진다.
(나) $f(0)=-10$, $f(1)=-11$

$f(x)$를 x에 대하여 내림차순으로 나타내시오.

02 ▶ 23640-0145

다항식 $f(x)+g(x)$를 $2x-6$으로 나누었을 때의 나머지가 5이고, 다항식 $f(x)g(x)$를 $2x-6$으로 나누었을 때의 나머지가 3이다. 이때 다항식 $\{f(x)\}^2+\{g(x)\}^2$을 $x-3$으로 나누었을 때의 나머지를 구하시오.

03 내신기출 ▶ 23640-0146

다항식 $P(x)$가 모든 실수 x에 대하여 등식
$$(x-1)(x^2+1)P(x)=x^4+ax^2+b$$
를 만족시킬 때, $a-b$의 값을 구하시오.

(단, a, b는 상수이다.)

04 ▶ 23640-0147

다항식 x^5-x^3+x-1을 $x-2$로 나누었을 때의 몫을 $Q(x)$라 할 때, $Q(x)$를 $x+2$로 나누었을 때의 나머지를 구하시오.

05 ▶ 23640-0148

다항식 $f(x)$를 x^2+2x-3으로 나누었을 때의 나머지는 $2x-2$이고, x^2-2x-8로 나누었을 때의 나머지는 $x+9$이다. 이때 $f(x)$를 x^2-x-12로 나누었을 때의 나머지를 구하시오.

06 ▶ 23640-0149

x에 대한 다항식 $f(x)$를 $x-1$로 나누었을 때의 나머지는 6이고 x^2+x+1로 나누었을 때의 나머지는 $x+2$이다. $f(x)$를 x^3-1로 나누었을 때의 나머지를 $R(x)$라 할 때, $R(x)$를 구하시오.

내신 + 수능 고난도 도전

>> 정답과 풀이 26쪽

▶ 23640-0150

01 다항식 $f(x)$를 x^3-1로 나누었을 때의 나머지가 x^2+2x일 때, 다항식 $f(x^2)$을 x^3+1로 나누었을 때의 나머지를 $R(x)$라 하자. $R(3)$의 값을 구하시오.

▶ 23640-0151

02 다음 조건을 만족시키는 다항식 $f(x)$ 중에서 차수가 가장 낮은 다항식을 $g(x)$라 하자.

(가) $f(x)$는 x^2+x-2와 x^2+2x-3으로 모두 나누어떨어진다.
(나) $f(0)=12$

$g(-4)$의 값을 구하시오.

▶ 23640-0152

03 두 다항식 $f(x)$, $g(x)$가 다음 조건을 만족시킨다.

(가) 임의의 실수 x에 대하여 $f(-x)=(x^2-x)g(x)+x+1$이다.
(나) $g(x)+x$를 x^2+x로 나누었을 때의 나머지는 $2x+3$이다.

$f(x)g(x)$를 x^2+x로 나누었을 때의 나머지를 구하시오.

▶ 23640-0153

04 다항식 $P(x)$와 최고차항의 계수가 1인 이차다항식 $Q(x)$가 모든 실수 x에 대하여
$$\{Q(x)\}^2+\{Q(x-1)\}^2=xP(x)$$
를 만족시킨다. $P(x)$를 $Q(x)$로 나누었을 때의 나머지를 $R(x)$라 할 때, $R(3)$의 값을 구하시오.
(단, 다항식 $Q(x)$의 상수항을 포함한 모든 항의 계수는 실수이다.)

01 인수분해 공식

(1) 하나의 다항식을 두 개 이상의 다항식의 곱으로 나타내는 것을 인수분해라고 한다.

(2) 인수분해는 다항식의 전개 과정을 거꾸로 생각한 것이므로 곱셈 공식으로부터 다음과 같은 인수분해 공식을 얻을 수 있다.

① $a^2+b^2+c^2+2ab+2bc+2ca=(a+b+c)^2$

② $a^3+3a^2b+3ab^2+b^3=(a+b)^3$

③ $a^3-3a^2b+3ab^2-b^3=(a-b)^3$

④ $a^3+b^3=(a+b)(a^2-ab+b^2)$

⑤ $a^3-b^3=(a-b)(a^2+ab+b^2)$

> 중학교에서 배운 인수분해 공식
> ① $ma+mb=m(a+b)$
> ② $a^2+2ab+b^2=(a+b)^2$
> $a^2-2ab+b^2=(a-b)^2$
> ③ $a^2-b^2=(a+b)(a-b)$
> ④ $x^2+(a+b)x+ab$
> $=(x+a)(x+b)$
> ⑤ $acx^2+(ad+bc)x+bd$
> $=(ax+b)(cx+d)$

02 공통부분이 있는 식의 인수분해

(1) 공통부분이 있는 다항식은 그 식을 하나의 문자로 치환하여 인수분해한다.

(2) ax^4+bx^2+c 꼴의 인수분해

① $x^2=X$로 치환하여 인수분해가 되면 인수분해한다.

② $x^2=X$로 치환하여 인수분해가 되지 않으면 주어진 식을 A^2-B^2의 꼴로 변형하여 인수분해한다.

03 여러 개의 문자를 포함한 식의 인수분해

두 개 이상의 문자가 들어 있는 다항식의 인수분해는 다음과 같은 과정으로 인수분해한다.

① 차수가 가장 낮은 문자에 대하여 내림차순으로 정리한다.

② 상수항을 인수분해한다.

③ 주어진 식을 인수분해한다.

> 여러 개의 문자의 차수가 서로 같을 때에는 최고차항의 계수가 간단한 한 문자에 대하여 내림차순으로 정리하여 인수분해한다.

04 인수정리를 이용한 인수분해

삼차 이상의 다항식 $f(x)$가 인수분해 공식으로 인수분해가 되지 않을 때에는 인수정리를 이용하여 다음과 같은 과정으로 인수분해한다.

① $f(\alpha)=0$인 상수 α를 찾는다.

② 조립제법을 이용하여 $f(x)$를 $x-\alpha$로 나누었을 때의 몫 $Q(x)$를 구하여

$f(x)=(x-\alpha)Q(x)$로 나타낸다.

③ $Q(x)$를 인수분해한다.

> 일반적으로 $f(\alpha)=0$인 상수 α의 값은
> $\pm\dfrac{(f(x)\text{의 상수항의 약수})}{(f(x)\text{의 최고차항의 계수의 약수})}$
> 중에서 존재할 가능성이 크다.

01 인수분해 공식

[01~03] 다음 식을 인수분해하시오.

01 $x^2+y^2+z^2+2xy+2yz+2zx$

02 $x^2+y^2+z^2-2xy+2yz-2zx$

03 $x^2+y^2+4z^2+2xy+4yz+4zx$

[04~07] 다음 식을 인수분해하시오.

04 x^3+3x^2+3x+1

05 x^3-3x^2+3x-1

06 $8x^3+12x^2+6x+1$

07 $x^3-6x^2y+12xy^2-8y^3$

[08~11] 다음 식을 인수분해하시오.

08 $8x^3+1$

09 x^3+27y^3

10 x^3-64

11 x^3-8y^3

02 공통부분이 있는 식의 인수분해

[12~16] 다음 식을 인수분해하시오.

12 $(x+1)^3+1$

13 $(x-1)^3-8$

14 $(x+1)^3+3(x+1)^2+3(x+1)+1$

15 $(x-1)^3-3(x-1)^2y+3(x-1)y^2-y^3$

16 $(x-1)x(x+1)(x+2)+1$

[17~18] 다음 식을 인수분해하시오.

17 x^4+3x^2-10

18 x^4+5x^2+9

03 여러 개의 문자를 포함한 식의 인수분해

[19~21] 다음 식을 인수분해하시오.

19 $x^2+2x+2xy+y^2+2y+1$

20 $a^3+a^2c-ab^2-b^2c$

21 $a^2(b-c)+b^2(c+a)-c^2(a+b)$

04 인수정리를 이용한 인수분해

[22~25] 다음 식을 인수분해하시오.

22 x^3-3x+2

23 x^3+x^2-3x+1

24 x^3+2x^2+2x+1

25 $x^4+4x^3+3x^2-4x-4$

01 인수분해 공식을 이용한 인수분해(1)

$$a^2+b^2+c^2+2ab+2bc+2ca=(a+b+c)^2$$

≫ 올림포스 수학(상) 24쪽

01 대표문제
▶ 23640-0154

$4x^2+y^2+z^2-4xy-2yz+4zx$를 인수분해하면 $(ax+by+cz)^2$일 때, $a^2+b^2+c^2$의 값은?

(단, a, b, c는 상수이다.)

① 6   ② 7   ③ 8
④ 9   ⑤ 10

02 상중하
▶ 23640-0155

$x^2+4y^2+4z^2-4(xy+2yz-zx)$를 인수분해하면?

① $(x-y-2z)^2$ ② $(x-y+2z)^2$
③ $(x-2y+2z)^2$ ④ $(x-2y-2z)^2$
⑤ $(x-2y+z)^2$

03 상중하
▶ 23640-0156

$x(x+2y)+y(y+6z)+3z(3z+2x)$를 인수분해하시오.

04 상중하
▶ 23640-0157

다음 중 $x(x+6y-6z)+9(y-z)^2$의 인수인 것은?

① $x-2y-3z$ ② $x-2y+3z$
③ $x-3y-3z$ ④ $x+3y-3z$
⑤ $x-3y+3z$

05 상중하
▶ 23640-0158

모든 실수 x, y, z에 대하여 다음 등식이 항상 성립한다.
$$(x+ay+bz)^2=x^2+9y^2+4z^2+6xy+pyz+qzx$$
a, b가 모두 정수이고 $ab<0$일 때, 상수 p, q에 대하여 pq의 값을 구하시오.

02 인수분해 공식을 이용한 인수분해(2)

(1) $a^3+3a^2b+3ab^2+b^3=(a+b)^3$

(2) $a^3-3a^2b+3ab^2-b^3=(a-b)^3$

≫ **올림포스** 수학(상) 24쪽

06 [대표문제]
▶ 23640-0159

$x^2(x+3y)+y^2(y+3x)$를 인수분해하면 $(ax+by)^3$일 때, ab의 값은? (단, a, b는 상수이다.)

① 1　　　　　② 2　　　　　③ 3

④ 4　　　　　⑤ 5

07 (상중하)
▶ 23640-0160

$x^3+6x^2y+12xy^2+8y^3$을 인수분해하면?

① $(x+y)^3$　　　　② $(2x+y)^3$

③ $(x+2y)^3$　　　　④ $(3x+y)^3$

⑤ $(x+3y)^3$

08 (상중하)
▶ 23640-0161

$8x^3+18xy(3y-2x)-27y^3$을 인수분해하시오.

09 (상중하)
▶ 23640-0162

다음 중 $8x^3-12x^2y+6xy^2-y^3$의 인수인 것은?

① $2x+y$　　　　　② $4x+y$

③ $4x^2-4xy+y^2$　　　④ $4x^2+4xy+y^2$

⑤ $8x^2+6xy+y^2$

10 (상중하)
▶ 23640-0163

$x^3+px^2y+27xy^2+qy^3$을 인수분해하면 $(ax+by)^3$이다. a, b가 자연수일 때, $a+b+p+q$의 값을 구하시오.

(단, p, q는 상수이다.)

03 인수분해 공식을 이용한 인수분해(3)

(1) $a^3+b^3=(a+b)(a^2-ab+b^2)$

(2) $a^3-b^3=(a-b)(a^2+ab+b^2)$

》 올림포스 수학(상) 24쪽

11 대표문제

▶ 23640-0164

다음 중 $(a+1)^3-27$의 인수인 것은?

① $a-3$

② $a+2$

③ $a^2-5a-13$

④ $a^2-5a+13$

⑤ $a^2+5a+13$

12 상중하

▶ 23640-0165

다음 중 x^3+64y^3의 인수인 것은?

① $x^2-4xy-8y^2$

② $x^2-4xy+8y^2$

③ $x^2+4xy+8y^2$

④ $x^2+4xy+16y^2$

⑤ $x^2-4xy+16y^2$

13 상중하

▶ 23640-0166

$8x^3-27y^3$을 인수분해하시오.

14 상중하

▶ 23640-0167

다항식 $(x-3)^3+1$을 인수분해하면?

① $(x-2)(x^2-7x-13)$

② $(x-2)(x^2-7x+13)$

③ $(x-2)(x^2+7x-13)$

④ $(x+2)(x^2-7x+13)$

⑤ $(x+2)(x^2+7x+13)$

15 상중하

▶ 23640-0168

$(x^2+1)^3-8x^3$을 인수분해하면
$(x-a)^2(x^4+bx^3+cx^2+bx+1)$이 된다. 세 자연수 a, b, c
에 대하여 $a+b+c$의 값을 구하시오.

04 공통부분이 있는 다항식의 인수분해(1)

공통부분이 있는 다항식은 묶거나, 그 식을 하나의 문자로 치환하여 인수분해한다.

>> **올림포스** 수학(상) 24쪽

16 대표문제

▶ 23640-0169

다항식

$$(2x-1)^3-3(2x-1)^2(x+2y)+3(2x-1)(x+2y)^2 -(x+2y)^3$$

을 인수분해하면?

① $(x-2y-2)^3$　　　② $(x-2y-1)^3$

③ $(x-2y+1)^3$　　　④ $(x+2y-1)^3$

⑤ $(x+2y+1)^3$

17 상중하

▶ 23640-0170

$(x^2+1)(x^2+2)-12$를 인수분해하면 $(x^2+a)(x^2+b)$이다. 두 상수 a, b에 대하여 $a<b$일 때, $b-a$의 값을 구하시오.

18 상중하

▶ 23640-0171

x^4-3x^3-x+3을 인수분해하시오.

19 상중하

▶ 23640-0172

다항식

$$(x+1)^2+(y-1)^2+(z+1)^2 +2\{(x+1)(y-1)+(y-1)(z+1)+(z+1)(x+1)\}$$

을 인수분해하시오.

20 상중하

▶ 23640-0173

다음 중 $(x^2-x)^2+2x^2-2x-15$의 인수인 것은?

① x^2-x+3　　　② x^2+x-3

③ x^2-x-5　　　④ x^2+x-5

⑤ x^2-x+5

05 공통부분이 있는 다항식의 인수분해(2)

공통부분이 있는 다항식은 그 식을 하나의 문자로 치환하여 인수분해한다. ( )( )( )( ) 꼴의 식은 공통부분이 생기도록 짝을 지어 전개한 후 치환한다.

≫ 올림포스 수학(상) 24쪽

21 대표문제
▶ 23640-0174

$(x-2)(x-3)(x+3)(x+4)-16$이
$(x^2+ax+b)(x^2+ax+c)$로 인수분해될 때, 세 상수 a, b, c
에 대하여 $a-b-c$의 값은? (단, $b<c$)

① 16
② 17
③ 18
④ 19
⑤ 20

22 상중하
▶ 23640-0175

$(x-1)x(x+1)(x+2)-3$을 인수분해하시오.

23 상중하
▶ 23640-0176

다항식 $(x-3)(x-2)x(x+1)-4$를 인수분해하면
$(x+a)^2(x^2+bx+c)$일 때, abc의 값을 구하시오.
(단, a, b, c는 상수이다.)

24 상중하
▶ 23640-0177

다음은 $(x+1)^2(x+2)(x+3)(x+4)+x+1$을 인수분해하는 과정이다.

$$(x+1)^2(x+2)(x+3)(x+4)+x+1$$
$$=(\boxed{(가)})\{(x+1)(x+2)(x+3)(x+4)+1\}$$
$$=(\boxed{(가)})\{(\boxed{(나)}+4)(\boxed{(나)}+6)+1\}$$
$$X=\boxed{(나)}\text{로 놓으면}$$
$$(\boxed{(가)})\{(\boxed{(나)}+4)(\boxed{(나)}+6)+1\}$$
$$=(\boxed{(가)})(X^2+10X+25)$$
$$=(\boxed{(가)})(X+\boxed{(다)})^2$$
$$=(\boxed{(가)})(\boxed{(나)}+\boxed{(다)})^2$$

위의 (가), (나)에 알맞은 식을 각각 $f(x)$, $g(x)$라 하고, (다)에 알맞은 수를 k라 할 때, $f(k)+g(k)$의 값은?

① 56
② 57
③ 58
④ 59
⑤ 60

25 상중하
▶ 23640-0178

다항식 $x(x+2)(x-2)(x-4)+k$가 x에 대한 이차식의 완전제곱식으로 인수분해되도록 하는 상수 k의 값을 구하시오.

06 x^4+ax^2+b 꼴의 다항식의 인수분해 (1)

$x^2=X$로 치환하여 인수분해하거나 공통부분을 치환하여 인수분해한다.

» 올림포스 수학(상) 24쪽

26 대표문제

▶ 23640-0179

x^4+2x^2-24를 인수분해하면 $(x+a)(x-a)(x^2+b)$이다. 두 자연수 a, b에 대하여 $a+b$의 값은?

① 6　　　　　② 7　　　　　③ 8

④ 9　　　　　⑤ 10

27 상중하

▶ 23640-0180

다음 중 x^4-13x^2+36의 인수가 <u>아닌</u> 것은?

① x^2-9　　　② x^2-4　　　③ x^2+4

④ $x+2$　　　⑤ $x+3$

28 상중하

▶ 23640-0181

다항식 $x^4-8x^2y^2+16y^4$을 인수분해하시오.

29 상중하

▶ 23640-0182

다음은 $(x^2+1)^2+x^2-5$를 인수분해하는 과정이다.

$$
\begin{aligned}
&X=\boxed{\text{(가)}}\text{로 놓으면}\\
&(x^2+1)^2+x^2-5\\
&=(\boxed{\text{(가)}})^2+(\boxed{\text{(가)}})-6\\
&=X^2+X-6\\
&=(X+3)(X-2)\\
&=(\boxed{\text{(가)}}+3)(\boxed{\text{(가)}}-2)\\
&=(x^2+\boxed{\text{(나)}})(x-1)(x+1)
\end{aligned}
$$

위의 (가)에 알맞은 식을 $f(x)$, (나)에 알맞은 수를 k라 할 때, $f(k)$의 값은?

① 16　　　　　② 17　　　　　③ 18

④ 19　　　　　⑤ 20

30 상중하

▶ 23640-0183

$2(x+1)^4+5(x+1)^2-12$를 인수분해하시오.

중요
07 x^4+ax^2+b 꼴의 다항식의 인수분해(2)

$x^2=X$로 치환하여 인수분해가 간단히 되지 않는 경우, 이차항을 적당히 더하거나 빼서 A^2-B^2의 꼴로 변형하여 인수분해한다.

≫ 올림포스 수학(상) 24쪽

31 대표문제
▶ 23640-0184

x^4+4x^2+16을 인수분해하면 $(x^2+ax+b)(x^2-ax+b)$일 때, 두 자연수 a, b에 대하여 $a+b$의 값은?

① 2   ② 3   ③ 4

④ 5   ⑤ 6

32 상중하
▶ 23640-0185

다항식 x^4+4를 인수분해하시오.

33 상중하
▶ 23640-0186

다음 중 x^4+64의 인수인 것은?

① x^2-4x-8 ② x^2-4x+8
③ x^2+4x-8 ④ x^2-2x-4
⑤ x^2-2x+4

34 상중하
▶ 23640-0187

x^4+3x^2+4를 인수분해하면 $(x^2+ax+b)(x^2+cx+d)$일 때, $a+b+c+d$의 값을 구하시오. (단, a, b, c, d는 상수이다.)

35 상중하
▶ 23640-0188

$(x+1)^4+5(x+1)^2+9$를 인수분해하시오.

중요
08 여러 개의 문자를 포함한 다항식의 인수분해

두 개 이상의 문자가 들어 있는 다항식은 다음과 같은 과정으로 인수분해한다.
① 차수가 가장 낮은 문자에 대하여 내림차순으로 정리한다.
② 상수항을 인수분해한다.
③ 주어진 식을 인수분해한다.

(참고) 모든 문자의 차수가 같으면 어느 한 문자에 대하여 내림차순으로 정리한 후 인수분해한다.

>> **올림포스** 수학(상) 25쪽

36 대표문제
▶ 23640-0189

다음 중 $x^3+(1-2y)x^2+(y^2-2y)x+y^2$의 인수가 <u>아닌</u> 것은?

① $x+1$ ② $x-y$ ③ $(x+1)^2$
④ $(x-y)^2$ ⑤ $(x+1)(x-y)$

37 상중하
▶ 23640-0190

다항식 $2x^2-xy-y^2+5x+y+2$를 인수분해하면 $(ax+by+1)(cx+dy+2)$일 때, $abcd$의 값을 구하시오.
(단, a, b, c, d는 정수이다.)

38 상중하
▶ 23640-0191

다항식 $x^2+xy-6y^2+ax-13y-6$이 x, y에 대한 두 일차식의 곱으로 인수분해될 때, 정수 a의 값을 구하시오.

39 상중하
▶ 23640-0192

다음 중 $a^2b+ca^2-b^3-b^2c$의 인수인 것은?

① $a-b$ ② $b-c$ ③ $c-a$
④ $c+a$ ⑤ b^2-c^2

40 상중하
▶ 23640-0193

$a^2+b^2+2ab+ac+bc$를 인수분해하시오.

중요
09 인수정리를 이용한 다항식의 인수분해(1)

삼차 이상의 다항식 $f(x)$가 인수분해 공식으로 인수분해가 되지 않을 때에는 다음과 같은 과정으로 인수분해한다.

① $f(a)=0$인 상수 a를 찾는다.

② 조립제법을 이용하여 $f(x)$를 $x-a$로 나누었을 때의 몫 $Q(x)$를 구하여 $f(x)=(x-a)Q(x)$로 나타낸다.

③ $Q(x)$를 인수분해한다.

>> **올림포스** 수학(상) 25쪽

41 대표문제
▶ 23640-0194

다항식 $3x^3+2x^2-7x+2$가 $(x+a)(x+a-3)P(x)$로 인수분해될 때, $P(a)$의 값은? (단, a는 상수이다.)

① 1   ② 2   ③ 3

④ 4   ⑤ 5

42 상중하
▶ 23640-0195

다음 식을 인수분해하시오.

$$x^3-3x^2-6x+8$$

43 상중하
▶ 23640-0196

다항식 $2x^3-11x^2+12x+9$를 인수분해하면 $(x+a)^2(bx+c)$일 때, abc의 값을 구하시오.

(단, a, b, c는 상수이다.)

44 상중하
▶ 23640-0197

이차항의 계수가 1인 두 이차식 $f(x)$, $g(x)$에 대하여 $f(x)g(x)=x^4+2x^3-8x^2-18x-9$이다. $f(x)$, $g(x)$가 모두 $x-a$로 나누어떨어질 때, $f(2a)+g(-a)$의 최댓값은?

① 7   ② 9   ③ 11

④ 13   ⑤ 15

45 상중하
▶ 23640-0198

최고차항의 계수가 1인 두 이차식 $f(x)$, $g(x)$의 곱이 $x^4+3x^3+x^2-3x-2$이다. 다음 조건을 만족시키는 정수 a가 존재할 때, $g(3)-f(3)$의 값을 구하시오.

(가) $f(a)=g(a)=0$

(나) $f(-2)g(1)\neq0$

10 인수정리를 이용한 다항식의 인수분해(2)

미정계수가 있는 다항식의 인수가 주어져 있을 때, 인수정리, 조립제법 등을 이용하여 미정계수를 구하고 인수분해한다.

>> **올림포스** 수학(상) 25쪽

46 대표문제 ▶ 23640-0199

다항식 $f(x)=x^3-4x^2+3x+a$가 $x-1$로 나누어떨어질 때, 다음 중 $f(x)$의 인수인 것은? (단, a는 상수이다.)

① $x-2$ ② $x-1$ ③ $x+1$

④ $x+2$ ⑤ $x+3$

47 상중하 ▶ 23640-0200

다항식 $f(x)=x^4+4x^3+6x^2+5x+a$가 $x+1$로 나누어떨어질 때, $f(x)$를 인수분해하시오. (단, a는 상수이다.)

48 상중하 ▶ 23640-0201

다항식 x^4+ax^3-x+b가 $(x-1)(x-2)Q(x)$로 인수분해될 때, $Q(ab)$의 값은? (단, a, b는 상수이다.)

① 11   ② 12   ③ 13

④ 14   ⑤ 15

49 상중하 ▶ 23640-0202

다항식 $3x^3+ax+b$가 $(x-1)^2Q(x)$로 인수분해될 때, $Q(b-a)$의 값을 구하시오. (단, a, b는 상수이다.)

50 상중하 ▶ 23640-0203

다항식 $x^3+kx^2+(k-3)x-2$는 $(x+1)Q(x)$로 인수분해된다. $Q(1)=5$일 때, 상수 k의 값을 구하시오.

11 인수분해의 활용

다항식을 인수분해한 후 주어진 조건을 만족시키는 식 또는 값을 구한다.

» **올림포스** 수학(상) 25쪽

51 대표문제
▶ 23640-0204

모든 항의 계수가 정수인 두 일차식 A, B에 대하여 $4x^2-4xy+y^2-1=A\times B$일 때, $|A-B|$의 값은?

① 0   ② 1   ③ 2

④ 3   ⑤ 4

52 상중하
▶ 23640-0205

다음은 $x+y+z=1$일 때, $xy^2+xz^2+yz^2+x^2y+zx^2+y^2z+2xyz$를 인수분해하여 $-(x+a)(y+b)(z+c)$가 되도록 하는 상수 a, b, c에 대하여 $a+b+c$의 값을 구하는 과정이다.

---

x에 대하여 내림차순으로 정리하여 인수분해하면
$$xy^2+xz^2+yz^2+x^2y+zx^2+y^2z+2xyz$$
$$=(y+z)x^2+(y^2+2yz+z^2)x+yz(y+z)$$
$$=(y+z)x^2+(y+z)^2x+yz(y+z)$$
$$=(y+z)\{x^2+(y+z)x+yz\}$$
$$=(y+z)(x+y)(x+z) \quad\quad \cdots\cdots\ \text{㉠}$$
$$y+z=\boxed{(가)},\ x+y=1-z,\ x+z=1-y \quad \cdots\cdots\ \text{㉡}$$
㉡을 ㉠에 대입하여 정리하면
$$xy^2+xz^2+yz^2+x^2y+zx^2+y^2z+2xyz$$
$$=(\boxed{(가)})(1-y)(1-z)$$
$$=-(x-\boxed{(나)})(y-1)(z-1)$$
따라서 $a+b+c=\boxed{(다)}$

위의 (가)에 알맞은 식을 $f(x)$라 하고, (나), (다)에 알맞은 수를 각각 p, q라 할 때, $p+f(q)$의 값은?

① 1   ② 2   ③ 3

④ 4   ⑤ 5

53 상중하
▶ 23640-0206

다음은 $-2x+y+z=1$일 때, $-x^2+y^2+z^2+2yz$를 x에 대한 일차식의 곱으로 인수분해하는 과정이다.

$$-x^2+y^2+z^2+2yz$$
$$=y^2+2yz+z^2-x^2$$
$$=(y+z)^2-x^2$$
$$=(y+z+x)(y+z-x) \quad\quad \cdots\cdots\ \text{㉠}$$
$y+z=\boxed{(가)}$이므로 이를 ㉠에 대입하면
$$-x^2+y^2+z^2+2yz$$
$$=(\boxed{(가)}+x)(\boxed{(가)}-x)$$
$$=\boxed{(나)}$$

위의 (가), (나)에 알맞은 식을 각각 $f(x)$, $g(x)$라 할 때, $f(1)+g(1)$의 값은?

① 7   ② 8   ③ 9

④ 10   ⑤ 11

54 상중하
▶ 23640-0207

$(x+1)^2-y(x+1)-2y^2$이 두 다항식 A, B를 인수로 가질 때, $A=0$, $B=0$을 동시에 만족시키는 두 실수 x, y의 값은 각각 a, b이다. 상수 a, b에 대하여 $b-a$의 값은?

(단, A와 B의 x의 계수는 1이다.)

① 1   ② 2   ③ 3

④ 4   ⑤ 5

55 (상중하)

▶ 23640-0208

세 자연수 x, y, z에 대하여 $x^2y+xy^2+xyz+x+y+z=12$
일 때, $x+y$의 최댓값은?

① 1   ② 2   ③ 3

④ 4   ⑤ 5

56 (상중하)

▶ 23640-0209

상수항이 양수인 x, y에 대한 두 일차식 A, B에 대하여
$x^2-6y^2+2x-xy-y+1=A \times B$가 성립할 때, **보기**에서 옳은 것만을 있는 대로 고른 것은?

(단, A, B의 모든 항의 계수는 정수이다.)

┌─ 보기 ──────────────────────────
│ ㄱ. A, B의 y항의 계수의 합은 -1이다.
│ ㄴ. $A-B=5y$이다.
│ ㄷ. $A \times B=-16$을 만족시키는 두 자연수 x, y가 존재한다.
└──────────────────────────────

① ㄱ   ② ㄴ   ③ ㄱ, ㄷ

④ ㄴ, ㄷ   ⑤ ㄱ, ㄴ, ㄷ

57 (상중하)

▶ 23640-0210

다항식 $P=x^2+4y^2+9z^2+4xy+12yz+6zx$에 대하여 **보기**에서 옳은 것만을 있는 대로 고른 것은?

┌─ 보기 ──────────────────────────
│ ㄱ. 세 정수 x, y, z에 대하여 $P \geq 0$이다.
│ ㄴ. 세 자연수 x, y, z에 대하여 $P \geq 36$이다.
│ ㄷ. 세 자연수 x, y, z에 대하여 $P=64$일 때, xyz의 최솟값은 3이다.
└──────────────────────────────

① ㄱ   ② ㄷ   ③ ㄱ, ㄴ

④ ㄴ, ㄷ   ⑤ ㄱ, ㄴ, ㄷ

58 (상중하)

▶ 23640-0211

x항의 계수가 양수인 두 다항식 P, Q에 대하여
$8x^3-4x^2y-2xy^2+y^3=P \times Q^2$이 성립할 때, **보기**에서 옳은 것만을 있는 대로 고른 것은?

(단, P, Q의 모든 항의 계수는 정수이다.)

┌─ 보기 ──────────────────────────
│ ㄱ. $P+2Q$의 y항의 계수는 -1이다.
│ ㄴ. $P \times Q^2=-1$을 만족시키는 두 정수 x, y가 존재한다.
│ ㄷ. 두 자연수 x, y에 대하여 $P \times Q^2$이 10 이하의 소수가 될 때, $x+y$의 최댓값은 5이다.
└──────────────────────────────

① ㄱ   ② ㄴ   ③ ㄱ, ㄷ

④ ㄴ, ㄷ   ⑤ ㄱ, ㄴ, ㄷ

12 인수분해를 이용한 복잡한 수의 계산

수를 문자로 치환하여 인수분해한 후 그 수를 다시 대입하여 복잡한 수를 간단히 계산한다.

>> 올림포스 수학(상) 24쪽

59 대표문제 ▶ 23640-0212

다항식의 인수분해를 이용하여 $\sqrt{20 \times 22^2 \times 24 + 4}$의 값을 구하시오.

60 상중하 ▶ 23640-0213

다항식의 인수분해를 이용하여 $\dfrac{17^3 + 13^3}{17^2 - 17 \times 13 + 13^2}$의 값을 구하면?

① 10   ② 20   ③ 30

④ 40   ⑤ 50

61 상중하 ▶ 23640-0214

다음은 $19^3 + 19^2 - 20$의 값을 구하는 과정이다.

$19 = a$로 놓으면
$19^3 + 19^2 - 20$
$= a^3 + a^2 - a - 1$
$= a^2 \times (\boxed{\text{(가)}}) - (\boxed{\text{(가)}})$
$= (a^2 - 1)(\boxed{\text{(가)}})$
$= (a - 1)(\boxed{\text{(가)}})^2$
$= \boxed{\text{(나)}}$

위의 (가)에 알맞은 식을 $f(a)$라 하고, (나)에 알맞은 수를 k라 할 때, $f(k)$의 값은?

① 7200   ② 7201   ③ 7202

④ 7203   ⑤ 7204

62 상중하 ▶ 23640-0215

$10 \times 11 \times 12 \times 13 + 1 = n^2$을 만족시키는 자연수 n의 값을 구하시오.

63 상중하 ▶ 23640-0216

$a = 13$일 때, $a^3 - 4a^2 - 3a + 18$의 값을 N이라 하자. $\dfrac{N}{100}$의 값을 구하시오.

13 도형에의 활용(1)

삼각형의 세 변의 길이가 a, b, c인 경우 주어진 식을 인수분해한 후 삼각형의 모양을 판단할 수 있다.

(참고)

(1) 삼각형의 성립 조건

세 변의 길이 a, b, c는 모두 양수이고, 한 변의 길이는 다른 두 변의 길이의 합보다 작다.

(2) $a^2=b^2+c^2$이면 빗변의 길이가 a인 직각삼각형이다.

(3) $a=b$이면 이등변삼각형이다.

(4) $a=b=c$이면 정삼각형이다.

» **올림포스** 수학(상) 25쪽

64 [대표문제]
▶ 23640-0217

세 변의 길이가 a, b, c인 삼각형이
$$b^2+ab-ac-c^2=0$$
을 만족시킬 때, 이 삼각형은 항상 어떤 삼각형인가?

① 정삼각형
② $b=c$인 이등변삼각형
③ $c=a$인 이등변삼각형
④ 빗변의 길이가 a인 직각삼각형
⑤ 빗변의 길이가 b인 직각삼각형

65 (상중하)
▶ 23640-0218

삼각형의 세 변의 길이 a, b, c가
$$a^2b+a^2c-b^3-b^2c-bc^2-c^3=0$$
을 만족시킬 때, 이 삼각형은 어떤 삼각형인가?

① 정삼각형
② $a=b$인 이등변삼각형
③ 빗변의 길이가 a인 직각삼각형
④ 빗변의 길이가 b인 직각삼각형
⑤ 빗변의 길이가 c인 직각이등변삼각형

66 (상중하)
▶ 23640-0219

세 변의 길이가 a, b, c인 삼각형 ABC가 다음 조건을 만족시킨다.

(가) $(c-a)b^2+(c^2-a^2)b+ac^2-a^2c=0$
(나) $(a-b)^2-ca+bc=0$

삼각형 ABC는 어떤 삼각형인지 구하시오.

67 (상중하)
▶ 23640-0220

삼각형의 세 변의 길이 a, b, c가 다음 조건을 만족시킨다.

(가) $a^2-b^2+bc-ca=0$
(나) $a^2+ab+b^2=12$

$a+b$의 값을 구하시오.

68 (상중하)
▶ 23640-0221

세 변의 길이가 a, b, c인 삼각형 ABC가 다음 조건을 만족시킨다.

(가) $a^2-b^2+ac-bc=0$
(나) $ab^2-bc^2=0$
(다) 삼각형 ABC의 넓이가 $4\sqrt{3}$이다.

삼각형 ABC의 둘레의 길이를 구하시오.

>> 정답과 풀이 37쪽

14 도형에의 활용 (2)

주어진 도형의 넓이, 부피에 대한 식을 인수분해한 후, 자연수, 정수 등의 조건에 유의하여 길이를 구한다.

> 올림포스 수학(상) 25쪽

69 대표문제

▶ 23640-0222

세 자연수 a, b, c에 대하여 각 모서리의 길이가 $x+a$, $x+b$, $x+c$인 직육면체 모양의 상자가 있다. 이 상자의 부피가 $x^3+9x^2+23x+15$일 때, 이 상자의 모든 모서리의 길이의 합이 60이다. 자연수 x의 값을 구하시오.

70 상중하

▶ 23640-0223

어느 직육면체의 각 모서리의 길이는 상수항을 포함한 모든 항의 계수가 자연수인 x에 대한 일차식으로 나타내어진다. 이 직육면체의 부피가 $2x^3+7x^2+7x+2$일 때, 이 직육면체의 면 중에서 넓이가 가장 큰 두 면의 넓이의 합을 나타내는 다항식에서 모든 항의 계수의 합은? (단, x는 1보다 큰 자연수이다.)

① 12　　　　② 14　　　　③ 16
④ 18　　　　⑤ 20

71 상중하

▶ 23640-0224

어느 직육면체의 각 모서리의 길이는 상수항을 포함한 모든 항의 계수가 자연수인 x, y에 대한 일차식으로 나타내어진다. 이 직육면체의 부피가 $2x^3+(2y+7)x^2+(7y+3)x+3y$일 때, 모든 모서리의 길이의 합이 $ax+by+c$이다. 세 상수 a, b, c에 대하여 $a+b+c$의 값을 구하시오.

(단, x, y는 1보다 큰 자연수이다.)

72 상중하

▶ 23640-0225

다음 그림과 같이 크기가 다른 직육면체 모양의 상자 A, B, C, D가 각각 8개, 36개, 54개, 27개 있다.

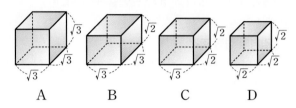

A　　B　　C　　D

이들을 모두 사용하여 빈틈없이 쌓아 하나의 정육면체를 만들었더니 한 모서리의 길이가 $a\sqrt{3}+b\sqrt{2}$일 때, $a+b$의 값을 구하시오. (단, a, b는 자연수이다.)

73 상중하

▶ 23640-0226

반지름의 길이가 $n+a$인 원을 밑면으로 하고 높이가 $n+b$인 원기둥이 있다. 이 원기둥의 부피가 $(n^3+7n^2+16n+12)\pi$일 때, 밑면의 반지름의 길이와 높이의 합은 11이다. 세 자연수 n, a, b에 대하여 $an+b$의 값을 구하시오.

서술형 완성하기

>> 정답과 풀이 37쪽

01
▶ 23640-0227

$x^2-xy-2y^2+ax-5y-3$이 x, y에 대한 두 일차식의 곱으로 인수분해될 때, 정수 a의 값을 구하시오.

02 내신기출
▶ 23640-0228

다항식 $f(x)=x^4-kx^3+x^2+kx-2$가 $(x-1)(x+1)g(x)$로 인수분해될 때, $g(1)=6$이다. $g(x)$를 인수분해하시오.

03
▶ 23640-0229

다항식의 인수분해를 이용하여 $\dfrac{50^6-1}{50^4+50^2+1}$의 값을 구하시오.

04
▶ 23640-0230

두 다항식 x^3-3x^2+2x-6, x^2-4x+a가 모두 $x+b$를 인수로 가질 때, 두 정수 a, b의 값을 구하시오.

05
▶ 23640-0231

다음 식을 인수분해하시오.

$$a^3+(3b-c)a^2+(3b^2-2bc)a+b^3-b^2c$$

06 내신기출
▶ 23640-0232

다항식 $(x^2+7x+10)(x^2-5x+4)+k$가 x에 대한 이차식의 완전제곱식으로 인수분해되도록 하는 상수 k의 값을 구하시오.

▶ 23640-0233

01 다항식 $f(x)=x^4+3x^3-6x^2-28x-24$에 대하여 $f(x)$를 $x-8$로 나누었을 때의 나머지를 구하시오.

▶ 23640-0234

02 $x^4+x^2+n^2$이 모든 항의 계수가 정수인 x에 대한 두 이차식의 곱으로 인수분해되도록 하는 25 이하의 모든 자연수 n의 값의 합을 구하시오.

▶ 23640-0235

03 두 다항식 $f(x)=x^3+ax^2+x+b$, $g(x)=x^3-2x^2+2x-4$가 다음 조건을 만족시킨다.

(가) $f(x)$, $g(x)$가 모두 일차식 $x+c$를 인수로 갖는다.
(나) $f(x)=(x+c)^2h(x)$로 인수분해된다.
(다) c는 정수이다.

상수 a, b, c에 대하여 $2abc$의 값을 구하시오.

▶ 23640-0236

04 세 변의 길이가 a, b, c인 삼각형 ABC가 다음 조건을 만족시킨다.

(가) $a^2(a+b)+a(b^2-c^2)+b^3-bc^2=0$
(나) $(c-a)(c-2b)(c-b)=0$
(다) $3b+c=20$

삼각형 ABC의 넓이를 구하시오.

II

방정식과 부등식

01 복소수

(1) **허수단위**: 제곱하여 -1이 되는 새로운 수를 i로 나타내고, 이를 허수단위라 한다.
즉, $i^2=-1$이고 $i=\sqrt{-1}$로 나타낸다.

(2) **복소수**: 실수 a, b에 대하여 $a+bi$ 꼴의 수를 복소수라 하고,
a를 실수부분, b를 허수부분이라 한다. 이때 복소수 $a+bi$
는 $b=0$이면 실수, $b\neq0$이면 허수, $a=0$, $b\neq0$이면 순허
수라 한다.

$$\text{복소수}(a+bi)\begin{cases}\text{실수 }(b=0)\\\text{허수 }(b\neq0)\end{cases}(a,\ b\text{는 실수})$$

허수단위 i는 imaginary number (unit)의 첫 글자이다.

실수는 크기가 있는 수이지만 허수는 크기가 없는 수이므로 대소를 비교할 수 없다.

$0\times i=0$

i
$i^4=1$ $i^2=-1$
$i^3=-i$

복소수 $a+bi$가 실수이면 $b=0$, 순허수이면 $a=0$, $b\neq0$이다.

02 두 복소수가 서로 같을 조건

네 실수 a, b, c, d에 대하여

(1) $a=c$, $b=d$이면 $a+bi=c+di$

(2) $a+bi=c+di$이면 $a=c$, $b=d$
특히, $a+bi=0$이면 $a=b=0$

실수부분
$a+bi=c+di$
허수부분

a, b가 실수라는 조건이 없으면 $a+bi=1+i$를 만족시키는 a, b는 $a=1$, $b=1$ 뿐만 아니라 $a=i$, $b=-i$ 와 같이 조건을 만족시키는 a, b가 무수히 많다.

03 켤레복소수

복소수 $z=a+bi$ (a, b는 실수)에 대하여 $a-bi$를 z의 켤레
복소수라 하고, 기호로 $\bar{z}=\overline{a+bi}$로 나타낸다.
즉, $\overline{a+bi}=a-bi$

$$\overline{a+bi}=a-bi$$
켤레복소수

04 복소수의 사칙연산

a, b, c, d가 실수일 때

(1) $(a+bi)+(c+di)=(a+c)+(b+d)i$

(2) $(a+bi)-(c+di)=(a-c)+(b-d)i$

(3) $(a+bi)(c+di)=(ac-bd)+(ad+bc)i$

(4) $\dfrac{a+bi}{c+di}=\dfrac{ac+bd}{c^2+d^2}+\dfrac{bc-ad}{c^2+d^2}i$ (단, $c+di\neq0$)

복소수의 사칙연산의 결과는 항상 복소수이다.

i를 문자처럼 생각하여 문자와 식의 사칙연산 방법과 동일하게 계산한 후 $i^2=-1$임을 이용하여 식을 정리한다.

복소수의 덧셈과 곱셈에 대하여 교환법칙, 결합법칙, 분배법칙이 성립한다.

복소수의 나눗셈은 분모를 실수화하는 것과 같다.

05 음수의 제곱근

(1) **음수의 제곱근**: $a>0$일 때
 ① $\sqrt{-a}=\sqrt{a}i$ ② $-a$의 제곱근은 $\sqrt{a}i$ 또는 $-\sqrt{a}i$

(2) **음수의 제곱근의 성질**
 ① $a<0$, $b<0$이면 $\sqrt{a}\sqrt{b}=-\sqrt{ab}$
 ② $\sqrt{a}\sqrt{b}=-\sqrt{ab}$이면 $a<0$, $b<0$ 또는 $ab=0$
 ③ $a>0$, $b<0$이면 $\dfrac{\sqrt{a}}{\sqrt{b}}=-\sqrt{\dfrac{a}{b}}$
 ④ $\dfrac{\sqrt{a}}{\sqrt{b}}=-\sqrt{\dfrac{a}{b}}$이면 $a>0$, $b<0$ 또는 $a=0$, $b\neq0$

$a<0$, $b<0$ 이외의 경우에는 $\sqrt{a}\sqrt{b}=\sqrt{ab}$
$a>0$, $b<0$ 이외의 경우에는 $\dfrac{\sqrt{a}}{\sqrt{b}}=\sqrt{\dfrac{a}{b}}$

01 복소수

[01~04] 다음 복소수의 실수부분과 허수부분을 각각 구하시오.

01 $3+4i$

02 $1-2i$

03 3

04 $-4i$

05 복소수 $2+\dfrac{1}{2}i$의 실수부분을 a, 허수부분을 b라 할 때, $a+4b$의 값을 구하시오.

06 다음 복소수를 실수와 허수로 분류하시오.

$$0,\ \sqrt{2}i,\ -\sqrt{5},\ i^2,\ 1-\sqrt{3},\ 1+i$$

02 두 복소수가 서로 같을 조건

[07~10] 다음 등식을 만족시키는 실수 a, b의 값을 구하시오.

07 $2+ai=b+3i$

08 $(a-1)+2bi=3-4i$

09 $(a+b)+ai=-1+3i$

10 $a+(a-2b)i=-6i$

03 켤레복소수

[11~14] 다음 복소수의 켤레복소수를 구하시오.

11 $3-i$

12 $\dfrac{1}{2}-\sqrt{2}i$

13 4

14 $-2i+3$

[15~16] 다음 □ 안에 알맞은 실수를 써넣으시오.

15 $\overline{3-2i}=3+\boxed{}i$

16 $\overline{\sqrt{2}+3i}=\boxed{}+(\boxed{})i$

04 복소수의 사칙연산

[17~22] 다음을 $a+bi$ (a, b는 실수) 꼴로 나타내시오.

17 $3i+(4-2i)$

18 $(4-3i)-(-1+2i)$

19 $(2+i)(4-2i)$

20 $\dfrac{1}{1-i}$

21 $(1+i)^2$

22 $\dfrac{4-i}{i}$

05 음수의 제곱근

[23~24] 다음 수의 제곱근을 구하시오.

23 -4

24 $-\dfrac{1}{2}$

[25~28] 다음을 계산하시오.

25 $\sqrt{-3}\sqrt{-27}$

26 $\sqrt{2}\sqrt{-8}$

27 $\dfrac{\sqrt{-27}}{\sqrt{-3}}$

28 $\dfrac{\sqrt{12}}{\sqrt{-2}}$

04 복소수와 이차방정식

06 이차방정식의 판별식

(1) 이차방정식의 풀이

　① 인수분해를 이용한 풀이: 이차방정식이 $(ax-b)(cx-d)=0$ 꼴로 변형되면

$$x=\frac{b}{a} \text{ 또는 } x=\frac{d}{c}$$

　② 근의 공식을 이용한 풀이: 이차방정식 $ax^2+bx+c=0$ (a, b, c는 실수, $a\neq0$)의 근은

$$x=\frac{-b\pm\sqrt{b^2-4ac}}{2a}$$

(2) 이차방정식의 근의 판별: 계수가 실수인 이차방정식 $ax^2+bx+c=0$에서 판별식

　$D=b^2-4ac$라 할 때,

　① $D>0$이면 서로 다른 두 실근을 갖고, 서로 다른 두 실근을 가지면 $D>0$

　② $D=0$이면 중근 (서로 같은 두 실근)을 갖고, 중근 (서로 같은 두 실근)을 가지면 $D=0$

　③ $D<0$이면 서로 다른 두 허근을 갖고, 서로 다른 두 허근을 가지면 $D<0$

　(참고) 이차식 ax^2+bx+c가 x에 대한 완전제곱식이다.

　　➡ 이차방정식 $ax^2+bx+c=0$은 중근을 갖는다.

　　➡ $D=b^2-4ac=0$이다.

07 이차방정식의 근과 계수의 관계

(1) 이차방정식 $ax^2+bx+c=0$의 두 근을 α, β라 하면

　① 두 근의 합: $\alpha+\beta=-\dfrac{b}{a}$　　　　② 두 근의 곱: $\alpha\beta=\dfrac{c}{a}$

(2) 두 수 α, β를 근으로 갖고 최고차항의 계수가 a ($a\neq0$인 실수)인 이차방정식은

$$a\{x^2-(\alpha+\beta)x+\alpha\beta\}=0$$

　특히, $a=1$이면 $x^2-(\alpha+\beta)x+\alpha\beta=0$

(3) 이차식의 인수분해: 이차방정식 $ax^2+bx+c=0$의 두 근을 α, β라 하면

$$ax^2+bx+c=a(x-\alpha)(x-\beta)$$

(4) 이차방정식의 켤레근의 성질: 이차방정식 $ax^2+bx+c=0$에 대하여

　① a, b, c가 유리수일 때, 한 근이 $p+q\sqrt{m}$이면 다른 한 근은 $p-q\sqrt{m}$이다.

　　　　　　　　　(단, p, q는 유리수, $q\neq0$, $\sqrt{m}$은 무리수이다.)

　② a, b, c가 실수일 때, 한 근이 $p+qi$이면 다른 한 근은 $p-qi$이다.

　　　　　　　　　(단, p, q는 실수, $q\neq0$, $i=\sqrt{-1}$이다.)

　(주의) ①에서 이차방정식의 계수가 모두 유리수라는 조건이 없으면 한 근이 $p+q\sqrt{m}$일 때, 다른 한 근이 반드시 $p-q\sqrt{m}$인 것은 아니다.

근의 공식에서 근호 안에 있는 b^2-4ac의 값의 부호에 따라 그 근이 실근인지 허근인지 판별할 수 있으므로 b^2-4ac를 계수가 실수인 이차방정식 $ax^2+bx+c=0$의 판별식이라 한다.

D는 판별식을 뜻하는 Discriminant의 첫 글자이다.

$D\geq0$이면 실근을 갖는다.

이차방정식 $ax^2+2b'x+c=0$의 판별식을 D라 하면 $D=(2b')^2-4ac=4(b'^2-ac)$의 값의 부호로 근을 판별할 수 있으므로 $\dfrac{D}{4}=b'^2-ac$를 이용하여 근을 판별할 수 있다.

$|\alpha-\beta|=\dfrac{\sqrt{b^2-4ac}}{|a|}$

$x^2-3\sqrt{3}x+6=0$에서 $(x-\sqrt{3})(x-2\sqrt{3})=0$이므로 $\sqrt{3}$은 이 이차방정식이 근이지만 $-\sqrt{3}$은 이 이차방정식의 근이 아니다.

06 이차방정식의 판별식

[29~32] 다음 이차방정식을 풀고, 그 근이 실근인지 허근인지 말하시오.

29 $x^2+4=0$

30 $x^2-3x+2=0$

31 $x^2+x+1=0$

32 $x^2-4x+4=0$

[33~36] 다음 이차방정식의 판별식 D의 값을 구하시오.

33 $x^2+4=0$

34 $x^2-3x+2=0$

35 $x^2+x+1=0$

36 $x^2-4x+4=0$

[37~40] 다음 이차방정식의 근을 판별하시오.

37 $x^2-x+1=0$

38 $x^2+5x+3=0$

39 $3x^2+2x+1=0$

40 $4x^2-4x+1=0$

[41~44] 다음 이차방정식이 주어진 근을 갖도록 하는 실수 a의 값 또는 범위를 구하시오.

41 $x^2-4x+a=0$ (서로 다른 두 실근)

42 $x^2+ax+3=0$ (중근)

43 $2x^2+2x+a=0$ (실근)

44 $x^2+6x+a=0$ (허근)

[45~46] 다음 이차식이 완전제곱식이 되도록 하는 실수 a의 값을 구하시오.

45 $4x^2+ax+9$

46 $ax^2-8x+1\ (a\neq0)$

07 이차방정식의 근과 계수의 관계

[47~50] 다음 이차방정식의 두 근의 합과 곱을 각각 구하시오.

47 $x^2-4x+8=0$

48 $2x^2+4x+5=0$

49 $-2x^2-3x+6=0$

50 $2x^2-\sqrt{2}x+\dfrac{2}{3}=0$

[51~54] 다음 두 수가 각각 두 수 α, β의 합과 곱일 때, 두 수 α, β를 근으로 갖고 최고차항의 계수가 1인 이차방정식을 구하시오.

51 4, 6

52 -2, 5

53 3, 2

54 -4, 3

[55~58] 다음 두 수를 근으로 갖고 최고차항의 계수가 1인 이차방정식을 구하시오.

55 -1, 1

56 $2+i$, $2-i$

57 3, 5

58 $1-\sqrt{2}$, $1+\sqrt{2}$

[59~60] 이차방정식 $x^2-6x+6=0$의 두 근을 α, β라 할 때, 다음 식의 값을 구하시오.

59 $(\alpha+1)(\beta+1)$

60 $\dfrac{1}{\alpha}+\dfrac{1}{\beta}$

61 x에 대한 이차방정식 $x^2+ax+b=0$의 한 근이 $1-\sqrt{2}$일 때, 두 유리수 a, b에 대하여 $a+b$의 값을 구하시오.

62 x에 대한 이차방정식 $x^2+ax+b=0$의 한 근이 $1+2i$일 때, 두 실수 a, b에 대하여 $a+b$의 값을 구하시오.

01 복소수

복소수 $a+bi$ (a, b는 실수)에 대하여

$$a+bi \begin{cases} \text{실수 } a & (b=0) \\ \text{허수} \begin{cases} \text{순허수 } bi & (a=0,\ b\neq0) \\ \text{순허수가 아닌 허수 } (ab\neq0) \end{cases} \end{cases}$$

》 **올림포스** 수학(상) 37쪽

01 대표문제

▶ 23640-0237

복소수 $a+bi$ (a, b는 실수)에 대하여 **보기**에서 옳은 것만을 있는 대로 고른 것은?

● 보기 ●
ㄱ. $a+bi$의 허수부분은 bi이다.
ㄴ. $b=0$이면 실수이다.
ㄷ. $ab\neq0$이면 순허수이다.

① ㄱ   ② ㄴ   ③ ㄷ
④ ㄱ, ㄴ   ⑤ ㄴ, ㄷ

02 상중하

▶ 23640-0238

복소수 $a+bi$ (a, b는 실수)가 다음 조건을 만족시킬 때, $a+b$의 값을 구하시오.

(가) 허수부분은 3이다.
(나) 순허수이다.

03 상중하

▶ 23640-0239

보기에서 옳은 것만을 있는 대로 고른 것은?

● 보기 ●
ㄱ. $\sqrt{3}$의 허수부분은 0이다.
ㄴ. 실수부분이 0인 복소수는 모두 순허수이다.
ㄷ. 허수부분이 0이 아닌 복소수는 허수이다.

① ㄱ   ② ㄴ   ③ ㄱ, ㄴ
④ ㄱ, ㄷ   ⑤ ㄱ, ㄴ, ㄷ

02 복소수의 사칙연산

복소수의 사칙연산은 허수단위 i를 문자처럼 생각하여 계산한다. 분모에 허수가 있으면 분모의 켤레복소수를 분모, 분자에 각각 곱하여 $a+bi$ (a, b는 실수) 꼴로 나타낸다.

》 **올림포스** 수학(상) 37쪽

04 대표문제

▶ 23640-0240

복소수 $2(1+i)-(2+i)^2$의 실수부분을 a, 허수부분을 b라 할 때, $a+b$의 값은?

① -5 ② -3 ③ -1
④ 1 ⑤ 3

05 상중하

▶ 23640-0241

$\dfrac{1+i}{1-i}+\dfrac{1-i}{1+i}$의 값은?

① $-2i$ ② -2 ③ 0
④ 2 ⑤ $2i$

06 상중하

▶ 23640-0242

$a=3+i$, $b=2-2i$, $c=-1+3i$일 때, $a^2+b^2+c^2+2ab-2bc-2ca$의 값은?

① $10-48i$ ② $15-48i$ ③ $20-48i$
④ $25-48i$ ⑤ $30-48i$

03 복소수가 실수, 순허수가 되기 위한 조건

복소수 $z=a+bi$ (a, b는 실수) 꼴로 정리한 후
① z가 실수 ➡ $b=0$
② z가 순허수 ➡ $a=0$, $b \neq 0$

>> **올림포스** 수학(상) 37쪽

07 대표문제
▶ 23640-0243

복소수 $(x+i)(x+2i)+(x-3i)$가 순허수가 되도록 하는 실수 x의 값은?

① -2 ② -1 ③ 0

④ 1 ⑤ 2

08 상중하
▶ 23640-0244

복소수 $z=(x-3)+(x+2)i$에 대하여 z^2이 실수가 되도록 하는 모든 실수 x의 값의 합은?

① -2 ② -1 ③ 0

④ 1 ⑤ 2

09 상중하
▶ 23640-0245

복소수 $z=(x^2+2i)+(-1+2xi)$에 대하여 z^2이 음의 실수가 되도록 하는 실수 x의 값은?

① -2 ② -1 ③ 0

④ 1 ⑤ 2

04 두 복소수가 서로 같을 조건

네 실수 a, b, c, d에 대하여
(1) $a=c$, $b=d$이면 $a+bi=c+di$
(2) $a+bi=c+di$이면 $a=c$, $b=d$
특히, $a+bi=0$이면 $a=b=0$

>> **올림포스** 수학(상) 37쪽

10 대표문제
▶ 23640-0246

등식 $(1+i)x+(4y-3i)=6-i$를 만족시키는 두 실수 x, y에 대하여 $x+y$의 값은?

① 1 ② 2 ③ 3

④ 4 ⑤ 5

11 상중하
▶ 23640-0247

등식 $(3+ai)(a+2i)=5+bi$를 만족시키는 두 실수 a, b에 대하여 $a+b$의 값을 구하시오.

12 상중하
▶ 23640-0248

등식 $x^2i-3xyi-4y^2i+\dfrac{x}{y}=a$를 만족시키는 두 실수 x, y가 존재하도록 하는 모든 실수 a의 값의 합은? (단, $y \neq 0$)

① 1 ② 2 ③ 3

④ 4 ⑤ 5

05 복소수에 대한 식의 값

$z=a+bi \Rightarrow z-a=bi \Rightarrow (z-a)^2=-b^2$
$\qquad \Rightarrow z^2-2az+a^2+b^2=0 \Rightarrow z^2=2az-a^2-b^2$
임을 이용한다. (단, a, b는 실수)

>> **올림포스** 수학(상) 37쪽

13 대표문제
▶ 23640-0249

$z=3-4i$일 때, $z^2-6z+30$의 값은?

① 1   ② 2   ③ 3

④ 4   ⑤ 5

14 상중하
▶ 23640-0250

$z=2+i$일 때, $(z^2-4z)^2-5(z^2-4z)$의 값을 구하시오.

15 상중하
▶ 23640-0251

$z=1+\sqrt{3}i$일 때, z^3+z^2-2z의 값은?

① -15 ② -12 ③ -9

④ -6 ⑤ -3

중요
06 켤레복소수의 성질

복소수 z의 켤레복소수를 $\bar{z}$라 할 때,
① $z+\bar{z}$, $z\bar{z}$는 실수
② $z=\bar{z}$이면 z는 실수
③ $z=-\bar{z}$이면 z는 순허수 또는 0

>> **올림포스** 수학(상) 37쪽

16 대표문제
▶ 23640-0252

$z=(x^2-1)+(x^2-4x+3)i$에 대하여 $z=\bar{z}$가 성립할 때, 모든 실수 x의 값의 합은? (단, $\bar{z}$는 z의 켤레복소수이다.)

① 1   ② 2   ③ 3

④ 4   ⑤ 5

17 상중하
▶ 23640-0253

복소수 $z=a+bi$ (a는 실수이고 b는 0이 아닌 실수)에 대하여 **보기**에서 옳은 것만을 있는 대로 고른 것은?

(단, $\bar{z}$는 z의 켤레복소수이다.)

· 보기 ·
ㄱ. $(z+i)(\bar{z}-i)$는 실수이다.
ㄴ. $\overline{z^2}=(\bar{z})^2$
ㄷ. $z+\bar{z}=0$이면 z는 순허수이다.

① ㄱ   ② ㄴ   ③ ㄱ, ㄴ

④ ㄱ, ㄷ   ⑤ ㄱ, ㄴ, ㄷ

18 상중하
▶ 23640-0254

0이 아닌 복소수
$$z=(x^2-4)+(x^2-2x-8)i$$
에 대하여 $\dfrac{1}{z}+\dfrac{1}{\bar{z}}=0$이 성립할 때, 실수 x의 값은?

(단, $\bar{z}$는 z의 켤레복소수이다.)

① -2 ② -1 ③ 0

④ 1   ⑤ 2

07 켤레복소수의 성질을 이용한 연산

두 복소수 z_1, z_2와 각각의 켤레복소수 $\overline{z_1}$, $\overline{z_2}$에 대하여
① $\overline{z_1+z_2}=\overline{z_1}+\overline{z_2}$, $\overline{z_1-z_2}=\overline{z_1}-\overline{z_2}$
② $\overline{z_1 z_2}=\overline{z_1}\cdot\overline{z_2}$
③ $\overline{\left(\dfrac{z_1}{z_2}\right)}=\dfrac{\overline{z_1}}{\overline{z_2}}$ (단, $z_2\neq0$)
④ $\overline{(\overline{z_1})}=z_1$

>> 올림포스 수학(상) 37쪽

19 대표문제
▶ 23640-0255

$\alpha=2+i$, $\beta=1+2i$일 때, $\alpha\overline{\alpha}+\alpha\overline{\beta}+\overline{\alpha}\beta+\beta\overline{\beta}$의 값은?
(단, $\overline{\alpha}$, $\overline{\beta}$는 각각 α, β의 켤레복소수이다.)

① -18　　　② -9　　　③ 0
④ 9　　　⑤ 18

20 상중하
▶ 23640-0256

$z=1+i$일 때, $z^3\overline{z}+z\overline{z}^3$의 값은?
(단, $\overline{z}$는 z의 켤레복소수이다.)

① -4　　　② -2　　　③ 0
④ 2　　　⑤ 4

21 상중하
▶ 23640-0257

$w=1-i$에 대하여 $z=\dfrac{\overline{w}+1}{w-1}$일 때, $\overline{\left(\dfrac{z}{\overline{z}}\right)}$의 값은?
(단, $\overline{z}$, $\overline{w}$는 각각 z, w의 켤레복소수이다.)

① $\dfrac{-4-3i}{5}$　　② $\dfrac{-3-4i}{5}$　　③ $\dfrac{-4+3i}{5}$
④ $\dfrac{-3+4i}{5}$　　⑤ $\dfrac{3+4i}{5}$

08 등식을 만족시키는 복소수 구하기

복소수 z를 포함한 등식이 주어질 때, z에 대하여 등식을 풀거나 $z=a+bi$(a, b는 실수)로 놓고 등식에 대입한 후, 두 복소수가 서로 같을 조건을 이용하여 a, b의 값을 구한다.

>> 올림포스 수학(상) 37쪽

22 대표문제
▶ 23640-0258

등식 $z+zi=3+4i$를 만족시키는 복소수 z는?

① $\dfrac{3+i}{2}$　　　② $\dfrac{5+i}{2}$　　　③ $\dfrac{7+i}{2}$
④ $\dfrac{9+i}{2}$　　　⑤ $\dfrac{11+i}{2}$

23 상중하
▶ 23640-0259

복소수 z와 그 켤레복소수 $\overline{z}$에 대하여 $z+\overline{z}=6$, $z\overline{z}=13$을 만족시키는 복소수 z를 각각 z_1, z_2라 하자. $z_1{}^2+z_2{}^2$의 값을 구하시오. (단, $z_1\neq z_2$)

24 상중하
▶ 23640-0260

등식 $(3+4i)z+3\overline{z}=4+2i$를 만족시키는 복소수 z는?

① $-\dfrac{1}{2}-\dfrac{1}{4}i$　　② $-\dfrac{1}{4}-\dfrac{1}{2}i$　　③ $\dfrac{1}{4}-\dfrac{1}{2}i$
④ $\dfrac{1}{2}-\dfrac{1}{4}i$　　⑤ $\dfrac{1}{2}+\dfrac{1}{4}i$

중요

09 허수단위 i의 거듭제곱

자연수 n에 대하여
$$i^{4n-3}=i,\ i^{4n-2}=-1,\ i^{4n-1}=-i,\ i^{4n}=1$$

>> **올림포스** 수학(상) 37쪽

25 대표문제
▶ 23640-0261

등식
$$i+i^2+i^3+\cdots+i^n=-i^4$$
이 성립하도록 하는 30 이하의 모든 자연수 n의 값의 합을 구하시오.

26 상중하
▶ 23640-0262

$\left(\dfrac{1-i}{1+i}\right)^{99}+\left(\dfrac{1+i}{1-i}\right)^{102}$을 간단히 하면?

① $-1-i$ ② $-1+i$ ③ 0

④ $1+i$ ⑤ $2i$

27 상중하
▶ 23640-0263

$z=\dfrac{1+i}{\sqrt{2}}$일 때, $1+z+z^2+\cdots+z^{16}$의 값은?

① $-i$ ② -1 ③ 0

④ 1 ⑤ i

28 상중하
▶ 23640-0264

$z=1+i$일 때, $z^{13}+z^{14}+\overline{z^{15}}+\overline{z^{16}}=a+bi$이다. 두 실수 a, b에 대하여 $a+b$의 값은?

① 256 ② 260 ③ 264

④ 268 ⑤ 272

10 음수의 제곱근

(1) 음수의 제곱근을 허수단위 i를 사용하여 나타낸다.
  $a>0$일 때, $\sqrt{-a}=\sqrt{a}i$

(2) 음수의 제곱근의 성질을 이용하여 계산한다.
  ① $a<0$, $b<0$일 때, $\sqrt{a}\sqrt{b}=-\sqrt{ab}$
  ② $a>0$, $b<0$일 때, $\dfrac{\sqrt{a}}{\sqrt{b}}=-\sqrt{\dfrac{a}{b}}$

>> **올림포스** 수학(상) 38쪽

29 대표문제
▶ 23640-0265

$(\sqrt{3}+\sqrt{-3})\times(\sqrt{2}-\sqrt{-2})-\dfrac{\sqrt{-18}}{\sqrt{-3}}$의 값은?

① $-2\sqrt{6}$ ② $-\sqrt{6}$ ③ 0

④ $\sqrt{6}$ ⑤ $2\sqrt{6}$

30 상중하
▶ 23640-0266

보기에서 옳은 것만을 있는 대로 고른 것은?

┌─ 보기 ────────────────────┐
  ㄱ. $\sqrt{-2}\sqrt{8}=-4i$
  ㄴ. $\sqrt{-3}\sqrt{-27}=-9$
  ㄷ. $\dfrac{\sqrt{-4}}{\sqrt{2}}=-\sqrt{2}i$
└────────────────────────┘

① ㄱ   ② ㄴ   ③ ㄷ

④ ㄱ, ㄴ   ⑤ ㄴ, ㄷ

31 상중하
▶ 23640-0267

$\dfrac{\sqrt{32}}{\sqrt{-2}}+\dfrac{\sqrt{27}}{\sqrt{3}}+\dfrac{\sqrt{-32}}{\sqrt{2}}+\dfrac{\sqrt{-27}}{\sqrt{-3}}=a+bi$일 때, 두 실수 a, b에 대하여 $a+b$의 값은?

① -6 ② -3 ③ 0

④ 3 ⑤ 6

11 음수의 제곱근의 성질

두 실수 a, b에 대하여

① $\sqrt{a}\sqrt{b} = -\sqrt{ab}$ ➡ $a < 0$, $b < 0$ 또는 $ab = 0$

② $\dfrac{\sqrt{a}}{\sqrt{b}} = -\sqrt{\dfrac{a}{b}}$ ➡ $a > 0$, $b < 0$ 또는 $a = 0$, $b \neq 0$

➤➤ 올림포스 수학(상) 38쪽

32 대표문제
▶ 23640-0268

$ab \neq 0$인 두 실수 a, b에 대하여 $\dfrac{\sqrt{a}}{\sqrt{b}} = -\sqrt{\dfrac{a}{b}}$일 때,

$\sqrt{(a-b)^2} + |2a| - |b|$를 간단히 하면?

① $-3a - 2b$ ② $-3a$ ③ $a - b$

④ $3a - 2b$ ⑤ $3a$

33 상중하
▶ 23640-0269

등식 $\sqrt{x-4}\sqrt{x+3} = -\sqrt{x^2-x-12}$를 만족시키는 $x \neq 4$인 모든 실수 x에 대하여 $|x-6| + |x+3| = ax + b$가 성립한다. 두 실수 a, b에 대하여 $a + b$의 값은?

① -2 ② -1 ③ 0

④ 1 ⑤ 2

34 상중하
▶ 23640-0270

등식 $\dfrac{\sqrt{1-x}}{\sqrt{-x-6}} = -\sqrt{\dfrac{x-1}{x+6}}$을 만족시키는 정수 x의 개수를 구하시오.

12 이차방정식이 실근을 가질 조건

계수가 실수인 이차방정식 $ax^2 + bx + c = 0$의 판별식을 $D = b^2 - 4ac$라 할 때,

① $D > 0$이면 서로 다른 두 실근을 갖는다.

② $D \geq 0$이면 실근을 갖는다.

또, 이 이차방정식이 서로 다른 두 실근을 가지면 $D > 0$, 실근을 가지면 $D \geq 0$이다.

➤➤ 올림포스 수학(상) 38쪽

35 대표문제
▶ 23640-0271

x에 대한 이차방정식 $x^2 - 2kx + k^2 - 3k - 9 = 0$이 서로 다른 두 실근을 갖도록 하는 정수 k의 최솟값은?

① -3 ② -2 ③ -1

④ 0 ⑤ 1

36 상중하
▶ 23640-0272

x에 대한 이차방정식 $x^2 + 2(1-k)x + k^2 + 4 = 0$이 실근을 갖도록 하는 실수 k의 최댓값은?

① -2 ② $-\dfrac{3}{2}$ ③ -1

④ $-\dfrac{1}{2}$ ⑤ 0

37 상중하
▶ 23640-0273

x에 대한 이차방정식 $x^2 + 2kx + 2a - 7 = 0$이 실수 k의 값에 관계없이 항상 실근을 갖도록 하는 실수 a의 최댓값을 $\dfrac{q}{p}$라 할 때, $p + q$의 값을 구하시오.

(단, p와 q는 서로소인 자연수이다.)

13 이차방정식이 중근을 가질 조건

계수가 실수인 이차방정식 $ax^2+bx+c=0$의 판별식을 $D=b^2-4ac$라 할 때,

$D=0$이면 중근 (서로 같은 두 실근)을 갖고 이 이차방정식이 중근을 가지면 $D=0$이다.

» **올림포스** 수학(상) 38쪽

38 대표문제
▶ 23640-0274

x에 대한 이차방정식 $x^2-4ax+3a^2+4=0$이 중근 α를 가질 때, $a+\alpha$의 최댓값은? (단, a는 실수이다.)

① 0 ② 2 ③ 4
④ 6 ⑤ 8

39 상중하
▶ 23640-0275

x에 대한 이차방정식 $(k+2)x^2-2\sqrt{6}x+k-3=0$이 중근을 갖도록 하는 모든 실수 k의 값의 합은?

① -2 ② -1 ③ 0
④ 1 ⑤ 2

40 상중하
▶ 23640-0276

x에 대한 이차방정식 $x^2-(2k-3)x+k^2-4ak+b=0$이 실수 k의 값에 관계없이 항상 중근을 갖도록 하는 두 실수 a, b에 대하여 $a+b$의 값은?

① $\frac{1}{4}$ ② $\frac{1}{2}$ ③ 1
④ 2 ⑤ 3

14 이차방정식이 허근을 가질 조건

계수가 실수인 이차방정식 $ax^2+bx+c=0$의 판별식을 $D=b^2-4ac$라 할 때,

$D<0$이면 서로 다른 두 허근을 갖고 이 이차방정식이 서로 다른 두 허근을 가지면 $D<0$이다.

» **올림포스** 수학(상) 38쪽

41 대표문제
▶ 23640-0277

x에 대한 이차방정식 $x^2-kx+\frac{1}{4}k^2-k+\frac{5}{4}=0$이 서로 다른 두 허근을 갖도록 하는 정수 k의 최댓값은?

① -2 ② -1 ③ 0
④ 1 ⑤ 2

42 상중하
▶ 23640-0278

$\overline{AB}=c$, $\overline{BC}=a$, $\overline{CA}=b$인 삼각형 ABC가 있다. x에 대한 이차방정식 $x^2+2ax+b^2-c^2=0$이 허근을 가질 때, 삼각형 ABC는 어떤 삼각형인가?

① 정삼각형
② ∠A가 직각인 삼각형
③ $\overline{BC}=\overline{CA}$인 이등변삼각형
④ ∠B가 둔각인 삼각형
⑤ ∠C가 둔각인 삼각형

43 상중하
▶ 23640-0279

x에 대한 두 이차방정식
$$x^2+2x-a=0,\ x^2-2(a+1)x+5+a^2=0$$
의 서로 다른 실근의 개수를 각각 m, n이라 할 때, $m+n=1$을 만족시키는 실수 a의 값은?

① -2 ② -1 ③ 0
④ 1 ⑤ 2

15 이차식이 완전제곱식이 될 조건

이차식 ax^2+bx+c가 완전제곱식이다.

➡ 이차방정식 $ax^2+bx+c=0$이 중근을 갖는다.

➡ $b^2-4ac=0$

>> 올림포스 수학(상) 38쪽

44 대표문제
▶ 23640-0280

x에 대한 이차식 $x^2-(k+3)x+4$가 완전제곱식이 되도록 하는 자연수 k의 값은?

① 1   ② 3   ③ 5

④ 7   ⑤ 9

45 상중하
▶ 23640-0281

모든 실수 x에 대하여

$$x^2-2(k+4)x-2k^2+2k+16=(x-\alpha)^2$$

이 성립할 때, 두 실수 k, α에 대하여 서로 다른 a^2+k^2의 값의 합을 구하시오.

46 상중하
▶ 23640-0282

x에 대한 이차식 $x^2-4ax+ka-k+b$가 실수 k의 값에 관계없이 완전제곱식이 될 때, 두 상수 a, b에 대하여 $a+b$의 값은?

① 1   ② 3   ③ 5

④ 7   ⑤ 9

16 x, y에 대한 이차식을 두 일차식의 곱으로 인수분해

x, y에 대한 이차식은 다음과 같은 순서로 x, y에 대한 두 일차식의 곱으로 인수분해한다.

① x(또는 y)에 대하여 내림차순으로 정리한다.

② x에 대한 이차방정식의 판별식 D가 y에 대한 완전제곱식임을 이용한다.

>> 올림포스 수학(상) 38쪽

47 대표문제
▶ 23640-0283

x, y에 대한 이차식 $x^2+4xy+3y^2+4x+4y+k$가 x, y에 대한 두 일차식의 곱으로 인수분해될 때, 실수 k의 값은?

① -2 ② -1 ③ 0

④ 1   ⑤ 2

48 상중하
▶ 23640-0284

x, y에 대한 이차식 $x^2+2xy+ky^2+2\sqrt{2}y+k$가 x, y에 대한 두 일차식의 곱으로 인수분해되도록 하는 모든 실수 k의 값의 합은?

① -2 ② -1 ③ 0

④ 1   ⑤ 2

49 상중하
▶ 23640-0285

x, y에 대한 이차식 $x^2-y^2+4x+ky$가 x, y에 대한 두 일차식의 곱으로 인수분해되도록 하는 실수 k의 값이 α, β $(\alpha<\beta)$일 때, $\alpha^2+\beta^2$의 값을 구하시오.

중요
17 이차방정식의 근과 계수의 관계

이차방정식 $ax^2+bx+c=0$의 두 근을 α, β라 할 때,

$$\alpha+\beta=-\frac{b}{a}, \ \alpha\beta=\frac{c}{a}$$

➤➤ 올림포스 수학(상) 39쪽

50 대표문제
▶ 23640-0286

이차방정식 $2x^2-7x+4=0$의 두 근을 α, β라 하자.
$\frac{1}{\alpha}+\frac{1}{\beta}=\frac{q}{p}$일 때, $p+q$의 값을 구하시오.

(단, p와 q는 서로소인 자연수이다.)

51 상중하
▶ 23640-0287

이차방정식 $x^2-8x+9=0$의 두 근을 α, β라 할 때, $\sqrt{\alpha}+\sqrt{\beta}$의 값은?

① $\sqrt{10}$ ② $\sqrt{11}$ ③ $2\sqrt{3}$
④ $\sqrt{13}$ ⑤ $\sqrt{14}$

52 상중하
▶ 23640-0288

방정식 $|x^2-6x|=3$의 네 근을 α, β, γ, δ라 할 때, $\alpha^2+\beta^2+\gamma^2+\delta^2$의 값을 구하시오.

53 상중하
▶ 23640-0289

이차방정식 $x^2-3x+1=0$의 두 근을 α, β라 할 때, $(\alpha^2-2\alpha)(\beta^2-2\beta)$의 값은?

① -2 ② -1 ③ 0
④ 1 ⑤ 2

54 상중하
▶ 23640-0290

이차방정식 $x^2-8x+6=0$의 두 근을 α, β라 할 때, $\alpha^2+8\beta$의 값을 구하시오.

55 상중하
▶ 23640-0291

이차방정식 $x^2-(a+1)x+2-a=0$의 두 근 α, β에 대하여 $\alpha^2+\beta^2=1$이 되도록 하는 모든 실수 a의 값의 합은?

① -5 ② -4 ③ -3
④ -2 ⑤ -1

56 상중하
▶ 23640-0292

이차방정식 $x^2+ax+3\beta=0$의 두 근이 γ, δ이고 이차방정식 $x^2+\gamma x+2\delta=0$의 두 근이 α, β일 때, $\alpha-\beta+\gamma-\delta$의 값을 구하시오. (단, $\alpha\beta\gamma\delta\neq0$)

18 이차방정식의 두 근의 조건이 주어졌을 때 미정계수 구하기

이차방정식의 두 근의 조건이 주어졌을 때
① 한 근이 다른 한 근의 k배 ➡ α, $k\alpha$ (단, $\alpha \neq 0$)
② 두 근의 비가 $m : n$ ➡ $m\alpha$, $n\alpha$ (단, $\alpha \neq 0$)
③ 두 근의 차가 k ➡ α, $\alpha + k$
④ 두 근이 연속인 정수 ➡ α, $\alpha + 1$
과 같이 두 근을 하나의 문자로 나타낸 후 근과 계수의 관계를 이용하여 미정계수를 구한다.

>> 올림포스 수학(상) 39쪽

57 대표문제
▶ 23640-0293

x에 대한 이차방정식 $x^2 - kx + 2k - 4 = 0$의 한 근이 다른 한 근의 2배가 되도록 하는 모든 실수 k의 값의 합은?

① 1　　　　② 5　　　　③ 9
④ 13　　　　⑤ 17

58 상중하
▶ 23640-0294

x에 대한 이차방정식 $x^2 - 9x + k^2 + k = 0$의 두 근의 차가 5가 되도록 하는 모든 실수 k의 값의 곱은?

① -16　　　　② -14　　　　③ -12
④ -10　　　　⑤ -8

59 상중하
▶ 23640-0295

x에 대한 이차방정식 $x^2 - 2kx + 2k^2 - \dfrac{13}{2} = 0$의 두 근이 연속된 정수일 때, 양수 k의 값은?

① $\dfrac{1}{2}$　　　　② 1　　　　③ $\dfrac{3}{2}$
④ 2　　　　⑤ $\dfrac{5}{2}$

60 상중하
▶ 23640-0296

x에 대한 이차방정식 $x^2 - kx + k = 0$의 두 근의 비가 $2 : 3$이 되도록 하는 양수 k의 값은?

① 4　　　　② $\dfrac{25}{6}$　　　　③ $\dfrac{13}{3}$
④ $\dfrac{9}{2}$　　　　⑤ $\dfrac{14}{3}$

61 상중하
▶ 23640-0297

x에 대한 이차방정식 $x^2 - 2kx + k + 1 = 0$의 두 근이 연속된 홀수일 때, 양수 k의 값은?

① 1　　　　② 2　　　　③ 3
④ 4　　　　⑤ 5

62 상중하
▶ 23640-0298

x에 대한 이차방정식 $x^2 + (a^2 + a - 12)x + 5 - b = 0$의 두 실근은 절댓값이 같고 부호가 서로 다를 때, 실수 a와 한 자리 자연수 b에 대하여 $a + b$의 최댓값과 최솟값의 합을 구하시오.

중요

19 두 근이 주어졌을 때 이차방정식 구하기

두 수 α, β를 근으로 하고 x^2의 계수가 1인 이차방정식은
$$x^2-(\alpha+\beta)x+\alpha\beta=0$$

≫ 올림포스 수학(상) 39쪽

63 대표문제
▶ 23640-0299

x에 대한 이차방정식 $x^2+ax+b=0$의 두 근이 -2, 3이다. 두 상수 a, b에 대하여 a, b를 두 근으로 하고 x^2의 계수가 1인 이차방정식을 $f(x)=0$이라 할 때, $f(-2)$의 값은?

① -4　　　② -2　　　③ 0

④ 1　　　⑤ 2

64 상중하
▶ 23640-0300

두 수 -1, 1을 근으로 하고 x^2의 계수가 1인 이차방정식을 $f(x)=0$이라 할 때, $f(2)$의 값은?

① 1　　　② 2　　　③ 3

④ 4　　　⑤ 5

65 상중하
▶ 23640-0301

이차방정식 $x^2-3x+4=0$의 두 근을 α, β라 할 때, x에 대한 이차방정식 $x^2+ax+b=0$의 두 근은 $\alpha+1$, $\beta+1$이다. 두 상수 a, b에 대하여 a와 b를 근으로 하고 x^2의 계수가 1인 이차방정식을 $f(x)=0$이라 할 때, $f(0)$의 값은?

① -40　　　② -20　　　③ 0

④ 20　　　⑤ 40

66 상중하
▶ 23640-0302

이차방정식 $3x^2+5x-1=0$의 두 근을 α, β라 하자. $\dfrac{1}{\alpha}$, $\dfrac{1}{\beta}$을 두 근으로 하고 x^2의 계수가 1인 이차방정식을 $f(x)=0$이라 할 때, $f(-2)$의 값을 구하시오.

67 상중하
▶ 23640-0303

x에 대한 이차방정식 $x^2+ax+b=0$의 두 근을 α, β라 할 때, x에 대한 이차방정식 $x^2-(3a+6)x+4=0$의 두 근이 $\alpha-1$, $\beta-1$이다. 두 상수 a, b에 대하여 a와 b를 근으로 하고 x^2의 계수가 1인 이차방정식을 $f(x)=0$이라 할 때, $f(0)$의 값은?

① -20　　　② -10　　　③ 0

④ 10　　　⑤ 20

68 상중하
▶ 23640-0304

x에 대한 이차방정식 $x^2-ax+3=0$의 두 근을 1, α라 할 때, α, 2α를 두 근으로 하는 이차방정식이 $x^2-bx+c=0$이다. 세 상수 a, b, c에 대하여 $a+b+c$의 값을 구하시오.

20 잘못 보고 푼 이차방정식

(1) 일차항의 계수를 잘못 본 경우 ➡ 두 근의 곱을 바르게 봄

(2) 상수항을 잘못 본 경우 ➡ 두 근의 합을 바르게 봄

>> **올림포스** 수학(상) 39쪽

69 대표문제
▶ 23640-0305

이차방정식 $ax^2+bx+c=0$을 푸는 데, b를 잘못 보고 풀어 두 근 -1, 2를 얻었고, 상수항을 잘못 보고 풀어 두 근 2, -2를 얻었다. 이차방정식 $ax^2+bx+c=0$의 두 근을 α, β라 할 때, $|\beta-\alpha|$의 값은? (단, a, b, c는 실수이다.)

① 8   ② $4\sqrt{2}$ ③ 4

④ $2\sqrt{2}$ ⑤ 2

70 상중하
▶ 23640-0306

갑과 을이 이차방정식 $ax^2+bx+c=0$을 푸는 데, 갑은 x의 계수를 잘못 보고 풀어 두 근 -1, 4를 얻었고, 을은 상수항을 잘못 보고 풀어 두 근 $-\dfrac{3}{2}+\sqrt{2}$, $-\dfrac{3}{2}-\sqrt{2}$를 얻었다. 이차방정식 $ax^2+bx+c=0$의 두 근을 α, β라 할 때, $\alpha^2+\beta^2$의 값을 구하시오. (단, a, b, c는 실수이다.)

71 상중하
▶ 23640-0307

이차방정식 $ax^2+bx+c=0$에서 근의 공식을

$x=\dfrac{-b\pm\sqrt{b^2-ac}}{2a}$로 잘못 적용하여 풀어 두 근 -3, 5를 얻었다. 이 이차방정식의 올바른 두 근의 곱은?

(단, a, b, c는 실수이다.)

① -60 ② -45 ③ -30

④ 15   ⑤ 30

중요

21 이차식의 인수분해

이차방정식 $ax^2+bx+c=0$의 두 근이 α, β이면

$$ax^2+bx+c=a(x-\alpha)(x-\beta)$$

로 인수분해한다.

>> **올림포스** 수학(상) 39쪽

72 대표문제
▶ 23640-0308

다음 중 이차식 x^2-4x+5를 복소수의 범위에서 인수분해할 때, 인수인 것은? (단, $i=\sqrt{-1}$)

① $x-1+2i$ ② $x-2+i$

③ $x+1-2i$ ④ $x+2-i$

⑤ $x+2+2i$

73 상중하
▶ 23640-0309

이차식 x^2-2x+2를 복소수의 범위에서 인수분해하면?

(단, $i=\sqrt{-1}$)

① $(x-i)(x+i)$

② $(x+1-i)(x+1+i)$

③ $(x-1-i)(x-1+i)$

④ $(x-1-2i)(x-1+2i)$

⑤ $(x-2-i)(x-2+i)$

74 상중하
▶ 23640-0310

이차방정식 $x^2+ax+b=0$의 두 근 α, β에 대하여

$$(3-\alpha)(3-\beta)=0, \ (2-\alpha)(2-\beta)=0$$

일 때, $4a+b$의 값은? (단, a, b는 실수이다.)

① -16 ② -14 ③ -12

④ -10 ⑤ -8

75 상중하
▶ 23640-0311

이차방정식 $x^2+ax+b=0$의 두 근을 α, β라 할 때, $(\alpha-1)(\beta-1)=0$, $(2\alpha-1)(2\beta-1)=0$이 성립한다. 이때 $\alpha+\beta$의 값은? (단, a, b는 실수이다.)

① $\dfrac{1}{2}$ ② 1 ③ $\dfrac{3}{2}$

④ 2 ⑤ $\dfrac{5}{2}$

76 상중하
▶ 23640-0312

$f(x)$는 x^2의 계수가 1인 x에 대한 이차식이고, 두 수 α, β는 이차방정식 $3x^2-6x+4=0$의 두 근이다. $f(\alpha)=\alpha$, $f(\beta)=\beta$일 때, $f(1)$의 값은?

① $\dfrac{1}{3}$ ② $\dfrac{2}{3}$ ③ 1

④ $\dfrac{4}{3}$ ⑤ $\dfrac{5}{3}$

77 상중하
▶ 23640-0313

$f(x)$는 x^2의 계수가 1인 x에 대한 이차식이고, 두 수 α, β는 이차방정식 $x^2-2x-3=0$의 두 근이다. $f(\alpha)=\beta$, $f(\beta)=\alpha$일 때, $f(4)$의 값은?

① 1 ② 2 ③ 3

④ 4 ⑤ 5

---

22 이차방정식 $f(x)=0$의 두 근을 이용하여 방정식 $f(ax+b)=0$의 근 구하기

이차방정식 $f(x)=0$의 두 근을 α, β라 하면
이차방정식 $f(ax+b)=0$ $(a\neq 0)$의 두 근은
$\alpha=ax+b$, $\beta=ax+b$에서
$x=\dfrac{\alpha-b}{a}$ 또는 $x=\dfrac{\beta-b}{a}$

》 올림포스 수학(상) 39쪽

78 대표문제
▶ 23640-0314

이차방정식 $f(x)=0$의 두 근의 합이 4, 두 근의 곱이 -2일 때, 방정식 $f(2x-1)=0$의 두 근의 곱은?

① $\dfrac{1}{4}$ ② $\dfrac{1}{2}$ ③ $\dfrac{3}{4}$

④ 1 ⑤ $\dfrac{5}{4}$

79 상중하
▶ 23640-0315

이차방정식 $f(x)=0$의 두 근을 α, β라 할 때, $\alpha\beta=12$이다. 이때 방정식 $f(2x)=0$의 두 근의 곱은?

① 1 ② 2 ③ 3

④ 4 ⑤ 5

80 상중하
▶ 23640-0316

이차방정식 $f(x)=0$의 두 근을 α, β라 할 때, $\alpha+\beta=12$이다. 이때 방정식 $f(4x-2)=0$의 두 근의 합은?

① 1 ② 2 ③ 3

④ 4 ⑤ 5

23 이차방정식의 켤레근

① 계수가 모두 유리수인 이차방정식의 한 근이
$a+b\sqrt{m}$이면 다른 한 근은 $a-b\sqrt{m}$이다.
(단, a, b는 유리수, $b\neq0$, $\sqrt{m}$은 무리수이다.)

② 계수가 모두 실수인 이차방정식의 한 근이 $a+bi$이면
다른 한 근은 $a-bi$이다.
(단, a, b는 실수, $b\neq0$, $i=\sqrt{-1}$이다.)

» **올림포스** 수학(상) 39쪽

81 대표문제
▶ 23640-0317

두 실수 a, b에 대하여 이차방정식 $x^2+ax+b=0$의 한 근이
$3+i$일 때, $2a+b$의 값은? (단, $i=\sqrt{-1}$)

① -2 ② -1 ③ 0
④ 1 ⑤ 2

82 상중하
▶ 23640-0318

두 실수 a, b에 대하여 이차방정식 $x^2+ax+b=0$의 한 근이
$1+i$일 때, $b-a$의 값은? (단, $i=\sqrt{-1}$)

① 1 ② 2 ③ 3
④ 4 ⑤ 5

83 상중하
▶ 23640-0319

두 유리수 a, b에 대하여 이차방정식 $x^2+ax+b=0$의 한 근
이 $2-\sqrt{3}$일 때, ab의 값은?

① -4 ② -2 ③ 0
④ 2 ⑤ 4

84 상중하
▶ 23640-0320

두 실수 a, b에 대하여 이차방정식 $x^2+2x+a=0$의 한 근이
$b-3i$일 때, $a+b$의 값은? (단, $i=\sqrt{-1}$)

① 1 ② 3 ③ 5
④ 7 ⑤ 9

85 상중하
▶ 23640-0321

이차방정식 $x^2+2mx+n=0$ (m, n은 실수)의 한 근이 $-1+i$
일 때, $\dfrac{1}{m}$, $\dfrac{1}{n}$을 두 근으로 하는 이차방정식이 $x^2+ax+b=0$
이다. 이때 두 상수 a, b에 대하여 $b-a$의 값은? (단, $i=\sqrt{-1}$)

① -2 ② -1 ③ 0
④ 1 ⑤ 2

86 상중하
▶ 23640-0322

두 유리수 a, b에 대하여 $f(x)=x^2+ax$이고 $f(2-\sqrt{2})=2a-b$
를 만족시킬 때, $f(b)$의 값을 구하시오.

01 ▶ 23640-0323

$z = \dfrac{5}{1-2i}$일 때, $(z^2-2z)^2+(z-3)(z+1)$의 값을 구하시오. (단, $i=\sqrt{-1}$)

02 ▶ 23640-0324

$(1+2i)^2 z+4=(\bar{z}+2)i$를 만족시키는 복소수 z에 대하여 $z+\bar{z}+(z-\bar{z})i$의 값을 구하시오.

(단, $i=\sqrt{-1}$이고 $\bar{z}$는 z의 켤레복소수이다.)

03 ▶ 23640-0325

이차방정식 $x^2-x+k=0$의 두 실근을 α, β라 하자. $|\alpha|+|\beta|=9$일 때, 실수 k의 값을 구하시오.

04 ▶ 23640-0326

이차방정식 $x^2+ax-4=0$의 두 근을 α, β라 할 때, α^2, β^2을 두 근으로 하는 이차방정식은 $x^2-8x+b=0$이다. 두 상수 a, b에 대하여 $a+b$의 값을 구하시오. (단, $\alpha \neq \beta$)

05 내신기출 ▶ 23640-0327

이차방정식 $ax^2+bx+c=0\,(ac \neq 0)$의 두 근이 α, β일 때, 이차방정식 $c(2x-1)^2+b(2x-1)+a=0$의 해를 구하시오.

(단, a, b, c는 실수이다.)

06 내신기출 ▶ 23640-0328

자연수 n에 대하여 두 이차방정식
$$x^2+6x+n=0,\; x^2-4x+10-n=0$$
의 서로 다른 실근의 개수를 각각 $f(n)$, $g(n)$이라 하자. $f(n)+g(n)=2$를 만족시키는 12 이하의 자연수 n의 개수를 구하시오.

내신 + 수능 고난도 도전

>> 정답과 풀이 54쪽

▶ 23640-0329

01 0이 아닌 두 복소수 z, w가 다음 조건을 만족시킬 때, $(z^2 i - w)^2$의 값은? (단, $i = \sqrt{-1}$)

> (가) $z + i\bar{z} = 0$, $z^5 = -4z$, $z + \bar{z} > 0$
> (나) $w + \bar{w} = 4$이고 $(w^2 - z)^2$은 음의 실수이다.

① -5 ② -4 ③ -3 ④ -2 ⑤ -1

▶ 23640-0330

02 이차방정식 $x^2 - 6x + 4 = 0$의 두 근을 α, β라 할 때,
$$f(\alpha) = -3\alpha(6 - \beta),\ f(\beta) = -3\beta(6 - \alpha),\ f(1) = 2$$
를 만족시키는 이차식 $f(x)$에 대하여 이차방정식 $f(x) = 0$의 두 근의 곱은?

① $-\dfrac{5}{2}$ ② $-\dfrac{3}{2}$ ③ $\dfrac{1}{2}$ ④ $\dfrac{3}{2}$ ⑤ $\dfrac{5}{2}$

▶ 23640-0331

03 이차방정식 $x^2 + ax + b = 0$이 다음 조건을 만족시킨다.

> (가) a는 정수이고 b는 $b \leq 0$인 정수이다.
> (나) $(\alpha - \beta)^2 \leq 10$인 서로 다른 두 실근 α, β를 갖는다.

$a + b^2$의 최댓값과 최솟값의 합은?

① 1   ② 2   ③ 3   ④ 4   ⑤ 5

▶ 23640-0332

04 자연수 k에 대하여 x에 대한 방정식 $x^2 - 5 = 2k|x|$가 정수인 두 근 α, β를 갖는다. 최고차항의 계수가 1인 이차식 $f(x)$에 대하여 $f(\alpha)$, $f(\beta)$를 근으로 갖는 이차방정식이 $x^2 - 42x + 200 = 0$일 때, $kf(0)$의 값은?

① -10 ② -8 ③ -6 ④ -4 ⑤ -2

01 이차함수의 그래프와 이차방정식의 관계

(1) 이차함수 $y=ax^2+bx+c$의 그래프와 x축의 교점의 x좌표는 이차방정식 $ax^2+bx+c=0$
의 실근과 같고 이차방정식 $ax^2+bx+c=0$의 실근은 이차함수 $y=ax^2+bx+c$의 그래프
와 x축의 교점의 x좌표와 같다.

(2) 이차함수의 그래프와 x축의 위치 관계

$D=b^2-4ac$ 라 할 때, D의 부호	$ax^2+bx+c=0$ 의 근	$y=ax^2+bx+c$의 그래프		$y=ax^2+bx+c$의 그래프와 x축의 위치 관계
		$a>0$	$a<0$	
$D>0$	서로 다른 두 실근 α, $\beta(\alpha<\beta)$			서로 다른 두 점에서 만난다.
$D=0$	중근 α			한 점에서 만난다. (접한다.)
$D<0$	서로 다른 두 허근			만나지 않는다.

> 이차함수 $y=ax^2+bx+c$의 그래프와 x축의 교점의 x좌표는 $y=ax^2+bx+c$에 $y=0$을 대입하여 구한다.

> 이차함수 $y=ax^2+bx+c$의 그래프가 x축과 만난다.
> ⇔ 이차방정식 $ax^2+bx+c=0$의 판별식을 D라 할 때, $D \geq 0$이다.

02 이차함수의 그래프와 직선의 위치 관계

(1) 이차함수 $y=ax^2+bx+c$의 그래프와 직선 $y=mx+n$의 교점의 x좌표는 이차방정식
$ax^2+bx+c=mx+n$, 즉 $ax^2+(b-m)x+c-n=0$의 실근과 같다.

(2) 이차방정식 $ax^2+(b-m)x+c-n=0$의 판별식을 D라 할 때, 이
차함수 $y=ax^2+bx+c$의 그래프와 직선 $y=mx+n$의 위치 관계
는 다음과 같다.

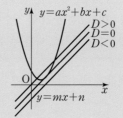

① $D>0$이면 서로 다른 두 점에서 만난다.

② $D=0$이면 한 점에서 만난다. (접한다.)

③ $D<0$이면 만나지 않는다.

> 이차함수 $y=a(x-p)^2+q$에 대하여
> (1) $a>0$일 때, $x=p$에서 최솟값 q를 갖고 최댓값은 없다.
> (2) $a<0$일 때, $x=p$에서 최댓값 q를 갖고 최솟값은 없다.

03 제한된 범위에서 이차함수의 최대·최소

x의 값의 범위가 $\alpha \leq x \leq \beta$일 때, 이차함수 $y=a(x-p)^2+q$의 최댓값과 최솟값은 이차함수
의 그래프의 꼭짓점의 x좌표 p가 주어진 범위에 포함되는지 조사하여 다음과 같이 구한다.

	$a>0$	$a<0$	최댓값과 최솟값
$\alpha \leq p \leq \beta$ 인 경우	최댓값 $f(\beta)$, 최솟값 $f(p)$	최댓값 $f(p)$, 최솟값 $f(\beta)$	$f(\alpha)$, $f(\beta)$, $f(p)$ 중에서 가장 큰 값이 최댓값이고, 가장 작은 값이 최솟값이다.
$p<\alpha$ 또는 $p>\beta$인 경우	최댓값 $f(\beta)$, 최솟값 $f(\alpha)$, $f(p)$	최댓값 $f(\beta)$, 최솟값 $f(\alpha)$, $f(p)$	$f(\alpha)$, $f(\beta)$ 중에서 큰 값이 최댓값이고, 작은 값이 최솟값이다.

> 제한된 범위에서의 최댓값, 최솟값은 양 끝점에서의 함숫값과 꼭짓점의 x좌표가 범위에 포함될 경우 꼭짓점의 함숫값 중 가장 큰 값이 최댓값, 가장 작은 값이 최솟값이다. 따라서 꼭짓점의 x좌표가 주어진 범위에 포함되는지의 여부를 반드시 고려해야 한다.

01 이차함수의 그래프와 이차방정식의 관계

[01~02] 이차함수 $y=x^2+ax+b$의 그래프와 x축의 교점의 x좌표가 다음과 같을 때, 두 실수 a, b에 대하여 $a+b$의 값을 구하시오.

01 -1, 3

02 $-\sqrt{3}$, $\sqrt{3}$

[03~04] 다음 이차함수의 그래프와 x축의 교점의 x좌표를 구하시오.

03 $y=x^2-4x$

04 $y=x^2-5x+4$

[05~07] 다음 이차함수의 그래프와 x축의 교점의 개수를 구하시오.

05 $y=x^2-4x+5$

06 $y=3x^2-6x+3$

07 $y=x^2+4x+2$

08 이차함수 $y=x^2-6x+k$의 그래프와 x축의 위치 관계가 다음과 같을 때, 실수 k의 값 또는 범위를 구하시오.

(1) 서로 다른 두 점에서 만난다.

(2) 한 점에서 만난다.

(3) 만나지 않는다.

02 이차함수의 그래프와 직선의 위치 관계

[09~10] 다음 이차함수의 그래프와 직선의 교점의 x좌표를 구하시오.

09 $y=x^2-2$, $y=-x$

10 $y=-x^2-3x+5$, $y=2x-1$

[11~13] 다음 이차함수의 그래프와 직선의 위치 관계를 말하시오.

11 $y=x^2+x$, $y=2x+1$

12 $y=x^2-3x+2$, $y=-x+1$

13 $y=-x^2-4x+3$, $y=x+13$

14 이차함수 $y=x^2-3x+k$의 그래프와 직선 $y=x+1$의 위치 관계가 다음과 같을 때, 실수 k의 값 또는 범위를 구하시오.

(1) 서로 다른 두 점에서 만난다.

(2) 한 점에서 만난다.

(3) 만나지 않는다.

03-1 이차함수의 최대·최소

[15~16] 다음 이차함수의 최댓값과 최솟값을 구하시오.

15 $y=x^2-4x+1$

16 $y=-2x^2-8x$

03-2 제한된 범위에서 이차함수의 최대·최소

[17~19] 주어진 x의 값의 범위에서 다음 이차함수의 최댓값과 최솟값을 구하시오.

17 $f(x)=x^2-4x$ $(1\leq x\leq 4)$

18 $f(x)=-x^2-2x+3$ $(-3\leq x\leq -2)$

19 $f(x)=x^2+2x+3$ $(0\leq x\leq 1)$

01 이차함수의 그래프와 x축의 교점

이차함수 $y=ax^2+bx+c$의 그래프와 x축의 교점의 x좌표는 이차방정식 $ax^2+bx+c=0$의 실근과 같다.

>> **올림포스** 수학(상) 46쪽

01 대표문제
▶ 23640-0333

이차함수 $y=x^2+ax+b$의 그래프가 x축과 두 점 A$(-1, 0)$, B$(2, 0)$에서 만날 때, 두 상수 a, b에 대하여 $a+b$의 값은?

① -3 ② -2 ③ -1
④ 0 ⑤ 1

02 상중하
▶ 23640-0334

이차방정식 $ax^2+bx+c=0$의 두 실근이 1, 3일 때, 이차함수 $y=ax^2+bx+c$의 그래프가 x축과 만나는 두 점 사이의 거리를 구하시오. (단, a, b, c는 실수이다.)

03 상중하
▶ 23640-0335

이차함수 $y=2x^2+ax+b$의 그래프와 x축이 점 A$(2, 0)$에서만 만날 때, 두 상수 a, b에 대하여 ab의 값은?

① -64 ② -36 ③ -16
④ 36 ⑤ 64

04 상중하
▶ 23640-0336

이차함수 $y=x^2+ax+b$의 그래프와 x축이 두 점에서 만나고 교점의 x좌표가 각각 -3, -1일 때, x에 대한 이차방정식 $x^2+bx-a=0$의 두 실근의 차를 구하시오.

(단, a, b는 실수이다.)

05 상중하
▶ 23640-0337

이차함수 $y=ax^2+bx+c$의 그래프가 세 점 A$(-3, 0)$, B$(3, 0)$, C$(0, -9)$를 지날 때, 세 상수 a, b, c에 대하여 $4a+2b+c$의 값은?

① -5 ② -4 ③ -3
④ -2 ⑤ -1

06 상중하
▶ 23640-0338

이차함수 $y=x^2+2x+a$의 그래프가 x축과 두 점 A$(b, 0)$, B$(b+4, 0)$에서 만날 때, 상수 a에 대하여 $a+b$의 값은?

① -8 ② -6 ③ -4
④ -2 ⑤ 0

02 이차함수의 그래프와 x축의 위치 관계

이차함수 $f(x)=ax^2+bx+c$의 그래프와 x축의 위치 관계는 이차방정식 $f(x)=0$의 판별식을 D라 할 때, 다음과 같다.

① $D>0$ ➡ 서로 다른 두 점에서 만난다.

② $D=0$ ➡ 한 점에서 만난다. (접한다.)

③ $D<0$ ➡ 만나지 않는다.

>> 올림포스 수학(상) 46쪽

07 대표문제
▶ 23640-0339

이차함수 $y=x^2-4kx+4k^2+2k+4$의 그래프가 x축과 서로 다른 두 점에서 만나도록 하는 정수 k의 최댓값은?

① -4　　　　② -3　　　　③ -2

④ -1　　　　⑤ 0

08 상중하
▶ 23640-0340

이차함수 $y=x^2-4ax-4b^2+100$의 그래프가 x축과 접하도록 하는 두 자연수 a, b에 대하여 $a+b$의 값은?

① 3　　　　② 4　　　　③ 5

④ 6　　　　⑤ 7

09 상중하
▶ 23640-0341

이차함수 $y=x^2+2kx+4k+5$의 그래프가 x축과 접하고 이차함수 $y=x^2-4x+k$의 그래프가 x축과 만나지 않도록 하는 실수 k의 값은?

① -1　　　　② 1　　　　③ 3

④ 5　　　　⑤ 7

10 상중하
▶ 23640-0342

이차함수 $y=x^2-2ax+(a-1)k+b$의 그래프가 실수 k의 값에 관계없이 x축과 접할 때, 두 상수 a, b에 대하여 $a+b$의 값은?

① 1　　　　② 2　　　　③ 3

④ 4　　　　⑤ 5

03 이차함수의 그래프와 직선의 교점
중요

이차함수 $y=f(x)$의 그래프와 직선 $y=g(x)$의 교점의 x좌표는 이차방정식 $f(x)-g(x)=0$의 실근과 같다.

>> 올림포스 수학(상) 46쪽

11 대표문제
▶ 23640-0343

이차함수 $y=x^2+ax+2b$의 그래프와 직선 $y=x+b$가 만나는 두 점의 x좌표가 각각 -3, 2일 때, 두 상수 a, b에 대하여 $a+b$의 값은?

① -6　　　　② -5　　　　③ -4

④ -3　　　　⑤ -2

12 상중하
▶ 23640-0344

이차함수 $y=-3x^2+x-4$의 그래프와 직선 $y=mx+n$의 두 교점의 x좌표가 각각 0, 4일 때, 두 상수 m, n에 대하여 mn의 값을 구하시오.

13 상중하

▶ 23640-0345

이차함수 $y=x^2+x$의 그래프와 직선 $y=mx$가 만나는 서로 다른 두 점의 x좌표의 차가 4가 되도록 하는 모든 실수 m의 값의 합은?

① 1   ② 2   ③ 3

④ 4   ⑤ 5

14 상중하

▶ 23640-0346

이차함수 $y=x^2+ax+b$의 그래프와 직선 $y=x$가 점 $(1,\ 1)$에서만 만날 때, 두 상수 a, b에 대하여 $3a+b$의 값은?

① -6 ② -5 ③ -4

④ -3 ⑤ -2

15 상중하

▶ 23640-0347

이차함수 $y=x^2$의 그래프와 직선 $y=mx-4$의 두 교점의 x좌표를 각각 α, $\beta\ (\alpha<\beta)$라 하자. $\alpha+\beta=6$일 때, 실수 m에 대하여 $m(\beta-\alpha)$의 값은?

① $4\sqrt{5}$ ② $6\sqrt{5}$ ③ $8\sqrt{5}$

④ $10\sqrt{5}$ ⑤ $12\sqrt{5}$

---

04 이차함수의 그래프와 직선의 위치 관계

이차함수 $f(x)=ax^2+bx+c$의 그래프와 직선 $y=g(x)$의 위치 관계는 이차방정식 $f(x)-g(x)=0$의 판별식을 D라 할 때, 다음과 같다.
① $D>0$ ➡ 서로 다른 두 점에서 만난다.
② $D=0$ ➡ 한 점에서 만난다. (접한다.)
③ $D<0$ ➡ 만나지 않는다.

≫ 올림포스 수학(상) 46쪽

16 대표문제

▶ 23640-0348

이차함수 $y=x^2+4x$의 그래프와 직선 $y=x+k$가 서로 다른 두 점에서 만나도록 하는 정수 k의 최솟값은?

① -6 ② -5 ③ -4

④ -3 ⑤ -2

17 상중하

▶ 23640-0349

이차함수 $y=-2x^2+x$의 그래프가 직선 $y=-3x+n$과 만나지 않도록 하는 정수 n의 최솟값은?

① 1   ② 2   ③ 3

④ 4   ⑤ 5

18 상중하

▶ 23640-0350

이차함수 $y=x^2+x+a$의 그래프와 직선 $y=-3x$가 적어도 한 점에서 만나도록 하는 모든 자연수 a의 값의 합은?

① 8   ② 10   ③ 12

④ 14   ⑤ 16

05 이차함수 $y=f(x)$의 그래프의 접선의 방정식

이차함수 $y=f(x)$의 그래프에 접하는 직선을 $y=g(x)$
라 하고, 이차방정식 $f(x)-g(x)=0$의 판별식을 D라
할 때, $D=0$임을 이용한다.
① 기울기 m이 주어진 경우
  $g(x)=mx+k$로 놓고 k의 값을 구한다.
② 접선이 점 (x_1, y_1)을 지나는 경우
  $g(x)=m(x-x_1)+y_1$로 놓고 m의 값을 구한다.

>> **올림포스** 수학(상) 46쪽

19 대표문제
▶ 23640-0351

이차함수 $y=x^2+3$의 그래프와 접하고 기울기가 2인 직선의 y
절편은?

① 1   ② 2   ③ 3
④ 4   ⑤ 5

20 상중하
▶ 23640-0352

이차함수 $y=-2x^2+x$의 그래프 위의 점 $(1, -1)$에서의 접
선의 기울기는?

① -6 ② -5 ③ -4
④ -3 ⑤ -2

21 상중하
▶ 23640-0353

실수 a의 값에 관계없이 이차함수 $y=x^2-2ax+a^2+4a$의 그
래프에 접하는 직선의 방정식이 $y=mx+n$일 때, 두 상수 m,
n에 대하여 mn의 값은?

① -16 ② -8 ③ 0
④ 8   ⑤ 16

06 이차함수의 그래프와 이차방정식의 두 실근의 합

① 방정식 $f(x)=0$의 실근은 함수 $y=f(x)$의 그래프와
  x축의 교점의 x좌표이다.
② 방정식 $f(x)=g(x)$의 실근은 함수 $y=f(x)$의 그래
  프와 함수 $y=g(x)$의 그래프의 교점의 x좌표이다.

22 대표문제
▶ 23640-0354

이차함수 $y=f(x)$의 그래프가 그림과 같을 때, x에 대한 이차
방정식 $f\left(\dfrac{1}{2}x-2\right)=0$의 두 실근의 합은?

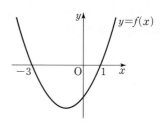

① -4 ② -2 ③ 0
④ 2   ⑤ 4

23 상중하
▶ 23640-0355

이차함수 $y=f(x)$의 그래프가 그림과 같을 때, x에 대한 이차
방정식 $f(2x+a)=0$의 두 실근의 합이 2가 되도록 하는 상수
a의 값은?

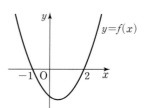

① $-\dfrac{5}{2}$ ② -2 ③ $-\dfrac{3}{2}$
④ -1 ⑤ $-\dfrac{1}{2}$

24 상중하
▶ 23640-0356

두 이차함수 $y=f(x)$, $y=g(x)$의 그래프가 만나는 점의 x좌
표가 -2, 4일 때, 방정식 $f(2x)=g(2x)$의 모든 실근의 곱
은?

① -10 ② -8 ③ -6
④ -4 ⑤ -2

07 이차함수의 최대·최소

이차함수 $y=ax^2+bx+c$의 최댓값과 최솟값은
$y=a(x-p)^2+q$ 꼴로 고친 후 구한다.
① $a>0$이면 최댓값은 없고 최솟값은 q이다.
② $a<0$이면 최댓값은 q이고 최솟값은 없다.
(참고) 이차함수 $f(x)$가 $x=p$에서 최댓값 q 또는 최솟값
q를 가지면 $f(x)=a(x-p)^2+q$로 놓는다.

≫ 올림포스 수학(상) 47쪽

25 대표문제 ▶ 23640-0357

이차함수 $y=x^2+2ax+b$가 $x=3$에서 최솟값 -2를 가질 때,
두 상수 a, b에 대하여 $a+b$의 값은?

① 1   ② 2   ③ 3
④ 4   ⑤ 5

26 상중하 ▶ 23640-0358

이차함수 $f(x)=x^2-6x+6$은 $x=a$에서 최솟값 m을 갖고,
이차함수 $g(x)=-x^2-2x+1$은 $x=b$에서 최댓값 M을 갖
는다. 두 실수 a, b에 대하여 $a+b+m+M$의 값은?

① -2 ② -1 ③ 0
④ 1   ⑤ 2

27 상중하 ▶ 23640-0359

이차함수 $f(x)=x^2+ax+b$에 대하여 $f(-2)=f(6)$일 때,
함수 $f(x)$는 $x=k$에서 최솟값 4를 갖는다. 세 상수 a, b, k에
대하여 $a+b+k$의 값은?

① 2   ② 4   ③ 6
④ 8   ⑤ 10

28 상중하 ▶ 23640-0360

이차함수 $y=x^2+ax+b$의 그래프가 x축과 두 점 $(-4, 0)$,
$(2, 0)$에서 만날 때, 이 이차함수의 최솟값을 m이라 하자. 두
상수 a, b에 대하여 $a+b-m$의 값은?

① 1   ② 2   ③ 3
④ 4   ⑤ 5

08 제한된 범위에서 이차함수의 최대·최소
중요

$\alpha \le x \le \beta$에서 이차함수 $f(x)=a(x-p)^2+q$의 최댓값
과 최솟값은
① $\alpha \le p \le \beta$일 때, $f(\alpha)$, $f(p)$, $f(\beta)$의 값 중에서 가
장 큰 값이 최댓값이고 가장 작은 값이 최솟값이다.
② $p<\alpha$ 또는 $p>\beta$일 때, $f(\alpha)$, $f(\beta)$의 값 중에서 큰
값이 최댓값이고 작은 값이 최솟값이다.

≫ 올림포스 수학(상) 47쪽

29 대표문제 ▶ 23640-0361

$0 \le x \le 3$에서 이차함수 $f(x)=x^2-2x+a$의 최댓값과 최솟
값의 합이 10일 때, 상수 a의 값은?

① 1   ② 2   ③ 3
④ 4   ⑤ 5

30 상중하 ▶ 23640-0362

$-1 \le x \le 0$에서 이차함수 $f(x)=x^2-2x+3$의 최댓값과 최
솟값의 합은?

① 3   ② 5   ③ 7
④ 9   ⑤ 11

31 상중하 ▶ 23640-0363

$2 \le x \le 4$에서 이차함수 $f(x)=x^2-2x+a^2+a$의 최솟값과
최댓값의 합이 12가 되도록 하는 실수 a의 값을 α, β $(\alpha<\beta)$
라 할 때, $\beta-\alpha$의 값은?

① 1   ② 2   ③ 3
④ 4   ⑤ 5

32 상중하
▶ 23640-0364

$-1 \le x \le 1$에서 이차함수 $f(x) = 2x^2 - 2x + k$의 최댓값이 4일 때, 함수 $f(x)$의 최솟값은? (단, k는 실수이다.)

① $-\dfrac{5}{2}$ ② -2 ③ $-\dfrac{3}{2}$

④ -1 ⑤ $-\dfrac{1}{2}$

33 상중하
▶ 23640-0365

$-1 \le x \le 2$에서 이차함수 $f(x) = ax^2 - 2ax + b \ (a < 0)$의 최솟값이 -2, 최댓값이 6일 때, 두 상수 a, b에 대하여 ab의 값은?

① -8 ② -4 ③ 0

④ 4 ⑤ 8

34 상중하
▶ 23640-0366

$-3 \le x \le 3$에서 함수 $f(x) = x^2 - 3|x| + x - 1$의 최댓값을 M, 최솟값은 m이라 할 때, $M - m$의 값을 구하시오.

중요

09 제한된 범위에서 이차함수의 그래프의 축의 위치와 이차함수의 최대·최소

이차함수의 그래프의 꼭짓점의 x좌표가 미지수 k인 경우
즉, 축의 방정식이 $x = k$인 경우

➡ k의 값이 제한된 범위에 포함되는 경우와 포함되지 않는 경우로 나누어 값을 구한다.

>> 올림포스 수학(상) 47쪽

35 대표문제
▶ 23640-0367

$a \le x \le 4$에서 이차함수 $f(x) = x^2 - 4x$의 최댓값이 5일 때, 상수 a의 값은? (단, $a < 4$)

① -2 ② -1 ③ 0

④ 1 ⑤ 2

36 상중하
▶ 23640-0368

$x \ge 0$에서 이차함수 $y = x^2 + 2kx$의 최솟값이 -9일 때, 실수 k의 값은?

① -3 ② -1 ③ 1

④ 3 ⑤ 5

37 상중하
▶ 23640-0369

$-2 \le x \le 6$에서 이차함수 $y = x^2 - 2ax$가 $x = 6$에서 최댓값을 갖도록 하는 실수 a의 최댓값은?

① 1 ② $\dfrac{3}{2}$ ③ 2

④ $\dfrac{5}{2}$ ⑤ 3

10 공통부분이 있는 이차함수의 최대·최소

공통부분이 있는 이차함수의 최대·최소는 다음과 같은 순서로 구한다.
① 공통부분을 t로 치환한 후 t의 값의 범위를 구한다.
② ①에서 구한 범위에서 최댓값과 최솟값을 구한다.

》 **올림포스** 수학(상) 47쪽

38 대표문제
▶ 23640-0370

$-2 \le x \le 1$에서 함수 $y=(x^2+2x)^2-4(x^2+2x)+3$의 최댓값과 최솟값을 각각 M, m이라 할 때, $M-m$의 값은?

① 5 ② 6 ③ 7
④ 8 ⑤ 9

39 상중하
▶ 23640-0371

$0 \le x \le 3$에서 함수 $y=(x^2-4x+1)^2-2(x^2-4x)$의 최댓값과 최솟값의 합을 구하시오.

40 상중하
▶ 23640-0372

함수 $y=(x^2-2x)^2-2(x^2-2x)+k$의 최솟값이 4일 때, 실수 k의 값은?

① 1 ② 2 ③ 3
④ 4 ⑤ 5

11 완전제곱식을 이용한 이차식의 최대·최소

x, y가 실수일 때, 주어진 식을 $a(x-p)^2+b(y-q)^2+k$ 꼴로 변형한 후 (실수)$^2 \ge 0$임을 이용한다. (단, p, q, a, b, k는 실수이고 $ab \ge 0$)
$x=p$, $y=q$일 때 주어진 식의 최댓값 또는 최솟값은 k이다.

41 대표문제
▶ 23640-0373

두 실수 x, y에 대하여 x^2-4x+y^2+2y+6의 최솟값은?

① -2 ② -1 ③ 0
④ 1 ⑤ 2

42 상중하
▶ 23640-0374

두 실수 x, y에 대하여 $-2x^2+4xy-4y^2+2x+k$는 $x=a$, $y=b$일 때 최댓값 10을 갖는다. 세 실수 a, b, k에 대하여 abk의 값은?

① $\dfrac{1}{2}$ ② $\dfrac{3}{2}$ ③ $\dfrac{5}{2}$
④ $\dfrac{7}{2}$ ⑤ $\dfrac{9}{2}$

43 상중하
▶ 23640-0375

두 실수 x, y에 대하여 $x^2+2ax+y^2+4by+a^2+4b^2+c$가 $x=2$, $y=3$일 때 최솟값 4를 갖는다. 세 실수 a, b, c에 대하여 $a+b+c$의 값은?

① $\dfrac{1}{2}$ ② $\dfrac{3}{2}$ ③ $\dfrac{5}{2}$
④ $\dfrac{7}{2}$ ⑤ $\dfrac{9}{2}$

12 조건을 만족시키는 이차식의 최대·최소

등식이 조건으로 주어진 경우 다음과 같은 순서로 구한다.
① 주어진 조건을 한 문자에 대하여 정리한다.
② ①의 식을 이차식에 대입하여 한 문자에 대한 이차식으로 나타낸다.
③ ②의 이차식의 최댓값과 최솟값을 구한다.

> **올림포스** 수학(상) 47쪽

44 대표문제
▶ 23640-0376

$x+y=4$를 만족시키는 두 실수 x, y에 대하여 x^2+2y의 최솟값은?

① 4   ② 5   ③ 6
④ 7   ⑤ 8

45 상중하
▶ 23640-0377

두 실수 x, y에 대하여 $-1 \le x \le 4$이고 $2x-y=4$일 때, xy의 최댓값과 최솟값의 합은?

① 10   ② 11   ③ 12
④ 13   ⑤ 14

46 상중하
▶ 23640-0378

두 실수 x, y에 대하여 $xy \ge 0$이고 $x+y=4$일 때, x^2+y^2의 최댓값과 최솟값의 합은?

① 16   ② 18   ③ 20
④ 22   ⑤ 24

13 이차함수의 최대·최소의 활용

이차함수의 최대·최소의 활용 문제는 다음과 같은 순서로 구한다.
① 구하고자 하는 값을 x로 놓고, x에 대한 식을 세운다.
② 주어진 조건을 만족시키는 x의 값의 범위를 구한다.
③ ②에서 구한 범위에서 최댓값과 최솟값을 구한다

> **올림포스** 수학(상) 47쪽

47 대표문제
▶ 23640-0379

그림과 같이 직사각형 ABCD에서 두 점 A, D는 x축 위에 있고, 두 점 B, C는 이차함수 $y=-x^2+16$의 그래프 위에 있다. 이때 직사각형 ABCD의 둘레의 길이의 최댓값은?

(단, 점 B는 제1사분면 위에 있다.)

① 28   ② 30   ③ 32
④ 34   ⑤ 36

48 상중하
▶ 23640-0380

그림과 같이 건물의 한 벽면 옆에 길이가 16 m인 철망을 이용하여 칸막이가 있는 직사각형 모양의 창고를 만들려고 한다. 벽에는 철망을 사용하지 않을 때, 전체 창고의 넓이의 최댓값을 구하시오. (단, 철망의 두께는 생각하지 않는다.)

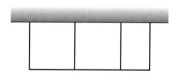

49 상중하
▶ 23640-0381

어떤 매장에서 판매하는 제품 한 개의 가격 x(천 원)과 판매 수익 y(천 원) 사이에 $y=-4x^2+160x$인 관계식이 성립한다. 이 제품 한 개의 가격이 15(천 원) 이상 30(천 원) 이하일 때, 판매 수익의 최댓값과 최솟값의 차는?

① 100(천 원)   ② 200(천 원)   ③ 300(천 원)
④ 400(천 원)   ⑤ 500(천 원)

서술형 완성하기

01 ▶ 23640-0382

실수 k에 대하여 직선 $y=x+k$와 이차함수 $y=x^2-3x+10$의 그래프가 만나는 서로 다른 점의 개수를 $f(k)$라 할 때, $f(2)+f(4)+f(6)+f(8)+f(10)$의 값을 구하시오.

02 ▶ 23640-0383

이차방정식 $x^2-4x+6-k=0$이 두 실근을 갖고 이 두 실근이 모두 0보다 크도록 하는 실수 k의 값의 범위를 구하시오.

03 내신기출 ▶ 23640-0384

$-1 \le x \le 1$에서 이차함수 $y=(x-k)^2+k$의 최솟값이 1이 되도록 하는 모든 실수 k의 값의 합을 구하시오.

04 내신기출 ▶ 23640-0385

그림과 같이 $\overline{BC}=12$이고 넓이가 54인 삼각형 ABC에 대하여 두 점 P, S는 변 BC 위에 있고 두 점 R, Q가 각각 두 변 AB, AC 위에 있다. 이 네 점을 꼭짓점으로 하는 직사각형 PQRS의 넓이의 최댓값을 구하시오.

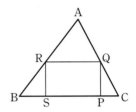

05 ▶ 23640-0386

직선 $2x+y-6=0$ 위의 점 $P(a, b^2)$에 대하여 $a^2+ab^2+b^4$은 $a=t$일 때 최솟값 m을 갖는다. 실수 t에 대하여 $t+m$의 값을 구하시오.

06 ▶ 23640-0387

이차함수 $f(x)=ax^2+bx+4$가 다음 조건을 만족시킨다.

(가) 함수 $f(x)$는 $x=0$에서 최솟값을 갖는다.
(나) 함수 $y=f(x)$의 그래프는 직선 $y=2x$와 접하거나 이 직선보다 항상 위쪽에 있다.

이때 $f(2)$의 최솟값을 구하시오. (단, a, b는 실수이다.)

내신 + 수능 고난도 도전

≫ 정답과 풀이 64쪽

01 ▸ 23640-0388

직선 $y=m(x-t)+4t$가 실수 m의 값에 관계없이 이차함수 $y=x^2+8x-5$의 그래프와 만나도록 하는 실수 t의 값의 범위를 구하시오.

02 ▸ 23640-0389

두 실수 x, y에 대하여 $x\geq0$, $y\geq0$이고 $2x+y=6$일 때, $\sqrt{4x+3}+\sqrt{2y}$의 최댓값과 최솟값의 곱은?

① $12\sqrt{2}$　　② $13\sqrt{2}$　　③ $14\sqrt{2}$　　④ $15\sqrt{2}$　　⑤ $16\sqrt{2}$

03 ▸ 23640-0390

$-4\leq x\leq0$에서 함수 $y=-(x^2+4x+k)^2+4(x^2+4x+k)$의 최댓값과 최솟값의 합이 4일 때, 실수 k의 값을 구하시오.

04 ▸ 23640-0391

세 실수 a, b, k에 대하여 $k\leq x\leq k+4$에서 이차함수 $f(x)=x^2+ax+b$의 최댓값은 $M(k)$, 최솟값은 $m(k)$ 이다. $M(k)=\begin{cases} f(k) & (k\leq0) \\ f(k+4) & (k>0) \end{cases}$ 이고 $M(k)$의 최솟값은 4일 때, 곡선 $y=m(k)$와 직선 $y=2k+t$가 한 점 에서만 만나도록 하는 실수 t의 값을 구하시오.

01 삼차방정식과 사차방정식의 풀이

주어진 식을 $f(x)=0$의 꼴로 정리한 후 다음의 방법 중 한 가지를 택하여 푼다.

① $f(x)$를 인수분해한 후, $AB=0$이면 $A=0$ 또는 $B=0$임을 이용한다.

> (참고) $ABC=0$이면 $A=0$ 또는 $B=0$ 또는 $C=0$

② $f(\alpha)=0$을 만족시키는 α를 찾고, 조립제법을 이용하면 인수정리에 의하여 $f(x)=(x-\alpha)Q(x)$ 꼴로 인수분해한다.

> (참고) 다항식 $f(x)$의 계수가 모두 정수일 때, $f(\alpha)=0$을 만족시키는 α의 값은
>
> $$\pm\frac{(\text{상수항의 약수})}{(\text{최고차항의 계수의 약수})} \text{ 중에서 찾는다.}$$

③ $f(x)$에 공통부분이 있으면 공통부분을 한 문자로 치환한다.

특히, 사차방정식 $ax^4+bx^2+c=0$은 $x^2=X$로 치환하여 aX^2+bX+c를 인수분해하여 구하거나 A^2-B^2의 꼴로 변형한 후 인수분해하여 구한다.

> 삼차방정식과 사차방정식은 복소수 범위에서 각각 3개, 4개의 근을 갖는다.

> 방정식의 모든 항을 좌변으로 이항하여 정리하였을 때, $ax^4+bx^2+c=0$ ($a\neq0$) 꼴이면 이 방정식을 복이차방정식이라 한다.

02 삼차방정식 $x^3=1$의 허근의 성질

삼차방정식 $x^3=1$의 한 허근을 ω라 하고 그 켤레복소수를 $\overline{\omega}$라 하면

① $\omega^3=1$, $\overline{\omega}^3=1$

② $\omega^2+\omega+1=0$, $\overline{\omega}^2+\overline{\omega}+1=0$

③ $\overline{\omega}=\omega^2$, $\omega\overline{\omega}=1$, $\omega+\overline{\omega}=-1$

> $x^3=1$, 즉 $x^3-1=0$에서 $(x-1)(x^2+x+1)=0$이므로 ω는 이차방정식 $x^2+x+1=0$의 근이다.

03 미지수가 2개인 연립이차방정식

(1) 연립방정식 $\begin{cases} (\text{일차식})=0 \\ (\text{이차식})=0 \end{cases}$의 풀이

일차방정식을 한 미지수에 대하여 정리한 다음 이차방정식에 대입하여 푼다.

(2) 연립방정식 $\begin{cases} (\text{이차식})=0 \\ (\text{이차식})=0 \end{cases}$의 풀이

인수분해가 쉽게 되는 이차방정식을 인수분해하여 얻은 두 일차방정식을 다른 이차방정식에 대입하여 푼다.

04 연립일차부등식

연립일차부등식의 풀이

① 연립부등식을 이루고 있는 각 부등식의 해의 공통인 부분을 연립부등식의 해라 하며, 연립부등식의 해를 구하는 것을 연립부등식을 푼다고 한다.

② 연립부등식 $\begin{cases} f(x)>0 \\ g(x)<0 \end{cases}$은 다음 순서로 푼다.

　(i) $f(x)>0$의 해와 $g(x)<0$의 해를 각각 구한다.

　(ii) 두 해의 공통부분을 구해 연립부등식의 해를 구한다.

③ 연립부등식 $f(x)<g(x)<h(x)$의 꼴은 $\begin{cases} f(x)<g(x) \\ g(x)<h(x) \end{cases}$로 고쳐서 푼다.

> 부등식 $ax>b$의 해는
>
> ① $a>0 \Rightarrow x>\dfrac{b}{a}$
>
> ② $a<0 \Rightarrow x<\dfrac{b}{a}$
>
> ③ $a=0$
> $\Rightarrow b\geq0$이면 해는 없다.
> 　$b<0$이면 해는 모든 실수

> 연립부등식 $A<B<C$를
> $\begin{cases} A<B \\ A<C \end{cases}$ 또는 $\begin{cases} A<C \\ B<C \end{cases}$의 꼴로 놓고 풀지 않도록 주의한다.

01 삼차방정식과 사차방정식의 풀이

[01~08] 다음 삼·사차방정식의 모든 근을 구하시오.

01 $x^3-8=0$

02 $x^3+2x^2-x-2=0$

03 $x^4-27x=0$

04 $x^4-4x^3=0$

05 $x^3-2x^2+1=0$

06 $x^4-3x^3+x^2+4=0$

07 $(x^2-2x)^2-6(x^2-2x)-16=0$

08 $x^4-3x^2-4=0$

09 세 수 -1, 0, 1을 근으로 하고, x^3의 계수가 1인 x에 대한 삼차방정식을 구하시오.

02 삼차방정식 $x^3=1$의 허근의 성질

10 방정식 $x^3=1$의 한 허근을 ω라 할 때, 다음 식의 값을 구하시오. (단, $\overline{\omega}$는 ω의 켤레복소수이다.)

(1) $\omega^3+\omega^6$

(2) $\omega^2+\omega+1$

(3) $\omega+\dfrac{1}{\omega}$

(4) $\omega\overline{\omega}+\omega+\overline{\omega}$

03 미지수가 2개인 연립이차방정식

[11~16] 다음 연립방정식을 푸시오.

11 $\begin{cases} x-y=2 \\ x^2+y^2=20 \end{cases}$

12 $\begin{cases} x-2y=2 \\ x^2-4y=4 \end{cases}$

13 $\begin{cases} x+y=4 \\ x^2+xy+y^2=21 \end{cases}$

14 $\begin{cases} x+y=1 \\ xy=-6 \end{cases}$

15 $\begin{cases} x^2-xy-2y^2=0 \\ 2x^2+y^2=9 \end{cases}$

16 $\begin{cases} x^2-y^2=0 \\ x^2+2xy-y^2=8 \end{cases}$

04 연립일차부등식

[17~18] 다음 연립부등식을 푸시오.

17 $\begin{cases} x-3>-2 \\ 2x-6<x-2 \end{cases}$

18 $\begin{cases} 2x-4\geq-2 \\ x<-x+2 \end{cases}$

05 절댓값 기호를 포함한 일차부등식

(1) 양의 실수 a에 대하여 절댓값의 정의에 따라 다음이 성립한다.

　① $|x|<a$의 해는 $-a<x<a$

　② $|x|>a$의 해는 $x<-a$ 또는 $x>a$

(2) $a<b$일 때, 부등식 $|x-a|+|x-b|<c$의 해는 세 구간

　(ⅰ) $x<a$ 　　　(ⅱ) $a\leq x<b$ 　　　(ⅲ) $x\geq b$

　로 나누어 푼다. (단, a, b, c는 상수이다.)

(참고) 절댓값의 성질

　① $|x|=\begin{cases} x & (x\geq 0) \\ -x & (x<0) \end{cases}$

　② $|x-a|=\begin{cases} x-a & (x\geq a) \\ -x+a & (x<a) \end{cases}$

> 절댓값 기호 안의 식의 값이 0이 되는 x의 값을 기준으로 구간을 나눈다.
> ① $|x-a|$인 경우
> 　(ⅰ) $x\geq a$
> 　(ⅱ) $x<a$
> ② $|x-a|\pm|x-b|\ (a<b)$인 경우
> 　(ⅰ) $x<a$
> 　(ⅱ) $a\leq x<b$
> 　(ⅲ) $x\geq b$
>
> (참고) 구간은 반드시 a 또는 b가 모두 포함되도록 배치한다.
> (예) $|x-a|$인 경우
> 　(ⅰ) $x\geq a$
> 　(ⅱ) $x\leq a$
> 　와 같이 구간을 나누어 풀어도 된다.

06 이차부등식과 연립이차부등식

(1) 이차부등식의 해

　이차방정식 $ax^2+bx+c=0\ (a>0)$의 판별식을 $D=b^2-4ac$라 하면 이차부등식의 해와 이차함수의 그래프 사이에는 다음과 같은 관계가 있다.

	$D>0$	$D=0$	$D<0$
$ax^2+bx+c=0$의 근	서로 다른 두 실근 α, $\beta\,(\alpha<\beta)$	중근 α	서로 다른 두 허근
$y=ax^2+bx+c$의 그래프			
$ax^2+bx+c>0$의 해	$x<\alpha$ 또는 $x>\beta$	$x\neq\alpha$인 모든 실수	모든 실수
$ax^2+bx+c<0$의 해	$\alpha<x<\beta$	해가 없다.	해가 없다.
$ax^2+bx+c\geq0$의 해	$x\leq\alpha$ 또는 $x\geq\beta$	모든 실수	모든 실수
$ax^2+bx+c\leq0$의 해	$\alpha\leq x\leq\beta$	$x=\alpha$	해가 없다.

> $a<0$인 경우 양변에 -1을 곱하여 최고차항의 계수가 양수가 되도록 바꾸어 푼다. 이때 부등호의 방향이 바뀌는 것에 주의한다.

(2) 연립이차부등식

　① 연립부등식을 이루고 있는 부등식 중에서 차수가 가장 높은 부등식이 이차부등식일 때, 이 연립부등식을 연립이차부등식이라 한다.

　② 연립이차부등식의 풀이

　　연립부등식을 이루고 있는 각 부등식의 해의 공통인 부분을 구한다.

05 절댓값 기호를 포함한 일차부등식

[19~24] 다음 부등식의 해를 구하시오.

19 $|x-5| \leq 3$

20 $|2x-5| \geq 2$

21 $|3x-1| < 5$

22 $|1-x| > 2$

23 $|2x-2| \leq x$

24 $|3x-6| > x$

25 부등식 $|x-1|+|x+1| \leq 4$에 대하여 다음 물음에 답하시오.

(1) $x < -1$일 때, 부등식의 해를 구하시오.

(2) $-1 \leq x < 1$일 때, 부등식의 해를 구하시오.

(3) $x \geq 1$일 때, 부등식의 해를 구하시오.

(4) (1), (2), (3)의 해를 수직선 위에 나타내시오.

(5) 부등식 $|x-1|+|x+1| \leq 4$의 해를 구하시오.

06-1 이차부등식

[26~31] 다음 이차부등식의 해를 구하시오.

26 $x^2-3x+2 < 0$

27 $x^2-3x+2 > 0$

28 $x^2-x-6 \leq 0$

29 $x^2-x-6 \geq 0$

30 $x^2-2x+1 \geq 0$

31 $-x^2-4x-4 < 0$

[32~35] 해가 다음과 같고 x^2의 계수가 1인 이차부등식을 구하시오.

32 $x \leq 4$ 또는 $x \geq 6$

33 $-1 < x < 2$

34 $x < 0$ 또는 $x > 2$

35 $x \neq 4$인 모든 실수

06-2 연립이차부등식

[36~38] 다음 연립부등식을 푸시오.

36 $\begin{cases} x+3 < 2 \\ x^2-2x-8 < 0 \end{cases}$

37 $\begin{cases} x^2-4x > 0 \\ x^2-4 < 0 \end{cases}$

38 $-x+2 < x^2 < -3x-2$

01 삼차방정식과 사차방정식의 풀이

주어진 식을 $f(x)=0$의 꼴로 정리한 후 다음의 방법을 이용하여 방정식의 해를 구한다.

① $f(x)$를 인수분해한 후, $AB=0$이면 $A=0$ 또는 $B=0$임을 이용한다.

참고 $ABC=0$이면 $A=0$ 또는 $B=0$ 또는 $C=0$

② $f(\alpha)=0$을 만족시키는 α를 찾고, 조립제법을 이용하면 인수정리에 의하여 $f(x)=(x-\alpha)Q(x)$ 꼴로 인수분해한다.

참고 다항식 $f(x)$의 계수가 모두 정수일 때,
$f(\alpha)=0$을 만족시키는 α의 값은
$$\pm\frac{(\text{상수항의 약수})}{(\text{최고차항의 계수의 약수})} \text{ 중에서 찾는다.}$$

» **올림포스** 수학(상) 55쪽

01 대표문제
▶ 23640-0392

삼차방정식 $x^3-4x^2-x+4=0$의 가장 큰 근을 α, 가장 작은 근을 β라 할 때, $\alpha\beta$의 값은?

① -8 ② -4 ③ -2

④ 2 ⑤ 4

02 상중하
▶ 23640-0393

삼차방정식 $x^3-x^2+2=0$의 두 허근을 α, β라 할 때, $\alpha^2+\beta^2$의 값은?

① -8 ② -4 ③ 0

④ 4 ⑤ 8

03 상중하
▶ 23640-0394

사차방정식 $2x^4-x^3-6x^2+x+4=0$의 서로 다른 모든 실근의 합은?

① -1 ② $-\dfrac{1}{2}$ ③ 0

④ $\dfrac{1}{2}$ ⑤ 1

04 상중하
▶ 23640-0395

삼차방정식 $x^3+2x^2+2x-5=0$의 두 허근을 α, β라 할 때, $(\alpha-3)(\beta-3)$의 값은?

① 21 ② 23 ③ 25

④ 27 ⑤ 29

02 공통부분이 있는 사차방정식의 풀이

① 사차방정식에서 공통부분을 한 문자로 치환하여 그 문자에 대한 방정식으로 변형한 후 인수분해한다.

② $(x-a)(x-b)(x-c)(x-d)-k=0$ 꼴의 사차방정식은 두 일차식의 상수항의 합과 나머지 두 일차식의 상수항의 합이 서로 같도록 짝을 지어 짝지어진 식끼리 전개한 후 공통부분을 한 문자로 치환한다.

» **올림포스** 수학(상) 55쪽

05 대표문제
▶ 23640-0396

사차방정식 $(x^2+4x)^2-2(x^2+4x)-15=0$의 음수인 모든 실근의 곱은?

① -15 ② -12 ③ -9

④ -6 ⑤ -3

06 상중하
▶ 23640-0397

사차방정식 $(x^2+2x-1)(x^2+2x-2)-6=0$의 서로 다른 실근의 개수는?

① 0 ② 1 ③ 2

④ 3 ⑤ 4

07 상중하
▶ 23640-0398

사차방정식 $(x-1)(x-2)(x-3)(x-4)-24=0$의 모든 실근의 합을 a, 모든 허근의 곱을 b라 할 때, $a+b$의 값은?

① 5 ② 10 ③ 15

④ 20 ⑤ 25

03 $x^4+ax^2+b=0$ 꼴의 사차방정식

① $x^2=X$로 치환하여 X^2+aX+b를 인수분해한다.
② ①의 방법으로 인수분해되지 않을 때
$(x^2+A)^2-(Bx)^2=0$ 꼴로 변형한 후 인수분해한다.

》올림포스 수학(상) 55쪽

08 대표문제
▶ 23640-0399

사차방정식 $x^4-5x^2+4=0$의 양수인 모든 실근의 합은?

① 1   ② 2   ③ 3
④ 4   ⑤ 5

09 상중하
▶ 23640-0400

사차방정식 $x^4-18x^2+1=0$의 실근 중 가장 큰 근을 α, 가장 작은 근을 β라 할 때, $\alpha-\beta$의 값을 구하시오.

10 상중하
▶ 23640-0401

사차방정식 $x^4-(k^2-4)x^2+4=0$의 서로 다른 실근의 개수가 2가 되도록 하는 양수 k의 값은?

① $\sqrt{2}$ ② 2   ③ $\sqrt{6}$
④ $2\sqrt{2}$ ⑤ $\sqrt{10}$

04 $ax^4+bx^3+cx^2+bx+a=0$ 꼴의 사차방정식의 풀이

① 양변을 x^2으로 나눈다.
② $x+\dfrac{1}{x}=X$로 치환하여 주어진 방정식을 X에 대한 이차방정식으로 변형한 후 X의 값을 구한다.
③ ②에서 구한 X의 값에 대하여 $X=k$ (k는 상수)일 때, $x+\dfrac{1}{x}=k$이므로 이차방정식 $x^2-kx+1=0$의 근을 구하여 주어진 사차방정식의 근을 구한다.

11 대표문제
▶ 23640-0402

사차방정식 $x^4+4x^3-10x^2+4x+1=0$의 서로 다른 모든 실근의 합은?

① -5 ② -4 ③ -3
④ -2 ⑤ -1

12 상중하
▶ 23640-0403

사차방정식 $x^4+3x^3-2x^2+3x+1=0$의 서로 다른 모든 실근의 합은?

① -5 ② -4 ③ -3
④ -2 ⑤ -1

13 상중하
▶ 23640-0404

사차방정식 $x^4+4x^3-3x^2+4x+1=0$의 한 실근을 α라 할 때, $\alpha^3+\dfrac{1}{\alpha^3}$의 값을 구하시오.

05 근이 주어진 삼·사차방정식의 미정계수 구하기

a가 방정식 $f(x)=0$의 한 근이면 $f(a)=0$임을 이용하여 미정계수를 구한다.

>> 올림포스 수학(상) 55쪽

14 대표문제
▶ 23640-0405

삼차방정식 $x^3-3x^2+ax+3=0$의 한 근이 1일 때, 상수 a의 값과 나머지 두 근의 차의 합은?

① 1   ② 2   ③ 3

④ 4   ⑤ 5

15 상중하
▶ 23640-0406

삼차방정식 $x^3+ax+4=0$의 한 근이 -2이다. 이 삼차방정식의 다른 두 근을 α, β라 할 때, $\alpha+\beta$의 값은?

(단, a는 상수이다.)

① -2 ② -1 ③ 0

④ 1   ⑤ 2

16 상중하
▶ 23640-0407

사차방정식 $x^4-3x^3-5x^2+ax=0$의 한 근이 1일 때, 나머지 세 근을 α, β, γ라 하자. $\alpha^2+\beta^2+\gamma^2$의 값은?

(단, a는 상수이다.)

① 10   ② 12   ③ 14

④ 16   ⑤ 18

06 삼차방정식의 근의 조건을 이용하여 미정계수 구하기
중요

$f(a)=0$을 만족시키는 a를 찾은 후
$(x-a)(x^2+ax+b)=0$ 꼴로 변형하여 이차방정식
$x^2+ax+b=0$의 판별식을 이용한다.

>> 올림포스 수학(상) 55쪽

17 대표문제
▶ 23640-0408

삼차방정식 $x^3+2x^2+(k-3)x-k=0$의 근이 모두 실수가 되도록 하는 정수 k의 최댓값은?

① 1   ② 2   ③ 3

④ 4   ⑤ 5

18 상중하
▶ 23640-0409

x에 대한 삼차방정식 $x^3+kx^2+2kx+8=0$이 한 실근과 두 허근을 갖도록 하는 정수 k의 개수는?

① 4   ② 5   ③ 6

④ 7   ⑤ 8

19 상중하
▶ 23640-0410

삼차방정식 $x^3+(k-4)x-2k=0$이 중근을 갖도록 하는 모든 실수 k의 값의 합은?

① -7 ② -6 ③ -5

④ -4 ⑤ -3

07 삼차방정식의 작성

세 수 α, β, γ를 근으로 하고 최고차항의 계수가 a인 삼차방정식은 $a(x-\alpha)(x-\beta)(x-\gamma)=0$이다.

20 대표문제
▶ 23640-0411

삼차방정식 $x^3-3x+4=0$의 세 근을 α, β, γ라 할 때, $(1-\alpha)(1-\beta)(1-\gamma)$의 값은?

① -2 ② -1 ③ 0

④ 1 ⑤ 2

21 상중하
▶ 23640-0412

삼차방정식 $x^3-4x^2+6x+4=0$의 세 근을 α, β, γ라 할 때, $(\alpha+2)(\beta+2)(\gamma+2)$의 값을 구하시오.

22 상중하
▶ 23640-0413

x^3의 계수가 1인 삼차식 $f(x)$에 대하여
$$f(-1)=f(1)=f(4)=4$$
가 성립할 때, $f(2)$의 값은?

① -2 ② -1 ③ 0

④ 1 ⑤ 2

08 삼차방정식의 켤레근

(1) 계수와 상수항이 모두 유리수인 삼차방정식의 한 근이 $p+q\sqrt{m}$이면 $p-q\sqrt{m}$도 근이다.
(단, p, q는 유리수, $q\neq 0$, $\sqrt{m}$은 무리수이다.)
(2) 계수와 상수항이 모두 실수인 삼차방정식의 한 근이 $p+qi$이면 $p-qi$도 근이다.
(단, p, q는 실수, $q\neq 0$, $i=\sqrt{-1}$이다.)

>> 올림포스 수학(상) 55쪽

23 대표문제
▶ 23640-0414

x에 대한 삼차방정식 $x^3+ax^2+bx+4=0$의 한 근이 $1+\sqrt{2}$일 때, 두 유리수 a, b에 대하여 $a+b$의 값은?

① -2 ② -1 ③ 0

④ 1 ⑤ 2

24 상중하
▶ 23640-0415

x에 대한 삼차방정식 $x^3+ax^2+bx+c=0$의 두 근이 1, $3+4i$일 때, 세 실수 a, b, c에 대하여 $4a+2b+c$의 값은?
(단, $i=\sqrt{-1}$)

① 1 ② 3 ③ 5

④ 7 ⑤ 9

25 상중하
▶ 23640-0416

계수가 모두 실수이고 최고차항의 계수가 1인 삼차방정식 $f(x)=0$의 두 근이 3, i일 때, $f(2)$의 값은? (단, $i=\sqrt{-1}$)

① -5 ② -4 ③ -3

④ -2 ⑤ -1

중요
09 삼차방정식 $x^3=1$, $x^3=-1$의 허근의 성질

(1) 삼차방정식 $x^3=1$의 한 허근이 ω이면 다른 한 허근은 $\overline{\omega}$이다. (단, $\overline{\omega}$는 ω의 켤레복소수이다.)

    ① $\omega^3=1$, $\overline{\omega}^3=1$

    ② $\omega^2+\omega+1=0$, $\overline{\omega}^2+\overline{\omega}+1=0$

    ③ $\omega+\dfrac{1}{\omega}=-1$, $\overline{\omega}+\dfrac{1}{\overline{\omega}}=-1$

    ④ $\omega+\overline{\omega}=-1$, $\omega\overline{\omega}=1$

    ⑤ $\omega^2=\overline{\omega}$, $\overline{\omega}^2=\omega$

(2) 삼차방정식 $x^3=-1$의 한 허근이 ω이면 다른 한 허근은 $\overline{\omega}$이다. (단, $\overline{\omega}$는 ω의 켤레복소수이다.)

    ① $\omega^3=-1$, $\overline{\omega}^3=-1$

    ② $\omega^2-\omega+1=0$, $\overline{\omega}^2-\overline{\omega}+1=0$

    ③ $\omega+\dfrac{1}{\omega}=1$, $\overline{\omega}+\dfrac{1}{\overline{\omega}}=1$

    ④ $\omega+\overline{\omega}=1$, $\omega\overline{\omega}=1$

    ⑤ $\omega^2=-\overline{\omega}$, $\overline{\omega}^2=-\omega$

≫ 올림포스 수학(상) 55쪽

26 대표문제
▶ 23640-0417

삼차방정식 $x^3=-1$의 한 허근을 ω라 할 때,
$$1+\omega+\omega^2+\cdots+\omega^{10}=a+b\omega$$
를 만족시키는 두 실수 a, b의 합 $a+b$의 값은?

① -1 ② 0 ③ 1

④ 2 ⑤ 3

27 상중하
▶ 23640-0418

삼차방정식 $x^3=1$의 한 허근을 ω라 할 때,
$$1+\omega+\omega^2+\cdots+\omega^{99}+\omega^{100}=a+b\omega$$
를 만족시키는 두 실수 a, b의 합 $a+b$의 값은?

① -2 ② -1 ③ 0

④ 1 ⑤ 2

28 상중하
▶ 23640-0419

이차방정식 $x^2-x+1=0$의 한 허근을 ω라 할 때, $\omega^{10}-\dfrac{1}{\omega^{20}}$의 값은?

① -1 ② 0 ③ 1

④ 2 ⑤ 3

29 상중하
▶ 23640-0420

삼차방정식 $x^3=-1$의 한 허근을 ω라 할 때, $\dfrac{\omega-1}{\omega^2}+\dfrac{\overline{\omega}^2}{\overline{\omega}-1}$의 값은? (단, $\overline{\omega}$는 ω의 켤레복소수이다.)

① -2 ② -1 ③ 0

④ 1 ⑤ 2

30 상중하
▶ 23640-0421

삼차방정식 $x^3=1$의 한 허근을 ω라 할 때, **보기**에서 옳은 것만을 있는 대로 고른 것은? (단, $\overline{\omega}$는 ω의 켤레복소수이다.)

┌─ 보기 ──────────────────┐

ㄱ. $\omega^{10}+\omega^{20}+\omega^{30}=0$

ㄴ. $\omega^{10}+\dfrac{1}{\omega^{10}}=-1$

ㄷ. $(2+3\omega)(2+3\overline{\omega})=8$

└────────────────────────┘

① ㄱ   ② ㄴ   ③ ㄱ, ㄴ

④ ㄱ, ㄷ   ⑤ ㄱ, ㄴ, ㄷ

10 { 일차방정식 / 이차방정식 } 꼴의 연립이차방정식의 풀이

① 일차방정식을 x 또는 y에 대하여 정리한다.

② ①에서 정리한 식을 이차방정식에 대입하여 푼다.

③ ②에서 구한 값을 ①에서 정리한 식에 대입하여 해를 구한다.

>> **올림포스** 수학(상) 56쪽

31 대표문제
▶ 23640-0422

연립방정식 $\begin{cases} 2x-y=3 \\ x^2+xy=6 \end{cases}$ 의 해를 $x=\alpha$, $y=\beta$라 할 때, 양수 α에 대하여 $\alpha+\beta$의 값은?

① $-\dfrac{3}{2}$ ② 0 ③ $\dfrac{3}{2}$

④ 3 ⑤ 9

32 상중하
▶ 23640-0423

연립방정식 $\begin{cases} -x+y=1 \\ x^2-3xy+y^2=-1 \end{cases}$ 의 해를 $x=\alpha$, $y=\beta$라 할 때, 모든 $\alpha+\beta$의 값의 합은?

① -2 ② -1 ③ 0

④ 1 ⑤ 2

33 상중하
▶ 23640-0424

$x=2$, $y=1$이 연립방정식 $\begin{cases} x-ay=5 \\ bx^2-5y=3 \end{cases}$ 의 한 해일 때, 나머지 해를 $x=\alpha$, $y=\beta$라 하자. $\alpha+\beta$의 값은?

(단, a, b는 상수이다.)

① $-\dfrac{1}{9}$ ② $-\dfrac{2}{9}$ ③ $-\dfrac{1}{3}$

④ $-\dfrac{4}{9}$ ⑤ $-\dfrac{5}{9}$

11 { 이차방정식 / 이차방정식 } 꼴의 연립이차방정식의 풀이

① 상수항이 0인 이차방정식을 인수분해하여 두 일차방정식을 얻는다.

② ①에서 얻은 일차방정식을 이차방정식에 각각 대입하여 푼다.

③ ②에서 구한 값을 ①에서 얻은 식에 대입하여 해를 구한다.

>> **올림포스** 수학(상) 56쪽

34 대표문제
▶ 23640-0425

연립방정식 $\begin{cases} x^2-y^2=0 \\ x^2+2xy=12 \end{cases}$ 를 만족시키는 두 실수 x, y에 대하여 모든 $x+y$의 값의 합은?

① -8 ② -4 ③ 0

④ 4 ⑤ 8

35 상중하
▶ 23640-0426

연립방정식 $\begin{cases} x^2-xy-2y^2=0 \\ 2x^2-y^2=7 \end{cases}$ 을 만족시키는 두 실수 x, y에 대하여 xy의 최솟값은?

① -7 ② -4 ③ -1

④ 2 ⑤ 5

36 상중하
▶ 23640-0427

연립방정식 $\begin{cases} x^2-ay^2=0 \\ x^2+3xy-y^2=-1 \end{cases}$ 과 연립방정식

$\begin{cases} x-by=4 \\ x^2+2xy-3y^2=0 \end{cases}$ 을 동시에 만족시키는 두 정수 x, y가 존재할 때, 두 상수 a, b에 대하여 모든 $a+b$의 값의 합을 구하시오.

12 $x+y$와 xy에 대한 연립이차방정식

$x+y=u$, $xy=v$일 때, x, y는 t에 대한 이차방정식 $t^2-ut+v=0$의 두 근임을 이용하여 x, y의 값을 구할 수 있다.

37 대표문제
▶ 23640-0428

연립방정식 $\begin{cases} x+y=4 \\ xy=-5 \end{cases}$의 해를 $x=\alpha$, $y=\beta$라 할 때, $|\alpha|+|\beta|$의 값은?

① 2 　　　　 ② 4 　　　　 ③ 6
④ 8 　　　　 ⑤ 10

38 상중하
▶ 23640-0429

연립방정식 $\begin{cases} xy=3 \\ x^2+y^2=10 \end{cases}$의 해를 $x=\alpha$, $y=\beta$라 할 때, 모든 $\alpha+2\beta$의 값의 합은?

① -12 　　　　 ② -5 　　　　 ③ 0
④ 5 　　　　 ⑤ 12

39 상중하
▶ 23640-0430

연립방정식 $\begin{cases} (x+1)(y+1)=10 \\ xy(x+y)=20 \end{cases}$의 실수인 해를 $x=\alpha$, $y=\beta$라 할 때, 모든 $\alpha+2\beta$의 값의 합을 구하시오.

13 연립이차방정식의 해의 조건

일차방정식을 이차방정식에 대입한 후 이차방정식의 판별식을 이용한다.

≫ **올림포스** 수학(상) 56쪽

40 대표문제
▶ 23640-0431

연립방정식 $\begin{cases} x^2+y^2=4 \\ 2x+y=a \end{cases}$를 만족시키는 해가 오직 한 쌍만 존재하도록 하는 모든 실수 a의 값의 곱은?

① -20 　　　　 ② -16 　　　　 ③ -12
④ -8 　　　　 ⑤ -4

41 상중하
▶ 23640-0432

연립방정식 $\begin{cases} x+y=16 \\ xy=k \end{cases}$의 해 중에서 x, y가 모두 실수인 해가 존재하도록 하는 자연수 k의 개수를 구하시오.

42 상중하
▶ 23640-0433

연립방정식 $\begin{cases} x+y=a \\ x^2-x+y=3 \end{cases}$의 해 중에서 x, y가 모두 실수인 해가 존재하지 않도록 하는 정수 a의 최솟값은?

① 3 　　　　 ② 4 　　　　 ③ 5
④ 6 　　　　 ⑤ 7

14 연립방정식의 활용

① 구하려는 것을 미지수 x, y로 놓는다.

② 주어진 조건을 이용하여 연립방정식을 세운다.

③ 방정식을 풀고 구한 해가 문제의 조건에 맞는지 확인한다.

>> 올림포스 수학(상) 56쪽

43 대표문제
▶ 23640-0434

두 정사각형 ABCD, EFGH의 둘레의 길이의 합이 48이고 넓이의 합이 90일 때, 두 정사각형의 넓이의 차를 구하시오.

44 상중하
▶ 23640-0435

둘레의 길이가 6인 직사각형 ABCD가 있다. 이 직사각형의 세로의 길이를 2배로 하고 가로의 길이를 2만큼 늘린 직사각형의 한 대각선의 길이가 직사각형 ABCD의 한 대각선의 길이의 $\sqrt{5}$배일 때, 직사각형 ABCD의 한 대각선의 길이는?

① 2
② $\sqrt{5}$
③ $\sqrt{6}$
④ $\sqrt{7}$
⑤ $2\sqrt{2}$

45 상중하
▶ 23640-0436

다음 조건을 만족시키는 세 자리 자연수를 구하시오.

(가) 백의 자리의 숫자와 일의 자리의 숫자는 같다.

(나) 각 자리의 숫자의 합은 17이다.

(다) 각 자리의 숫자의 제곱의 합은 107이다.

15 연립일차부등식의 풀이

① 각각의 일차부등식을 푼다.

② ①에서 얻은 두 부등식의 해의 공통부분을 찾아 연립일차부등식의 해를 구한다.

>> 올림포스 수학(상) 56쪽

46 대표문제
▶ 23640-0437

연립부등식 $\begin{cases} 3x+2>2x-6 \\ x+7\geq3x-1 \end{cases}$을 만족시키는 정수 x의 개수는?

① 10
② 11
③ 12
④ 13
⑤ 14

47 상중하
▶ 23640-0438

연립부등식 $\begin{cases} -2(x-2)\geq x-8 \\ \dfrac{1}{2}x\leq x+4 \end{cases}$ 의 해가 $a\leq x\leq b$일 때, 두 실수 a, b에 대하여 $b-a$의 값은?

① 10
② 11
③ 12
④ 13
⑤ 14

48 상중하
▶ 23640-0439

연립부등식 $\begin{cases} 4x-2>x-10 \\ -2x+13>3x+4 \end{cases}$ 를 만족시키는 x의 값 중 가장 큰 정수를 M, 가장 작은 정수를 m이라 할 때, $M-m$의 값은?

① 1
② 2
③ 3
④ 4
⑤ 5

16 $A<B<C$ 꼴의 연립부등식

연립부등식 $\begin{cases} A<B \\ B<C \end{cases}$ 의 꼴로 고쳐서 푼다.

>> 올림포스 수학(상) 56쪽

49 대표문제 ▸ 23640-0440

연립부등식 $-x-4<x<10-x$의 모든 정수 해의 합은?

① 6   ② 7   ③ 8

④ 9   ⑤ 10

50 상중하 ▸ 23640-0441

연립부등식 $\dfrac{1}{2}x-3<x+2<3-\dfrac{1}{3}x$의 해가 $a<x<b$일 때, 두 실수 a, b에 대하여 ab의 값은?

① $-\dfrac{15}{2}$ ② -5 ③ $-\dfrac{5}{2}$

④ 0   ⑤ $\dfrac{5}{2}$

51 상중하 ▸ 23640-0442

연립부등식 $2(x-1)<x+2<3(x+2)$의 정수인 해의 개수는?

① 4   ② 5   ③ 6

④ 7   ⑤ 8

17 해가 주어진 연립일차부등식

① 미정계수를 포함한 연립부등식에서 각각의 부등식을 푼다.
② 주어진 해와 비교하여 미정계수를 구한다.

>> 올림포스 수학(상) 56쪽

52 대표문제 ▸ 23640-0443

연립부등식 $\begin{cases} 3x<x+a \\ b-x<4x \end{cases}$ 의 해가 $-1<x<4$일 때, 두 상수 a, b에 대하여 $a+b$의 값은?

① 1   ② 2   ③ 3

④ 4   ⑤ 5

53 상중하 ▸ 23640-0444

연립부등식 $\begin{cases} x+3\leq a \\ 3x-4>x \end{cases}$ 의 해가 $b<x\leq 4$일 때, $a+b$의 값은?

(단, a, b는 상수이다.)

① 6   ② 7   ③ 8

④ 9   ⑤ 10

54 상중하 ▸ 23640-0445

연립부등식 $\begin{cases} 5\leq x-2a \\ 2x+a\leq x+a^2-a \end{cases}$ 의 해가 하나뿐이도록 하는 모든 실수 a의 값의 합은?

① 1   ② 2   ③ 3

④ 4   ⑤ 5

18 연립일차부등식이 해를 갖지 않는 경우

연립일차부등식의 각각의 부등식의 해를 구한 후 주어진 조건에 맞게 수직선 위에 나타내어 미정계수의 조건을 파악한다.

>> 올림포스 수학(상) 56쪽

55 대표문제
▶ 23640-0446

연립부등식 $\begin{cases} -x > x+a \\ 6-2x \leq x \end{cases}$ 가 해를 갖지 않도록 하는 정수 a의 최솟값은?

① -5 ② -4 ③ -3

④ -2 ⑤ -1

56 상중하
▶ 23640-0447

연립부등식 $\begin{cases} 2(x+1) \leq 6 \\ x-2 \geq a \end{cases}$ 가 해를 갖지 않도록 하는 정수 a의 최솟값은?

① -2 ② -1 ③ 0

④ 1 ⑤ 2

57 상중하
▶ 23640-0448

연립부등식 $\begin{cases} 3x+6 > 0 \\ 2x-6a+7 < 0 \end{cases}$ 이 해를 갖지 않도록 하는 정수 a의 최댓값은?

① -2 ② -1 ③ 0

④ 1 ⑤ 2

중요
19 정수인 해의 조건이 주어진 연립일차부등식

① 각각의 일차부등식을 푼다.
② 수직선 위에 정수인 해가 없도록 또는 주어진 조건을 만족시키는 정수가 포함되도록 미정계수의 범위를 구한다.

>> 올림포스 수학(상) 56쪽

58 대표문제
▶ 23640-0449

연립부등식 $\begin{cases} -3x-6 < 2 \\ 4x \leq x+a \end{cases}$ 를 만족시키는 정수 x의 개수가 3이 되도록 하는 모든 정수 a의 값의 합은?

① 1 ② 2 ③ 3

④ 4 ⑤ 5

59 상중하
▶ 23640-0450

연립부등식 $-x+\dfrac{1}{2}a \leq x \leq -x+\dfrac{10}{3}a-8$ 을 만족시키는 정수 x가 2와 3뿐이도록 하는 실수 a의 값의 범위가 $p \leq a < q$일 때, 두 상수 p, q에 대하여 $p+q$의 값은?

① 6 ② 7 ③ 8

④ 9 ⑤ 10

60 상중하
▶ 23640-0451

연립부등식 $\begin{cases} x+3 > 0 \\ 3x-2a+5 < 0 \end{cases}$ 을 만족시키는 정수 x의 개수가 5가 되도록 하는 모든 정수 a의 값의 합을 구하시오.

20 연립일차부등식의 활용(1)

(1) 물건을 각 사람에게 n개씩 나누어 주는 경우
➡ 사람의 수를 x로 놓고 부등식을 세운다.
(2) 긴 의자 한 개에 n명씩 앉을 때, k개의 긴 의자가 남는 경우
➡ 긴 의자의 개수를 x로 놓고 부등식을 세운다.

>> 올림포스 수학(상) 56쪽

61 대표문제
▶ 23640-0452

학생들에게 공을 나누어 주는데 각 학생에게 3개씩 나누어 주면 18개가 남고, 한 명을 제외한 각 학생에게 5개씩 나누어 주면 제외된 학생은 1개 이상 4개 이하를 받을 때, 공의 개수와 학생의 수의 합의 최솟값을 구하시오.

62 상중하
▶ 23640-0453

학생들에게 마스크를 나누어 주는데 각 학생에게 5개씩 나누어 주면 12개가 남고, 세 명을 제외한 각 학생에게 6개씩 나누어 주면 제외된 세 학생 중 2명은 1개도 받지 못하고 한 학생은 6개 미만으로 받을 때, 학생의 수의 최댓값을 M, 최솟값을 m이라 하자. $M+m$의 값은?

① 51 　　② 52 　　③ 53
④ 54 　　⑤ 55

63 상중하
▶ 23640-0454

어느 반 학생들에게 방을 배정하려고 한다. 한 방에 3명씩 배정하면 5명이 남고, 4명씩 배정하면 방이 3개 남을 때, 방의 개수의 최댓값을 M, 최솟값을 m이라 하자. $M+m$의 값은?

① 33 　　② 34 　　③ 35
④ 36 　　⑤ 37

21 연립일차부등식의 활용(2)

① 주어진 조건에 맞게 부등식을 세운다.
② ①에서 세운 각각의 부등식의 해를 구한다.
③ ②에서 구한 해의 공통부분을 구한다.

>> 올림포스 수학(상) 56쪽

64 대표문제
▶ 23640-0455

둘레의 길이가 20인 직사각형의 가로의 길이를 2배로 늘리고 세로의 길이를 3배로 늘렸을 때 생기는 새로운 직사각형의 둘레의 길이가 48 이상 56 이하가 될 때, 처음 직사각형의 가로의 길이의 범위는 a 이상 b 이하이다. $a+b$의 값은?

① 5 　　② 6 　　③ 7
④ 8 　　⑤ 9

65 상중하
▶ 23640-0456

세 자연수 a, b, c는 다음 조건을 만족시킨다.

(가) $b-a=c-b=4$이고 a를 4로 나누면 1이 남는다.
(나) $57 \leq a+b+c \leq 81$

모든 a의 값의 합을 구하시오.

66 상중하
▶ 23640-0457

이차방정식 $x^2-4x+k-5=0$이 양수인 서로 다른 두 실근을 갖도록 하는 정수 k의 개수는?

① 2 　　② 3 　　③ 4
④ 5 　　⑤ 6

22 절댓값 기호를 포함한 부등식의 풀이(1)

$|ax+b|<c$ 꼴 또는 $|ax+b|>c$ $(c>0)$ 꼴의 부등식은

(1) $|ax+b|<c$ ➡ $-c<ax+b<c$

(2) $|ax+b|>c$ ➡ $ax+b<-c$ 또는 $ax+b>c$

>> 올림포스 수학(상) 57쪽

67 대표문제
▶ 23640-0458

부등식 $|3x-8|<4$의 해가 $a<x<b$일 때, 두 상수 a, b에 대하여 $a+b$의 값은?

① 4　　　　② $\dfrac{13}{3}$　　　　③ $\dfrac{14}{3}$

④ 5　　　　⑤ $\dfrac{16}{3}$

68 상중하
▶ 23640-0459

부등식 $|2x-9|>3$을 만족시키는 10 이하의 자연수 x의 개수는?

① 3　　　　② 4　　　　③ 5

④ 6　　　　⑤ 7

69 상중하
▶ 23640-0460

부등식 $3<|x-4|\leq5$를 만족시키는 모든 정수 x의 값의 합은?

① 14　　　　② 15　　　　③ 16

④ 17　　　　⑤ 18

23 절댓값 기호를 포함한 부등식의 풀이(2)

$|ax+b|<cx+d$ 꼴의 부등식은

$ax+b=0$인 x의 값 $-\dfrac{b}{a}$를 기준으로 $x<-\dfrac{b}{a}$,

$x\geq-\dfrac{b}{a}$로 나누어 푼다.

>> 올림포스 수학(상) 57쪽

70 대표문제
▶ 23640-0461

부등식 $|x-4|<2x-3$을 만족시키는 정수 x의 최솟값은?

① 1　　　　② 2　　　　③ 3

④ 4　　　　⑤ 5

71 상중하
▶ 23640-0462

부등식 $|3x-3|\geq2x-1$을 만족시키는 10 이하의 자연수 x의 개수는?

① 6　　　　② 7　　　　③ 8

④ 9　　　　⑤ 10

72 상중하
▶ 23640-0463

x에 대한 부등식 $|x-3|\leq2x+a$의 해가 $x\geq-1$에 포함되도록 하는 실수 a의 최댓값은?

① 3　　　　② 4　　　　③ 5

④ 6　　　　⑤ 7

24 절댓값 기호를 포함한 부등식의 풀이(3)

$|ax+b|+|cx+d|<0$ 꼴 또는
$|ax+b|+|cx+d|>0$ 꼴의 부등식은 $ax+b=0$ 또는
$cx+d=0$인 x의 값 $-\dfrac{b}{a}$, $-\dfrac{d}{c}$에 대하여 $-\dfrac{b}{a}<-\dfrac{d}{c}$
이면 $x<-\dfrac{b}{a}$, $-\dfrac{b}{a}\leq x<-\dfrac{d}{c}$, $x\geq-\dfrac{d}{c}$로 나누어 푼다.

≫ **올림포스** 수학(상) 57쪽

73 대표문제
▶ 23640-0464

부등식 $|x+1|+2|x-2|\leq8$을 만족시키는 정수 x의 개수는?

① 1   ② 2   ③ 3
④ 4   ⑤ 5

74 상중하
▶ 23640-0465

부등식 $|x+2|+3|x-2|\leq16$의 해가 $a\leq x\leq b$일 때, 두 상수 a, b에 대하여 $b-a$의 값은?

① 6   ② 7   ③ 8
④ 9   ⑤ 10

75 상중하
▶ 23640-0466

부등식 $3|x|-2|x-3|>1$을 만족시키는 음의 정수 x의 최댓값을 M, 양의 정수 x의 최솟값을 m이라 할 때, $M+m$의 값은?

① -10 ② -8 ③ -6
④ -4 ⑤ -2

25 그래프를 이용한 이차부등식의 풀이

(1) 부등식 $f(x)>0$ (또는 $f(x)<0$)의 해
  ➡ 함수 $y=f(x)$의 그래프가 x축보다 위쪽 (또는 아래쪽)에 있는 부분의 x의 값의 범위
(2) 부등식 $f(x)>g(x)$ (또는 $f(x)<g(x)$)의 해
  ➡ 함수 $y=f(x)$의 그래프가 함수 $y=g(x)$의 그래프보다 위쪽 (또는 아래쪽)에 있는 부분의 x의 값의 범위

76 대표문제
▶ 23640-0467

이차함수 $y=f(x)$의 그래프가 다음과 같을 때, 이차부등식 $f(x)<0$을 만족시키는 정수 x의 개수는?

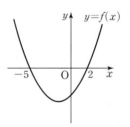

① 3   ② 4   ③ 5
④ 6   ⑤ 7

77 상중하
▶ 23640-0468

두 이차함수 $y=f(x)$, $y=g(x)$의 그래프가 다음과 같을 때, 이차부등식 $f(x)\leq g(x)$를 만족시키는 정수 x의 개수는?

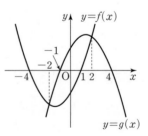

① 3   ② 4   ③ 5
④ 6   ⑤ 7

26 이차부등식의 풀이

이차방정식 $ax^2+bx+c=0$ $(a>0,\ b^2-4ac>0)$의 해를 α, β $(\alpha<\beta)$라 하면

$ax^2+bx+c>0$ ➡ $x<\alpha$ 또는 $x>\beta$

$ax^2+bx+c\geq0$ ➡ $x\leq\alpha$ 또는 $x\geq\beta$

$ax^2+bx+c<0$ ➡ $\alpha<x<\beta$

$ax^2+bx+c\leq0$ ➡ $\alpha\leq x\leq\beta$

> ≫ 올림포스 수학(상) 57쪽

78 대표문제
▶ 23640-0469

이차부등식 $x^2+x-12<0$의 해가 $a<x<b$일 때, 두 상수 a, b에 대하여 $b-a$의 값은?

① 3   ② 4   ③ 5

④ 6   ⑤ 7

79 상중하
▶ 23640-0470

이차부등식 $-x^2+5x+4\geq x^2+1$을 만족시키는 정수 x의 개수는?

① 1   ② 2   ③ 3

④ 4   ⑤ 5

80 상중하
▶ 23640-0471

부등식 $x^2+3|x|-4\leq0$을 만족시키는 정수 x의 개수는?

① 1   ② 2   ③ 3

④ 4   ⑤ 5

27 해가 주어진 이차부등식

(1) 해가 $x<\alpha$ 또는 $x>\beta$ $(\alpha<\beta)$이고 x^2의 계수가 1인 이차부등식 ➡ $(x-\alpha)(x-\beta)>0$

(2) 해가 $\alpha<x<\beta$ $(\alpha<\beta)$이고 x^2의 계수가 1인 이차부등식 ➡ $(x-\alpha)(x-\beta)<0$

> ≫ 올림포스 수학(상) 57쪽

81 대표문제
▶ 23640-0472

이차부등식 $x^2+ax+b<0$의 해가 $-1<x<3$일 때, 두 상수 a, b에 대하여 $a+b$의 값은?

① -5 ② -4 ③ -3

④ -2 ⑤ -1

82 상중하
▶ 23640-0473

이차부등식 $x^2+ax+b\leq0$의 해가 $x=-3$일 때, 두 상수 a, b에 대하여 ab의 값을 구하시오.

83 상중하
▶ 23640-0474

이차부등식 $ax^2+bx+c>0$의 해가 $\dfrac{1}{3}<x<4$일 때, 이차부등식 $cx^2+bx+a<0$을 만족시키는 음의 정수 x의 최댓값과 자연수 x의 최솟값의 합은? (단, a, b, c는 실수이다.)

① 1   ② 2   ③ 3

④ 4   ⑤ 5

28 $f(x)$에 대한 부등식과 $f(ax+b)$에 대한 부등식

$f(x)=p(x-\alpha)(x-\beta)$

$\Rightarrow f(ax+b)=p(ax+b-\alpha)(ax+b-\beta)$

▶▶ **올림포스** 수학(상) 57쪽

84 대표문제
▶ 23640-0475

이차부등식 $f(x)>0$의 해가 $2<x<4$일 때, 부등식 $f\left(\dfrac{1}{2}x\right)<0$의 해는 $x<\alpha$ 또는 $x>\beta$이다. $\alpha+2\beta$의 값을 구하시오.

85 상중하
▶ 23640-0476

이차부등식 $ax^2+bx+c\le0$의 해가 $-1\le x\le5$일 때, 부등식 $a(x-4)^2+bx-4b+c>0$의 해는 $x<\alpha$ 또는 $x>\beta$이다. $\alpha+2\beta$의 값을 구하시오. (단, a, b, c는 상수이다.)

86 상중하
▶ 23640-0477

이차함수 $y=f(x)$의 그래프가 다음과 같을 때, 부등식 $f(2x-3)>0$의 해는 $x<a$ 또는 $x>2$이다. 두 상수 a, k에 대하여 $a+k$의 값은? (단, $k>0$)

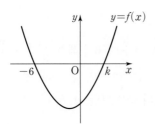

① $-\dfrac{5}{2}$
② -2
③ $-\dfrac{3}{2}$
④ -1
⑤ $-\dfrac{1}{2}$

29 이차부등식이 해를 갖거나 해가 한 개일 조건

이차방정식 $ax^2+bx+c=0$의 판별식을 D라 할 때,

(1) $ax^2+bx+c\ge0$이 해를 가질 조건

$\Rightarrow a>0$ 또는 $a<0$, $D\ge0$

(2) $ax^2+bx+c>0$이 해를 가질 조건

$\Rightarrow a>0$ 또는 $a<0$, $D>0$

(3) $ax^2+bx+c\ge0$의 해가 한 개일 조건

$\Rightarrow a<0$, $D=0$

(4) $ax^2+bx+c\le0$의 해가 한 개일 조건

$\Rightarrow a>0$, $D=0$

▶▶ **올림포스** 수학(상) 57쪽

87 대표문제
▶ 23640-0478

x에 대한 이차부등식 $x^2-2ax+4a\le0$의 해가 한 개가 되도록 하는 모든 실수 a의 값의 합은?

① 1
② 2
③ 3
④ 4
⑤ 5

88 상중하
▶ 23640-0479

x에 대한 이차부등식 $-x^2+4x-a^2+3a>0$이 해를 갖도록 하는 모든 정수 a의 값의 합은?

① 3
② 4
③ 5
④ 6
⑤ 7

89 상중하
▶ 23640-0480

x에 대한 부등식 $(a-4)x^2-2\sqrt{3}x-a\ge0$이 해를 갖도록 하는 10 이하의 자연수 a의 개수는?

① 6
② 7
③ 8
④ 9
⑤ 10

30 이차부등식이 항상 성립할 조건

이차방정식 $ax^2+bx+c=0$의 판별식을 D라 할 때, 모든 실수 x에 대하여 다음 부등식이 성립할 조건은 이차함수 $y=ax^2+bx+c$의 그래프와 x축의 위치 관계를 이용하면 다음과 같다.

(1) $ax^2+bx+c>0$ ➡ $a>0$, $D<0$
(2) $ax^2+bx+c \geq 0$ ➡ $a>0$, $D \leq 0$
(3) $ax^2+bx+c<0$ ➡ $a<0$, $D<0$
(4) $ax^2+bx+c \leq 0$ ➡ $a<0$, $D \leq 0$

>> **올림포스** 수학(상) 57쪽

90 대표문제
▶ 23640-0481

x에 대한 이차부등식 $x^2+2ax+a^2-a+5>0$이 모든 실수 x에 대하여 성립하도록 하는 정수 a의 최댓값은?

① 1
② 2
③ 3
④ 4
⑤ 5

91 상중하
▶ 23640-0482

x에 대한 이차부등식 $ax^2+4x+a-3 \geq 0$이 모든 실수 x에 대하여 성립하도록 하는 -6 이상 6 이하의 모든 정수 a의 값의 합을 구하시오.

92 상중하
▶ 23640-0483

실수 k의 값에 관계없이 x에 대한 부등식 $|x-3|<ak^2+8k+a$의 해가 존재하도록 하는 -8 이상 8 이하의 정수 a의 개수를 구하시오.

31 이차부등식이 해를 갖지 않을 조건

이차방정식 $ax^2+bx+c=0$의 판별식을 D라 할 때, 다음 부등식이 해를 갖지 않을 조건은 이차함수 $y=ax^2+bx+c$의 그래프와 x축의 위치 관계를 이용하면 다음과 같다.

(1) $ax^2+bx+c>0$ ➡ $a<0$, $D \leq 0$
(2) $ax^2+bx+c \geq 0$ ➡ $a<0$, $D<0$
(3) $ax^2+bx+c<0$ ➡ $a>0$, $D \leq 0$
(4) $ax^2+bx+c \leq 0$ ➡ $a>0$, $D<0$

>> **올림포스** 수학(상) 57쪽

93 대표문제
▶ 23640-0484

x에 대한 이차부등식 $x^2-2ax+a+6 \leq 0$이 해를 갖지 않도록 하는 실수 a의 값의 범위가 $\alpha<a<\beta$일 때, $\alpha+2\beta$의 값은?

① 1
② 2
③ 3
④ 4
⑤ 5

94 상중하
▶ 23640-0485

x에 대한 부등식 $(a-1)x^2-(a-1)x-1 \geq 0$이 해를 갖지 않도록 하는 정수 a의 개수는?

① 1
② 2
③ 3
④ 4
⑤ 5

95 상중하
▶ 23640-0486

보기의 이차부등식 중 해가 존재하지 않는 것을 있는 대로 고른 것은?

┌ 보기 ┐
ㄱ. $x^2-6x+10 \leq 0$
ㄴ. $x^2-4x+4 \leq 0$
ㄷ. $-x^2-2x-1<0$
└────┘

① ㄱ
② ㄴ
③ ㄱ, ㄴ
④ ㄱ, ㄷ
⑤ ㄴ, ㄷ

중요
32 제한된 범위에서 항상 성립하는 이차부등식

(1) $a \le x \le b$에서 이차부등식 $f(x) > 0$이 항상 성립한다.
➡ $a \le x \le b$에서 함수 $f(x)$의 최솟값이 0보다 크다.

(2) $a \le x \le b$에서 이차부등식 $f(x) < 0$이 항상 성립한다.
➡ $a \le x \le b$에서 함수 $f(x)$의 최댓값이 0보다 작다.

➤➤ 올림포스 수학(상) 57쪽

96 대표문제
▶ 23640-0487

$-1 \le x \le 2$에서 x에 대한 이차부등식 $x^2 - 2x + 4a \ge 0$이 항상 성립할 때, 실수 a의 최솟값은?

① $\dfrac{1}{8}$ ② $\dfrac{1}{4}$ ③ $\dfrac{3}{8}$

④ $\dfrac{1}{2}$ ⑤ $\dfrac{5}{8}$

97 상중하
▶ 23640-0488

$-2 \le x \le 3$에서 x에 대한 이차부등식
$2x^2 - x - 4a < x^2 + 3x - a^2 + 24$가 항상 성립하도록 하는 정수 a의 개수는?

① 6   ② 7   ③ 8

④ 9   ⑤ 10

98 상중하
▶ 23640-0489

$-1 \le x \le 1$에서 x에 대한 이차부등식
$x^2 + (a^2 - 4a - 5)x - 1 \le 0$이 항상 성립하도록 하는 모든 실수 a의 값의 합은?

① 1   ② 2   ③ 3

④ 4   ⑤ 5

33 연립이차부등식의 풀이

① 각각의 부등식의 해를 구한다.
② ①에서 구한 해의 공통부분을 구한다.

➤➤ 올림포스 수학(상) 57쪽

99 대표문제
▶ 23640-0490

연립부등식 $\begin{cases} x^2 - 2x - 2 \le 2x + 3 \\ x^2 + 3x + 5 > 3(x+2) \end{cases}$ 를 만족시키는 모든 정수 x의 값의 합을 구하시오.

100 상중하
▶ 23640-0491

연립부등식 $-3x + 6 \le x^2 + x + 1 \le 3x + 9$를 만족시키는 모든 정수 x의 값의 합은?

① 8   ② 9   ③ 10

④ 11   ⑤ 12

101 상중하
▶ 23640-0492

연립부등식 $\begin{cases} x^2 - 4|x| - 12 \le 0 \\ x^2 + x > -3x + 5 \end{cases}$ 를 만족시키는 정수 x의 개수는?

① 3   ② 4   ③ 5

④ 6   ⑤ 7

34 해가 주어진 연립이차부등식

각각의 부등식의 해를 수직선 위에 나타낸 후 주어진 해와 비교하여 미지수의 범위를 구한다.

>> 올림포스 수학(상) 57쪽

102 대표문제
▶ 23640-0493

연립부등식 $\begin{cases} x^2-3x-10 \leq 0 \\ x^2+(k-1)x-k<0 \end{cases}$ 의 해가 $1<x\leq 5$가 되도록 하는 정수 k의 최댓값은?

① -6 ② -5 ③ -4

④ -3 ⑤ -2

103 상중하
▶ 23640-0494

연립부등식 $\begin{cases} x^2-x+a \geq 0 \\ x^2-4x+b<0 \end{cases}$ 의 해가 $2 \leq x<5$가 되도록 하는 두 상수 a, b에 대하여 ab의 값은?

① 2   ② 6   ③ 10

④ 14   ⑤ 18

104 상중하
▶ 23640-0495

연립부등식 $\begin{cases} x^2+ax+b \leq 0 \\ x^2+cx+d>0 \end{cases}$ 의 해가 $-2 \leq x<0$ 또는 $3<x \leq 5$가 되도록 하는 네 상수 a, b, c, d에 대하여 $a+b+c+d$의 값을 구하시오.

중요
35 정수인 해의 조건이 주어진 연립이차부등식

① 각각의 부등식의 해를 구한다.
② 수직선 위에 정수인 점을 표시한 후 주어진 조건을 만족시키는 정수가 포함되도록 하는 미지수의 범위를 구한다.

>> 올림포스 수학(상) 57쪽

105 대표문제
▶ 23640-0496

연립부등식 $\begin{cases} x^2-4x-12 \leq 0 \\ x^2+2(a+1)x+a^2+2a \leq 0 \end{cases}$ 을 만족시키는 정수 x의 개수가 1이 되도록 하는 실수 a의 값의 범위가 $p \leq a<q$ 또는 $r<a \leq s$일 때, 네 실수 p, q, r, s에 대하여 $p+2q+3r+4s$의 값은?

① -12 ② -11 ③ -10

④ -9 ⑤ -8

106 상중하
▶ 23640-0497

두 부등식 $x^2-6x \geq 0$, $x^2-ax+2a-4 \leq 0$을 동시에 만족시키는 정수 x의 개수가 오직 하나가 되도록 하는 모든 정수 a의 값의 합은?

① 8   ② 9   ③ 10

④ 11   ⑤ 12

107 상중하
▶ 23640-0498

연립부등식 $\begin{cases} |x-3|<k \\ x^2+4x \leq 2x+8 \end{cases}$ 을 만족시키는 정수 x의 개수가 3 또는 4가 되도록 하는 모든 자연수 k의 값의 합은?

① 8   ② 9   ③ 10

④ 11   ⑤ 12

36 이차방정식의 근의 판별과 이차부등식

이차방정식 $ax^2+bx+c=0$의 판별식 D에 대하여

① 서로 다른 두 실근을 갖는다. ➡ $D>0$

② 실근을 갖는다. ➡ $D \geq 0$

③ 서로 다른 두 허근을 갖는다. ➡ $D<0$

>> 올림포스 수학(상) 57쪽

108 대표문제
▶ 23640-0499

x에 대한 이차방정식 $x^2-4ax+3a^2-6a=0$이 허근을 갖도록 하는 실수 a의 값의 범위가 $\alpha<a<\beta$일 때, $\beta-\alpha$의 값은?

① 2   ② 3   ③ 4

④ 5   ⑤ 6

109 상중하
▶ 23640-0500

x에 대한 이차방정식 $x^2-2ax-8a+9=0$은 허근을 갖고 x에 대한 이차방정식 $x^2-3x+a+4=0$은 실근을 갖도록 하는 정수 a의 개수는?

① 3   ② 4   ③ 5

④ 6   ⑤ 7

110 상중하
▶ 23640-0501

x에 대한 이차방정식 $x^2-2(k+1)x+2ak-8=0$이 실수 k의 값에 관계없이 항상 서로 다른 두 실근을 갖도록 하는 모든 정수 a의 값의 합은?

① 3   ② 4   ③ 5

④ 6   ⑤ 7

37 연립이차부등식의 활용

① 주어진 조건에 맞게 부등식을 세운다.

② ①에서 세운 각각의 부등식의 해를 구한다.

③ ②에서 구한 해의 공통부분을 구한다.

>> 올림포스 수학(상) 57쪽

111 대표문제
▶ 23640-0502

세 변의 길이가 a, $a+4$, $a+8$인 삼각형이 둔각삼각형이 되도록 하는 자연수 a의 개수는?

① 5   ② 6   ③ 7

④ 8   ⑤ 9

112 상중하
▶ 23640-0503

둘레의 길이가 28인 직사각형의 넓이가 24 이상 48 이하가 되도록 할 때, 긴 변의 길이의 범위는 a 이상 b 이하이다. 두 실수 a, b에 대하여 $a+b$의 값을 구하시오.

113 상중하
▶ 23640-0504

$a>2$인 자연수 a에 대하여 가로의 길이가 a이고 세로의 길이가 $a+2$인 직사각형을 가로의 길이를 6만큼 늘리고 세로의 길이를 4만큼 줄여서 만든 직사각형의 넓이가 원래의 직사각형의 넓이의 $\dfrac{5}{6}$배 이하가 되도록 하는 모든 a의 값의 합은?

① 6   ② 7   ③ 8

④ 9   ⑤ 10

01
▶ 23640-0505

이차함수 $y=x^2-2x+2$의 그래프와 직선 $y=ax-a$가 서로 다른 두 점에서 만나고 이차함수 $y=x^2-2x+2$의 그래프와 직선 $y=(a-2)x-4a+2$가 만나지 않도록 하는 실수 a의 값의 범위를 구하시오.

02 내신기출
▶ 23640-0506

x에 대한 삼차방정식 $x^3-(a^2+a+4)x^2+a(a+2)^2x-4a^3=0$이 서로 다른 두 실근을 갖도록 하는 모든 실수 a의 값의 합을 구하시오.

03 내신기출
▶ 23640-0507

연립부등식 $\begin{cases} 3x+2a\geq4 \\ x-a+4>-x+a \end{cases}$ 를 만족시키는 정수 x의 최솟값이 1이 되도록 하는 실수 a의 값의 범위를 구하시오.

04
▶ 23640-0508

그림과 같이 한 변의 길이가 6 m인 정삼각형 모양의 정원 바깥으로 폭이 $x\sqrt{3}$ m인 산책로를 만들려고 한다. 산책로의 넓이가 $135\sqrt{3}$ m^2 이상 $315\sqrt{3}$ m^2 이하가 되도록 하는 양수 x의 값의 범위를 구하시오.

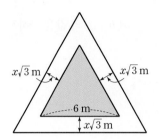

05
▶ 23640-0509

방정식 $(x^2+2x-2)(x^2+2x+3)=6$의 한 허근을 w라 할 때, $\overline{w}w^6+4w^5+2w^7+6w^6$의 값을 구하시오.

(단, $\overline{w}$는 w의 켤레복소수이다.)

06
▶ 23640-0510

연립부등식 $\begin{cases} x^2+x+a\leq0 \\ x^2-5x+b<0 \end{cases}$ 의 해가 $0<x\leq2$일 때, 연립부등식 $\begin{cases} x^2+x+a>0 \\ x^2-5x+b\geq0 \end{cases}$ 의 해를 구하시오. (단, a, b는 상수이다.)

▶ 23640-0511

01 x에 대한 사차방정식 $x^4+px^2+q=0$의 서로 다른 네 근을 α, β, γ, δ라 할 때, α, β, γ, δ는 다음 조건을 만족시킨다.

> (가) $\alpha>\beta$, $\alpha+\beta=-1$
> (나) $\alpha(\beta+\gamma+\delta)+\beta(\gamma+\delta)+\gamma\delta=-9$

$\alpha(p+q)$의 값을 구하시오.(단, p, q는 상수이다.)

▶ 23640-0512

02 x에 대한 부등식 $2|x-2|+|x+3|\leq n$을 만족시키는 서로 다른 정수 x의 개수가 12가 되도록 하는 모든 자연수 n의 값의 합을 구하시오.

▶ 23640-0513

03 x에 대한 사차방정식
$$x^4-x^3-(a^2-7|a|+10)x^2-x+1=0$$
의 서로 다른 실근의 개수가 4가 되도록 하는 $|a|\leq 10$인 정수 a의 개수를 구하시오.

▶ 23640-0514

04 $-1\leq x\leq 1$인 모든 실수 x에 대하여 부등식 $(a^2-3a-6)x+a+6\geq 0$이 항상 성립하도록 하는 정수 a의 개수는?

① 6   ② 7   ③ 8   ④ 9   ⑤ 10

도형의 방정식

개념 확인하기 07 평면좌표와 직선의 방정식

01 두 점 사이의 거리

(1) **수직선 위의 두 점 사이의 거리**

수직선 위의 두 점 $A(x_1)$, $B(x_2)$ 사이의 거리는
$$\overline{AB}=|x_2-x_1|$$

(2) **평면 위의 두 점 사이의 거리**

좌표평면 위의 두 점 $A(x_1, y_1)$, $B(x_2, y_2)$ 사이의 거리는
$$\overline{AB}=\sqrt{(x_2-x_1)^2+(y_2-y_1)^2}$$

특히, 원점 O와 점 $A(x_1, y_1)$ 사이의 거리는
$$\overline{OA}=\sqrt{x_1{}^2+y_1{}^2}$$

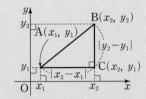

> 수직선 위의 두 점 사이의 거리에서 $x_1>x_2$이면 절댓값 기호 없이 x_1-x_2 로 계산하면 된다.
>
> 그렇지만 크기를 확인할 수 없는 변수를 활용하여 식을 세워야 하는 경우가 존재하므로
> $$|x_2-x_1|=|x_1-x_2|$$
> 라고 암기해 두는 것이 문제를 푸는 데 많은 도움이 된다.

02 선분의 내분점과 외분점

(1) 선분 AB 위의 점 P에 대하여 오른쪽 그림과 같이
$\overline{AP}:\overline{PB}=m:n(m>0,\ n>0)$일 때 점 P는 선분 AB를 $m:n$ 으로 내분한다고 하고, 점 P를 선분 AB의 내분점이라 한다.

(2) 선분 AB의 연장선 위의 한 점 Q에 대하여 다음 그림과 같이
$\overline{AQ}:\overline{QB}=m:n(m>0,\ n>0,\ m\neq n)$일 때 점 Q는 선분 AB를 $m:n$으로 외분한다고 하고, 점 Q를 선분 AB의 외분점이라 한다.

> 선분 AB를 내분하는 점 P는 선분 AB 위에 위치하며, 선분 AB를 외분하는 점 Q는 선분 AB의 연장선 위에 위치한다.
> $m:n$으로 내분하거나 외분한다고 할 때, $m>0$, $n>0$이 전제 조건이다.

(3) 수직선 위의 두 점 $A(x_1)$, $B(x_2)$에 대하여 선분 AB를 $m:n(m>0,\ n>0)$으로 내분하는 점 P와 외분하는 점 Q의 좌표는 각각
$$\left(\frac{mx_2+nx_1}{m+n}\right),\ \left(\frac{mx_2-nx_1}{m-n}\right)\ (단,\ m\neq n)$$

(4) 좌표평면 위의 두 점 $A(x_1, y_1)$, $B(x_2, y_2)$에 대하여 선분 AB를 $m:n(m>0,\ n>0)$ 으로 내분하는 점 P와 외분하는 점 Q의 좌표는 각각
$$\left(\frac{mx_2+nx_1}{m+n},\ \frac{my_2+ny_1}{m+n}\right),\ \left(\frac{mx_2-nx_1}{m-n},\ \frac{my_2-ny_1}{m-n}\right)\ (단,\ m\neq n)$$

> 선분 AB의 중점 M은 선분 AB를 $1:1$ 로 내분하는 점이므로 $A(x_1, y_1)$, $B(x_2, y_2)$에 대하여 $M\left(\frac{x_1+x_2}{2},\ \frac{y_1+y_2}{2}\right)$이다.

03 삼각형의 무게중심

(1) 세 점 $A(x_1, y_1)$, $B(x_2, y_2)$, $C(x_3, y_3)$을 꼭짓점으로 하는 삼각형 ABC의 무게중심 G 의 좌표는
$$\left(\frac{x_1+x_2+x_3}{3},\ \frac{y_1+y_2+y_3}{3}\right)$$

(2) 삼각형 ABC의 각 변 AB, BC, CA를 각각 $m:n$으로 내분하는 점을 각각 P, Q, R라 할 때, 삼각형 PQR의 무게중심은 삼각형 ABC의 무게중심과 일치한다.

> 삼각형의 무게중심은 중선을 꼭짓점으로부터 $2:1$로 내분하는 점이다.

01 두 점 사이의 거리

[01~08] 다음 두 점 사이의 거리를 구하시오.

01 $A(1)$, $B(5)$

02 $A(1)$, $B(-5)$

03 $O(0)$, $A(-3)$

04 $A(-11)$, $B(-4)$

05 $O(0, 0)$, $A(3, 4)$

06 $A(2, 1)$, $B(3, 2)$

07 $A(-2, 1)$, $B(3, -2)$

08 $A(-1, -3)$, $B(-3, 1)$

02 선분의 내분점과 외분점

[09~12] 수직선 위의 두 점 $A(5)$, $B(-1)$에 대하여 다음을 구하시오.

09 선분 AB를 $2 : 1$로 내분하는 점 P의 좌표

10 선분 AB를 $3 : 2$로 외분하는 점 Q의 좌표

11 선분 AB를 $2 : 3$으로 외분하는 점 R의 좌표

12 선분 AB의 중점 M의 좌표

[13~17] 좌표평면 위의 두 점 $A(2, 1)$, $B(-4, -2)$에 대하여 다음을 구하시오.

13 선분 AB를 $1 : 2$로 내분하는 점 P의 좌표

14 선분 AB를 $4 : 1$로 내분하는 점 Q의 좌표

15 선분 AB를 $1 : 3$으로 외분하는 점 R의 좌표

16 선분 AB를 $3 : 1$로 외분하는 점 S의 좌표

17 선분 AB의 중점 M의 좌표

03 삼각형의 무게중심

[18~19] 좌표평면에서 다음 세 점을 꼭짓점으로 하는 삼각형의 무게중심의 좌표를 구하시오.

18 $O(0, 0)$, $A(-2, 1)$, $B(2, 2)$

19 $A(-4, 5)$, $B(1, -2)$, $C(6, 3)$

04 직선의 방정식

(1) 기울기가 m이고 y절편이 n인 직선의 방정식은 $y=mx+n$

(2) 기울기가 m이고, 점 $\mathrm{P}(x_1,\ y_1)$을 지나는 직선의 방정식은

$$y-y_1=m(x-x_1)$$

(3) 서로 다른 두 점 $\mathrm{P}(x_1,\ y_1)$, $\mathrm{Q}(x_2,\ y_2)$를 지나는 직선의 방정식은

① $x_1\ne x_2$일 때

$$y-y_1=\frac{y_2-y_1}{x_2-x_1}(x-x_1)$$

② $x_1=x_2$일 때

$$x=x_1$$

(4) x절편이 a이고, y절편이 b인 직선의 방정식은

$$\frac{x}{a}+\frac{y}{b}=1\ (단,\ ab\ne 0)$$

(5) 일차방정식 $ax+by+c=0$이 나타내는 도형은

$$b\ne 0이면\ y=-\frac{a}{b}x-\frac{c}{b},$$

$$b=0,\ a\ne 0이면\ x=-\frac{c}{a}$$

인 직선이다.

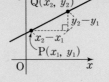
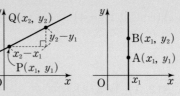

> 서로 다른 두 점을 지나는 직선의 방정식은 두 점의 x좌표가 다른 경우 $(x_1\ne x_2)$와 두 점의 x좌표가 같은 경우$(x_1=x_2)$로 나누어진다.
>
> 직선 $x=x_1$은 y축에 평행한 직선이다. x축에 평행한 직선 $y=y_1$은 기울기가 0인 직선이므로 (3)의 식으로 충분히 잘 정의가 되어 따로 분류하지 않는다.

05 두 직선의 위치 관계

위치 관계	$\begin{cases}y=mx+n\\y=m'x+n'\end{cases}$	$\begin{cases}ax+by+c=0\quad(abc\ne 0)\\a'x+b'y+c'=0\ (a'b'c'\ne 0)\end{cases}$
평행	$m=m',\ n\ne n'$	$\dfrac{a}{a'}=\dfrac{b}{b'}\ne\dfrac{c}{c'}$
일치	$m=m',\ n=n'$	$\dfrac{a}{a'}=\dfrac{b}{b'}=\dfrac{c}{c'}$
수직	$mm'=-1$	$aa'+bb'=0$
한 점에서 만난다.	$m\ne m'$	$\dfrac{a}{a'}\ne\dfrac{b}{b'}$

> 두 직선이 평행: 두 직선의 기울기가 같고, y절편이 다르다.
>
> 두 직선이 일치: 두 직선의 기울기가 같고, y절편이 같다.
>
> 두 직선이 수직: 두 직선의 기울기의 곱이 -1이다.
>
> 두 직선이 한 점에서 만남: 두 직선의 기울기가 다르다.

06 점과 직선 사이의 거리

(1) 점 $\mathrm{P}(x_1,\ y_1)$과 직선 $ax+by+c=0$ 사이의 거리 d는

$$d=\frac{|ax_1+by_1+c|}{\sqrt{a^2+b^2}}$$

특히, 원점 O와 직선 $ax+by+c=0$ 사이의 거리 d는

$$d=\frac{|c|}{\sqrt{a^2+b^2}}$$

(2) 평행한 두 직선 $ax+by+c=0$, $ax+by+c'=0$ 사이의 거리 d는

$$d=\frac{|c-c'|}{\sqrt{a^2+b^2}}$$

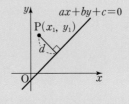
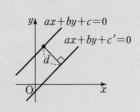

> 평행한 두 직선 사이의 거리를 구할 때는 어느 한 직선 위의 한 점을 잡고 나머지 직선과 점과 직선 사이의 거리 공식을 활용하여 구한다.
> 이때 한 점으로는 절편을 주로 사용한다.

04 직선의 방정식

[20~23] 다음 직선의 방정식을 구하시오.

20 기울기가 1이고 y절편이 2인 직선의 방정식

21 기울기가 -2이고 y절편이 1인 직선의 방정식

22 기울기가 -1이고 점 $(1, -2)$를 지나는 직선의 방정식

23 기울기가 2이고 점 $(-3, 2)$를 지나는 직선의 방정식

[24~28] 다음 두 점을 지나는 직선의 방정식을 구하시오.

24 $(0, 0)$, $(4, 1)$

25 $(-2, -1)$, $(2, 3)$

26 $(1, 3)$, $(-1, 2)$

27 $(2, -3)$, $(2, 1)$

28 $(3, -1)$, $(5, -1)$

[29~32] 세 실수 a, b, c가 다음 조건을 만족시킬 때, 직선 $ax+by+c=0$이 지나지 않는 사분면을 구하시오.

29 $a>0$, $b<0$, $c<0$

30 $a>0$, $b>0$, $c>0$

31 $a<0$, $b<0$, $c>0$

32 $a>0$, $b<0$, $c>0$

05 두 직선의 위치 관계

[33~34] 두 직선 $y=2x+1$, $y=(m-1)x+4$의 위치 관계가 다음과 같을 때, 상수 m의 값을 구하시오.

33 평행하다

34 수직이다

35 직선 $y=\dfrac{1}{2}x+1$에 평행하고 점 $(2, 4)$를 지나는 직선의 방정식을 구하시오.

36 직선 $x+2y-4=0$에 수직이고 점 $(1, -4)$를 지나는 직선의 방정식을 구하시오.

06 점과 직선 사이의 거리

[37~40] 점 $(4, 3)$과 다음 직선 사이의 거리를 구하시오.

37 $x=-2$

38 $y=4$

39 $4x-3y+1=0$

40 $y=2x-3$

01 두 점 사이의 거리

(1) 수직선 위의 두 점 $A(x_1)$, $B(x_2)$ 사이의 거리는
$$\overline{AB} = |x_2 - x_1|$$

(2) 좌표평면 위의 두 점 $A(x_1, y_1)$, $B(x_2, y_2)$ 사이의 거리는
$$\overline{AB} = \sqrt{(x_2 - x_1)^2 + (y_2 - y_1)^2}$$

≫ **올림포스** 수학(상) 69쪽

01 대표문제
▶ 23640-0515

수직선 위의 두 점 $A(a)$, $B(4)$ 사이의 거리가 5일 때, 모든 상수 a의 값의 합은?

① 2 　　　　 ② 4 　　　　 ③ 6
④ 8 　　　　 ⑤ 10

02 상중하
▶ 23640-0516

두 점 $A(3, -1)$, $B(a, 2)$ 사이의 거리가 5일 때, 음수 a의 값은?

① -5 　　　　 ② -4 　　　　 ③ -3
④ -2 　　　　 ⑤ -1

03 상중하
▶ 23640-0517

세 점 $A(0, 2)$, $B(1, -2)$, $C(k, 3)$에 대하여 $\overline{AB} = \overline{AC}$일 때, 양수 k의 값은?

① 1 　　　　 ② 2 　　　　 ③ 3
④ 4 　　　　 ⑤ 5

02 같은 거리에 있는 점

수직선 또는 좌표평면 위에서 두 점 사이의 거리를 구하는 식을 활용하여 문제 상황을 식으로 표현한 후 이를 해결한다.

≫ **올림포스** 수학(상) 69쪽

04 대표문제
▶ 23640-0518

두 점 $A(1, -5)$, $B(2, 1)$에서 같은 거리에 있는 y축 위의 점 P의 좌표를 (a, b)라 할 때, $a+b$의 값은?

① $-\dfrac{7}{4}$ 　　　　 ② $-\dfrac{3}{4}$ 　　　　 ③ $\dfrac{1}{4}$
④ $\dfrac{5}{4}$ 　　　　 ⑤ $\dfrac{9}{4}$

05 상중하
▶ 23640-0519

두 점 $A(2, 3)$, $B(1, -3)$에서 같은 거리에 있는 점 $P(a, b)$가 직선 $y = 2x - 3$ 위에 있을 때, $a+b$의 값은?

① 1 　　　　 ② $\dfrac{3}{2}$ 　　　　 ③ 2
④ $\dfrac{5}{2}$ 　　　　 ⑤ 3

06 상중하
▶ 23640-0520

세 점 $A(4, 0)$, $B(-2, 0)$, $C(2, 4)$를 꼭짓점으로 하는 삼각형 ABC의 외심 P의 좌표를 (a, b)라 할 때, ab의 값은?

① 1 　　　　 ② 2 　　　　 ③ 3
④ 4 　　　　 ⑤ 5

03 두 점 사이의 거리의 활용: 식의 값

(1) **문제 상황이 주어지는 경우**: 문제 상황을 수학적 표현으로 나타내어 값을 구한다.

(2) **식이 주어지는 경우**: 식을 만족시키는 상황을 추론하여 값을 구한다.

>> **올림포스** 수학(상) 69쪽

07 [대표문제]

▶ 23640-0521

두 실수 a, b에 대하여

$\sqrt{(a+1)^2+(b-2)^2}+\sqrt{(a-3)^2+(b+4)^2}$의 최솟값은?

① $5\sqrt{2}$ ② $2\sqrt{13}$ ③ $3\sqrt{6}$

④ $2\sqrt{14}$ ⑤ $\sqrt{58}$

08 (상중하)

▶ 23640-0522

수직선 위의 두 점 A(4), B(8)에 대하여 점 P(a)가 $\overline{AP}+\overline{BP}\leq10$을 만족시킬 때, 실수 a의 최댓값과 최솟값의 합은?

① 8   ② 9   ③ 10

④ 11   ⑤ 12

09 (상중하)

▶ 23640-0523

네 점 A$(0, 0)$, B$(5, 0)$, C$(6, 8)$, D$(2, 4)$를 꼭짓점으로 하는 사각형 ABCD의 내부의 임의의 점을 P라 할 때, $\overline{PA}+\overline{PB}+\overline{PC}+\overline{PD}$의 최솟값은?

① 9   ② 12   ③ 15

④ 18   ⑤ 21

04 두 점 사이의 거리의 활용

(1) 선분의 길이의 제곱의 합과 차는 이차함수의 식으로 전개하면 최댓값 또는 최솟값을 구할 수 있다.

(2) 세 꼭짓점의 좌표가 주어지는 경우 두 점 사이의 거리 공식을 활용하여 삼각형의 모양을 추론할 수 있다.

(3) 삼각형 ABC의 세 꼭짓점 A, B, C와 변 BC의 중점 M에 대하여 다음 식이 성립한다.

$$\overline{AB}^2+\overline{AC}^2=2(\overline{AM}^2+\overline{BM}^2)$$

>> **올림포스** 수학(상) 69쪽

10 [대표문제]

▶ 23640-0524

두 점 A$(3, 6)$, B$(-1, -4)$와 y축 위의 점 P에 대하여 $\overline{AP}^2+\overline{BP}^2$의 최솟값은?

① 50   ② 55   ③ 60

④ 65   ⑤ 70

11 (상중하)

▶ 23640-0525

세 점 A$(2, 0)$, B$(0, 4)$, C(a, b)를 꼭짓점으로 하는 삼각형 ABC가 $\overline{AC}=\overline{BC}$인 이등변삼각형일 때, $2b-a$의 값은?

① 0   ② 1   ③ 2

④ 3   ⑤ 4

12 (상중하)

▶ 23640-0526

그림과 같이 $\angle B=90°$, $\overline{AB}=4\sqrt{3}$, $\overline{BC}=4$인 직각삼각형 ABC에서 점 P가 변 AC 위를 움직일 때, $\overline{PA}^2+\overline{PB}^2$의 최솟값은?

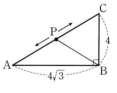

① 26   ② 28   ③ 30

④ 32   ⑤ 34

05 선분의 내분점

좌표평면 위의 두 점 $A(x_1, y_1)$, $B(x_2, y_2)$를 연결한 선분 AB를 $m : n(m>0,\ n>0)$으로 내분하는 점 P의 좌표는
$$\left(\frac{mx_2+nx_1}{m+n},\ \frac{my_2+ny_1}{m+n}\right)$$

» 올림포스 수학(상) 69쪽

13 대표문제 ▶ 23640-0527

두 점 $A(2, a)$, $B(-1, 4)$를 연결한 선분 AB를 $1 : 2$로 내분하는 점이 직선 $y=2x+1$ 위에 있을 때, a의 값은?

① $\dfrac{3}{2}$ ② 2 ③ $\dfrac{5}{2}$

④ 3 ⑤ $\dfrac{7}{2}$

14 상중하 ▶ 23640-0528

두 점 $A(a, 3)$, $B(-1, 6)$에 대하여 선분 AB를 $k : (k+1)$로 내분하는 점의 좌표가 $(3, 4)$일 때, $a+k$의 값은? (단, k는 상수이다.)

① 3 ② 4 ③ 5
④ 6 ⑤ 7

15 상중하 ▶ 23640-0529

$0<t<1$일 때, 두 점 $A(7, 1)$, $B(-3, -5)$를 잇는 선분 AB를 $t : (1-t)$로 내분하는 점 P가 있다. 점 P가 제4사분면 위에 있을 때, $30t$가 자연수가 되도록 하는 실수 t의 개수를 구하시오.

06 선분의 외분점

좌표평면 위의 두 점 $A(x_1, y_1)$, $B(x_2, y_2)$를 연결한 선분 AB를 $m : n(m>0,\ n>0,\ m\neq n)$으로 외분하는 점 P의 좌표는
$$\left(\frac{mx_2-nx_1}{m-n},\ \frac{my_2-ny_1}{m-n}\right)$$

» 올림포스 수학(상) 69쪽

16 대표문제 ▶ 23640-0530

두 점 $A(-1, 1)$, $B(3, -2)$에 대하여 선분 AB를 $2 : 1$로 외분하는 점이 직선 $3x+ky-1=0$ 위에 있을 때, 상수 k의 값은?

① 1 ② 2 ③ 3
④ 4 ⑤ 5

17 상중하 ▶ 23640-0531

두 점 $A(2, 1)$, $B(-6, 7)$에서 선분 AB를 $5 : 1$로 외분하는 점 P와 선분 AB를 $3 : 1$로 내분하는 점 Q에 대하여 선분 PQ의 길이를 구하시오.

18 상중하 ▶ 23640-0532

좌표평면 위의 세 점 A, B, C를 꼭짓점으로 하는 삼각형 ABC의 넓이는 18이다. 선분 BC를 지나는 직선 위에 있는 두 점 D, E가 다음 조건을 만족시킬 때, 삼각형 ADE의 넓이는?

> (가) 점 B는 선분 DC를 $1 : 3$으로 외분한다.
> (나) 점 E는 선분 BC를 $3 : 1$로 외분한다.

① 21 ② 24 ③ 27
④ 30 ⑤ 33

>> 올림포스 수학(상) 69쪽

07 선분의 내분점과 외분점의 활용

선분의 길이와 도형의 넓이 등의 조건으로 문제 상황이 주어질 때, 내분점과 외분점을 활용하여 해결한다.

19 대표문제 ▶ 23640-0533

선분 AB를 내분하는 점 C와 외분하는 점 D에 대하여 $\overline{AB}=3\overline{BC}$, $\overline{BC}=\overline{BD}$가 성립할 때, $\overline{AD}=k\overline{AC}$를 만족시키는 상수 k의 값은?

① 1   ② 2   ③ 3
④ 4   ⑤ 5

20 상중하 ▶ 23640-0534

좌표평면 위의 한 직선 위에 있는 5개의 점 A, B, C, D, E가 다음 조건을 만족시킬 때, 선분 CE의 길이를 구하시오.

(가) 두 점 A, B의 좌표는 A$(-1, 3)$, B$(7, -5)$이다.
(나) 점 A는 선분 CD의 중점이다.
(다) 점 D는 선분 AB를 1 : 3으로 내분한다.
(라) 점 D는 선분 BE를 2 : 3으로 외분한다.

21 상중하 ▶ 23640-0535

세 점 A$(2, 6)$, B$(3, -3)$, C$(5, 2)$를 꼭짓점으로 하는 삼각형 ABC와 선분 BC 위를 움직이는 점 P에 대하여 직선 AP가 삼각형 ABC의 넓이를 1 : 3으로 나눈다. 점 P의 좌표가 (a, b)이고 $b>0$일 때, $\dfrac{a}{b}$의 값은?

① 0   ② 2   ③ 4
④ 6   ⑤ 8

08 삼각형의 무게중심

좌표평면 위의 세 점 A(x_1, y_1), B(x_2, y_2), C(x_3, y_3)을 꼭짓점으로 하는 삼각형 ABC의 무게중심 G의 좌표는
$$\left(\frac{x_1+x_2+x_3}{3},\ \frac{y_1+y_2+y_3}{3}\right)$$

>> 올림포스 수학(상) 70쪽

22 대표문제 ▶ 23640-0536

두 양수 m, n에 대하여 삼각형 ABC의 세 변 AB, BC, CA를 $m : n$으로 내분하는 점이 각각 D$(1, 4)$, E$(-3, 5)$, F$(5, 0)$이다. 삼각형 ABC의 무게중심의 좌표가 (a, b)일 때, $a+b$의 값은?

① 1   ② 2   ③ 3
④ 4   ⑤ 5

23 상중하 ▶ 23640-0537

삼각형 ABC에서 점 A의 좌표는 $(1, 9)$이고, 무게중심의 좌표는 $(-2, 4)$이다. 변 AC를 3 : 1로 내분하는 점의 좌표가 $(-5, 3)$일 때, 점 B의 좌표를 구하시오.

24 상중하 ▶ 23640-0538

점 A$(4, -1)$과 두 점 B, C에 대하여 삼각형 ABC의 무게중심 G의 좌표가 $(2, 3)$이다. $\overline{AB}^2=26$, $\overline{AC}^2=98$일 때, $\overline{BC}^2$의 값은?

① 66   ② 68   ③ 70
④ 72   ⑤ 74

09 평행사변형과 마름모의 성질

(1) 평행사변형의 두 쌍의 대변은 서로 평행하며 길이가 같고, 두 대각선의 중점이 같다.
(2) 마름모는 네 변의 길이가 같고, 두 대각선의 중점이 같으며 수직이다.

≫ **올림포스** 수학(상) 69쪽

25 대표문제
▶ 23640-0539

네 점 A(3, 3), B(−3, 2), C(2, −4), D(a, b)를 꼭짓점으로 하는 사각형 ABCD가 평행사변형일 때, $a+b$의 값은?

① 1 ② 2 ③ 3
④ 4 ⑤ 5

26 상중하
▶ 23640-0540

네 점 A(1, −1), B(a, −3), C(b, 1), D(−1, 3)을 꼭짓점으로 하는 사각형 ABCD가 마름모일 때, 두 양수 a, b의 곱 ab의 값은?

① 12 ② 15 ③ 18
④ 21 ⑤ 24

27 상중하
▶ 23640-0541

마름모 ABCD가 다음 조건을 만족시킨다.

(가) 두 점 A, B의 좌표는 각각 (0, 0), $\left(\dfrac{5}{2}, -\dfrac{\sqrt{3}}{2}\right)$이다.

(나) 삼각형 BCD의 무게중심의 좌표는 $\left(3, \dfrac{\sqrt{3}}{3}\right)$이다.

점 D의 좌표가 (a, b)일 때, $a+b^2$의 값은?

① 1 ② 2 ③ 3
④ 4 ⑤ 5

---

10 각의 이등분선의 성질

삼각형 ABC에서 점 A를 지나는 직선 l이 ∠A를 이등분할 때, 직선 l과 변 BC가 만나는 점을 D라 하면 $\overline{\text{AB}} : \overline{\text{AC}} = \overline{\text{BD}} : \overline{\text{CD}}$가 성립한다.

≫ **올림포스** 수학(상) 69쪽

28 대표문제
▶ 23640-0542

세 점 A(2, 4), B(0, 0), C(8, 1)을 꼭짓점으로 하는 삼각형 ABC에서 ∠A의 이등분선과 변 BC가 만나는 점 D의 좌표가 (a, b)일 때, $\dfrac{a}{b}$의 값은?

① 6 ② 8 ③ 10
④ 12 ⑤ 14

29 상중하
▶ 23640-0543

직선 $y=7x$와 x축의 양의 방향이 이루는 각을 이등분하는 직선 l의 기울기가 $\dfrac{1}{7}(a\sqrt{2}+b)$이다. 두 정수 a, b에 대하여 a^2+b^2의 값은?

① 22 ② 23 ③ 24
④ 25 ⑤ 26

30 상중하
▶ 23640-0544

$\overline{\text{AB}}=9$, $\overline{\text{BC}}=11$, $\overline{\text{AC}}=3$인 삼각형 ABC에서 ∠A의 이등분선이 변 BC와 만나는 점을 D, 삼각형 ABC의 무게중심 G에 대하여 직선 AG와 변 BC가 만나는 점을 E라 하자. 삼각형 DGE의 넓이를 S_1, 삼각형 ADC의 넓이를 S_2라 할 때, $\dfrac{S_2}{S_1}$의 값은?

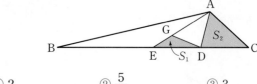

① 2 ② $\dfrac{5}{2}$ ③ 3
④ $\dfrac{7}{2}$ ⑤ 4

11 한 점과 기울기가 주어진 직선의 방정식

좌표평면 위의 한 점 $A(x_1, y_1)$을 지나고 기울기가 m인 직선의 방정식은

$$y - y_1 = m(x - x_1)$$

>> **올림포스** 수학(상) 70쪽

31 대표문제
▶ 23640-0545

두 점 $A(1, -4)$, $B(4, -7)$에 대하여 선분 AB를 $2:1$로 내분하는 점을 지나고 기울기가 -2인 직선의 방정식을 구하시오.

32 상중하
▶ 23640-0546

점 $(-1, 3)$을 지나고 기울기가 2인 직선 l과 x축, y축으로 둘러싸인 부분의 넓이는?

① $\dfrac{25}{4}$ ② $\dfrac{13}{2}$ ③ $\dfrac{27}{4}$

④ 7 ⑤ $\dfrac{29}{4}$

33 상중하
▶ 23640-0547

x축의 양의 방향과 이루는 각의 크기가 $30°$이고, 점 $(\sqrt{3}, 4)$를 지나는 직선의 방정식이 $x + ay + b = 0$일 때, 두 상수 a, b의 곱 ab의 값은?

① -9 ② -7 ③ -5

④ -3 ⑤ -1

12 서로 다른 두 점을 지나는 직선의 방정식

좌표평면 위의 서로 다른 두 점 $A(x_1, y_1)$, $B(x_2, y_2)$를 지나는 직선의 방정식은

① $x_1 \neq x_2$일 때, $y - y_1 = \dfrac{y_2 - y_1}{x_2 - x_1}(x - x_1)$

② $x_1 = x_2$일 때, $x = x_1$

>> **올림포스** 수학(상) 70쪽

34 대표문제
▶ 23640-0548

x절편이 3이고 y절편이 4인 직선 위에 점 $(a, -8)$이 있을 때, a의 값은?

① 6 ② 7 ③ 8

④ 9 ⑤ 10

35 상중하
▶ 23640-0549

두 점 $A(3, -1)$, $B(1, 1)$에 대하여 선분 AB를 $3:2$로 외분하는 점을 지나는 직선 l의 x절편이 -2일 때, 직선 l의 y절편은?

① -2 ② -4 ③ -6

④ -8 ⑤ -10

36 상중하
▶ 23640-0550

두 점 $A\left(-5, -\dfrac{13}{3}\right)$, $B\left(31, \dfrac{167}{3}\right)$에 대하여 선분 AB 위의 점 중에서 x좌표와 y좌표가 모두 정수인 점의 개수는?

① 8 ② 10 ③ 12

④ 14 ⑤ 16

13 세 점이 한 직선 위에 있을 조건

세 점이 한 직선 위에 있으려면 세 점 중 임의의 두 점을 연결한 직선의 기울기가 같아야 한다.

>> **올림포스** 수학(상) 70쪽

37 대표문제 ▶ 23640-0551

세 점 $(1, 1)$, $(2, a)$, $(a, 10)$이 한 직선 위에 있도록 하는 양수 a의 값을 구하시오.

38 상중하 ▶ 23640-0552

세 점 $(1, a)$, $(3, 8)$, $(-a, -7)$이 삼각형을 이루지 않도록 하는 모든 실수 a의 값의 합은?

① 1   ② 2   ③ 3
④ 4   ⑤ 5

39 상중하 ▶ 23640-0553

두 점 $A(2, 4)$, $B(3, 6)$과 직선 $y=x-1$ 위의 점 P에 대하여 $|\overline{PA}-\overline{PB}|$의 값이 최대가 될 때의 점 P의 좌표를 (a, b)라 하자. $a+b$의 값은?

① -1 ② -2 ③ -3
④ -4 ⑤ -5

14 도형의 넓이를 분할하는 직선

직선에 의해 분할되는 도형의 모양을 확인한 후 넓이를 구하는 식을 세워 문제를 해결한다.

>> **올림포스** 수학(상) 70쪽

40 대표문제 ▶ 23640-0554

세 점 $A(0, 4)$, $B(-2, -3)$, $C(8, -6)$에 대하여 직선 $y=mx+4$가 삼각형 ABC의 넓이를 이등분할 때, 상수 m의 값은?

① $-\dfrac{5}{2}$ ② $-\dfrac{17}{6}$ ③ $-\dfrac{19}{6}$
④ $-\dfrac{7}{2}$ ⑤ $-\dfrac{23}{6}$

41 상중하 ▶ 23640-0555

그림과 같이 좌표평면 위에 있는 두 직사각형 ABCD와 EFGH의 넓이를 동시에 이등분하는 직선의 y절편은?

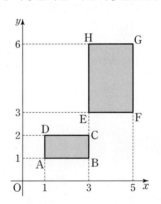

① -1 ② $-\dfrac{3}{2}$ ③ -2
④ $-\dfrac{5}{2}$ ⑤ -3

42 상중하 ▶ 23640-0556

세 점 $A(-2, 1)$, $B(2, -3)$, $C(2, 13)$을 꼭짓점으로 하는 삼각형 ABC의 넓이를 직선 $x=a$가 이등분할 때, 상수 a의 값은?

① $-2+\sqrt{3}$ ② $-2+2\sqrt{3}$
③ $-2+\sqrt{2}$ ④ $-2+2\sqrt{2}$
⑤ $-2+3\sqrt{2}$

15 직선의 개형

직선 $ax+by+c=0$에서 세 상수 a, b, c의 부호를 활용하면 직선의 개형을 추측할 수 있다.

>> 올림포스 수학(상) 70쪽

43 대표문제
▶ 23640-0557

$ab>0$, $ac<0$일 때, 직선 $ax+by+c=0$의 개형은?

①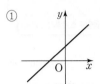

②

③

④

⑤

44 상중하
▶ 23640-0558

직선 $ax+by+c=0$에 대한 **보기**의 설명 중 옳은 것만을 있는 대로 고른 것은?

┌ 보기 ┐
ㄱ. $b=0$, $ac>0$이면 제2사분면과 제3사분면을 지난다.
ㄴ. $ab<0$, $bc>0$이면 제2사분면을 지나지 않는다.
ㄷ. $c=0$, $ab>0$이면 제2사분면과 제4사분면을 지난다.
└

① ㄱ ② ㄴ ③ ㄱ, ㄴ
④ ㄱ, ㄷ ⑤ ㄱ, ㄴ, ㄷ

16 정점을 지나는 직선

직선의 방정식에서 항등식의 성질을 이용하여 식을 임의의 실수로 묶어 정리하면 실수의 값에 관계없이 직선이 항상 지나는 점을 찾을 수 있다.

45 대표문제
▶ 23640-0559

좌표평면에서 직선 $(2k+1)x-(3k+2)y-3k=0$이 실수 k의 값에 관계없이 항상 지나는 점의 좌표를 (a, b)라 할 때, ab의 값은?

① 18 ② 20 ③ 22
④ 24 ⑤ 26

46 상중하
▶ 23640-0560

직선 $(2k+1)x+(1-k)y+2-ak=0$이 실수 k의 값에 관계없이 항상 점 $(1, b)$를 지날 때, $a-b$의 값은?

(단, a는 상수이다.)

① 8 ② 10 ③ 12
④ 14 ⑤ 16

47 상중하
▶ 23640-0561

점 $P(a, b)$가 직선 $2x+y=3$ 위를 움직일 때, 직선 $ax+3by=1$은 점 P의 위치에 관계없이 일정한 점 $Q(c, d)$를 지난다. $c+d$의 값은?

① $\dfrac{4}{9}$ ② $\dfrac{5}{9}$ ③ $\dfrac{2}{3}$
④ $\dfrac{7}{9}$ ⑤ $\dfrac{8}{9}$

17 정점을 지나는 직선의 활용

좌표평면 위에서 정점을 지나는 직선을 그리고, 정점을 기준으로 직선을 좌우로 회전시켜 보면서 조건을 만족시키는 범위를 구한다.

48 대표문제
▶ 23640-0562

두 직선 $y=x+6$, $kx-y-2k-1=0$이 제2사분면에서 만나도록 하는 정수 k의 개수를 구하시오.

49 상중하
▶ 23640-0563

두 점 A$(-3,\ 1)$, B$(1,\ -4)$를 이은 선분 AB와 직선 $kx+y-3k-4=0$이 한 점에서 만날 때, 실수 k의 최댓값과 최솟값의 곱은?

① 1   ② 2   ③ 3
④ 4   ⑤ 5

50 상중하
▶ 23640-0564

직선 $(2k+1)x-(3k+1)y+k-1=0$의 x절편과 y절편이 a로 같을 때의 실수 k의 값을 K라 하자. aK의 값은?

(단, $k\neq1$)

① $-\dfrac{6}{5}$ ② $-\dfrac{8}{5}$ ③ -2
④ $-\dfrac{12}{5}$ ⑤ $-\dfrac{14}{5}$

18 두 직선의 평행과 수직

평행한 두 직선은 기울기가 서로 같고, y절편이 다르다.
수직인 두 직선의 기울기의 곱은 -1이다.
두 직선 $ax+by+c=0$, $a'x+b'y+c'=0$
$(abc\neq0,\ a'b'c'\neq0)$에 대하여

① 평행하다: $\dfrac{a}{a'}=\dfrac{b}{b'}\neq\dfrac{c}{c'}$

② 수직이다: $aa'+bb'=0$

» 올림포스 수학(상) 71쪽

51 대표문제
▶ 23640-0565

두 직선 $ax+5y-2=0$, $3x-2y+5=0$이 서로 평행할 때, 상수 a의 값은?

① -7 ② $-\dfrac{15}{2}$ ③ -8
④ $-\dfrac{17}{2}$ ⑤ -9

52 상중하
▶ 23640-0566

두 직선 $(k+1)x-y+3=0$, $kx+2y+1=0$이 서로 수직이 되도록 하는 음수 k의 값은?

① -5 ② -4 ③ -3
④ -2 ⑤ -1

53 상중하
▶ 23640-0567

원점 O$(0,\ 0)$에서 직선 $(2k+1)x+(1-3k)y+k-7=0$에 내린 수선의 길이가 최대가 되도록 하는 실수 k의 값은?

① $\dfrac{1}{54}$ ② $\dfrac{1}{27}$ ③ $\dfrac{1}{18}$
④ $\dfrac{2}{27}$ ⑤ $\dfrac{5}{54}$

19 두 직선의 교점을 지나는 직선의 방정식

연립일차방정식의 해를 구하면 두 직선의 교점을 구할 수 있다. 교점을 정점으로 주어 정점을 지나는 직선의 방정식처럼 출제되기도 한다.

>> 올림포스 수학(상) 70쪽

54 대표문제
▶ 23640-0568

두 직선 $x-y-3=0$, $2x+3y+4=0$의 교점과 점 $(7, 2)$를 지나는 직선의 x절편은?

① 1　　　　　② 2　　　　　③ 3

④ 4　　　　　⑤ 5

55 상중하
▶ 23640-0569

직선 $(3x-2y+3)k+(x+4y-13)=0$이 세 점 $A(2, -3)$, $B(1, 3)$, $C(-6, 1)$을 꼭짓점으로 하는 삼각형 ABC의 넓이를 이등분할 때, 실수 k의 값은?

① -19　　　　② -17　　　　③ -15

④ -13　　　　⑤ -11

56 상중하
▶ 23640-0570

두 직선 $2x+y+a=0$, $3x-y+2=0$의 교점을 지나고, 직선 $4x-2y+3=0$과 평행한 직선이 점 $(3, b)$를 지날 때, $a+5b$의 값은? (단, a는 상수이다.)

① 38　　　　　② 40　　　　　③ 42

④ 44　　　　　⑤ 46

20 세 직선의 위치 관계

임의의 두 직선이 수직 또는 평행하거나, 세 직선이 한 점에서 만나는 조건 등을 활용하여 주어진 문제 상황을 해결한다.

>> 올림포스 수학(상) 71쪽

57 대표문제
▶ 23640-0571

세 직선 $x-y=0$, $2x-y-1=0$, $ax+2y+3=0$이 삼각형을 이루지 않도록 하는 모든 실수 a의 값의 합은?

① -15　　　　② -13　　　　③ -11

④ -9　　　　⑤ -7

58 상중하
▶ 23640-0572

세 직선
$$3x+y=0, \ -x+y+2=0, \ x+ay-1=0$$
이 좌표평면을 6개로 나누도록 하는 모든 실수 a의 값의 곱은?

① $\dfrac{1}{15}$　　　　② $\dfrac{1}{13}$　　　　③ $\dfrac{1}{11}$

④ $\dfrac{1}{9}$　　　　⑤ $\dfrac{1}{7}$

59 상중하
▶ 23640-0573

세 직선
$$x+3y-2=0, \ ax+6y-4=0, \ 4x-9y+2a=0$$
에 의하여 $a=2$일 때 좌표평면이 p개로 나누어지고, $a=3$일 때 좌표평면이 q개로 나누어진다. $p+q$의 값은?

① 9　　　　　② 10　　　　　③ 11

④ 12　　　　　⑤ 13

21 수직 또는 평행 조건이 주어진 직선의 방정식

수직 또는 평행 조건을 활용하면 직선의 기울기를 구할 수 있으므로 이를 활용하여 문제 상황을 해결한다.

>> 올림포스 수학(상) 71쪽

60 대표문제
▶ 23640-0574

직선 $2x+3y+1=0$에 평행하고 점 $(-1, 2)$를 지나는 직선이 점 $(k, -2)$를 지날 때, k의 값은?

① 1   ② 2   ③ 3
④ 4   ⑤ 5

61 상중하
▶ 23640-0575

점 $(6, 2)$를 지나는 직선이 직선 $2x+(3k-1)y-4=0$과 수직이고, 두 직선의 x절편이 서로 같을 때, 실수 k의 값은?

① $\dfrac{1}{3}$ ② $\dfrac{2}{3}$ ③ 1
④ $\dfrac{4}{3}$ ⑤ $\dfrac{5}{3}$

62 상중하
▶ 23640-0576

세 점 $O(0, 0)$, $A(4, 0)$, $B(4, 3)$에 대하여 선분 OB를 $2:3$으로 내분하는 점을 P라 하자. 점 P를 지나고 직선 OB에 수직인 직선이 x축과 만나는 점을 Q라 할 때, 사각형 $ABPQ$의 넓이는?

① 3   ② $\dfrac{7}{2}$ ③ 4
④ $\dfrac{9}{2}$ ⑤ 5

22 수직이등분선의 방정식

두 점 A, B를 잇는 선분 AB의 수직이등분선의 방정식은 선분 AB의 중점을 지나고 직선 AB와 수직인 직선의 방정식이다.

>> 올림포스 수학(상) 71쪽

63 대표문제
▶ 23640-0577

직선 $y=\dfrac{2}{3}x+2$가 x축, y축과 만나는 점을 각각 A, B라 할 때, 선분 AB의 수직이등분선의 방정식이 $ax+by+5=0$이다. 두 상수 a, b의 곱 ab의 값은?

① 8   ② 12   ③ 16
④ 20   ⑤ 24

64 상중하
▶ 23640-0578

두 점 $A(2, 4)$, $B(a, b)$에 대하여 선분 AB의 수직이등분선의 방정식이 $2x-4y+1=0$일 때, $5(a+b)$의 값은?

① 19   ② 20   ③ 21
④ 22   ⑤ 23

65 상중하
▶ 23640-0579

세 점 $A(1, 6)$, $B(-1, -2)$, $C(5, 2)$에 대하여 삼각형 ABC의 외심의 좌표를 (a, b)라 할 때, $a+b$의 값은?

① $\dfrac{11}{5}$ ② $\dfrac{12}{5}$ ③ $\dfrac{13}{5}$
④ $\dfrac{14}{5}$ ⑤ 3

23 점과 직선 사이의 거리

점 $(x_1,\ y_1)$과 직선 $ax+by+c=0$ 사이의 거리는

$$\frac{|ax_1+by_1+c|}{\sqrt{a^2+b^2}}$$

>> **올림포스** 수학(상) 71쪽

66 대표문제
▶ 23640-0580

직선 $4x+3y+3=0$과 점 $(a,\ -3)$ 사이의 거리가 2일 때, 양수 a의 값을 구하시오.

67 상중하
▶ 23640-0581

점 $(1,\ 4)$에서 두 직선 $4x-2y+3=0$, $2x+y+a=0$에 이르는 거리가 같도록 하는 모든 실수 a의 값의 합은?

① -6 ② -8 ③ -10
④ -12 ⑤ -14

68 상중하
▶ 23640-0582

좌표평면 위의 곡선 $y=x^2$과 직선 $y=a\ (a>0)$의 교점 중 x좌표가 음수인 점을 P라 하자. 점 P와 직선 $y=-x$ 사이의 거리를 $f(a)$라 할 때, $f(4)+f(9)$의 값은?

① $3\sqrt{2}$ ② $4\sqrt{2}$ ③ $5\sqrt{2}$
④ $6\sqrt{2}$ ⑤ $7\sqrt{2}$

24 수선의 발

한 점에서 직선에 수선의 발을 내리는 상황은 다양한 문제 상황에서 활용될 수 있다. 이때 수선의 발까지의 거리는 점과 직선 사이의 거리를 활용하며, 빈도는 높지 않지만 수선의 발을 구하는 문제도 종종 출제된다.

>> **올림포스** 수학(상) 71쪽

69 대표문제
▶ 23640-0583

점 $\mathrm{A}(7,\ 5)$에서 직선 $y=-2x+a$에 내린 수선의 발 H의 좌표가 $(b,\ 3)$일 때, 상수 a에 대하여 $a+b$의 값은?

① 10 ② 11 ③ 12
④ 13 ⑤ 14

70 상중하
▶ 23640-0584

점 $(3,\ 7)$에서 직선 $x-2y+1=0$에 내린 수선의 발의 좌표가 $(a,\ b)$일 때, $a+b$의 값은?

① 4 ② 5 ③ 6
④ 7 ⑤ 8

71 상중하
▶ 23640-0585

원점 $\mathrm{O}(0,\ 0)$에서 직선 $l:(k+1)x+(k-1)y-2k+6=0$까지의 거리가 최대일 때 실수 k의 값을 K라 하고, 이때 원점에서 직선 l에 내린 수선의 발을 $\mathrm{H}(a,\ b)$라 하자. $\dfrac{ab}{K}$의 값은? (단, $k\neq3$)

① 24 ② 28 ③ 32
④ 36 ⑤ 40

25 삼각형의 넓이

세 점, 세 직선 등 다양한 조건으로 주어진 삼각형의 넓이를 구할 수 있어야 한다.

특히, 세 점 $O(0, 0)$, $A(x_1, y_1)$, $B(x_2, y_2)$를 꼭짓점으로 하는 삼각형 OAB의 넓이 S는

$$S = \frac{1}{2}|x_1 y_2 - x_2 y_1|$$

≫ 올림포스 수학(상) 71쪽

72 대표문제

▶ 23640-0586

그림과 같이 두 직선 $y=3x$, $x+2y-6=0$과 x축으로 둘러싸인 삼각형의 넓이는?

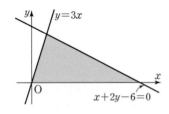

① $\dfrac{52}{7}$ ② $\dfrac{54}{7}$ ③ 8

④ $\dfrac{58}{7}$ ⑤ $\dfrac{60}{7}$

73 상중하

▶ 23640-0587

세 점 $O(0, 0)$, $A(a, 3)$, $B(1, 4)$를 꼭짓점으로 하는 삼각형 OAB의 넓이가 $\dfrac{21}{2}$일 때, 양수 a의 값은?

① 3   ② 4   ③ 5

④ 6   ⑤ 7

74 상중하

▶ 23640-0588

$t<0$인 실수 t에 대하여 좌표평면 위에 네 점 $O(0, 0)$, $A(4, 5)$, $B(-1, 2)$, $D(t, 0)$이 있다. 삼각형 OAB의 넓이가 삼각형 OAD의 넓이의 2배일 때, 두 점 A, D를 지나는 직선 l의 y절편은 $\dfrac{q}{p}$이다. $p+q$의 값은?

(단, p와 q는 서로소인 자연수이다.)

① 112   ② 114   ③ 116

④ 118   ⑤ 120

26 평행한 두 직선 사이의 거리

평행한 두 직선 중 한 직선 위의 한 점과 다른 직선 사이의 거리를 이용하면 평행한 두 직선 사이의 거리를 구할 수 있다.

≫ 올림포스 수학(상) 71쪽

75 대표문제

▶ 23640-0589

직선 l의 방정식은 $3x+4y+a=0$이고 직선 m은 직선 l과 평행하고 y절편이 $\dfrac{1}{4}$이다. 두 직선 l과 m 사이의 거리가 1일 때, 음수 a의 값은?

① -2 ② -4 ③ -6

④ -8 ⑤ -10

76 상중하

▶ 23640-0590

한 변의 길이가 $\sqrt{10}$인 정사각형 $ABCD$에 대하여 두 점 A, B의 좌표는 각각 $A(1, 0)$, $B(0, 3)$이고, 두 점 C, D는 모두 제1사분면 위의 점이다. 직선 CD의 y절편은?

① 9   ② 10   ③ 11

④ 12   ⑤ 13

77 상중하

▶ 23640-0591

이차함수 $y=x^2-2x+3$의 그래프 위의 점에서 직선 $y=2x+k$에 이르는 거리의 최솟값이 $\sqrt{5}$가 되도록 하는 실수 k의 값을 구하시오.

중요
27 자취의 방정식

구하는 점의 좌표가 주어진 경우에는 구하는 점에 대한 조건을 이용하여 관계식을 만든다.
구하는 점의 좌표가 주어지지 않은 경우에는 구하고자 하는 점의 좌표를 (x, y)로 놓고, x와 y 사이의 관계식을 찾아 구한다.

78 대표문제
▶ 23640-0592

직선 $2x+y-1=0$ 위에 있고, 두 점 $A(0, 3)$, $B(8, 1)$로부터 같은 거리에 있는 점을 $P(a, b)$라 할 때, ab의 값은?

① -6 ② -8 ③ -10
④ -12 ⑤ -14

79 상중하
▶ 23640-0593

직선 $5y=12x$와 x축의 양의 방향이 이루는 각을 이등분하는 직선의 기울기는?

① $\dfrac{1}{6}$ ② $\dfrac{1}{3}$ ③ $\dfrac{1}{2}$
④ $\dfrac{2}{3}$ ⑤ $\dfrac{5}{6}$

80 상중하
▶ 23640-0594

점 $A(-1, 2)$와 직선 $y=2x-7$ 위의 점 B와 직선 $y=ax+b$ 위의 점 C에 대하여 삼각형 ABC의 무게중심 G의 좌표가 $(1, 3)$이 되었다고 한다. 두 상수 a, b에 대하여 $a+b$의 값은?

① 8 ② 9 ③ 10
④ 11 ⑤ 12

28 이동하는 두 점 사이의 거리

(거리)$=$(속력)$\times$(시간)의 공식을 활용하여 좌표평면에서의 점의 위치를 좌표로 나타낸 후 두 점 사이의 거리 공식을 활용한다.

>> 올림포스 수학(상) 69쪽

81 대표문제
▶ 23640-0595

그림과 같이 수직으로 만나는 두 직선도로 위의 교차점에서 두 지점 A, B는 각각 서쪽으로 8 km, 남쪽으로 6 km 떨어져 있다. A지점에서 출발하는 버스는 시속 2 km의 일정한 속도로 동쪽으로 이동하고, B지점에서 출발하는 승용차는 시속 4 km의 일정한 속도로 북쪽으로 이동한다. 버스와 승용차가 동시에 출발했을 때, 버스와 승용차의 거리가 가장 가까워질 때는 출발 후 몇 시간이 지났을 때인가?
(단, 버스와 승용차의 크기와 도로의 폭은 무시한다.)

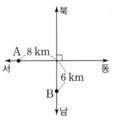

① 1시간 ② $\dfrac{3}{2}$시간 ③ 2시간
④ $\dfrac{5}{2}$시간 ⑤ 3시간

82 상중하
▶ 23640-0596

그림과 같이 좌표평면 위에서 동시에 출발하여 일정한 속도로 이동하는 두 점 A, B가 있다. 출발 후의 시각 $t(t \geq 0)$에 대하여 원점에서 출발하여 직선 $y=3x$를 따라 북동쪽으로 이동하는 점 A의 좌표는 $(t, 3t)$이고, 원점에서 서쪽으로 10만큼 떨어진 지점에서 출발하여 동쪽으로 이동하는 점 B의 좌표는 $(-10+2t, 0)$이다. 두 점 A, B 사이의 거리의 최솟값은?

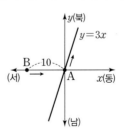

① $4\sqrt{5}$ ② $3\sqrt{10}$ ③ 10
④ $\sqrt{110}$ ⑤ $2\sqrt{30}$

서술형 완성하기

01
▶ 23640-0597

좌표평면 위의 세 점 A(1, 2), B(7, −2), C(8, 6)을 꼭짓점으로 하는 삼각형 ABC는 어떤 삼각형인지 구하시오.

02 내신기출
▶ 23640-0598

좌표평면 위의 세 점 A(0, 1), B(3, 7), C(6, 4)와 임의의 점 P에 대하여 $\overline{PA}^2 - \overline{PB}^2 + \overline{PC}^2$의 최솟값을 구하시오.

03
▶ 23640-0599

그림과 같이 좌표평면 위의 세 점 O(0, 0), A(16, 0), B(5, 15)를 꼭짓점으로 하는 삼각형 OAB가 있다. 점 C는 선분 OA 위의 점이고, 점 D는 선분 BC 위의 점이다. 세 삼각형 OCD, ODB, ABC의 넓이의 비가 1 : 4 : 3일 때, 점 D의 좌표를 구하시오.

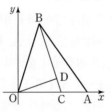

04 내신기출
▶ 23640-0600

세 직선 $x-y+1=0$, $ax+2y+3=0$, $3x+ay+2=0$이 좌표평면을 6개로 분할하도록 하는 모든 실수 a의 값의 합을 구하시오.

05
▶ 23640-0601

삼각형 ABC의 세 변 AB, BC, CA의 중점이 각각 P(3, 4), Q(4, 2), R(5, 5)일 때, 점 A의 좌표를 구하시오.

06
▶ 23640-0602

그림과 같이 삼각형 ABC의 무게중심이 G이고, $\overline{AG}=10$, $\overline{BG}=4\sqrt{5}$, $\overline{CG}=2\sqrt{5}$이다. 삼각형 ABC의 넓이를 구하시오.

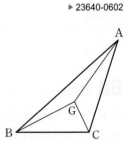

01 ▶ 23640-0603

좌표평면 위의 세 점 $A(0, 4)$, $B(-2, 6)$, $C(1, a)$를 꼭짓점으로 하는 삼각형 ABC가 직각삼각형이 되도록 하는 모든 a의 값의 합을 구하시오.

02 ▶ 23640-0604

세 꼭짓점의 좌표가 $A(0, 3)$, $B(-8, -5)$, $C(4, 0)$인 삼각형 ABC가 있다. $\overline{AC} = \overline{DC}$가 되도록 점 D를 선분 BC 위에 잡는다. 점 C를 지나면서 선분 AD와 평행한 직선이 선분 BA의 연장선과 만나는 점을 P라 하자. 점 P의 좌표를 (a, b)라 할 때, $a+b$의 값을 구하시오.

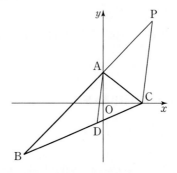

03 ▶ 23640-0605

그림과 같이 좌표평면 위에 세 점 $O(0, 0)$, $A(7, 1)$, $B(-1, a)$와 삼각형 OAB의 무게중심 $G(2, b)$가 있다. 점 G와 직선 OA 사이의 거리가 $\dfrac{6\sqrt{2}}{5}$일 때, a, b의 값을 각각 구하시오. (단, $a > 0$)

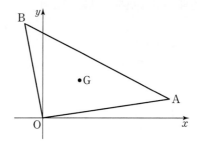

04 ▶ 23640-0606

세 점 $A\left(\dfrac{1}{5}, \dfrac{12}{5}\right)$, $B(-3, 0)$, $C(2, 0)$을 꼭짓점으로 하는 삼각형 ABC에 내접하는 원의 중심 I에서 세 꼭짓점에 이르는 거리 중 가장 큰 값을 구하시오.

개념 확인하기 08 원의 방정식

01 원의 방정식

(1) **중심의 좌표와 반지름의 길이가 주어진 원의 방정식**

① 중심이 원점이고 반지름의 길이가 r인 원의 방정식은 $x^2+y^2=r^2$

② 중심이 점 (a, b)이고 반지름의 길이가 r인 원의 방정식은

$$(x-a)^2+(y-b)^2=r^2$$

(2) **좌표축에 접하는 원의 방정식**

① 중심이 점 (a, b)이고 x축에 접하는 원의 방정식은 $(x-a)^2+(y-b)^2=b^2$

② 중심이 점 (a, b)이고 y축에 접하는 원의 방정식은 $(x-a)^2+(y-b)^2=a^2$

③ x축과 y축에 동시에 접하는 원의 방정식은

$$(x-a)^2+(y-a)^2=a^2 \text{ 또는 } (x-a)^2+(y+a)^2=a^2$$

> 좌표평면 위에서 x축과 y축에 동시에 접하는 원은 a의 부호에 따라 $a>0$이면 제1사분면 또는 제4사분면에, $a<0$이면 제2사분면 또는 제3사분면에 나타난다.

02 이차방정식 $x^2+y^2+Ax+By+C=0$이 나타내는 도형

x, y에 대한 이차방정식 $x^2+y^2+Ax+By+C=0$은 중심의 좌표가 $\left(-\dfrac{A}{2}, -\dfrac{B}{2}\right)$이고,

반지름의 길이가 $\dfrac{\sqrt{A^2+B^2-4C}}{2}$ (단, $A^2+B^2-4C>0$)인 원을 나타낸다.

> 중심과 반지름을 활용하여 나타내는
> $(x-a)^2+(y-b)^2=r^2$
> 꼴은 원의 방정식의 표준형이라 하며,
> x와 y에 대한 내림차순으로 표현한
> $x^2+y^2+Ax+By+C=0$
> 꼴은 원의 방정식의 일반형이라 한다.

03 원과 직선의 위치 관계

(1) **판별식을 이용한 원 $x^2+y^2=r^2$과 직선 $y=mx+n$의 위치 관계**

$y=mx+n$을 $x^2+y^2=r^2$에 대입하여 만든 이차방정식

$x^2+(mx+n)^2=r^2$, 즉 $(m^2+1)x^2+2mnx+n^2-r^2=0$

의 판별식 D의 부호에 따라 원과 직선의 위치 관계는 다음과

같다.

① $D>0$이면 서로 다른 두 점에서 만난다.

② $D=0$이면 한 점에서 만난다. (접한다.)

③ $D<0$이면 만나지 않는다.

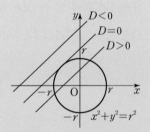

(2) **원의 중심과 직선 사이의 거리를 이용한 위치 관계**

원의 중심과 직선 사이의 거리를 d, 원의 반지름의 길이를 r라 할 때,

① $d<r$이면 서로 다른 두 점에서 만난다.

② $d=r$이면 한 점에서 만난다. (접한다.)

③ $d>r$이면 만나지 않는다.

> 원과 직선의 위치 관계를 알고 싶을 때는 원의 중심과 직선 사이의 거리를 활용하는 것이 편리하다.
> 점 (x_1, y_1)과 직선 $ax+by+c=0$ 사이의 거리 d는
> $$d=\frac{|ax_1+by_1+c|}{\sqrt{a^2+b^2}}$$

04 원의 접선의 방정식

(1) **기울기가 주어진 원의 접선의 방정식**

원 $x^2+y^2=r^2$에 접하고 기울기가 m인 직선의 방정식은 $y=mx\pm r\sqrt{m^2+1}$

(2) **접점이 주어진 원의 접선의 방정식**

원 $x^2+y^2=r^2$ 위의 점 $P(x_1, y_1)$에서의 접선의 방정식은 $x_1x+y_1y=r^2$

> 원 밖의 한 점 (a, b)에서 그은 원의 접선의 방정식을 구하기 위해서는
> ① 접점 (x_1, y_1)에서의 접선의 방정식이 점 (a, b)를 지나는 것
> ② 접점이 원 위에 있다는 것
> 을 활용한다.

01 원의 방정식

[01~05] 다음 원의 방정식을 구하시오.

01 중심이 원점이고 반지름의 길이가 2인 원

02 중심이 점 (1, 3)이고 반지름의 길이가 4인 원

03 중심이 점 (−3, 2)이고 x축에 접하는 원

04 중심이 점 (5, −2)이고 y축에 접하는 원

05 중심이 점 (4, −4)이고 x축과 y축에 동시에 접하는 원

02 이차방정식 $x^2+y^2+Ax+By+C=0$이 나타내는 도형

[06~07] 다음 방정식이 나타내는 원의 중심의 좌표와 반지름의 길이를 구하시오.

06 $x^2+y^2-6x+5=0$

07 $x^2+y^2-4x+8y+11=0$

[08~09] 다음 방정식이 원을 나타낼 때, 실수 k의 값의 범위를 구하시오.

08 $x^2+y^2-8x+6y+k=0$

09 $x^2+y^2-4kx+8y+20=0$

03 원과 직선의 위치 관계

[10~12] 원 C와 직선 l의 방정식이 다음과 같을 때, 원 C와 직선의 위치 관계를 말하시오.

10 $C: x^2+y^2=8$, $l: x-y+4=0$

11 $C: (x-1)^2+(y+2)^2=4$, $l: 2x+y+5=0$

12 $C: x^2+y^2+4x+4y+4=0$, $l: x-3y+1=0$

[13~15] 원 $x^2+y^2-8=0$과 $x+y+k=0$의 위치 관계가 다음과 같을 때, 실수 k의 값 또는 실수 k의 값의 범위를 구하시오.

13 서로 다른 두 점에서 만난다.

14 한 점에서 만난다. (접한다.)

15 만나지 않는다.

04 원의 접선의 방정식

[16~18] 원 $x^2+y^2=4$에 대하여 다음 조건을 만족시키는 접선의 방정식을 구하시오.

16 기울기가 2이다.

17 점 $(1, \sqrt{3})$을 지난다.

18 점 $(-2, 0)$을 지난다.

01 원의 방정식의 일반형

원의 방정식의 일반형 $x^2+y^2+Ax+By+C=0$은

$$\left(x+\frac{A}{2}\right)^2+\left(y+\frac{B}{2}\right)^2=\frac{A^2+B^2-4C}{4}$$

로 변형하면 원의 중심과 반지름의 길이를 알 수 있다.

≫ 올림포스 수학(상) 78쪽

01 대표문제
▶ 23640-0607

방정식 $x^2+y^2+10x+4y+13=0$이 나타내는 도형에 대한 설명 중 옳지 <u>않은</u> 것은?

① 중심의 좌표가 $(-5, -2)$인 원이다.
② 반지름의 길이가 4인 원이다.
③ 제2사분면과 제3사분면을 지난다.
④ y축에 접한다.
⑤ x축과 두 점에서 만난다.

02 상중하
▶ 23640-0608

방정식 $x^2+y^2-4x+2y-11=0$이 나타내는 도형의 넓이는?

① 8π ② 10π ③ 12π
④ 14π ⑤ 16π

03 상중하
▶ 23610-0609

중심의 좌표가 $(2, -3)$이고 원점을 지나는 원의 방정식이 $x^2+y^2+Ax+By+C=0$일 때, 세 상수 A, B, C의 합 $A+B+C$의 값은?

① 1   ② 2   ③ 3
④ 4   ⑤ 5

02 원의 방정식이 되기 위한 조건

방정식 $x^2+y^2+Ax+By+C=0$은
$A^2+B^2-4C>0$일 때 원을 나타낸다.

≫ 올림포스 수학(상) 78쪽

04 대표문제
▶ 23640-0610

방정식 $x^2+y^2-8x+6y+3k=0$이 나타내는 도형이 반지름의 길이가 2 이상인 원이 되도록 하는 모든 자연수 k의 개수는?

① 6   ② 7   ③ 8
④ 9   ⑤ 10

05 상중하
▶ 23640-0611

방정식 $x^2+y^2+8x-2ky+k^2+6k-14=0$이 제2사분면만 지나는 원을 나타낼 때, 자연수 k의 값은?

① 1   ② 2   ③ 3
④ 4   ⑤ 5

06 상중하
▶ 23640-0612

좌표평면에서 방정식

$$\left(1+\frac{y^2}{20}\right)k^2+\left(7-\frac{y^2}{20}\right)k+x^2+10=0$$

이 원을 나타낼 때, 이 원의 넓이는? (단, k는 상수이다.)

① π ② 2π ③ 3π
④ 4π ⑤ 5π

03 원의 중심과 원의 방정식

좌표평면에서 중심이 점 (a, b)이고 반지름의 길이가 r 인 원의 방정식을 표준형으로 나타내면 다음과 같다.
$$(x-a)^2+(y-b)^2=r^2$$

>> 올림포스 수학(상) 78쪽

07 대표문제 ▶ 23640-0613

원 $x^2+y^2-4x+10y+13=0$의 중심과 점 $(-2, 2)$를 지나는 직선의 방정식이 $ax+by+6=0$일 때, 두 상수 a, b의 곱 ab 의 값은?

① 28 ② 30 ③ 32

④ 34 ⑤ 36

08 상중하 ▶ 23640-0614

원 $x^2+y^2+ax-2ay+10a=0$의 중심의 좌표가 $(1, -2)$일 때, 다음 중 이 원 위의 점이 <u>아닌</u> 것은?

① $(-3, 1)$ ② $(-2, -6)$ ③ $(2, 3)$

④ $(4, 2)$ ⑤ $(5, 1)$

09 상중하 ▶ 23640-0615

원 $(x-a)^2+(y-b)^2=r^2$이 x축과 두 점 $(1, 0)$, $(-3, 0)$에 서 만나고, y축과 두 점 $(0, 2-\sqrt{7})$, $(0, 2+\sqrt{7})$에서 만날 때, 세 실수 a, b, r에 대하여 $a+b+r^2$의 값은?

① 7 ② 8 ③ 9

④ 10 ⑤ 11

04 원의 중심을 지나는 직선의 방정식

원의 중심을 지나는 직선은 원의 둘레의 길이와 넓이를 이등분한다.

>> 올림포스 수학(상) 78쪽

10 대표문제 ▶ 23640-0616

원 $x^2+y^2-2x+4y-11=0$의 둘레의 길이를 직선 $y=ax-4$ 가 이등분할 때, 상수 a의 값은?

① 1 ② 2 ③ 3

④ 4 ⑤ 5

11 상중하 ▶ 23640-0617

두 원 $x^2+y^2+10x+4y+25=0$, $x^2+y^2-14x-6y+49=0$ 의 넓이를 동시에 이등분하는 직선이 점 $(a, 8)$을 지날 때, a 의 값은?

① 17 ② 18 ③ 19

④ 20 ⑤ 21

12 상중하 ▶ 23640-0618

원 $x^2+y^2-4x-12y+15=0$의 넓이가 두 직선 $y=ax$, $y=bx+c$에 의하여 사등분될 때, 세 상수 a, b, c의 합 $a+b+c$ 의 값은?

① $\dfrac{28}{3}$ ② $\dfrac{29}{3}$ ③ 10

④ $\dfrac{31}{3}$ ⑤ $\dfrac{32}{3}$

중요
05 중심이 직선 위에 있는 원의 방정식

중심이 직선 위에 있으면 중심의 x좌표와 중심의 y좌표가 일정한 관계를 갖게 되므로 하나의 변수로 표현할 수 있다는 것을 활용한다.

>> **올림포스** 수학(상) 78쪽

13 대표문제
▶ 23640-0619

중심이 y축 위에 있고 두 점 $(2, -3)$, $(-1, 0)$을 지나는 원의 반지름의 길이는?

① 1 　　　　② $\sqrt{2}$ 　　　　③ $\sqrt{3}$
④ 2 　　　　⑤ $\sqrt{5}$

14 상중하
▶ 23640-0620

중심이 직선 $y=3x-4$ 위에 있고 두 점 $A(-2, 2)$, $B(2, 6)$을 지나는 원의 중심이 (a, b)일 때, $a+b$의 값은?

① 1 　　　　② 2 　　　　③ 3
④ 4 　　　　⑤ 5

15 상중하
▶ 23640-0621

좌표평면 위에서 두 직선 $2x+y-1=0$, $2x+y+9=0$에 동시에 접하는 한 원의 중심이 $(1, k)$이고 반지름의 길이가 r일 때, $k+r^2$의 값은?

① -5 　　　　② -4 　　　　③ -3
④ -2 　　　　⑤ -1

06 지름의 양 끝점이 주어진 원의 방정식

중심과 반지름이 있으면 원이 결정되는데, 지름의 양 끝점이 주어지면 이로부터 중심과 반지름의 길이를 구할 수 있다.

>> **올림포스** 수학(상) 78쪽

16 대표문제
▶ 23640-0622

두 점 $A(3, 2)$, $B(-1, 6)$을 지름의 양 끝점으로 하는 원의 방정식이 $(x-a)^2+(y-b)^2=r^2$일 때, 세 실수 a, b, r에 대하여 $a+b+r^2$의 값은?

① 12 　　　　② 13 　　　　③ 14
④ 15 　　　　⑤ 16

17 상중하
▶ 23640-0623

두 점 $(1, -1)$, $(7, 3)$을 지름의 양 끝점으로 하는 원이 x축과 만나는 두 점 사이의 거리는?

① 6 　　　　② $2\sqrt{10}$ 　　　　③ $2\sqrt{11}$
④ $4\sqrt{3}$ 　　　　⑤ $2\sqrt{13}$

18 상중하
▶ 23640-0624

원 $x^2+y^2+4x-6y-7=0$과 직선 $3x+y-7=0$의 두 교점을 지름의 양 끝점으로 하는 원의 중심의 좌표가 (a, b)이고 반지름의 길이가 r일 때, abr^2의 값은?

① 10 　　　　② 20 　　　　③ 30
④ 40 　　　　⑤ 50

중요
07 x축 또는 y축에 접하는 원의 방정식

x축에 접하는 원의 방정식에서 반지름의 길이는 중심의 y좌표의 절댓값과 같고,
y축에 접하는 원의 방정식에서 반지름의 길이는 중심의 x좌표의 절댓값과 같다.

>> 올림포스 수학(상) 78쪽

08 x축, y축에 동시에 접하는 원의 방정식

x축, y축에 동시에 접하는 원의 방정식은 중심의 x좌표의 절댓값, y좌표의 절댓값, 반지름의 길이가 모두 같다. 따라서 중심이 직선 $y=x$ 위에 있거나 직선 $y=-x$ 위에 있다.

>> 올림포스 수학(상) 78쪽

19 대표문제
▶ 23640-0625

방정식 $x^2+y^2+4x-2y-a+10=0$이 나타내는 도형이 y축에 접할 때, 상수 a의 값은?

① 9   ② 10   ③ 11
④ 12   ⑤ 13

22 대표문제
▶ 23640-0628

중심이 직선 $y=2x+4$ 위에 있고 x축과 y축에 동시에 접하는 두 원의 반지름의 길이의 합은?

① 5   ② $\dfrac{16}{3}$ ③ $\dfrac{17}{3}$
④ 6   ⑤ $\dfrac{19}{3}$

20 상중하
▶ 23640-0626

점 $(4, 0)$에서 x축에 접하고 점 $(8, 8)$을 지나는 원의 넓이는?

① 5π ② 10π ③ 15π
④ 20π ⑤ 25π

23 상중하
▶ 23640-0629

점 $(6, -2)$를 지나고 x축과 y축에 동시에 접하는 두 원의 중심 사이의 거리는?

① $4\sqrt{11}$ ② $2\sqrt{46}$ ③ $8\sqrt{3}$
④ $10\sqrt{2}$ ⑤ $4\sqrt{13}$

21 상중하
▶ 23640-0627

중심이 직선 $4x+y+2=0$ 위에 있고 x축에 접하며 점 $(10, -4)$를 지나는 두 원 중 큰 원의 반지름의 길이는?

① 194   ② 198   ③ 202
④ 206   ⑤ 210

24 상중하
▶ 23640-0630

중심이 원 $(x-3)^2+(y+4)^2=49$ 위에 있고, x축과 y축에 동시에 접하는 모든 원의 반지름의 길이의 합은 $a+\sqrt{b}$이다. 두 자연수 a, b에 대하여 $a+b$의 값은?

① 92   ② 96   ③ 100
④ 104   ⑤ 108

09 원 위에 있는 점과 원 위에 있지 않은 점 사이의 거리

원 위의 점은 원의 중심을 기준으로 회전하면서 움직이므로 두 점 사이의 거리는 원의 중심을 기준으로 거리를 판단한 뒤 반지름의 길이만큼을 더하거나 빼어서 구한다.

>> 올림포스 수학(상) 78쪽

25 대표문제
▶ 23640-0631

점 $A(6, -8)$과 원 $x^2+y^2=4$ 위의 점 P에 대하여 선분 AP의 길이의 최댓값은?

① 11   ② 12   ③ 13

④ 14   ⑤ 15

26 상중하
▶ 23640-0632

원점 O와 원 $x^2+y^2-24x-10y+144=0$ 위의 점 P에 대하여 선분 OP의 길이의 최댓값을 M, 최솟값을 m이라 할 때, $\dfrac{m}{M}$의 값은?

① $\dfrac{5}{18}$ ② $\dfrac{1}{3}$ ③ $\dfrac{7}{18}$

④ $\dfrac{4}{9}$ ⑤ $\dfrac{1}{2}$

27 상중하
▶ 23640-0633

원 $(x-1)^2+(y+6)^2=16$ 위를 움직이는 점 P와 원 $x^2+y^2+8x-12y+43=0$ 위를 움직이는 점 Q에 대하여 선분 PQ의 길이의 최댓값은?

① 18   ② 20   ③ 22

④ 24   ⑤ 26

중요
10 자취의 방정식

구하고자 하는 점의 좌표를 (x, y)로 놓고, x와 y 사이의 관계식을 찾아 구한다.

서로 다른 두 점에서 거리의 비가 $m : n(m \neq n)$인 점의 자취는 원이다. 이를 아폴로니우스 원이라고 한다.

>> 올림포스 수학(상) 78쪽

28 대표문제
▶ 23640-0634

원 $x^2+y^2=4$ 위를 움직이는 점 P와 점 $A(8, -4)$에 대하여 선분 PA의 중점을 M이라 하자. 점 M이 나타내는 도형의 넓이는?

① π ② $\dfrac{3}{2}\pi$ ③ 2π

④ $\dfrac{5}{2}\pi$ ⑤ 3π

29 상중하
▶ 23640-0635

두 점 $A(-2, 0)$, $B(6, 0)$으로부터 거리의 비가 $1 : 3$인 점 P가 나타내는 도형의 둘레의 길이는?

① 4π ② $\dfrac{9}{2}\pi$ ③ 5π

④ $\dfrac{11}{2}\pi$ ⑤ 6π

30 상중하
▶ 23640-0636

두 점 $A(1, -2)$, $B(-3, 4)$에 대하여 점 $P(a, b)$가 $\overline{PA}^2+\overline{PB}^2=34$를 만족시킬 때, $(a-3)^2+(b+2)^2$의 최댓값은?

① 9   ② 16   ③ 25

④ 36   ⑤ 49

11 외접원의 방정식

삼각형의 세 변의 수직이등분선은 한 점에서 만나고 이를 외심이라고 한다.
외심으로부터 삼각형의 세 꼭짓점에 이르는 거리는 같다.

>> **올림포스** 수학(상) 78쪽

31 대표문제
▶ 23640-0637

세 점 $A(1, 4)$, $B(-2, 3)$, $C(5, 2)$를 꼭짓점으로 하는 삼각형 ABC의 외접원의 방정식이 $(x-a)^2+(y-b)^2=r^2$일 때, 세 상수 a, b, r에 대하여 $a+b+r$의 값은? (단, $r>0$)

① 1 　　　② 2 　　　③ 3
④ 4 　　　⑤ 5

32 상중하
▶ 23640-0638

세 직선 $x+y=0$, $x-y+1=0$, $3x+y+5=0$으로 둘러싸인 삼각형에 외접하는 원의 방정식이 $x^2+y^2+Ax+By+C=0$일 때, 세 상수 A, B, C에 대하여 $A+B+C$의 값은?

① 4 　　　② $\dfrac{17}{4}$ 　　　③ $\dfrac{9}{2}$
④ $\dfrac{19}{4}$ 　　　⑤ 5

33 상중하
▶ 23640-0639

세 점 $A(1, -3)$, $B(2, -2)$, $C(-6, 4)$를 꼭짓점으로 하는 삼각형 ABC의 외접원과 직선 $y=2x$가 제3사분면에서 만나는 점을 D라 할 때, 선분 BD의 길이는?

① $2\sqrt{3}$ 　　　② 4 　　　③ $2\sqrt{5}$
④ $2\sqrt{6}$ 　　　⑤ $2\sqrt{7}$

중요 12 두 원의 교점을 지나는 직선의 방정식

두 원의 방정식을 연립하여 x^2과 y^2항을 소거하면 두 원의 교점을 지나는 직선의 방정식을 구할 수 있다.

34 대표문제
▶ 23640-0640

두 원 $x^2+y^2+2x+ay-11=0$, $x^2+y^2+ax-2y+1=0$이 두 점에서 만날 때, 두 교점을 모두 지나는 직선이 점 $(4, 6)$을 지난다. 상수 a의 값은?

① -5 　　　② -4 　　　③ -3
④ -2 　　　⑤ -1

35 상중하
▶ 23640-0641

원 $(x-4)^2+(y+1)^2=a$가 원 $(x-5)^2+(y-1)^2=9$의 둘레의 길이를 이등분할 때, 상수 a의 값은?

① 14 　　　② 15 　　　③ 16
④ 17 　　　⑤ 18

36 상중하
▶ 23640-0642

그림과 같이 반지름의 길이가 3인 원 모양의 색종이를 중심이 원점이 되도록 좌표평면 위에 올려놓고, 선분 PQ를 접는 선으로 하여 접었더니 점 $(-1, 0)$에서 x축과 접하였다. 두 점 P, Q를 지나는 직선의 y절편은?

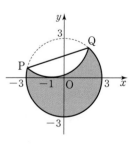

① 1 　　　② $\dfrac{4}{3}$ 　　　③ $\dfrac{5}{3}$
④ 2 　　　⑤ $\dfrac{7}{3}$

13 두 원에 공통인 현의 길이

원의 중심에서 두 원에 공통인 현에 수선의 발을 내리고 반지름을 활용하여 직각삼각형을 만든 후 피타고라스 정리를 이용해 현의 길이를 구할 수 있다.

37 대표문제
▶ 23640-0643

두 원 $x^2+y^2=20$, $(x-8)^2+(y+6)^2=100$의 공통인 현의 길이를 d라 할 때, d^2의 값은?

① 74   ② 76   ③ 78
④ 80   ⑤ 82

38 상중하
▶ 23640-0644

그림과 같이 좌표평면 위의 원 $C:x^2+y^2+2x+2y-23=0$에 대하여 두 점 A, B를 지나는 직선을 접는 선으로 하여 원 C를 접었더니 접힌 부분이 점 $(-3,\ 0)$에서 x축에 접하였다. 선분 AB의 길이는?

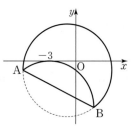

① $2\sqrt{15}$ ② $\sqrt{65}$ ③ $\sqrt{70}$
④ $5\sqrt{3}$ ⑤ $4\sqrt{5}$

39 상중하
▶ 23640-0645

두 원 $x^2+y^2-6x-2y-1=0$, $x^2+y^2-8x-2ay+a^2+15=0$이 두 점 P, Q에서 만날 때, 선분 PQ의 길이가 최대가 되게 하는 양수 a의 값은?

① 1   ② 2   ③ 3
④ 4   ⑤ 5

14 원과 직선이 서로 다른 두 점에서 만날 때

원의 중심으로부터 직선까지의 거리가 원의 반지름의 길이보다 짧으면 원과 직선은 서로 다른 두 점에서 만난다.

>> 올림포스 수학(상) 79쪽

40 대표문제
▶ 23640-0646

원 $x^2+y^2-4x-6=0$과 직선 $y=3x+k$가 서로 다른 두 점에서 만나도록 하는 정수 k의 개수는?

① 17   ② 18   ③ 19
④ 20   ⑤ 21

41 상중하
▶ 23640-0647

원 $x^2+(y+6)^2=r^2$과 직선 $12x+5y-60=0$이 서로 다른 두 점에서 만나도록 하는 자연수 r의 최솟값은?

① 6   ② 7   ③ 8
④ 9   ⑤ 10

42 상중하
▶ 23640-0648

원 $(x+4)^2+(y+a)^2=16$과 직선 $4x-3y+a=0$이 서로 다른 두 점에서 만나도록 하는 정수 a의 최댓값과 최솟값의 합은?

① 6   ② 7   ③ 8
④ 9   ⑤ 10

15 현의 길이

원과 직선이 두 점에서 만날 때 현이 생긴다. 현의 길이를 구하기 위해서는 원의 중심에서 현에 수선을 내리고 원과 직선의 교점에서 중심에 선분을 그어 직각삼각형을 만든 후 피타고라스 정리를 활용한다.

>> **올림포스** 수학(상) 79쪽

43 대표문제
▶ 23640-0649

원 $(x-1)^2+(y-1)^2=9$와 직선 $2x-y+4=0$이 만나는 두 점을 각각 A, B라 할 때, 선분 AB의 길이는?

① 1 　　　　② 2 　　　　③ 3

④ 4 　　　　⑤ 5

44 상중하
▶ 23640-0650

원 $x^2+y^2=r^2$과 직선 $3x-y+10=0$이 두 점 A, B에서 만난다. 현 AB의 길이가 6일 때, 양수 r의 값은?

① $\sqrt{19}$ 　　　　② $2\sqrt{5}$ 　　　　③ $\sqrt{21}$

④ $\sqrt{22}$ 　　　　⑤ $\sqrt{23}$

45 상중하
▶ 23640-0651

원 $x^2+y^2-4x-2y-3=0$과 직선 $y=mx$의 두 교점을 A, B라 할 때, 현 AB의 길이의 최솟값은? (단, m은 실수이다.)

① 2 　　　　② $\sqrt{6}$ 　　　　③ $2\sqrt{2}$

④ $\sqrt{10}$ 　　　　⑤ $2\sqrt{3}$

16 원과 직선이 접할 때

원과 직선이 접할 때는 원의 중심과 직선 사이의 거리가 원의 반지름의 길이와 같다.

>> **올림포스** 수학(상) 79쪽

46 대표문제
▶ 23640-0652

원 $(x-2)^2+(y-3)^2=5$에 직선 $2x-y+k=0$이 접할 때, 양수 k의 값은?

① 1 　　　　② 2 　　　　③ 3

④ 4 　　　　⑤ 5

47 상중하
▶ 23640-0653

중심의 좌표가 $(2, -1)$이고 넓이가 9π인 원이 직선 $4x+3y+k=0$에 접할 때, 음수 k의 값은?

① -10 　　　　② -20 　　　　③ -30

④ -40 　　　　⑤ -50

48 상중하
▶ 23640-0654

두 직선 $3x-4y=0$, $3x+4y-10=0$에 동시에 접하고 중심이 직선 $x+4y=0$ 위에 있는 원의 중심의 좌표가 (a, b)이고, 반지름의 길이가 r일 때, $a+b+r$의 값은? (단, $a<0$)

① $\dfrac{1}{4}$ 　　　　② $\dfrac{3}{8}$ 　　　　③ $\dfrac{1}{2}$

④ $\dfrac{5}{8}$ 　　　　⑤ $\dfrac{3}{4}$

17 원과 직선이 만날 때 중요

원과 직선이 만날 때의 선분의 길이들이 만족하는 다양한 관계들을 학습해 두어야 한다.

>> 올림포스 수학(상) 79쪽

49 대표문제
▶ 23640-0655

그림과 같이 점 P(5, 3)을 지나는 직선이 원 $x^2+y^2=4$와 두 점 A, B에서 만날 때, $\overline{PA} \times \overline{PB}$의 값은?

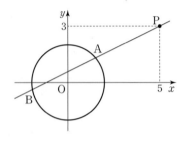

① 10　　　② 15　　　③ 20

④ 25　　　⑤ 30

50 상중하
▶ 23640-0656

원 $x^2+y^2=4$와 x축 위의 점 P(t, 0) ($0<t<2$)가 있다. 점 P를 지나고 x축의 양의 방향과 45°의 각을 이루는 직선이 원 $x^2+y^2=4$와 두 점 A, B에서 만날 때, $\overline{AP}^2+\overline{BP}^2$의 값은?

① 6　　　② 7　　　③ 8

④ 9　　　⑤ 10

18 원과 직선이 만나지 않을 때

원과 직선이 만나지 않을 때는 원의 중심과 직선 사이의 거리가 원의 반지름의 길이보다 크다.

>> 올림포스 수학(상) 79쪽

51 대표문제
▶ 23640-0657

원 $(x+3)^2+y^2=5$와 직선 $y=2x+k$가 만나지 않도록 하는 자연수 k의 최솟값은?

① 9　　　② 10　　　③ 11

④ 12　　　⑤ 13

52 상중하
▶ 23640-0658

원 $(x-2k)^2+(y-k)^2=40$과 직선 $3x+y-6=0$이 만나지 않도록 하는 실수 k의 값의 범위가 $k<\alpha$ 또는 $k>\beta$일 때, 두 실수 α, β에 대하여 $\alpha+7\beta$의 값은?

① 20　　　② 24　　　③ 28

④ 32　　　⑤ 36

53 상중하
▶ 23640-0659

두 점 (0, −4), (2k+4, 2k)를 지름의 양 끝점으로 하는 원이 직선 $y=x+7$과 만나지 않도록 하는 정수 k의 개수는?

(단, $k \neq -2$)

① 10　　　② 11　　　③ 12

④ 13　　　⑤ 14

19 원 위의 점과 직선 사이의 거리 중요

원 위를 움직이는 점과 직선 사이의 거리를 구할 때는 원의 중심과 직선 사이의 거리를 구한 후 반지름의 길이만큼을 더하거나 빼서 거리의 최댓값과 최솟값을 구할 수 있다.

>> **올림포스** 수학(상) 79쪽

54 대표문제 ▶ 23640-0660

원 $(x-2)^2+(y+\sqrt{3})^2=4$ 위의 점 P와 직선 $x-\sqrt{3}y+5=0$ 사이의 거리의 최댓값을 M, 최솟값을 m이라 할 때, Mm의 값은?

① 13   ② 15   ③ 17

④ 19   ⑤ 21

55 상중하 ▶ 23640-0661

원 $(x-5)^2+(y-2)^2=9$ 위의 점 P와 직선 $3x+4y+27=0$ 사이의 거리가 정수인 점 P의 개수는?

① 11   ② 12   ③ 13

④ 14   ⑤ 15

56 상중하 ▶ 23640-0662

점 A$(7, -1)$에서 직선 $y=-2x+3$에 내린 수선의 발을 H라 하자. 원 $(x+4)^2+(y-6)^2=20$ 위를 움직이는 점 P에 대하여 삼각형 AHP의 넓이의 최댓값을 M, 최솟값을 m이라 할 때, $M+m$의 값은?

① 40   ② 45   ③ 50

④ 55   ⑤ 60

20 기울기가 주어진 원의 접선의 방정식

원 $x^2+y^2=r^2$에 접하고 기울기가 m인 직선의 방정식은
$$y=mx\pm r\sqrt{m^2+1}$$

>> **올림포스** 수학(상) 79쪽

57 대표문제 ▶ 23640-0663

직선 $x+3y+2=0$에 수직이고 원 $x^2+y^2=4$에 접하는 직선의 방정식이 $y=ax\pm b$일 때, 두 양수 a, b에 대하여 $a+b^2$의 값은?

① 37   ② 39   ③ 41

④ 43   ⑤ 45

58 상중하 ▶ 23640-0664

원 $x^2+y^2=8$에 접하고 기울기가 $\sqrt{2}$인 두 직선의 x절편 중 양수를 a, y절편 중 양수를 b라 할 때, $\dfrac{b}{a}$의 값은?

① 1   ② $\sqrt{2}$ ③ $\sqrt{3}$

④ 2   ⑤ $\sqrt{5}$

59 상중하 ▶ 23640-0665

원 $x^2+y^2=4$에 접하고 기울기가 $\dfrac{1}{2}$인 두 직선 l_1, l_2가 y축과 만나는 두 점을 각각 A$(0, a)$, B$(0, b)$라 하자. $a>b$일 때, 점 B를 지나고 y축에 수직인 직선 l_3이 직선 l_1과 만나는 점을 C라 할 때, 삼각형 ABC의 넓이는?

① 18   ② 20   ③ 22

④ 24   ⑤ 26

21 원 위의 점에서의 접선의 방정식

원 $x^2+y^2=r^2$ 위의 점 $P(x_1, y_1)$에서의 접선의 방정식은
$$x_1x+y_1y=r^2$$

》 **올림포스** 수학(상) 79쪽

60 대표문제
▶ 23640-0666

원 $x^2+y^2=25$ 위의 점 $(4, 3)$에서의 접선이 원 $(x+1)^2+(y+2)^2=k$에 접할 때, 상수 k의 값은?

① 9   ② 16   ③ 25
④ 36   ⑤ 49

61 상중하
▶ 23640-0667

원 $x^2+y^2=9$ 위의 점 $(3, 0)$에서의 접선을 l_1,
원 $(x+1)^2+(y-2)^2=5$ 위의 점 $(1, 1)$에서의 접선을 l_2라 할 때, 두 직선 l_1, l_2의 교점을 (a, b)라 하자. ab의 값은?

① 12   ② 15   ③ 18
④ 21   ⑤ 24

62 상중하
▶ 23640-0668

오른쪽 그림과 같이 원 $x^2+y^2=16$ 위의 점 $P(a, b)$에서의 접선이 x축, y축과 만나는 점을 각각 Q, R라 할 때, $\overline{QR}^2=128$이다. 이때 a^2b^2의 값은? (단, 점 P는 제1사분면 위의 점이다.)

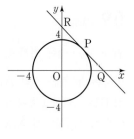

① 16   ② 24
③ 32   ④ 40
⑤ 48

22 원 밖의 한 점에서 원에 그은 접선의 방정식

원 밖의 한 점을 지나면서 원에 접하는 직선의 기울기를 구하기 위해 원의 중심과 직선 사이의 거리가 원의 반지름의 길이와 같음을 활용한다.

》 **올림포스** 수학(상) 79쪽

63 대표문제
▶ 23640-0669

점 $(-3, -1)$에서 원 $x^2+y^2=7$에 그은 두 접선의 기울기의 합은?

① 1   ② $\dfrac{3}{2}$ ③ 2
④ $\dfrac{5}{2}$ ⑤ 3

64 상중하
▶ 23640-0670

점 $(a, 0)$에서 원 $x^2+(y+1)^2=16$에 그은 두 접선이 서로 수직일 때, 양수 a의 값은?

① $\sqrt{31}$ ② $4\sqrt{2}$ ③ $\sqrt{33}$
④ $\sqrt{34}$ ⑤ $\sqrt{35}$

65 상중하
▶ 23640-0671

점 $(0, 6)$에서 원 $x^2+y^2=4$에 그은 두 접선과 직선 $y=-2$로 둘러싸인 삼각형의 넓이는?

① $10\sqrt{2}$ ② $12\sqrt{2}$ ③ $14\sqrt{2}$
④ $16\sqrt{2}$ ⑤ $18\sqrt{2}$

23 두 원(또는 도형)에 동시에 접하는 접선의 방정식

한 원에 접하는 접선의 방정식의 조건을 기반으로 하여 두 원(또는 도형)에 접하는 접선의 방정식을 구할 수 있다.

>> 올림포스 수학(상) 79쪽

66 대표문제
▶ 23640-0672

원 $x^2+y^2=5$ 위의 점 $(2, 1)$에서의 접선이 원 $x^2+y^2-12x+4y+k=0$에 접할 때, 상수 k의 값은?

① 35 ② 40 ③ 45

④ 50 ⑤ 55

67 상중하
▶ 23640-0673

원 $x^2+y^2=36$ 위의 점 $\mathrm{P}(a, b)$에서의 접선이 원 $(x-6)^2+y^2=4$와 서로 다른 두 점에서 만나도록 하는 모든 정수 a의 값의 합은?

① 10 ② 11 ③ 12

④ 13 ⑤ 14

68 상중하
▶ 23640-0674

직선 $y=ax+b$가 이차함수 $x^2-2y=0$의 그래프와 원 $x^2+(y+1)^2=1$에 동시에 접할 때, 두 상수 a, b에 대하여 a^2+b^2의 값은? (단, $a\neq0$)

① 20 ② 24 ③ 28

④ 32 ⑤ 36

24 원의 할선의 방정식

원 밖의 점 (a, b)에서 원 $x^2+y^2=r^2$에 그은 두 접선으로 생기는 두 접점을 A, B라 할 때, 두 점 A, B를 지나는 할선의 방정식은
$$ax+by=r^2$$

>> 올림포스 수학(상) 79쪽

69 대표문제
▶ 23640-0675

다음은 원 밖의 점 (a, b)에서 원 $x^2+y^2=r^2$에 그은 두 접선으로 생기는 두 접점을 지나는 할선의 방정식을 구하는 과정이다.

점 (a, b)에서 원 $x^2+y^2=r^2$에 그은 두 접선으로 생기는 두 접점을 각각 (x_1, y_1), (x_2, y_2)라 하자.
점 (x_1, y_1)은 원 $x^2+y^2=r^2$ 위의 점이므로
점 (x_1, y_1)을 지나는 접선의 방정식은 $x_1x+y_1y=r^2$
이 접선이 점 (a, b)를 지나므로 $ax_1+by_1=r^2$ …… ㉠
점 (x_2, y_2)는 원 $x^2+y^2=r^2$ 위의 점이므로
점 (x_2, y_2)를 지나는 접선의 방정식은 [(가)]
이 접선이 점 (a, b)를 지나므로 [(나)] …… ㉡
㉠, ㉡은 두 점 (x_1, y_1), (x_2, y_2)가 직선 [(다)]을 지나는 것을 의미하고, 두 점을 지나는 직선은 유일하게 결정된다.
따라서 점 (a, b)에서 원 $x^2+y^2=r^2$에 그은 두 접선으로 생기는 두 접점을 지나는 할선의 방정식은 [(다)]이다.

위의 (가), (나), (다)에 들어갈 식으로 알맞은 것은?

	(가)	(나)	(다)
①	$x_2x-y_2y=r^2$	$ax_2+by_2=r^2$	$ax-by=r^2$
②	$x_2x-y_2y=r^2$	$ax_2+by_2=r^2$	$ax+by=r^2$
③	$x_2x+y_2y=r^2$	$ax_2-by_2=r^2$	$ax+by=r^2$
④	$x_2x+y_2y=r^2$	$ax_2+by_2=r^2$	$ax-by=r^2$
⑤	$x_2x+y_2y=r^2$	$ax_2+by_2=r^2$	$ax+by=r^2$

70 상중하
▶ 23640-0676

점 $(2, 5)$에서 원 $x^2+y^2=10$에 그은 두 접선의 접점을 각각 A, B라 할 때, 두 점 A, B를 지나는 직선의 x절편은?

① 4 ② $\dfrac{9}{2}$ ③ 5

④ $\dfrac{11}{2}$ ⑤ 6

서술형 완성하기

>> 정답과 풀이 113쪽

01 ▶ 23640-0677

두 점 $A(-1, 0)$, $B(5, 0)$을 지름의 양 끝점으로 하는 원 위의 점 $P(x, y)$에 대하여 $8x - y^2$의 최댓값을 구하시오.

02 내신기출 ▶ 23640-0678

원의 중심이 곡선 $y = x^2 - 5x + 4$ 위에 있고, x축과 y축에 동시에 접하는 모든 원의 넓이의 합을 구하시오.

03 ▶ 23640-0679

원 $x^2 + y^2 = 8$과 직선 $2x - y = 2$의 두 교점과 원점을 지나는 원의 반지름의 길이를 구하시오.

04 내신기출 ▶ 23640-0680

실수 m에 대하여 두 직선 $mx - 3y = 0$, $3x + my - 6 = 0$의 교점으로 생기는 도형이 원 $(x+1)^2 + (y+1)^2 = 9$와 두 점에서 만날 때, 두 교점을 지나는 직선의 방정식을 구하시오.

05 ▶ 23640-0681

중심이 직선 $x - y - 1 = 0$ 위에 있고 y축에 접하는 원 C가 있다. 원 C가 x축에 의하여 잘린 현의 길이가 4일 때, 원 C의 반지름의 길이를 구하시오.

06 ▶ 23640-0682

자연수 n에 대하여 좌표평면 위의 원 $x^2 + y^2 + 6x - 2y + 9 = 0$과 직선 $3x + 4y + 3n = 0$의 교점의 개수를 $f(n)$이라 할 때, $f(1) + f(2) + f(3) + f(4)$의 값을 구하시오.

01 자연수 n에 대하여 기울기가 n이고 원 $x^2+y^2=1$과 제2사분면에서 접점을 가지는 접선을 l_n이라 하자. 직선 l_n이 원 $x^2+(y-10)^2=1$과 만나지 않도록 하는 n의 최댓값은?

> ▶ 23640-0683

① 1   ② 2   ③ 3   ④ 4   ⑤ 5

02 원 $x^2+y^2=4$ 위의 점 $P(x_1,\ y_1)$에서의 접선이 원 $(x-4)^2+(y-2)^2=4$에도 동시에 접할 때, $40x_1y_1$의 값은?
(단, 점 P는 제4사분면 위의 점이다.)

> ▶ 23640-0684

① -36 ② -49 ③ -64 ④ -81 ⑤ -100

03 점 A$(6,\ 3)$을 지나고 기울기가 양수인 직선 l이 원 $x^2+y^2=25$와 두 점에서 만난다. 두 교점 중 점 A와 가까운 점을 P라 할 때, $\overline{\text{AP}}=2$이다. 직선 l의 기울기는?

> ▶ 23640-0685

① $\dfrac{10}{9}$ ② $\dfrac{11}{9}$ ③ $\dfrac{4}{3}$ ④ $\dfrac{13}{9}$ ⑤ $\dfrac{14}{9}$

04 좌표평면 위의 세 점 O$(0,\ 0)$, A$(8,\ 6)$, B$(1,\ 7)$을 지나는 원 C에 대하여 점 O에서의 접선을 l이라 하자. 직선 l 위를 움직이는 점 P에 대하여 삼각형 OAB의 넓이와 삼각형 OBP의 넓이가 같을 때, 점 P의 좌표를 $(a,\ b)$라 하자. ab의 값은? (단, $a<0$)

> ▶ 23640-0686

① -48 ② -46 ③ -44 ④ -42 ⑤ -40

09 도형의 이동

01 점의 평행이동

좌표평면 위의 점 $P(x, y)$를 x축의 방향으로 a만큼, y축의 방향으로 b만큼 평행이동한 점을 $P'(x', y')$이라 하면

$$x' = x + a, \quad y' = y + b$$

가 성립한다. 즉, $P'(x+a, y+b)$이다.

$a > 0$이면 양의 방향으로 $|a|$만큼, $a < 0$이면 음의 방향으로 $|a|$만큼 이동한다.

$b > 0$이면 양의 방향으로 $|b|$만큼, $b < 0$이면 음의 방향으로 $|b|$만큼 이동한다.

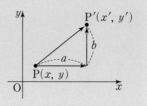

임의의 점 (x, y)를 x축의 방향으로 1만큼, y축의 방향으로 -2만큼 평행이동한 점의 좌표는 $(x+1, y-2)$이다.

02 도형의 평행이동

방정식 $f(x, y) = 0$이 나타내는 도형을 x축의 방향으로 a만큼, y축의 방향으로 b만큼 평행이동한 도형의 방정식은

$$f(x-a, y-b) = 0$$

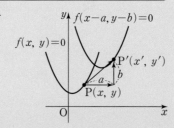

임의의 도형 $f(x, y) = 0$을 x축의 방향으로 1만큼, y축의 방향으로 -2만큼 평행이동한 도형의 방정식은 $f(x-1, y+2) = 0$이다.

03 점의 대칭이동

좌표평면 위의 점 $P(x, y)$를

(1) x축에 대하여 대칭이동한 점의 좌표는 $(x, -y)$

(2) y축에 대하여 대칭이동한 점의 좌표는 $(-x, y)$

(3) 원점에 대하여 대칭이동한 점의 좌표는 $(-x, -y)$

(4) 직선 $y=x$에 대하여 대칭이동한 점의 좌표는 (y, x)

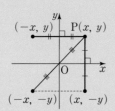

x축, y축, 원점에 대한 대칭이동

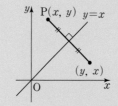

직선 $y=x$에 대한 대칭이동

임의의 점 $P(x, y)$를 x축에 대하여 대칭이동한 점을 $Q(x, -y)$라 하면 점 $Q(x, -y)$를 y축에 대하여 대칭이동한 점은 $R(-x, -y)$이다.

이때 점 R은 점 P를 원점에 대하여 대칭이동한 점과 같다.

04 도형의 대칭이동

방정식 $f(x, y) = 0$이 나타내는 도형을

(1) x축에 대하여 대칭이동한 도형의 방정식은 $f(x, -y) = 0$

(2) y축에 대하여 대칭이동한 도형의 방정식은 $f(-x, y) = 0$

(3) 원점에 대하여 대칭이동한 도형의 방정식은 $f(-x, -y) = 0$

(4) 직선 $y=x$에 대하여 대칭이동한 도형의 방정식은 $f(y, x) = 0$

도형의 대칭이동은 점의 대칭이동과 같은 식을 쓴다.

즉, 점 $P(x, y)$를 x축에 대하여 대칭이동한 점의 좌표는 $(x, -y)$이고, 도형 $f(x, y) = 0$을 x축에 대하여 대칭이동한 도형의 방정식도 $f(x, -y) = 0$이다.

>> 정답과 풀이 116쪽

01 점의 평행이동

[01~02] 다음 점의 좌표를 구하시오.

01 점 $(3, -2)$를 x축의 방향으로 -5만큼, y축의 방향으로 4만큼 평행이동한 점

02 점 $(-3, 1)$을 x축의 방향으로 4만큼, y축의 방향으로 3만큼 평행이동한 점

[03~04] 평행이동 $(x, y) \longrightarrow (x+3, y-4)$에 의하여 다음 점이 옮겨지는 점의 좌표를 구하시오.

03 $(1, 3)$

04 $(-5, -2)$

02 도형의 평행이동

[05~06] 다음 도형의 방정식을 구하시오.

05 직선 $x+2y-2=0$을 x축의 방향으로 1만큼, y축의 방향으로 -2만큼 평행이동한 도형

06 원 $(x-2)^2+(y+3)^2=9$를 x축의 방향으로 -2만큼, y축의 방향으로 3만큼 평행이동한 도형

[07~08] 평행이동 $(x, y) \longrightarrow (x+3, y-1)$에 의하여 다음 방정식이 나타내는 도형이 옮겨지는 도형의 방정식을 구하시오.

07 $4x+y-3=0$

08 $y=(x-2)^2+3$

03 점의 대칭이동

[09~13] 점 $(1, -2)$를 다음에 대하여 대칭이동한 점의 좌표를 구하시오.

09 x축

10 y축

11 원점

12 직선 $y=x$

13 직선 $y=-x$

04 도형의 대칭이동

[14~15] 다음 방정식이 나타내는 도형을 x축에 대하여 대칭이동한 도형의 방정식을 구하시오.

14 $y=2x-3$

15 $(x+2)^2+(y-3)^2=4$

[16~17] 다음 방정식이 나타내는 도형을 y축에 대하여 대칭이동한 도형의 방정식을 구하시오.

16 $y=-x+2$

17 $y=x^2+x-3$

18 방정식 $y=4x+2$가 나타내는 도형을 원점에 대하여 대칭이동한 도형의 방정식을 구하시오.

19 방정식 $(x-3)^2+y^2=2$가 나타내는 도형을 직선 $y=x$에 대하여 대칭이동한 도형의 방정식을 구하시오.

01 점의 평행이동

좌표평면 위의 점 $P(x, y)$를 x축의 방향으로 a만큼, y축의 방향으로 b만큼 평행이동한 점을 $P'(x', y')$이라 하면 다음 등식이 성립한다.

$$x'=x+a, \ y'=y+b$$

» **올림포스** 수학(상) 86쪽

01 대표문제
▶ 23640-0687

점 (a, b)를 x축의 방향으로 -2만큼, y축의 방향으로 4만큼 평행이동한 점의 좌표가 $(3, 6)$일 때, ab의 값은?

① 6   ② 7   ③ 8

④ 9   ⑤ 10

02 상중하
▶ 23640-0688

평행이동 $(x, y) \longrightarrow (x-3, y+a)$에 의하여 점 $(a, -2)$가 점 $(b, -4)$로 이동될 때, $a+b$의 값은?

① -6 ② -7 ③ -8

④ -9 ⑤ -10

03 상중하
▶ 23640-0689

점 $(a, -2)$를 x축의 방향으로 -3만큼, y축의 방향으로 4만큼 평행이동하였더니 원 $(x-3)^2+(y+b)^2=9$의 중심과 일치하였다. 이때 $a+b$의 값은? (단, b는 상수이다.)

① 1   ② 2   ③ 3

④ 4   ⑤ 5

02 점의 평행이동의 활용

좌표평면 위에서 점을 평행이동했을 때 어떤 도형 위에 있는지 또는 이동한 점을 활용한 도형에 대한 둘레 및 넓이 등이 문제 상황으로 주어질 수 있다.

» **올림포스** 수학(상) 86쪽

04 대표문제
▶ 23640-0690

평행이동 $(x, y) \longrightarrow (x-2, y+a)$에 의하여 점 $(a, 3)$이 직선 $y=2x+5$ 위의 점으로 이동될 때, a의 값은?

① 1   ② 2   ③ 3

④ 4   ⑤ 5

05 상중하
▶ 23640-0691

점 $(3, -1)$을 x축의 방향으로 -1만큼, y축의 방향으로 2만큼 평행이동한 점이 중심이 $(2, -3)$인 원 위에 있을 때, 이 원의 반지름의 길이는?

① 1   ② 2   ③ 3

④ 4   ⑤ 5

06 상중하
▶ 23640-0692

점 $A(2, 4)$를 x축의 방향으로 a만큼, y축의 방향으로 $2a$만큼 평행이동하였더니 원점 O로부터의 거리가 처음 거리의 2배가 되었다. 이때 음수 a의 값은?

① -6 ② -7 ③ -8

④ -9 ⑤ -10

03 도형의 평행이동: 직선

직선 $ax+by+c=0$을 x축의 방향으로 p만큼, y축의 방향으로 q만큼 평행이동한 직선의 방정식은
$$a(x-p)+b(y-q)+c=0$$

>> **올림포스** 수학(상) 86쪽

07 대표문제 ▶ 23640-0693

직선 $2x-y+1=0$을 x축의 방향으로 2만큼, y축의 방향으로 k만큼 평행이동하면 직선 $2x-y-2=0$과 일치한다. 이때 상수 k의 값은?

① -2 ② -1 ③ 0
④ 1 ⑤ 2

08 상중하 ▶ 23640-0694

직선 $x+2y+1=0$을 x축의 방향으로 2만큼, y축의 방향으로 1만큼 평행이동한 직선이 점 $(k, 0)$을 지날 때, k의 값은?

① 1 ② 2 ③ 3
④ 4 ⑤ 5

09 상중하 ▶ 23640-0695

평행이동 $(x, y) \longrightarrow (x-2, y+3)$에 의하여 직선 $y=ax+b$를 평행이동하였더니 직선 $y=2x+3$과 일치하였다. 두 상수 a, b에 대하여 $a-b$의 값은?

① 6 ② 7 ③ 8
④ 9 ⑤ 10

04 도형의 평행이동: 원

원 $(x-a)^2+(y-b)^2=r^2$을 x축의 방향으로 p만큼, y축의 방향으로 q만큼 평행이동하면 반지름의 길이는 변하지 않고, 중심은 점 (a, b)에서 점 $(a+p, b+q)$로 이동한다.

>> **올림포스** 수학(상) 86쪽

10 대표문제 ▶ 23640-0696

원 $x^2+y^2+4x-2y-11=0$을 x축의 방향으로 a만큼, y축의 방향으로 b만큼 평행이동하였더니 원 $(x-1)^2+(y-2)^2=16$과 일치하였다. 이때 두 상수 a, b에 대하여 $a+b$의 값은?

① 1 ② 2 ③ 3
④ 4 ⑤ 5

11 상중하 ▶ 23640-0697

원 $x^2+y^2+4x-10y+28=0$을 x축의 방향으로 $3a$만큼, y축의 방향으로 $2a$만큼 평행이동하였더니 원의 중심이 직선 $y=-x$ 위의 점이 되었다. 상수 a의 값은?

① $-\dfrac{3}{5}$ ② $-\dfrac{1}{5}$ ③ 0
④ $\dfrac{1}{5}$ ⑤ $\dfrac{3}{5}$

12 상중하 ▶ 23640-0698

원 $x^2+y^2+ax+by+6=0$을 x축의 방향으로 -1만큼, y축의 방향으로 3만큼 평행이동하였더니 원 $x^2+y^2=c$와 일치하였다. 세 상수 a, b, c의 합 $a+b+c$의 값은? (단, $c>0$)

① 6 ② 7 ③ 8
④ 9 ⑤ 10

05 도형의 평행이동: 포물선

포물선 $f(x, y)=0$을 x축의 방향으로 a만큼, y축의 방향으로 b만큼 평행이동하면
$$f(x-a, y-b)=0$$
이때 포물선 $f(x, y)=0$의 꼭짓점의 좌표를 (p, q)라 하면 점 (p, q)는 점 $(p+a, q+b)$로 이동된다.

≫ 올림포스 수학(상) 86쪽

13 대표문제 ▶ 23640-0699

포물선 $y=x^2-4x+3$을 x축의 방향으로 -4만큼, y축의 방향으로 6만큼 평행이동한 포물선의 꼭짓점의 좌표를 (a, b)라 할 때, $b-a$의 값은?

① 6   ② 7   ③ 8
④ 9   ⑤ 10

14 상중하 ▶ 23640-0700

포물선 $y=x^2+8x+11$을 x축의 방향으로 $-2a$만큼, y축의 방향으로 $3a$만큼 평행이동한 포물선의 꼭짓점이 x축 위에 있을 때, 평행이동한 포물선의 꼭짓점의 x좌표는?

① $-\dfrac{14}{3}$ ② $-\dfrac{16}{3}$ ③ -6
④ $-\dfrac{20}{3}$ ⑤ $-\dfrac{22}{3}$

15 상중하 ▶ 23640-0701

포물선 $y=2x^2-12x+17$을 포물선 $y=2x^2-4x+5$로 옮기는 평행이동에 의하여 직선 $l: 3x+4y-6=0$이 직선 l'으로 옮겨진다. 두 직선 l, l' 사이의 거리는?

① 1   ② 2   ③ 3
④ 4   ⑤ 5

06 도형의 평행이동의 활용

다양한 도형을 평행이동하였을 때, 두 도형이 접하거나 만나는 등의 다양한 상황을 만족하는 조건을 찾을 수 있어야 한다.

≫ 올림포스 수학(상) 86쪽

16 대표문제 ▶ 23640-0702

포물선 $y=x^2-10$을 x축의 방향으로 1만큼, y축의 방향으로 -5만큼 평행이동한 그래프가 직선 $y=x-4$와 만나는 두 점을 A, B라 할 때, 선분 AB의 길이는?

① $3\sqrt{2}$ ② $4\sqrt{2}$ ③ $5\sqrt{2}$
④ $6\sqrt{2}$ ⑤ $7\sqrt{2}$

17 상중하 ▶ 23640-0703

원 $x^2+y^2=9$에 접하는 직선 l을 y축의 방향으로 18만큼 평행이동하였더니 이 원에 다시 접하였다. 두 상수 a, b에 대하여 직선 l의 방정식이 $y=ax+b$일 때, a^2+b^2의 값은?

① 86   ② 87   ③ 88
④ 89   ⑤ 90

18 상중하 ▶ 23640-0704

직선 $x-2y=0$을 y축의 방향으로 k만큼 평행이동한 직선과 두 직선 $3x-y-1=0$, $x+y-5=0$이 삼각형을 이루지 않도록 하는 실수 k의 값은?

① $\dfrac{9}{4}$ ② $\dfrac{5}{2}$ ③ $\dfrac{11}{4}$
④ 3   ⑤ $\dfrac{13}{4}$

07 점의 대칭이동

좌표평면 위의 점 $P(x, y)$를
① x축에 대하여 대칭이동한 점의 좌표는 $(x, -y)$
② y축에 대하여 대칭이동한 점의 좌표는 $(-x, y)$
③ 원점에 대하여 대칭이동한 점의 좌표는 $(-x, -y)$
④ 직선 $y=x$에 대하여 대칭이동한 점의 좌표는 (y, x)

>> 올림포스 수학(상) 87쪽

19 대표문제
▶ 23640-0705

점 $(a, 7)$을 y축에 대하여 대칭이동하면 직선 $y=2x-3$ 위의 점이 될 때, a의 값은?

① -5 ② -4 ③ -3
④ -2 ⑤ -1

20 상중하
▶ 23640-0706

점 $P(5, 2)$를 x축에 대하여 대칭이동한 점을 Q, y축에 대하여 대칭이동한 점을 R라 할 때, 삼각형 PQR의 넓이는?

① 10 ② 15 ③ 20
④ 25 ⑤ 30

21 상중하
▶ 23640-0707

점 (a, b)를 x축에 대하여 대칭이동한 점이 제1사분면 위에 있을 때, 점 $(ab, b-a)$를 원점에 대하여 대칭이동한 후, 직선 $y=x$에 대하여 대칭이동한 점은 어느 사분면에 있는지 구하시오.

08 도형의 대칭이동: 직선

방정식 $f(x, y)=0$이 나타내는 도형을 아래의 기준에 대하여 각각 대칭이동한 도형의 방정식은 다음과 같다.
① x축: $f(x, -y)=0$
② y축: $f(-x, y)=0$
③ 원점: $f(-x, -y)=0$
④ 직선 $y=x$: $f(y, x)=0$

>> 올림포스 수학(상) 87쪽

22 대표문제
▶ 23640-0708

직선 $2x-3y+1=0$을 원점에 대하여 대칭이동한 직선이 원 $x^2+y^2-2ax-6y+a^2=0$의 넓이를 이등분할 때, 상수 a의 값은?

① 1 ② 2 ③ 3
④ 4 ⑤ 5

23 상중하
▶ 23640-0709

직선 $y=3x-4$를 x축에 대하여 대칭이동한 직선을 l, y축에 대하여 대칭이동한 직선을 m이라 하자. 두 직선 l과 m 사이의 거리가 $a\sqrt{10}$일 때, 유리수 a의 값은?

① $\dfrac{1}{2}$ ② $\dfrac{3}{5}$ ③ $\dfrac{7}{10}$
④ $\dfrac{4}{5}$ ⑤ $\dfrac{9}{10}$

24 상중하
▶ 23640-0710

두 직선
$$ax+(b-2)y+4=0, \quad (b+3)x-(a+5)y-4=0$$
이 원점에 대하여 서로 대칭일 때, 두 상수 a, b에 대하여 $a-2b$의 값은?

① 4 ② 5 ③ 6
④ 7 ⑤ 8

09 도형의 대칭이동 : 원

대칭이동되는 원은 중심이 대칭이동되고 반지름의 길이는 변하지 않는다.

≫ **올림포스** 수학(상) 87쪽

25 대표문제
▶ 23640-0711

원 $(x+6)^2+(y-4)^2=6$을 y축에 대하여 대칭이동하면 직선 $y=x$와 두 점 A, B에서 만난다. 이때 선분 AB의 길이는?

① 1 ② 2 ③ 3
④ 4 ⑤ 5

26 상중하
▶ 23640-0712

원 $x^2+y^2-10x-2ay+64=0$을 직선 $y=x$에 대하여 대칭이동하면 x축에 접한다. 이때 실수 a에 대하여 a^2의 값은?

① 25 ② 36 ③ 49
④ 64 ⑤ 81

27 상중하
▶ 23640-0713

원 C_1 : $x^2+y^2+12x-16y+84=0$을 원점에 대하여 대칭이동한 원을 C_2라 하자. 원 C_1 위의 임의의 점 P와 원 C_2 위의 임의의 점 Q에 대하여 선분 PQ의 길이의 최댓값은?

① 26 ② 28 ③ 30
④ 32 ⑤ 34

중요

10 대칭이동의 활용

직선, 포물선, 원 등의 도형을 다양한 기준으로 대칭이동시킨 문제 상황을 해결할 수 있어야 한다.

≫ **올림포스** 수학(상) 87쪽

28 대표문제
▶ 23640-0714

원 $x^2+y^2+4x-10y+28=0$을 x축에 대하여 대칭이동한 원을 C, 직선 $y=2x+a$를 직선 $y=x$에 대하여 대칭이동한 직선을 l이라 하자. 직선 l이 원 C의 둘레의 길이를 이등분할 때, 상수 a의 값은?

① 6 ② 7 ③ 8
④ 9 ⑤ 10

29 상중하
▶ 23640-0715

곡선 $y=x^2-4x+5$에 접하고 기울기가 -1인 직선을 l, 곡선 $y=x^2-4x+5$를 y축에 대하여 대칭이동한 곡선에 접하고 기울기가 -1인 직선을 m이라 하자. 두 직선 l과 m 사이의 거리는?

① $2\sqrt{2}$ ② 3 ③ $\sqrt{10}$
④ $\sqrt{11}$ ⑤ $2\sqrt{3}$

30 상중하
▶ 23640-0716

원 $(x-5)^2+(y-3)^2=4$ 위의 점 P가 있다. 점 P를 x축에 대하여 대칭이동한 후, 직선 $y=x$에 대하여 대칭이동한 점을 Q라 하자. 두 점 A$(5, -4)$, B$(-1, -7)$에 대하여 삼각형 AQB의 넓이의 최댓값이 $a+b\sqrt{5}$일 때, 두 정수 a, b에 대하여 $a+b$의 값은?

① 40 ② 42 ③ 44
④ 46 ⑤ 48

11 점과 도형의 평행이동과 대칭이동

평행이동과 대칭이동이 함께 활용되는 문제 상황을 해결할 수 있어야 한다.

>> **올림포스** 수학(상) 87쪽

31 대표문제
▶ 23640-0717

기울기가 3이고 y절편이 a인 직선을 x축의 방향으로 2만큼 평행이동한 후, 원점에 대하여 대칭이동하면 점 $(2, 4)$를 지난다. 이때 상수 a의 값은?

① 6   ② 7   ③ 8
④ 9   ⑤ 10

32 상중하
▶ 23640-0718

포물선 $y=x^2+ax+6$을 원점에 대하여 대칭이동한 후, x축의 방향으로 -2만큼 평행이동한 포물선이 점 $(0, 6)$을 지날 때, 상수 a의 값은?

① 2   ② 4   ③ 6
④ 8   ⑤ 10

33 상중하
▶ 23640-0719

원 $x^2+y^2-8x+2y+k=0$을 y축의 방향으로 4만큼 평행이동한 후, 직선 $y=x$에 대하여 대칭이동한 원이 점 $(3, -2)$를 지날 때, 상수 k의 값은?

① -23 ② -22 ③ -21
④ -20 ⑤ -19

---

12 도형 $f(x, y)=0$의 평행이동과 대칭이동

좌표평면에 주어진 도형을 식에 맞추어 평행이동과 대칭이동할 수 있어야 한다.

>> **올림포스** 수학(상) 87쪽

34 대표문제
▶ 23640-0720

방정식 $f(x, y)=0$이 나타내는 도형이 오른쪽 그림과 같을 때, 다음 중 방정식 $f(-x, -y+1)=0$이 나타내는 도형은?

① 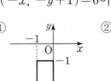   ②

③ 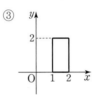   ④

⑤

35 상중하
▶ 23640-0721

오른쪽 그림과 같이 두 방정식 $f(x, y)=0$과 $g(x, y)=0$이 각각 원점을 한 꼭짓점으로 하는 삼각형을 나타낼 때, **보기**에서 옳은 것만을 있는 대로 고른 것은?

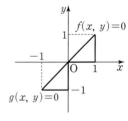

보기

ㄱ. $g(x, y)=f(x+1, y+1)$
ㄴ. $g(x, y)=f(x-2, y-1)$
ㄷ. $g(x, y)=f(y, x)$
ㄹ. $g(x, y)=f(-y, -x)$

① ㄱ, ㄴ   ② ㄱ, ㄹ   ③ ㄴ, ㄷ
④ ㄴ, ㄹ   ⑤ ㄷ, ㄹ

13 점에 대한 대칭이동

점에 대한 대칭이동은 원점에 대해서만 다룬다. 원점에 대한 대칭이동은 기울기를 묻는 문항으로 활용될 수 있다.

≫ **올림포스** 수학(상) 87쪽

36 대표문제
▶ 23640-0722

곡선 $P: y=x^2+2x-8$을 원점에 대하여 대칭이동한 곡선을 P'이라 할 때, 두 곡선 P, P'은 두 점 A, B에서 만난다. 선분 AB의 길이는?

① $2\sqrt{30}$ ② $\sqrt{130}$ ③ $2\sqrt{35}$
④ $5\sqrt{6}$ ⑤ $4\sqrt{10}$

37 상중하
▶ 23640-0723

직선 $l: 3x-4y+50=0$을 원점에 대하여 대칭이동한 직선을 l'이라 하자. 두 직선 l, l'에 모두 접하는 원 C가 원점을 지날 때, 원 C의 중심의 좌표 (a, b)에 대하여 ab의 값은?

① 48 ② 52 ③ 56
④ 60 ⑤ 64

38 상중하
▶ 23640-0724

원 $x^2+y^2-10x-6y+30=0$ 위의 두 점 P(a, b), Q(c, d)에 대하여 $\dfrac{b+d}{a+c}$의 최댓값과 최솟값의 합은? (단, $a+c\neq 0$)

① 1 ② $\dfrac{8}{7}$ ③ $\dfrac{9}{7}$
④ $\dfrac{10}{7}$ ⑤ $\dfrac{11}{7}$

14 직선에 대한 대칭이동

직선에 대한 대칭이동은 x축, y축, 직선 $y=x$에 대해서만 교과서에서 학습하며 그 이외의 경우는 대칭 과정을 완성하는 방식으로 희박하게 출제되기도 한다.

≫ **올림포스** 수학(상) 87쪽

39 대표문제
▶ 23640-0725

다음은 직선 $2x+y-3=0$을 직선 $x-y-2=0$에 대하여 대칭이동한 직선의 방정식을 구하는 과정이다.

주어진 두 직선을 x축의 방향으로 -2만큼 각각 평행이동하면 $2(x+2)+y-3=0$, $x-y=0$
직선 $2x+y+1=0$을 직선 $y=x$에 대하여 대칭이동하면 (가)
이번에는 두 직선 (가), $y=x$를 x축의 방향으로 2만큼 각각 평행이동하면 (나), $x-y-2=0$
따라서 대칭이동한 직선의 방정식은 (나)

위의 (가), (나)에 알맞은 식을 각각 구하시오.

40 상중하
▶ 23640-0726

다음은 점 A$(5, 1)$을 직선 $y=2x+1$에 대하여 대칭이동한 점을 구하는 과정이다.

대칭이동한 점을 A$'(a, b)$라 하면
선분 AA$'$의 중점 (가) 는 직선 $y=2x+1$ 위에 있으므로
$2a-b=-11$ ······ ㉠
두 점 A, A$'$을 지나는 직선은 직선 $y=2x+1$과 수직이므로 두 직선의 기울기의 곱이 (나) 이다,
즉, $\dfrac{1-b}{5-a}\times 2=$ (나) 에서
$a+2b=7$ ······ ㉡
㉠, ㉡을 연립하면 점 A$'$의 좌표는 $(-3, 5)$이다.

위의 (가)에 알맞은 식과 (나)에 알맞은 수는?

	(가)	(나)		(가)	(나)
①	$\left(\dfrac{5+a}{2}, \dfrac{1+b}{2}\right)$	1	②	$\left(\dfrac{5-a}{2}, \dfrac{1-b}{2}\right)$	1
③	$\left(\dfrac{5+a}{2}, \dfrac{1+b}{2}\right)$	-1	④	$\left(\dfrac{5-a}{2}, \dfrac{1-b}{2}\right)$	-1
⑤	$\left(\dfrac{5+a}{2}, \dfrac{1-b}{2}\right)$	-1			

15 대칭이동을 이용한 거리의 최솟값

직선 위를 움직이는 점을 포함하는 거리의 합의 최솟값은 대칭이동을 활용하여 선분의 길이를 구하는 문제가 되도록 하는 위치를 찾는 것이 핵심이 되는 경우가 많다.

>> 올림포스 수학(상) 87쪽

41 대표문제

▶ 23640-0727

두 점 $A(-2, 2)$, $B(3, 8)$과 x축 위의 점 P에 대하여 $\overline{AP}+\overline{BP}$가 최소가 되는 점 P의 x좌표는?

① -2 ② -1 ③ 0

④ 1 ⑤ 2

42 상중하

▶ 23640-0728

두 점 $A(1, 3)$, $B(5, 1)$과 y축 위의 점 P, x축 위의 점 Q에 대하여 $\overline{AP}+\overline{PQ}+\overline{QB}$의 최솟값은?

① $2\sqrt{10}$ ② $2\sqrt{11}$ ③ $4\sqrt{3}$

④ $2\sqrt{13}$ ⑤ $2\sqrt{14}$

43 상중하

▶ 23640-0729

세 점 $A(-1, 1)$, $B(a, a)$, $C(1, 5)$를 꼭짓점으로 하는 삼각형 ABC의 둘레의 길이가 최소일 때, 삼각형 ABC의 넓이는?

① 1 ② 2 ③ 3

④ 4 ⑤ 5

16 자취의 방정식

구하는 점의 자취를 (x, y)로 놓고 x와 y의 관계를 찾는 것이 가장 중요하다. 평행이동과 대칭이동은 도형의 형태를 보존하고, 점이 움직인 자취는 선이 된다.

>> 올림포스 수학(상) 87쪽

44 대표문제

▶ 23640-0730

직선 $y=2x-4$ 위를 움직이는 점 P를 y축에 대하여 대칭이동한 점이 이루는 도형을 l, 직선 $y=x$에 대하여 대칭이동한 점이 이루는 도형을 m이라 할 때, 두 도형 l, m의 교점의 좌표는 (a, b)이다. $b-a$의 값은?

① $\dfrac{12}{5}$ ② $\dfrac{13}{5}$ ③ $\dfrac{14}{5}$

④ 3 ⑤ $\dfrac{16}{5}$

45 상중하

▶ 23640-0731

두 점 $A(0, -1)$, $B(0, 2)$로부터의 거리의 비가 $2:1$인 점 P가 그리는 도형을 C, 도형 C를 직선 $y=x$에 대하여 대칭이동한 도형을 D라 하자. 도형 D 위의 점 Q에 대하여 두 점 P, Q 사이의 거리의 최댓값이 $a+b\sqrt{2}$일 때, 두 정수 a, b의 합 $a+b$의 값은?

① 6 ② 7 ③ 8

④ 9 ⑤ 10

46 상중하

▶ 23640-0732

두 실수 a, b가 $a^2+b^2=2b$를 만족시킬 때, 점 $(-2, 0)$을 x축의 방향으로 a만큼, y축의 방향으로 b만큼 평행이동한 도형의 자취를 C라 하자. 도형 C 위의 점 P에 대하여 점 P와 직선 $3x-4y-45=0$ 사이의 거리의 최댓값은?

① 10 ② 11 ③ 12

④ 13 ⑤ 14

서술형 완성하기

01
▶ 23640-0733

점 $(2, -3)$을 지나는 직선을 x축의 방향으로 4만큼 평행이동시킨 후, 다시 직선 $y=x$에 대하여 대칭이동시키면 점 $(5, 2)$를 지난다. 처음 직선의 기울기를 구하시오.

02 내신기출
▶ 23640-0734

원 $(x-1)^2+(y-a)^2=4$를 y축의 방향으로 -3만큼 평행이동한 원이 x축에 접하도록 하는 모든 실수 a의 값의 합을 구하시오.

03
▶ 23640-0735

원 C_1: $x^2+y^2+2x-6y=0$을 x축의 방향으로 3만큼, y축의 방향으로 a만큼 평행이동한 원을 C_2라 하자. 두 원 C_1, C_2의 중심 사이의 거리가 5일 때, 양수 a의 값을 구하시오.

04
▶ 23640-0736

점 P를 직선 $y=x$에 대하여 대칭이동한 점을 Q라 하고, 점 Q를 원점에 대하여 대칭이동한 점을 R라 하자. 점 P를 x축에 대하여 대칭이동한 점을 S라 할 때, 점 R를 x축의 방향으로 10만큼, y축의 방향으로 4만큼 평행이동하면 점 S와 일치한다. 점 P의 좌표를 구하시오.

05 내신기출
▶ 23640-0737

원 $(x-1)^2+(y+2)^2=5$를 x축의 방향으로 a만큼, y축의 방향으로 $3-a$만큼 평행이동한 원이 직선 $y=2x-3$과 서로 다른 두 점에서 만나도록 하는 정수 a의 개수를 구하시오.

06
▶ 23640-0738

직선 $12x+5y=0$을 x축의 방향으로 a만큼, y축의 방향으로 b만큼 평행이동하면 원 $x^2+y^2=4$에 접한다. 두 양수 a, b에 대하여 $12a+5b$의 값을 구하시오.

▶ 23640-0739

01 점 $P(-2, 3)$을 원점에 대하여 대칭이동한 점을 Q, 직선 $y=x$에 대하여 대칭이동한 점을 R라 할 때, 삼각형 PQR의 넓이는?

① 1   ② 2   ③ 3   ④ 4   ⑤ 5

▶ 23640-0740

02 서로 다른 두 직선 l, m은 다음 조건을 만족시킨다.

> (가) 직선 l을 직선 $y=x$에 대하여 대칭이동한 직선이 직선 m이다.
> (나) 두 직선 l, m은 모두 곡선 $y=\frac{1}{2}x^2+4$에 접한다.

두 직선 l, m의 기울기의 합은?

① 6   ② 7   ③ 8   ④ 9   ⑤ 10

▶ 23640-0741

03 좌표평면 위에 점 $A(12, k)$와 직선 $y=-2x$ 위의 두 점 B, C가 있다. 선분 BC를 $3 : 1$로 내분하는 점이 원점이고, 점 C를 직선 $y=x$에 대하여 대칭이동한 점이 삼각형 ABC의 무게중심이다. 점 C의 좌표가 (a, b)일 때, abk의 값은?

① -54 ② -56 ③ -58 ④ -60 ⑤ -62

▶ 23640-0742

04 그림과 같이 두 점 $A(0, 4)$, $B(7, 2)$와 x축 위의 두 점 P, Q가 있다. $1 \leq \overline{PQ} \leq 3$일 때, $\overline{AP}+\overline{QB}$의 최솟값을 구하시오. (단, 두 점 P, Q의 x좌표는 모두 양수이고, 점 Q의 x좌표가 점 P의 x좌표보다 크다.)

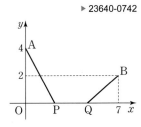

memo

01 다항식의 연산

개념 확인하기 본문 7~9쪽

01 $3x^2+3x+5$ 　　02 $2x+6$ 　03 $2x^2+2x+7$
04 $3x^2+xy+4y^2$ 　　05 $x^2+4xy+4y^2$ 　　06 x^2+x+1
07 $-x^2-2x+2$ 　　08 $-3x-6$ 　　09 $-2xy+2y^2$
10 x^2-2 　11 $3x^2+2x+5$ 　　12 x^2-4x-3
13 $-2x-2$ 　　14 $3x^2+6x+9$ 　　15 x^3+3x^2+2x
16 x^3+3x^2+5x+3 　17 $x^4+x^3+3x^2+x+2$
18 $x^4+x^3+2x^2+5x+3$ 　19 $x^3+3x^2y+3xy^2+2y^3$
20 x^3-x 　21 x^3+4x^2+5x+2 　22 x^2+3x+2
23 x^3+x^2+3x+3 　24 x^3+x^2+4
25 $x^2+y^2+2xy+2x+2y+1$ 　　26 $x^4+2x^3+3x^2+2x+1$
27 x^3+3x^2+3x+1 　28 x^3-3x^2+3x-1
29 $8x^3+12x^2+6x+1$ 　30 $x^3-6x^2y+12xy^2-8y^3$
31 x^3+1 　32 $8x^3+1$ 　33 x^3-1 　34 x^3-8y^3
35 18 　　36 7 　　37 몫: $x-1$, 나머지: 3
38 몫: x^2-x+3, 나머지: 0 　　39 몫: $3x^2+6x+13$, 나머지: 26
40 몫: $4x-3$, 나머지: 3 　　41 x^2 　42 $2x^3+3x+3$

유형 완성하기 본문 10~23쪽

01 ① 　02 ④ 　03 ④ 　04 ③ 　05 ⑤ 　06 ⑤ 　07 ② 　08 ②
09 ④ 　10 ② 　11 ④ 　12 ① 　13 ② 　14 ⑤ 　15 ④ 　16 ⑤
17 ② 　18 ④ 　19 ① 　20 ② 　21 ③ 　22 ③ 　23 ① 　24 ①
25 ④ 　26 ② 　27 ① 　28 ① 　29 ③ 　30 ③ 　31 ④ 　32 ①
33 ② 　34 ④ 　35 ④ 　36 ⑤ 　37 ④ 　38 ④ 　39 ② 　40 9
41 ③ 　42 ④ 　43 ④ 　44 ③ 　45 10 　46 ③ 　47 ⑤ 　48 ③
49 ① 　50 ② 　51 ③ 　52 ① 　53 ④ 　54 ⑤ 　55 8 　56 ①
57 ⑤ 　58 ② 　59 ④ 　60 43 　61 ④ 　62 12 　63 5 　64 ②
65 ① 　66 ① 　67 ⑤ 　68 ④ 　69 ③ 　70 ③ 　71 ②

서술형 완성하기 본문 24쪽

01 $3x^2-5xy+7y^2$ 　02 $x^6+3x^5+3x^4+x^3-1$ 　　03 36
04 (1) $P+Q=12$, $PQ=31$ 　(2) 612
05 $x^4-3x^3+5x^2-4x+7$

내신 + 수능 고난도 도전 본문 25쪽

01 ④ 　02 ① 　03 36

02 나머지정리

개념 확인하기 본문 27쪽

01 $a=2, b=1, c=-1$ 02 $a=0, b=1, c=1$ 　03 $a=2, b=1, c=1$
04 $a=0, b=0, c=0$ 　05 $a=2, b=-2, c=3$ 06 -1 　　07 -5

08 5 　　09 -1 　　10 -2 　11 1 　　12 5 　　13 14
14 $a=-11, b=12$ 　15 몫: x^2+x, 나머지: 1
16 몫: x^2+3x+4, 나머지: 5

유형 완성하기 본문 28~39쪽

01 ③ 　02 ⑤ 　03 -12 04 5 　05 7 　06 ④ 　07 10 　08 14
09 ⑤ 　10 ③ 　11 2 　12 4 　13 9 　14 -4 　15 ③ 　16 26
17 -63 18 ② 　19 ① 　20 3 　21 23 　22 12 　23 ④ 　24 ③
25 ② 　26 -3 27 7 　28 ⑤ 　29 ④ 　30 18 　31 $5x-3$
32 19 　33 ④ 　34 15 　35 ⑤ 　36 8 　37 42 　38 ③ 　39 ①
40 ② 　41 -3 　42 -1 　43 ④ 　44 ② 　45 -14 46 3 　47 9
48 ① 　49 ⑤ 　50 3 　51 -4 　52 ④ 　53 1 　54 -6 55 3
56 60 　57 ② 　58 ① 　59 ④ 　60 2 　61 11 　62 ⑤
63 $2x+1$ 　　64 ⑤

서술형 완성하기 본문 40쪽

01 $x^3+2x^2-4x-10$ 　02 19 　　03 1 　　04 13 　　05 $3x+1$
06 x^2+2x+3

내신 + 수능 고난도 도전 본문 41쪽

01 15 　02 20 　03 $-x+3$ 　04 12

03 인수분해

개념 확인하기 본문 43쪽

01 $(x+y+z)^2$ 　02 $(x-y-z)^2$ 　03 $(x+y+2z)^2$
04 $(x+1)^3$ 　　05 $(x-1)^3$ 　　06 $(2x+1)^3$
07 $(x-2y)^3$ 　08 $(2x+1)(4x^2-2x+1)$
09 $(x+3y)(x^2-3xy+9y^2)$ 　10 $(x-4)(x^2+4x+16)$
11 $(x-2y)(x^2+2xy+4y^2)$ 　12 $(x+2)(x^2+x+1)$
13 $(x-3)(x^2+3)$ 　14 $(x+2)^3$ 　15 $(x-y-1)^3$
16 $(x^2+x-1)^2$ 　17 $(x^2-2)(x^2+5)$
18 $(x^2+x+3)(x^2-x+3)$ 　19 $(x+y+1)^2$
20 $(a+b)(a-b)(a+c)$ 　21 $(a+b)(b-c)(c+a)$
22 $(x-1)^2(x+2)$ 　23 $(x-1)(x^2+2x-1)$
24 $(x+1)(x^2+x+1)$ 25 $(x+1)(x-1)(x+2)^2$

유형 완성하기 본문 44~58쪽

01 ① 　02 ③ 　03 $(x+y+3z)^2$ 04 ④ 　05 48 　06 ① 　07 ③
08 $(2x-3y)^3$ 　09 ③ 　10 40 　11 ⑤ 　12 ⑤
13 $(2x-3y)(4x^2+6xy+9y^2)$ 　14 ② 　15 9 　16 ② 　17 7
18 $(x-3)(x-1)(x^2+x+1)$ 　19 $(x+y+z+1)^2$ 　　20 ⑤
21 ④ 　22 $(x^2+x-3)(x^2+x+1)$ 　23 -8 24 ① 　25 16
26 ③ 　27 ③ 　28 $(x-2y)^2(x+2y)^2$ 　29 ②
30 $(x^2+2x+5)(2x^2+4x-1)$ 　31 ⑤

1

32 $(x^2+2x+2)(x^2-2x+2)$ **33** ② **34** 4
35 $(x^2+3x+5)(x^2+x+3)$ **36** ③ **37** -2 **38** -1
39 ① **40** $(a+b)(a+b+c)$ **41** ⑤ **42** $(x-1)(x-4)(x+2)$
43 -6 **44** ④ **45** 12 **46** ② **47** $(x+1)(x+2)(x^2+x+1)$
48 ③ **49** 51 **50** 7 **51** ⑤ **52** ⑤ **53** ⑤ **54** ① **55** ③
56 ③ **57** ③ **58** ⑤ **59** 482 **60** ③ **61** ② **62** 131 **63** 15
64 ② **65** ③ **66** 정삼각형 **67** 4 **68** 12 **69** 2 **70** ④
71 36 **72** 5 **73** 9

서술형 완성하기 본문 59쪽

01 -2 **02** $(x+1)(x+2)$ **03** 2499 **04** $a=3, b=-3$
05 $(a+b)^2(a+b-c)$ **06** 81

내신 + 수능 고난도 도전 본문 60쪽

01 5000 **02** 44 **03** 39 **04** $8\sqrt{3}$

04 복소수와 이차방정식

개념 확인하기 본문 63~65쪽

01 실수부분: 3, 허수부분: 4 **02** 실수부분: 1, 허수부분: -2
03 실수부분: 3, 허수부분: 0 **04** 실수부분: 0, 허수부분: -4
05 4 **06** 실수: $0, -\sqrt{5}, i^2, 1-\sqrt{3}$, 허수: $\sqrt{2}i, 1+i$
07 $a=3, b=2$ **08** $a=4, b=-2$
09 $a=3, b=-4$ **10** $a=0, b=3$ **11** $3+i$
12 $\frac{1}{2}+\sqrt{2}i$ **13** 4 **14** $2i+3$ **15** 2 **16** $\sqrt{2}, -3$
17 $4+i$ **18** $5-5i$ **19** 10 **20** $\frac{1}{2}+\frac{1}{2}i$ **21** $2i$
22 $-1-4i$ **23** $2i$ 또는 $-2i$ **24** $\frac{\sqrt{2}}{2}i$ 또는 $-\frac{\sqrt{2}}{2}i$
25 -9 **26** $4i$ **27** 3 **28** $-\sqrt{6}i$
29 $x=2i$ 또는 $x=-2i$, 허근 **30** $x=1$ 또는 $x=2$, 실근
31 $x=\frac{-1+\sqrt{3}i}{2}$ 또는 $x=\frac{-1-\sqrt{3}i}{2}$, 허근
32 $x=2$(중근), 실근 **33** -16 **34** 1 **35** -3
36 0 **37** 서로 다른 두 허근 **38** 서로 다른 두 실근
39 서로 다른 두 허근 **40** 서로 같은 두 실근(중근)
41 $a<4$ **42** $a=-2\sqrt{3}$ 또는 $a=2\sqrt{3}$ **43** $a\le\frac{1}{2}$
44 $a>9$ **45** -12 또는 12 **46** 16
47 (두 근의 합)$=4$, (두 근의 곱)$=8$
48 (두 근의 합)$=-2$, (두 근의 곱)$=\frac{5}{2}$
49 (두 근의 합)$=-\frac{3}{2}$, (두 근의 곱)$=-3$
50 (두 근의 합)$=\frac{\sqrt{2}}{2}$, (두 근의 곱)$=\frac{1}{3}$

51 $x^2-4x+6=0$ **52** $x^2+2x+5=0$ **53** $x^2-3x+2=0$
54 $x^2+4x+3=0$ **55** $x^2-1=0$ **56** $x^2-4x+5=0$
57 $x^2-8x+15=0$ **58** $x^2-2x-1=0$ **59** 13 **60** 1
61 -3 **62** 3

유형 완성하기 본문 66~79쪽

01 ② **02** 3 **03** ④ **04** ② **05** ③ **06** ③ **07** ① **08** ④
09 ④ **10** ③ **11** 36 **12** ③ **13** ⑤ **14** 50 **15** ② **16** ④
17 ⑤ **18** ⑤ **19** ⑤ **20** ③ **21** ④ **22** ③ **23** 10 **24** ④
25 105 **26** ② **27** ④ **28** ① **29** ④ **30** ② **31** ⑤ **32** ⑤
33 ④ **34** 7 **35** ② **36** ② **37** 9 **38** ④ **39** ④ **40** ⑤
41 ④ **42** ④ **43** ② **44** ① **45** 24 **46** ④ **47** ③ **48** ④
49 32 **50** 11 **51** ⑤ **52** 72 **53** ② **54** 58 **55** ② **56** 15
57 ③ **58** ② **59** ⑤ **60** ② **61** ② **62** 14 **63** ① **64** ③
65 ① **66** 11 **67** ④ **68** 31 **69** ④ **70** 17 **71** ① **72** ②
73 ③ **74** ② **75** ④ **76** ③ **77** ④ **78** ③ **79** ③ **80** ④
81 ① **82** ④ **83** ① **84** ⑤ **85** ⑤ **86** 60

서술형 완성하기 본문 80쪽

01 17 **02** $\frac{4}{3}$ **03** -20 **04** 16
05 $x=\frac{1+\alpha}{2\alpha}$ 또는 $x=\frac{1+\beta}{2\beta}$ **06** 8

내신 + 수능 고난도 도전 본문 81쪽

01 ③ **02** ⑤ **03** ② **04** ②

05 이차방정식과 이차함수

개념 확인하기 본문 83쪽

01 -5 **02** -3 **03** 0, 4 **04** 1, 4 **05** 0 **06** 1
07 2 **08** (1) $k<9$ (2) $k=9$ (3) $k>9$ **09** $-2, 1$ **10** $-6, 1$
11 서로 다른 두 점에서 만난다. **12** 한 점에서 만난다. (접한다.)
13 만나지 않는다. **14** (1) $k<5$ (2) $k=5$ (3) $k>5$
15 최댓값: 없다., 최솟값: -3 **16** 최댓값: 8, 최솟값: 없다.
17 최댓값: 0, 최솟값: -4 **18** 최댓값: 3, 최솟값: 0
19 최댓값: 6, 최솟값: 3

유형 완성하기 본문 84~91쪽

01 ① **02** 2 **03** ① **04** 5 **05** ① **06** ② **07** ② **08** ⑤
09 ④ **10** ② **11** ③ **12** 44 **13** ② **14** ⑤ **15** ⑤ **16** ⑤
17 ④ **18** ② **19** ② **20** ④ **21** ② **22** ⑤ **23** ② **24** ⑤
25 ④ **26** ④ **27** ④ **28** ③ **29** ④ **30** ④ **31** ③ **32** ⑤
33 ① **34** 7 **35** ② **36** ⑤ **37** ③ **38** ⑤ **39** 18 **40** ⑤
41 ④ **42** ⑤ **43** ① **44** ④ **45** ⑤ **46** ⑤ **47** ④
48 16 m² **49** ④

서술형 완성하기 본문 92쪽

서술형 완성하기 본문 92쪽

01 5　　　**02** $2 \leq k < 6$　　　**03** -2　**04** 27　**05** 12

06 5

내신 + 수능 고난도 도전 본문 93쪽

01 $-5 \leq t \leq 1$　**02** ④　**03** 4　**04** -5

06 여러 가지 방정식과 부등식

개념 확인하기 본문 95~97쪽

01 $x=2$ 또는 $x=-1 \pm \sqrt{3}i$

02 $x=-2$ 또는 $x=-1$ 또는 $x=1$

03 $x=0$ 또는 $x=3$ 또는 $x=\dfrac{-3 \pm 3\sqrt{3}i}{2}$

04 $x=0$ 또는 $x=4$　　　**05** $x=1$ 또는 $x=\dfrac{1 \pm \sqrt{5}}{2}$

06 $x=2$ 또는 $x=\dfrac{-1 \pm \sqrt{3}i}{2}$

07 $x=4$ 또는 $x=-2$ 또는 $x=1 \pm i$

08 $x=\pm i$ 또는 $x=\pm 2$　　　**09** $x^3-x=0$

10 (1) 2 (2) 0 (3) -1 (4) 0　　　**11** $\begin{cases} x=4 \\ y=2 \end{cases}$ 또는 $\begin{cases} x=-2 \\ y=-4 \end{cases}$

12 $\begin{cases} x=2 \\ y=0 \end{cases}$ 또는 $\begin{cases} x=0 \\ y=-1 \end{cases}$　　　**13** $\begin{cases} x=-1 \\ y=5 \end{cases}$ 또는 $\begin{cases} x=5 \\ y=-1 \end{cases}$

14 $\begin{cases} x=-2 \\ y=3 \end{cases}$ 또는 $\begin{cases} x=3 \\ y=-2 \end{cases}$

15 $\begin{cases} x=-\sqrt{3} \\ y=\sqrt{3} \end{cases}$ 또는 $\begin{cases} x=\sqrt{3} \\ y=-\sqrt{3} \end{cases}$ 또는 $\begin{cases} x=2 \\ y=1 \end{cases}$ 또는 $\begin{cases} x=-2 \\ y=-1 \end{cases}$

16 $\begin{cases} x=2 \\ y=2 \end{cases}$ 또는 $\begin{cases} x=-2 \\ y=-2 \end{cases}$ 또는 $\begin{cases} x=-2i \\ y=2i \end{cases}$ 또는 $\begin{cases} x=2i \\ y=-2i \end{cases}$

17 $1 < x < 4$　　　**18** 해가 없다.

19 $2 \leq x \leq 8$　　　**20** $x \leq \dfrac{3}{2}$ 또는 $x \geq \dfrac{7}{2}$

21 $-\dfrac{4}{3} < x < 2$　　　**22** $x < -1$ 또는 $x > 3$

23 $\dfrac{2}{3} \leq x \leq 2$　　　**24** $x < \dfrac{3}{2}$ 또는 $x > 3$

25 풀이 참조　　　**26** $1 < x < 2$

27 $x < 1$ 또는 $x > 2$　　　**28** $-2 \leq x \leq 3$

29 $x \leq -2$ 또는 $x \geq 3$　　　**30** 모든 실수

31 $x \neq -2$인 모든 실수　　**32** $(x-4)(x-6) \geq 0$

33 $(x+1)(x-2) < 0$　　**34** $x(x-2) > 0$

35 $(x-4)^2 > 0$　　　**36** $-2 < x < -1$

37 $-2 < x < 0$　　　**38** 해가 없다.

유형 완성하기 본문 98~116쪽

01 ②　**02** ③　**03** ④　**04** ②　**05** ①　**06** ④　**07** ③　**08** ③

09 $4+2\sqrt{5}$　**10** ④　**11** ①　**12** ②　**13** -110　　**14** ③

15 ⑤　**16** ⑤　**17** ②　**18** ④　**19** ①　**20** ⑤　**21** 32　**22** ①

23 ④　**24** ⑤　**25** ①　**26** ②　**27** ⑤　**28** ②　**29** ⑤　**30** ③

31 ④　**32** ③　**33** ②　**34** ③　**35** ①　**36** 12　**37** ③　**38** ③

39 15　**40** ①　**41** 64　**42** ③　**43** 72　**44** ②　**45** 737　**46** ③

47 ③　**48** ③　**49** ④　**50** ①　**51** ②　**52** ③　**53** ④　**54** ③

55 ②　**56** ④　**57** ③　**58** ②　**59** ④　**60** 13　**61** 58　**62** ④

63 ⑤　**64** ④　**65** 38　**66** ②　**67** ⑤　**68** ④　**69** ③　**70** ③

71 ④　**72** ④　**73** ⑤　**74** ②　**75** ③　**76** ④　**77** ③　**78** ⑤

79 ④　**80** ③　**81** ①　**82** 54　**83** ③　**84** 20　**85** 21　**86** ⑤

87 ④　**88** ④　**89** ④　**90** ④　**91** 15　**92** 4　**93** ④　**94** ④

95 ①　**96** ②　**97** ②　**98** ④　**99** 14　**100** ③　**101** ④　**102** ①

103 ③　**104** -16　　**105** ②　**106** ③　**107** ②　**108** ⑤　**109** ⑤

110 ③　**111** ③　**112** 20　**113** ②

서술형 완성하기 본문 117쪽

01 $2 < a < 16$　　　**02** 5　　　**03** $\dfrac{1}{2} \leq a < 3$

04 $3 \leq x \leq 5$　　　**05** 128　　　**06** $x < -3$ 또는 $x \geq 5$

내신 + 수능 고난도 도전 본문 118쪽

01 $\dfrac{7}{2}(-1+\sqrt{17})$　　　**02** 35　**03** 9　**04** ③

07 평면좌표와 직선의 방정식

개념 확인하기 본문 121~123쪽

01 4　　　**02** 6　　　**03** 3　　　**04** 7　　　**05** 5　　　**06** $\sqrt{2}$

07 $\sqrt{34}$　**08** $2\sqrt{5}$　　**09** 1　　　**10** -13　**11** 17　　　**12** 2

13 $(0, 0)$　**14** $\left(-\dfrac{14}{5}, -\dfrac{7}{5}\right)$　**15** $\left(5, \dfrac{5}{2}\right)$ **16** $\left(-7, -\dfrac{7}{2}\right)$

17 $\left(-1, -\dfrac{1}{2}\right)$　　　**18** $(0, 1)$　**19** $(1, 2)$　**20** $y=x+2$

21 $y=-2x+1$　　　**22** $y=-x-1$　　　**23** $y=2x+8$

24 $y=\dfrac{1}{4}x$ **25** $y=x+1$　　　**26** $y=\dfrac{1}{2}x+\dfrac{5}{2}$　　　**27** $x=2$

28 $y=-1$ **29** 제2사분면　　　**30** 제1사분면

31 제3사분면　　　**32** 제4사분면　　　**33** 3　　**34** $\dfrac{1}{2}$

35 $y=\dfrac{1}{2}x+3$　　　**36** $y=2x-6$　　　**37** 6　　　**38** 1

39 $\dfrac{8}{5}$　　**40** $\dfrac{2\sqrt{5}}{5}$

유형 완성하기 본문 124~137쪽

01 ④ 02 ⑤ 03 ④ 04 ① 05 ② 06 ① 07 ② 08 ⑤
09 ③ 10 ③ 11 ④ 12 ③ 13 ③ 14 ④ 15 15 16 ④
17 5 18 ① 19 ② 20 $13\sqrt{2}$ 21 ④ 22 ④ 23 $(0, 2)$
24 ② 25 ⑤ 26 ② 27 ⑤ 28 ② 29 ⑤ 30 ③
31 $y=-2x$ 32 ① 33 ① 34 ④ 35 ③ 36 ③ 37 4
38 ⑤ 39 ③ 40 ② 41 ② 42 ④ 43 ③ 44 ⑤ 45 ①
46 ① 47 ④ 48 3 49 ② 50 ⑤ 51 ② 52 ④ 53 ①
54 ② 55 ① 56 ① 57 ③ 58 ④ 59 ② 60 ⑤ 61 ②
62 ④ 63 ⑤ 64 ① 65 ③ 66 4 67 ④ 68 ② 69 ③
70 ⑤ 71 ① 72 ② 73 ④ 74 ④ 75 ③ 76 ⑤ 77 -6
78 ③ 79 ④ 80 ① 81 ③ 82 ②

서술형 완성하기 본문 138쪽

01 $\overline{AC}=\overline{BC}$인 이등변삼각형   02 -18 03 $(9, 3)$
04 -4 05 $(4, 7)$ 06 60

내신 + 수능 고난도 도전 본문 139쪽

01 14   02 13   03 $a=5, b=2$ 04 $\sqrt{10}$

08 원의 방정식

개념 확인하기 본문 141쪽

01 $x^2+y^2=4$ 02 $(x-1)^2+(y-3)^2=16$
03 $(x+3)^2+(y-2)^2=4$ 04 $(x-5)^2+(y+2)^2=25$
05 $(x-4)^2+(y+4)^2=16$
06 중심의 좌표: $(3, 0)$, 반지름의 길이: 2
07 중심의 좌표: $(2, -4)$, 반지름의 길이: 3
08 $k<25$ 09 $k<-1$ 또는 $k>1$
10 한 점에서 만난다.(접한다.)   11 만나지 않는다.
12 서로 다른 두 점에서 만난다.   13 $-4<k<4$
14 $k=\pm4$ 15 $k<-4$ 또는 $k>4$
16 $y=2x\pm2\sqrt{5}$
17 $x+\sqrt{3}y=4\left($ 또는 $y=-\dfrac{\sqrt{3}}{3}x+\dfrac{4\sqrt{3}}{3}\right)$
18 $x=-2$

유형 완성하기 본문 142~153쪽

01 ④ 02 ⑤ 03 ② 04 ② 05 ④ 06 ② 07 ① 08 ③
09 ③ 10 ② 11 ③ 12 ① 13 ⑤ 14 ④ 15 ⑤ 16 ②
17 ④ 18 ④ 19 ① 20 ② 21 ③ 22 ⑤ 23 ③ 24 ④
25 ② 26 ④ 27 ④ 28 ① 29 ⑤ 30 ⑤ 31 ⑤ 32 ②
33 ③ 34 ② 35 ① 36 ③ 37 ② 38 ⑤ 39 ④ 40 ④
41 ② 42 ③ 43 ④ 44 ① 45 ⑤ 46 ④ 47 ② 48 ①
49 ⑤ 50 ③ 51 ④ 52 ② 53 ① 54 ⑤ 55 ② 56 ③
57 ④ 58 ② 59 ② 60 ⑤ 61 ② 62 ③ 63 ⑤ 64 ①
65 ④ 66 ① 67 ② 68 ② 69 ⑤ 70 ③

서술형 완성하기 본문 154쪽

01 40   02 32π 03 $2\sqrt{5}$ 04 $4x+2y-7=0$ 05 $\dfrac{5}{2}$
06 6

내신 + 수능 고난도 도전 본문 155쪽

01 ④   02 ③   03 ③   04 ①

09 도형의 이동

개념 확인하기 본문 157쪽

01 $(-2, 2)$ 02 $(1, 4)$ 03 $(4, -1)$
04 $(-2, -6)$ 05 $x+2y+1=0$ 06 $x^2+y^2=9$
07 $4x+y-14=0$ 08 $y=(x-5)^2+2$ 09 $(1, 2)$
10 $(-1, -2)$ 11 $(-1, 2)$ 12 $(-2, 1)$
13 $(2, -1)$ 14 $y=-2x+3$
15 $(x+2)^2+(y+3)^2=4$ 16 $y=x+2$
17 $y=x^2-x-3$ 18 $y=4x-2$ 19 $x^2+(y-3)^2=2$

유형 완성하기 본문 158~165쪽

01 ⑤ 02 ② 03 ④ 04 ② 05 ④ 06 ① 07 ④ 08 ③
09 ① 10 ④ 11 ① 12 ③ 13 ② 14 ⑤ 15 ② 16 ⑤
17 ④ 18 ③ 19 ① 20 ③ 21 제1사분면 22 ⑤ 23 ④
24 ③ 25 ④ 26 ④ 27 ④ 28 ③ 29 ① 30 ② 31 ③
32 ④ 33 ⑤ 34 ② 35 ③ 36 ⑤ 37 ① 38 ④
39 (가): $x+2y+1=0$, (나): $x+2y-1=0$ 40 ③ 41 ② 42 ④
43 ④ 44 ⑤ 45 ② 46 ③

서술형 완성하기 본문 166쪽

01 -2 02 6   03 4   04 $(7, 3)$ 05 3   06 26

내신 + 수능 고난도 도전 본문 167쪽

01 ⑤   02 ④   03 ①   04 $2\sqrt{13}$

너듀나듀

배움에 재미를 더하다. EBS 스터디 굿즈 플랫폼, 너듀나듀

NDND.ME

고교 국어 입문 1위
베스트셀러

윤혜정의 개념의 나비효과 입문편 & 입문편 워크북

입문편

시, 소설, 독서. 더도 말고 덜도 말고 딱 15강씩.
영역별로 알차게 정리하는 필수 국어 개념 입문서
3단계 Step으로 시작하는 국어 개념 공부의 첫걸음

입문편 | 워크북

'윤혜정의 개념의 나비효과 입문편'과 찰떡 짝꿍 워크북
바로 옆에서 1:1 수업을 해 주는 것처럼 음성 지원되는
혜정샘의 친절한 설명과 함께하는 문제 적용 연습

윤혜정 선생님

올림포스
유형편

학교 시험을 완벽하게 대비하는 유형 기본서

수학(상)
정답과 풀이

문제를 **사진** 찍으면
해설 강의 무료
Google Play | App Store

「SCAN ME」
교재 상세 정보 보기

올림포스 유형편

수학(상)
정답과 풀이

I. 다항식

01 다항식의 연산

01 $3x^2+3x+5$　　**02** $2x+6$　**03** $2x^2+2x+7$
04 $3x^2+xy+4y^2$　　**05** $x^2+4xy+4y^2$
06 x^2+x+1　　　**07** $-x^2-2x+2$
08 $-3x-6$ **09** $-2xy+2y^2$　　**10** x^2-2
11 $3x^2+2x+5$　　　**12** x^2-4x-3
13 $-2x-2$ **14** $3x^2+6x+9$　　**15** x^3+3x^2+2x
16 x^3+3x^2+5x+3　　**17** $x^4+x^3+3x^2+x+2$
18 $x^4+x^3+2x^2+5x+3$ **19** $x^3+3x^2y+3xy^2+2y^3$
20 x^3-x　　**21** x^3+4x^2+5x+2　　**22** x^2+3x+2
23 x^3+x^2+3x+3　　　**24** x^3+x^2+4
25 $x^2+y^2+2xy+2x+2y+1$
26 $x^4+2x^3+3x^2+2x+1$
27 x^3+3x^2+3x+1　　**28** x^3-3x^2+3x-1
29 $8x^3+12x^2+6x+1$　　**30** $x^3-6x^2y+12xy^2-8y^3$
31 x^3+1　　**32** $8x^3+1$ **33** x^3-1　**34** x^3-8y^3
35 18　　**36** 7　　**37** 몫: $x-1$, 나머지: 3
38 몫: x^2-x+3, 나머지: 0
39 몫: $3x^2+6x+13$, 나머지: 26　　**40** 몫: $4x-3$, 나머지: 3
41 x^2　　**42** $2x^3+3x+3$

01 $(x^2+1)+(2x^2+3x+4)$
$=(1+2)x^2+3x+(1+4)$
$=3x^2+3x+5$

답 $3x^2+3x+5$

02 $(x^2+3)+(-x^2+2x+3)$
$=\{1+(-1)\}x^2+2x+(3+3)$
$=2x+6$

답 $2x+6$

03 $(2x+3)+2(x^2+2)$
$=(2x+3)+(2x^2+4)$
$=2x^2+2x+(3+4)$
$=2x^2+2x+7$

답 $2x^2+2x+7$

04 $(x^2+y^2)+(2x^2+xy+3y^2)$
$=(1+2)x^2+xy+(1+3)y^2$
$=3x^2+xy+4y^2$

답 $3x^2+xy+4y^2$

05 $(x^2+xy+y^2)+3(xy+y^2)$
$=(x^2+xy+y^2)+(3xy+3y^2)$
$=x^2+(1+3)xy+(1+3)y^2$
$=x^2+4xy+4y^2$

답 $x^2+4xy+4y^2$

06 $(2x^2+3x+1)-(x^2+2x)$
$=(2-1)x^2+(3-2)x+1$
$=x^2+x+1$

답 x^2+x+1

07 $(x^2+2)-2(x^2+x)$
$=(1-2)x^2-2x+2$
$=-x^2-2x+2$

답 $-x^2-2x+2$

08 $3(x^2+x+1)-3(x^2+2x+3)$
$=(3x^2+3x+3)-(3x^2+6x+9)$
$=(3-3)x^2+(3-6)x+(3-9)$
$=-3x-6$

답 $-3x-6$

09 $(2x^2+3y^2)-(2x^2+2xy+y^2)$
$=(2-2)x^2-2xy+(3-1)y^2$
$=-2xy+2y^2$

답 $-2xy+2y^2$

10 $(3x^2+2y)-2(x^2+y+1)$
$=(3-2)x^2+(2-2)y-2$
$=x^2-2$

답 x^2-2

11 $(A+B)+A$
$=A+(B+A)$
$=A+(A+B)$
$=(A+A)+B$
$=2A+B$
$=2(x^2+1)+(x^2+2x+3)$
$=3x^2+2x+5$

답 $3x^2+2x+5$

12 $A+2(A-B)$
$=A+(2A-2B)$
$=(A+2A)-2B$
$=3A-2B$
$=3(x^2+1)-2(x^2+2x+3)$
$=x^2-4x-3$

답 x^2-4x-3

13 $2A-(A+B)$
$=2A+(-A-B)$
$=(2A-A)-B$
$=A-B$
$=(x^2+1)-(x^2+2x+3)$
$=-2x-2$

目 $-2x-2$

14 $A+2B-(A-B)$
$=A+2B+(-A+B)$
$=(A-A)+(2B+B)$
$=3B$
$=3(x^2+2x+3)$
$=3x^2+6x+9$

目 $3x^2+6x+9$

15 $(x+1)(x^2+2x)$
$=x(x^2+2x)+(x^2+2x)$
$=x^3+3x^2+2x$

目 x^3+3x^2+2x

16 $(x+1)(x^2+2x+3)$
$=x(x^2+2x+3)+(x^2+2x+3)$
$=x^3+3x^2+5x+3$

目 x^3+3x^2+5x+3

17 $(x^2+1)(x^2+x+2)$
$=x^2(x^2+x+2)+(x^2+x+2)$
$=x^4+x^3+3x^2+x+2$

目 $x^4+x^3+3x^2+x+2$

18 $(x+1)(x^3+2x+3)$
$=x(x^3+2x+3)+(x^3+2x+3)$
$=x^4+x^3+2x^2+5x+3$

目 $x^4+x^3+2x^2+5x+3$

19 $(x+2y)(x^2+xy+y^2)$
$=x(x^2+xy+y^2)+2y(x^2+xy+y^2)$
$=(x^3+x^2y+xy^2)+(2x^2y+2xy^2+2y^3)$
$=x^3+3x^2y+3xy^2+2y^3$

目 $x^3+3x^2y+3xy^2+2y^3$

20 $(x+1)x(x-1)$
$=x(x+1)(x-1)$
$=x(x^2-1)$
$=x^3-x$

目 x^3-x

21 $(x+1)(x+2)(x+1)$
$=(x+1)^2(x+2)$
$=(x^2+2x+1)(x+2)$
$=x^2(x+2)+2x(x+2)+(x+2)$
$=x^3+4x^2+5x+2$

目 x^3+4x^2+5x+2

22 $A(B+C)-AC$
$=(AB+AC)-AC$
$=AB$
$=(x+1)(x+2)$
$=x^2+3x+2$

目 x^2+3x+2

23 $A(B+C)-BA$
$=(AB+AC)-AB$
$=AC$
$=(x+1)(x^2+3)$
$=x(x^2+3)+(x^2+3)$
$=x^3+x^2+3x+3$

目 x^3+x^2+3x+3

24 $(A+B)C-A(B+C)$
$=(AC+BC)-(AB+AC)$
$=BC-AB=BC-BA$
$=B(C-A)$
$=(x+2)\{(x^2+3)-(x+1)\}$
$=(x+2)(x^2-x+2)$
$=x(x^2-x+2)+2(x^2-x+2)$
$=x^3+x^2+4$

目 x^3+x^2+4

25 $(x+y+1)^2$
$=x^2+y^2+1^2+2\times x\times y+2\times y\times 1+2\times 1\times x$
$=x^2+y^2+1+2xy+2y+2x$
$=x^2+y^2+2xy+2x+2y+1$

目 $x^2+y^2+2xy+2x+2y+1$

26 $(x^2+x+1)^2$
$=(x^2)^2+x^2+1^2+2\times x^2\times x+2\times x\times 1+2\times 1\times x^2$
$=x^4+x^2+1+2x^3+2x+2x^2$
$=x^4+2x^3+3x^2+2x+1$

目 $x^4+2x^3+3x^2+2x+1$

27 $(x+1)^3$
$=x^3+3\times x^2\times 1+3\times x\times 1^2+1^3$
$=x^3+3x^2+3x+1$

目 x^3+3x^2+3x+1

28 $(x-1)^3$
$=x^3-3\times x^2\times1+3\times x\times1^2-1^3$
$=x^3-3x^2+3x-1$

🔳 x^3-3x^2+3x-1

29 $(2x+1)^3$
$=(2x)^3+3\times(2x)^2\times1+3\times(2x)\times1^2+1^3$
$=8x^3+12x^2+6x+1$

🔳 $8x^3+12x^2+6x+1$

30 $(x-2y)^3$
$=x^3-3\times x^2\times(2y)+3\times x\times(2y)^2-(2y)^3$
$=x^3-6x^2y+12xy^2-8y^3$

🔳 $x^3-6x^2y+12xy^2-8y^3$

31 $(x+1)(x^2-x+1)$
$=x^3+1^3$
$=x^3+1$

🔳 x^3+1

32 $(2x+1)(4x^2-2x+1)$
$=(2x+1)\{(2x)^2-2x+1\}$
$=(2x)^3+1^3$
$=8x^3+1$

🔳 $8x^3+1$

33 $(x-1)(x^2+x+1)$
$=x^3-1^3$
$=x^3-1$

🔳 x^3-1

34 $(x-2y)(x^2+2xy+4y^2)$
$=(x-2y)\{x^2+x\times(2y)+(2y)^2\}$
$=x^3-(2y)^3$
$=x^3-8y^3$

🔳 x^3-8y^3

35 x^3+y^3
$=(x+y)^3-3xy(x+y)$
$=3^3-3\times1\times3$
$=27-9=18$

🔳 18

36 $x^2+y^2+z^2$
$=(x+y+z)^2-2(xy+yz+zx)$
$=3^2-2\times1=7$

🔳 7

37
$$\begin{array}{r}x-1\\x+2\overline{)x^2+x+1}\\\underline{x^2+2x}\\-x+1\\\underline{-x-2}\\3\end{array}$$
따라서 몫은 $x-1$, 나머지는 3이다.

🔳 몫: $x-1$, 나머지: 3

38
$$\begin{array}{r}x^2-x+3\\x+1\overline{)x^3+2x+3}\\\underline{x^3+x^2}\\-x^2+2x+3\\\underline{-x^2-x}\\3x+3\\\underline{3x+3}\\0\end{array}$$
따라서 몫은 x^2-x+3, 나머지는 0이다.

🔳 몫: x^2-x+3, 나머지: 0

39
$$\begin{array}{r}3x^2+6x+13\\x-2\overline{)3x^3+x}\\\underline{3x^3-6x^2}\\6x^2+x\\\underline{6x^2-12x}\\13x\\\underline{13x-26}\\26\end{array}$$
따라서 몫은 $3x^2+6x+13$, 나머지는 26이다.

🔳 몫: $3x^2+6x+13$, 나머지: 26

40
$$\begin{array}{r}4x-3\\x^2+x+1\overline{)4x^3+x^2+x}\\\underline{4x^3+4x^2+4x}\\-3x^2-3x\\\underline{-3x^2-3x-3}\\3\end{array}$$
따라서 몫은 $4x-3$, 나머지는 3이다.

🔳 몫: $4x-3$, 나머지: 3

41 $A=(x+1)(x-1)+1$
$=(x^2-1)+1$
$=x^2$

🔳 x^2

42 $A=(x^2+1)(2x)+(x+3)$
$=(2x^3+2x)+(x+3)$
$=2x^3+3x+3$

🔳 $2x^3+3x+3$

유형 완성하기

01 ①	02 ④	03 ④	04 ③	05 ⑤
06 ⑤	07 ②	08 ②	09 ④	10 ②
11 ④	12 ①	13 ②	14 ⑤	15 ④
16 ⑤	17 ②	18 ④	19 ①	20 ②
21 ③	22 ③	23 ①	24 ①	25 ④
26 ②	27 ①	28 ①	29 ③	30 ③
31 ④	32 ①	33 ②	34 ④	35 ⑤
36 ③	37 ④	38 ④	39 ②	40 9
41 ③	42 ④	43 ④	44 ③	45 10
46 ③	47 ②	48 ③	49 ①	50 ②
51 ③	52 ①	53 ①	54 ②	55 8
56 ①	57 ⑤	58 ②	59 ④	60 43
61 ④	62 12	63 5	64 ②	65 ①
66 ①	67 ⑤	68 ⑤	69 ③	70 ③
71 ②				

01 $A=x^2+2x+a$, $B=ax^2+ax+2$에서
$A+B=(x^2+2x+a)+(ax^2+ax+2)$
$\quad\quad=(a+1)x^2+(a+2)x+a+2$
x의 계수가 3이므로
$a+2=3$, $a=1$
따라서 $A=x^2+2x+1$, $B=x^2+x+2$이므로
$A-B=(x^2+2x+1)-(x^2+x+2)$
$\quad\quad=x-1$

답 ①

02 다항식 A의 x의 계수가 -2, 다항식 B의 x의 계수가 3이므로
$A+2B$의 x의 계수는
$(-2)+2\times3=4$

답 ④

03 $A+kB$의 일차항의 계수가 -3이고 A, kB의 일차항의 계수가
각각 3, $-3k$이므로
$3+(-3k)=-3$
$3k=6$, $k=2$
따라서
$2A+B=2(2x^2+3x)+(x^3+2x^2-3x+4)$
$\quad\quad\quad=(4x^2+6x)+(x^3+2x^2-3x+4)$
$\quad\quad\quad=x^3+(4+2)x^2+\{6+(-3)\}x+4$
$\quad\quad\quad=x^3+6x^2+3x+4$

답 ④

04 $A=x^2+ax+b$, $B=ax^2+bx+a$에서
$A+B=(a+1)x^2+(a+b)x+(a+b)$
$A-B=(1-a)x^2+(a-b)x+(b-a)$
이때 $A+B$, $A-B$의 일차항의 계수가 각각 1, 3이므로
$a+b=1$, $a-b=3$
두 식을 연립하여 풀면
$a=2$, $b=-1$
그러므로
$A=x^2+2x-1$, $B=2x^2-x+2$
따라서
$A+(2a+3b)B=A+B$
$\quad\quad\quad\quad\quad\quad=(x^2+2x-1)+(2x^2-x+2)$
$\quad\quad\quad\quad\quad\quad=3x^2+x+1$
이므로 각 항의 계수와 상수항 중 가장 큰 값은 3이다.

답 ③

05 두 다항식 A, B는 각각 x^{2n}, x^{n+2}을 포함하므로 다음 각 경우로
나눌 수 있다.
(ⅰ) $2n>n+2$일 때,
　$n>2$
　이때 x^{2n}은 6차 이상이고 x^{n+2}은 5차 이상이며 차수가 다르므로 다
　항식 $A-B$의 차수는 6 이상이다.
(ⅱ) $2n=n+2$일 때,
　$n=2$
　이때 $A=x^4+2x^2+1$, $B=x^4+2x+2$이므로
　$A-B=2x^2-2x-1$
　그러므로 조건을 만족시킨다.
(ⅲ) $2n<n+2$일 때,
　$n=1$
　이때 $A=x^2+x^2+1$, $B=x^3+2x+1$
　이므로 $A-B$의 차수는 3이다.
(ⅰ), (ⅱ), (ⅲ)에서 $A=x^4+2x^2+1$, $B=x^4+2x+2$이므로
$A+B=2x^4+2x^2+2x+3$
따라서 최고차항의 계수와 상수항의 합은
$2+3=5$

답 ⑤

06 $A-(2^{100}-1)(A+B)+(2^{100}+1)(B+A)$
$=A-(2^{100}-1)(A+B)+(2^{100}+1)(A+B)$
$=A+\{-(2^{100}-1)+(2^{100}+1)\}(A+B)$
$=A+2(A+B)$
$=3A+2B$
$=3(2x^2+x+1)+2(-x^2+2x+3)$
$=(6x^2+3x+3)+(-2x^2+4x+6)$
$=\{6+(-2)\}x^2+(3+4)x+(3+6)$
$=4x^2+7x+9$

답 ⑤

07 $2(A+B)-(A-B)$
$=(2A+2B)+(-A+B)$
$=A+3B$
$=(3x^2+2x+1)+3(-x^2+2x+3)$
$=(3x^2+2x+1)+(-3x^2+6x+9)$
$=\{3+(-3)\}x^2+(2+6)x+(1+9)$
$=8x+10$

탑 ②

08 $A+B+A-2B+A+3B$
$=(1+1+1)A+\{1+(-2)+3\}B$
$=3A+2B$
$=3(x^2+2)+2(2x+3)$
$=(3x^2+6)+(4x+6)$
$=3x^2+4x+12$

탑 ②

09 $2(A+B)-(B-2C)$
$=(2A+2B)+(-B+2C)$
$=2A+(2B-B)+2C$
$=2A+B+2C$
$=2A+(B+2C)$
$=2(x^2+1)+(2x^2+x+3)$
$=(2x^2+2)+(2x^2+x+3)$
$=(2+2)x^2+x+(2+3)$
$=4x^2+x+5$

탑 ④

10 $\sqrt{2}(A+\sqrt{2}B)-\left(\dfrac{1}{\sqrt{2}-1}A+B\right)$

$=(\sqrt{2}A+2B)-\left\{\dfrac{\sqrt{2}+1}{(\sqrt{2}-1)(\sqrt{2}+1)}A+B\right\}$
$=(\sqrt{2}A+2B)-\{(\sqrt{2}+1)A+B\}$
$=-A+B$
$=-(x^2+2x+1)+(2x^2-x+3)$
$=(-x^2-2x-1)+(2x^2-x+3)$
$=\{(-1)+2\}x^2+\{(-2)+(-1)\}x+\{(-1)+3\}$
$=x^2-3x+2$

따라서 각 항의 계수와 상수항은 각각 1, -3, 2이므로 가장 큰 값은 2
이다.

탑 ②

11 $A+X=2A+B$에서
$X=(2A+B)-A$
$=(B+2A)-A$
$=B+(2A-A)$
$=B+A$
$=(2x^2+3)+(x^2+2x+3)$
$=(2+1)x^2+2x+(3+3)$
$=3x^2+2x+6$

탑 ④

12 $X+A=2(X+B)$에서
$X+A=2X+2B$
따라서
$X=A-2B$
$=(x^2+x+1)-2(3x^2-2)$
$=(x^2+x+1)+(-6x^2+4)$
$=\{1+(-6)\}x^2+x+(1+4)$
$=-5x^2+x+5$

탑 ①

13 $X+Y=x^2+2x+3$
$X-Y=3x^2+4x+1$
두 식을 변끼리 더하면
$2X=4x^2+6x+4$
$X=2x^2+3x+2$
이때
$Y=(x^2+2x+3)-X$
$=(x^2+2x+3)-(2x^2+3x+2)$
$=(1-2)x^2+(2-3)x+(3-2)$
$=-x^2-x+1$
따라서
$X+2Y=(2x^2+3x+2)+2(-x^2-x+1)$
$=(2x^2+3x+2)+(-2x^2-2x+2)$
$=\{2+(-2)\}x^2+\{3+(-2)\}x+(2+2)$
$=x+4$
그러므로 최고차항은 x이다.

탑 ②

14 $X+2Y=x^2+3$ ...... ㉠
$3X-4Y=13x^2+10x-1$ ...... ㉡
㉠의 양변에 2를 곱하면
$2X+4Y=2x^2+6$ ...... ㉢
㉡과 ㉢을 변끼리 더하면
$5X=15x^2+10x+5$
$X=3x^2+2x+1$
이때 ㉠에서
$2Y=(x^2+3)-X$
$=(x^2+3)-(3x^2+2x+1)$
$=-2x^2-2x+2$
즉, $Y=-x^2-x+1$이므로
$X+Y=(3x^2+2x+1)+(-x^2-x+1)$
$=\{3+(-1)\}x^2+\{2+(-1)\}x+(1+1)$
$=2x^2+x+2$
따라서 모든 항의 계수와 상수항의 합은
$2+1+2=5$

탑 ⑤

15 $X+Y=x^2+x+3$ ······ ㉠

$X-kY=-x^2-x+1$

위의 두 식을 변끼리 빼면

$(k+1)Y=2x^2+2x+2$ ······ ㉡

다항식 Y의 일차항의 계수가 -1이므로

$(k+1)\times(-1)=2$, $k=-3$

$k=-3$을 ㉡에 대입하면

$-2Y=2x^2+2x+2$

$Y=-x^2-x-1$

이때 ㉠에서

$X=(x^2+x+3)-Y$

　$=(x^2+x+3)-(-x^2-x-1)$

　$=(x^2+x+3)+(x^2+x+1)$

　$=(1+1)x^2+(1+1)x+(3+1)$

　$=2x^2+2x+4$

따라서 X의 최고차항의 계수와 Y의 최고차항의 계수의 곱은

$2\times(-1)=-2$

답 ④

16 $(x^2+2x+3)(x^2+x+4)$

　$=x^2(x^2+x+4)+2x(x^2+x+4)+3(x^2+x+4)$

이때 $x^2(x^2+x+4)$, $2x(x^2+x+4)$, $3(x^2+x+4)$에서 x^2항은 차례로 $4x^2$, $2x^2$, $3x^2$이므로 x^2의 계수는

$4+2+3=9$

답 ⑤

17 $(x+1)(x-1)(x^2+2x+3)$

　$=(x^2-1)(x^2+2x+3)$

　$=x^2(x^2+2x+3)+(-1)(x^2+2x+3)$

이때 $x^2(x^2+2x+3)$, $(-1)(x^2+2x+3)$에서 x^2항은 차례로 $3x^2$, $-x^2$이므로 x^2의 계수는

$3+(-1)=2$

답 ②

18 $(x+1)(x^2+2x+3)(x^3+2x^2+3x+4)$

　$=\{x(x^2+2x+3)+(x^2+2x+3)\}(x^3+2x^2+3x+4)$

　$=(x^3+3x^2+5x+3)(x^3+2x^2+3x+4)$

　$=x^3(x^3+2x^2+3x+4)+3x^2(x^3+2x^2+3x+4)$

　　$+5x(x^3+2x^2+3x+4)+3(x^3+2x^2+3x+4)$

이때 위의 식에서 x^3항은 차례로 $4x^3$, $9x^3$, $10x^3$, $3x^3$이므로 x^3의 계수는 $4+9+10+3=26$

답 ④

19 $(x+1)(x^2+2x+3)$

　$=x(x^2+2x+3)+(x^2+2x+3)$

이때 $x(x^2+2x+3)$, x^2+2x+3에서 x^2항은 차례로 $2x^2$, x^2이므로 $(x+1)(x^2+2x+3)$에서 x^2항은 $3x^2$이다.

또, $2(x^3+x^2+x+1)$에서 x^2항은 $2x^2$이다.

따라서 x^2의 계수는

$3+2=5$

답 ①

20 모든 항의 계수와 상수항의 합은 다항식에 $x=1$을 대입한 것과 같으므로

$(1-2+a)(1+3-1)=6$

$(a-1)\times3=6$

$a-1=2$, $a=3$

그러므로 주어진 다항식은

$(x^2-2x+3)(x^2+3x-1)$

$=x^2(x^2+3x-1)+(-2x)(x^2+3x-1)+3(x^2+3x-1)$

이때 x^2항은 차례로 $-x^2$, $-6x^2$, $3x^2$이므로 x^2의 계수는

$(-1)+(-6)+3=-4$

답 ②

21 $\frac{1}{3}AB+\frac{2}{3}BA$

　$=\frac{1}{3}AB+\frac{2}{3}AB$

　$=AB$

　$=(x+1)(x^2+2x-1)$

　$=x(x^2+2x-1)+(x^2+2x-1)$

　$=x^3+3x^2+x-1$

답 ③

22 $A+AB+2BA$

　$=A+AB+2AB$

　$=A+3AB$

　$=A(1+3B)$

　$=(x+1)\times\left\{1+3\left(x-\frac{1}{3}\right)\right\}$

　$=(x+1)(3x)$

　$=3x^2+3x$

따라서 일차항의 계수는 3이다.

답 ③

23 $AB+CA=AB+AC$

　$=A(B+C)$

　$=(x^2+x)(x+1)$

　$=x(x+1)(x+1)$

　$=x(x+1)^2$

　$=x(x^2+2x+1)$

　$=x^3+2x^2+x$

따라서 x의 계수는 1이다.

답 ①

24 $A(A+B)-(A-B)A$
$=(A^2+AB)-(A^2-BA)$
$=AB+BA$
$=AB+AB$
$=2AB$
$=2(x^2+xy+y^2)(x^2-xy-2y^2)$
$=2x^2(x^2-xy-2y^2)+2xy(x^2-xy-2y^2)$
$\quad+2y^2(x^2-xy-2y^2)$
이때 위의 식에서 x^2y^2항은 차례로 $-4x^2y^2$, $-2x^2y^2$, $2x^2y^2$이므로
x^2y^2의 계수는
$(-4)+(-2)+2=-4$

답 ①

25 $A(B+3C)+(B-C)A$
$=A(B+3C)+A(B-C)$
$=A\{(B+3C)+(B-C)\}$
$=2A(B+C)$
$=2(x+1)\{(x^2+x+1)+(x^2-x+1)\}$
$=4(x+1)(x^2+1)$
$=4\{x(x^2+1)+(x^2+1)\}$
$=4x^3+4x^2+4x+4$
따라서 x^2의 계수와 x의 계수의 합은
$4+4=8$

답 ④

26 $A^2+AB+BA+B^2$
$=A^2+AB+AB+B^2$
$=A^2+2AB+B^2$
$=(A+B)^2$
$=(x^2+3x)^2$
$=(x^2)^2+2\times x^2\times 3x+(3x)^2$
$=x^4+6x^3+9x^2$
따라서 삼차항의 계수는 6이다.

답 ②

27 A^2-B^2
$=(A+B)(A-B)$
$=(x^2+1)(x+2)$
$=x^2(x+2)+(x+2)$
$=x^3+2x^2+x+2$
따라서 일차항의 계수는 1이다.

답 ①

28 $A^2+3AB+2B^2$
$=(A+B)(A+2B)$
$=(x+3)(x^2+2)$
$=x(x^2+2)+3(x^2+2)$
$=x^3+3x^2+2x+6$

이 다항식의 차수는 3, 일차항의 계수는 2이므로
$n=3$, $a=2$
따라서 $n+a=3+2=5$

답 ①

29 $AB+3BA=AB+3AB=4AB$이고
$(A+B)^2-(A-B)^2=4AB$이므로
$4AB=(x^4+4x^3+10x^2+12x+9)-(x+1)^2$
$\quad=(x^4+4x^3+10x^2+12x+9)-(x^2+2x+1)$
$\quad=x^4+4x^3+9x^2+10x+8$
따라서
$AB+3BA=4AB$
$\qquad\qquad=x^4+4x^3+9x^2+10x+8$
그러므로 일차항의 계수는 10이다.

답 ③

30 $X+4B^2=(A+B)(A-2B)$에서
$X+4B^2=A^2-AB-2B^2$
$X=A^2-AB-6B^2$
이때 다항식은 곱셈에 대한 교환법칙이 성립하므로
$X=(A+2B)(A-3B)$ ······ ㉠
이때
$A+2B=x^2+2$ ······ ㉡
$2A-B=x-1$ ······ ㉢
이므로 ㉢에서 ㉡을 빼면
$A-3B=-x^2+x-3$ ······ ㉣
㉠에 ㉡과 ㉣을 대입하면
$X=(x^2+2)(-x^2+x-3)$
$\quad=-x^4+x^3-5x^2+2x-6$
따라서 X의 삼차항의 계수와 일차항의 계수의 합은
$1+2=3$

답 ③

31 $A^2B^2=AABB$
$\qquad\ =ABAB$
$\qquad\ =(AB)^2$
$\qquad\ =(x^2-1)^2$
$\qquad\ =(x^2)^2-2\times x^2\times 1+1^2$
$\qquad\ =x^4-2x^2+1$
따라서 이차항의 계수는 -2이다.

답 ④

32 $A^2BC=AABC$
$\qquad\quad=ABAC$
$\qquad\quad=(x^2+3x+2)(x^2-x-2)$
$\qquad\quad=x^2(x^2-x-2)+3x(x^2-x-2)+2(x^2-x-2)$
위에서 x^2항은 차례로
$-2x^2$, $-3x^2$, $2x^2$

따라서 x^2의 계수는
$$(-2)+(-3)+2=-3$$
답 ①

33 $A(B+2)^2A=A^2(B+2)^2$
$$=\{A(B+2)\}^2$$
$$=(AB+2A)^2$$
$$=(x^2+x)^2$$
$$=x^4+2x^3+x^2$$
따라서 x^3의 계수는 2이다.
답 ②

34 $(AB)^2+(AC)^2$
$$=A^2B^2+A^2C^2$$
$$=A^2(B^2+C^2)$$
$$=(x+1)^2(2x^2+2)$$
$$=(x^2+2x+1)(2x^2+2)$$
$$=x^2(2x^2+2)+2x(2x^2+2)+(2x^2+2)$$
$$=2x^4+4x^3+4x^2+4x+2$$
따라서 x^3의 계수는 4이다.
답 ④

35 $(AB+1)^2-A^2B^2$
$$=\{(AB)^2+2AB+1\}-A^2B^2$$
$$=(A^2B^2+2AB+1)-A^2B^2$$
$$=2AB+1$$
$$=2(x+2)(x^2+x+1)+1$$
따라서 상수항은
$$2\times2\times1+1=5$$
답 ⑤

36 $(x+2y+3z)^2$
$$=x^2+(2y)^2+(3z)^2+2\times x\times2y+2\times2y\times3z+2\times3z\times x$$
$$=x^2+4y^2+9z^2+4xy+12yz+6zx$$
따라서 계수가 5 이상인 항은 $9z^2$, $12yz$, $6zx$로 3개이다.
답 ③

37 $(x+y+z)^2+(x+y)^2$
$$=(x^2+y^2+z^2+2xy+2yz+2zx)+(x^2+y^2+2xy)$$
$$=2x^2+2y^2+z^2+4xy+2yz+2zx$$
따라서 계수가 2인 서로 다른 항의 개수는 4이다.
답 ④

38 $(x+y+z)^2-(xy+z+1)^2$
$$=x^2+y^2+z^2+2xy+2yz+2zx$$
$$\quad-(x^2y^2+z^2+1+2xyz+2z+2xy)$$
$$=-x^2y^2+x^2+y^2-2xyz+2yz+2zx-2z-1$$
따라서 서로 다른 항의 개수는 8이다.
답 ④

39 $(x^2+x+2)(x^2+x+1)-(x^2+x+1)$
$$=\{(x^2+x+1)+1\}(x^2+x+1)-(x^2+x+1)$$
$$=\{(x^2+x+1)^2+(x^2+x+1)\}-(x^2+x+1)$$
$$=(x^2+x+1)^2$$
$$=x^4+x^2+1^2+2x^2\times x+2x\times1+2\times1\times x^2$$
$$=x^4+2x^3+3x^2+2x+1$$
따라서 차수가 2 이상인 항은 x^4, $2x^3$, $3x^2$이므로 계수의 합은
$$1+2+3=6$$
답 ②

40 $(x^m+x^n+2)^2$
$$=x^{2m}+x^{2n}+4+2x^{m+n}+4x^n+4x^m$$
이때 $m>n$이므로 내림차순으로 정리하면
$$(x^m+x^n+2)^2$$
$$=x^{2m}+2x^{m+n}+x^{2n}+4x^m+4x^n+4 \quad\cdots\cdots\ \text{㉠}$$
조건 (가)에서 $P(x)$의 서로 다른 항의 개수는 5이고 $m>n$이므로
$$m=2n$$
이때 ㉠은
$$(x^m+x^n+2)^2$$
$$=x^{4n}+2x^{3n}+x^{2n}+4x^{2n}+4x^n+4$$
$$=x^{4n}+2x^{3n}+5x^{2n}+4x^n+4$$
이때 조건 (나)에서 x^6의 계수가 5이므로
$$2n=6,\ n=3$$
$m=2n=6$이므로
$$m+n=6+3=9$$
답 9

41 $(x+y)^3+(x-2y)^3$
$$=(x^3+3x^2y+3xy^2+y^3)+(x^3-6x^2y+12xy^2-8y^3)$$
$$=2x^3-3x^2y+15xy^2-7y^3$$
따라서 계수가 양수인 항은 $2x^3$, $15xy^2$이므로 계수의 합은
$$2+15=17$$
답 ③

42 $(x+\sqrt2)^3(x-\sqrt2)^3$
$$=(x^2-2)^3$$
$$=(x^2)^3-3\times(x^2)^2\times2+3\times x^2\times2^2-2^3$$
$$=x^6-6x^4+12x^2-8$$
따라서 x^6, x^2의 계수가 각각 1, 12로 양수이므로 계수가 양수인 항의 모든 차수의 합은
$$6+2=8$$
답 ④

43 $(2-\sqrt3)^3$
$$=2^3-3\times2^2\times\sqrt3+3\times2\times(\sqrt3)^2-(\sqrt3)^3$$
$$=8-12\sqrt3+18-3\sqrt3$$
$$=26-15\sqrt3$$
따라서 $p=26$, $q=-15$이므로
$$p+q=26+(-15)=11$$
답 ④

44 $(x+2)^4-x(x+2)^3$
$=(x+2)^3\{(x+2)-x\}$
$=2(x+2)^3$
$=2(x^3+3\times x^2\times 2+3\times x\times 2^2+2^3)$
$=2(x^3+6x^2+12x+8)$
$=2x^3+12x^2+24x+16$
따라서 각 항의 계수와 상수항 중 가장 큰 값은 24이다.

답 ③

45 $(x^2+x+1)^3-(x^2-x-1)^3$
$=\{x^2+(x+1)\}^3-\{x^2-(x+1)\}^3$
이때 $x^2=X$, $x+1=Y$라 하면
$(X+Y)^3-(X-Y)^3$
$=(X^3+3X^2Y+3XY^2+Y^3)-(X^3-3X^2Y+3XY^2-Y^3)$
$=\boxed{6}X^{\boxed{2}}Y+2Y^3$
$=6(x^2)^2(x+1)+2(x+1)^3$
$=(6x^5+6x^4)+2(x^3+3x^2+3x+1)$
$=\boxed{6}x^5+\boxed{6}x^4+\boxed{2}x^3+6x^2+6x+2$
따라서 (가), (나), (다)에 알맞은 수는 각각 6, 2, 2이므로
$a+b+c=6+2+2=10$

답 10

46 $(2x-4)\{(x+2)^2-2x\}$
$=2(x-2)\{(x^2+4x+4)-2x\}$
$=2(x-2)(x^2+2x+2^2)$
$=2(x^3-2^3)$
$=2x^3-16$

답 ③

47 $(x^2-1)(x^2+x+1)(x^2-x+1)$
$=(x+1)(x-1)(x^2+x+1)(x^2-x+1)$
$=\{(x+1)(x^2-x+1)\}\{(x-1)(x^2+x+1)\}$
$=(x^3+1)(x^3-1)$
$=x^6-1$

답 ②

48 $101\times(10^4-10^2+1)$
$=(10^2+1)\{(10^2)^2-10^2+1^2\}$
$=(10^2)^3+1$
$=10^6+1$
따라서 $n=6$, $k=1$이므로
$n+k=7$

답 ③

49 $(x-1)^3(x^2+x+1)^3$
$=\{(x-1)(x^2+x+1)\}^3$
$=(x^3-1)^3$
$=(x^3)^3-3\times(x^3)^2\times 1+3\times x^3\times 1^2-1^3$
$=x^9-3x^6+3x^3-1$

따라서 차수가 5 이상인 모든 항의 계수의 합은
$1+(-3)=-2$

답 ①

50 $\dfrac{(2n+1)(4n^2-2n+1)-1}{8}$
$=\dfrac{\{(2n)^3+1\}-1}{8}$
$=n^3$
이때 $(10^2)^3=10^6$이므로 이 값이 10^6 이하가 되기 위한 n의 값은 1, 2, 3, $\cdots$, 10^2이다.
따라서 자연수 n의 개수는 10^2이다.

답 ②

51 $(a+b)^2+(b+c)^2+(c+a)^2$
$=2(a^2+b^2+c^2)+2(ab+bc+ca)$
$=2\{(a+b+c)^2-2(ab+bc+ca)\}+2(ab+bc+ca)$
$=2(a+b+c)^2-2(ab+bc+ca)$
$=2\times 2^2-2\times 1$
$=6$

답 ③

52 $a+b+c=\sqrt{5}$, $ab+bc+ca=-2$이므로
$(a+2b)^2+(b+2c)^2+(c+2a)^2$
$=5(a^2+b^2+c^2)+4(ab+bc+ca)$
$=5\{(a+b+c)^2-2(ab+bc+ca)\}+4(ab+bc+ca)$
$=5(a+b+c)^2-6(ab+bc+ca)$
$=5\times(\sqrt{5})^2-6\times(-2)$
$=25+12$
$=37$

답 ①

53 $2b=b'$, $2c=c'$이라 하면
$a+2b+2c=5$에서 $a+b'+c'=5$
$ab'+b'c'+c'a=2ab+4bc+2ca$
$\qquad\qquad\qquad=2(ab+2bc+ca)$
$\qquad\qquad\qquad=2\times 1=2$
따라서
$a^2+4b^2+4c^2$
$=a^2+(b')^2+(c')^2$
$=(a+b'+c')^2-2(ab'+b'c'+c'a)$
$=5^2-2\times 2=25-4=21$

답 ①

54 $2(ab+bc+ca)=(a+b+c)^2-(a^2+b^2+c^2)$에서
$2(ab+bc+ca)=0^2-24$
$ab+bc+ca=-12$

따라서
$a^2b^2+b^2c^2+c^2a^2$
$=(ab)^2+(bc)^2+(ca)^2$
$=(ab+bc+ca)^2-2(ab\times bc+bc\times ca+ca\times ab)$
$=(ab+bc+ca)^2-2abc(a+b+c)$
$=(-12)^2-0$
$=144$

답 ②

55 세 모서리의 길이를 각각 a, b, c라 하면 겉넓이가 36이므로
$2(ab+bc+ca)=36$ …… ㉠
또, 모든 모서리의 길이의 합이 40이므로
$4(a+b+c)=40$
$a+b+c=10$ …… ㉡
㉠과 ㉡에서
$a^2+b^2+c^2=(a+b+c)^2-2(ab+bc+ca)$
$\qquad\qquad\quad=10^2-36$
$\qquad\qquad\quad=64$
따라서 $\overline{\text{AG}}=\sqrt{a^2+b^2+c^2}=\sqrt{64}=8$

답 8

56 x^4y+xy^4
$=xy(x^3+y^3)$
$=xy\{(x+y)^3-3xy(x+y)\}$
$=(-1)\{2^3-3\times(-1)\times2\}$
$=(-1)\times14$
$=-14$

답 ①

57 $x=3+\sqrt{3}$, $y=3-\sqrt{3}$이므로
$x+y=(3+\sqrt{3})+(3-\sqrt{3})=6$
$xy=(3+\sqrt{3})(3-\sqrt{3})=3^2-(\sqrt{3})^2=6$
따라서
$x^3+y^3=(x+y)^3-3xy(x+y)$
$\qquad\quad=6^3-3\times6\times6$
$\qquad\quad=6^2(6-3)$
$\qquad\quad=108$

답 ⑤

58 $\dfrac{x^2}{y}+\dfrac{y^2}{x}=\dfrac{x^3+y^3}{xy}$
$\qquad\qquad=\dfrac{(x+y)^3-3xy(x+y)}{xy}$
$\qquad\qquad=\dfrac{4^3-3\times1\times4}{1}$
$\qquad\qquad=52$

답 ②

59 $(x+y)^2=x^2+y^2+2xy$이고 $x+y=\sqrt{7}$, $x^2+y^2=5$이므로
$7=5+2xy$, $xy=1$
따라서
$x^3+y^3=(x+y)^3-3xy(x+y)$
$\qquad\quad=(\sqrt{7})^3-3\times1\times\sqrt{7}$
$\qquad\quad=4\sqrt{7}$

답 ④

60 $-2y=z$라 하면 $x-2y=3$, $xy=1$에서
$x+z=3$, $xz=-2xy=\boxed{-2}$
따라서
$x^3-(2y)^3=x^3+z^3$
$\qquad\qquad\;=(x+z)^3-3xz(x+z)$
$\qquad\qquad\;=3^3-3\times(-2)\times3$
$\qquad\qquad\;=\boxed{45}$
따라서 $a=-2$, $b=45$이므로
$a+b=(-2)+45=43$

답 43

61 $x^3+y^3=(x+y)^3-3xy(x+y)$
이때 $x^3+y^3=32$이고 $(x+y)^2=-xy$이므로
$32=(x+y)^3+3(x+y)^2(x+y)$
$32=4(x+y)^3$
$(x+y)^3=8$
따라서 $(x+y)^6=64$

답 ④

62 $ax+1$과 x^2을 곱하면
ax^3+x^2
이 식이 bx^3+x^2이므로
$ax^3+x^2=bx^3+x^2$에서
$a=b$
이때 $(2x^3+x^2)-(bx^3+x^2)=0$이어야 하므로
$b=2$
즉, $a=b=2$
또, $ac=4$이어야 하고 $a=2$이므로
$c=2$
이때
$dx+e=(2x+1)\times2=4x+2$
이므로 $d=4$, $e=2$
따라서
$a+b+c+d+e=2+2+2+4+2=12$

$$\begin{array}{r}x^2+c \\ ax+1\,\overline{)\,2x^3+x^2+4x+4} \\ \underline{bx^3+x^2} \\ 4x+4\end{array}$$

$$\begin{array}{r}x^2+2 \\ 2x+1\,\overline{)\,2x^3+x^2+4x+4} \\ \underline{2x^3+x^2} \\ 4x+4 \\ \underline{4x+2} \\ 2\end{array}$$

답 12

63 다항식 $3x^3-2x^2+3x+5$를 다항식 x^2-x+2로 나누면 다음과 같다.

$$
\begin{array}{r}
3x+1 \\
x^2-x+2\ \overline{)\ 3x^3-2x^2+3x+5} \\
\underline{3x^3-3x^2+6x} \\
x^2-3x+5 \\
\underline{x^2\ -x+2} \\
-2x+3
\end{array}
$$

따라서 $a=3$, $b=1$, $c=-2$, $d=3$이므로
$a+b+c+d=3+1+(-2)+3=5$

답 5

64 다항식 x^3+3x^2+2x+1을 다항식 x^2+a로 나누면 다음과 같다.

$$
\begin{array}{r}
x+3 \\
x^2+a\ \overline{)\ x^3+3x^2\quad\ +2x+1} \\
\underline{x^3\qquad\ +ax} \\
3x^2+(2-a)x+1 \\
\underline{3x^2\qquad\ +3a} \\
(2-a)x+1-3a
\end{array}
$$

이때 위에서 구한 나머지와 $x+b$가 같아야 하므로
$(2-a)x+1-3a=x+b$
$2-a=1$, $1-3a=b$
$a=1$, $b=-2$
따라서 $a+b=1+(-2)=-1$

답 ②

65 다항식 $2x^3-3x^2+ax+1$을 x^2-x+b로 나누면 다음과 같다.

$$
\begin{array}{r}
2x-1 \\
x^2-x+b\ \overline{)\ 2x^3-3x^2\qquad +ax+1} \\
\underline{2x^3-2x^2\qquad +2bx} \\
-x^2+(a-2b)x+1 \\
\underline{-x^2\qquad +x-b} \\
(a-2b-1)x+b+1
\end{array}
$$

이때 나머지가 0이어야 하므로
$a-2b-1=0$, $b+1=0$
$a=-1$, $b=-1$
따라서 $a+b=(-1)+(-1)=-2$

답 ①

66 $x(x+2)^3=x^4+6x^3+12x^2+8x$, $(x+1)^2=x^2+2x+1$
이므로 다항식 $x(x+2)^3$을 $(x+1)^2$으로 나누면 다음과 같다.

$$
\begin{array}{r}
x^2+4x+3 \\
x^2+2x+1\ \overline{)\ x^4+6x^3+12x^2+8x} \\
\underline{x^4+2x^3\ +x^2} \\
4x^3+11x^2+8x \\
\underline{4x^3\ +8x^2+4x} \\
3x^2+4x \\
\underline{3x^2+6x+3} \\
-2x-3
\end{array}
$$

이때 $Q(x)=x^2+4x+3$, $R(x)=-2x-3$이므로
$Q(1)+R(2)=8+(-7)=1$

답 ①

67 다항식 $P(x)$를 $x+1$로 나누었을 때의 몫이 x^2-x+1, 나머지가 3이므로
$\begin{aligned} P(x)&=(x+1)(x^2-x+1)+3 \\ &=(x^3+1)+3 \\ &=x^3+4 \end{aligned}$
따라서 $P(1)=5$

답 ⑤

68 다항식 x^7+2x+3을 x^2-1로 나누었을 때의 나머지가 $R(x)$이므로 몫을 $Q(x)$라 하면
$x^7+2x+3=(x^2-1)Q(x)+R(x)$
이때 $R(x)=ax+b$ (a, b는 상수)로 놓을 수 있으므로
$x^7+2x+3=(x^2-1)Q(x)+ax+b$
$x^7+2x+3=(x+1)(x-1)Q(x)+ax+b$ …… ㉠
㉠의 양변에 $x=1$을 대입하면
$6=a+b$ …… ㉡
㉠의 양변에 $x=-1$을 대입하면
$0=-a+b$ …… ㉢
㉡, ㉢을 연립하여 풀면
$a=3$, $b=3$
따라서 $R(x)=3x+3$이므로
$R(2)=6+3=9$

답 ⑤

69 다항식 $x^{10}+ax+b$를 x^2-x로 나누었을 때의 나머지가 $2x+3$이므로 몫을 $Q(x)$라 하면
$x^{10}+ax+b=(x^2-x)Q(x)+2x+3$ …… ㉠
㉠의 양변에 $x=0$을 대입하면
$b=3$ …… ㉡
㉠의 양변에 $x=1$을 대입하면
$1+a+b=5$, $a+b=4$ …… ㉢
㉡을 ㉢에 대입하면 $a=1$
따라서 $ab=1\times3=3$

답 ③

70 다항식 $P(x)$를 x^2+x로 나누었을 때의 몫이 $x+2$, 나머지가 $x+3$이므로
$\begin{aligned} P(x)&=(x^2+x)(x+2)+x+3 \\ &=x(x+1)(x+2)+x+3 \\ &=(x+1)(x^2+2x)+(x+1)+2 \\ &=(x+1)(x^2+2x+1)+2 \end{aligned}$
따라서 $Q(x)=x^2+2x+1$, $R=2$이므로
$Q(2)+R=9+2=11$

답 ③

71 $P(x)$를 $x+1$로 나누었을 때의 몫이 x^2+2x+1, 나머지가 2이 므로

$$P(x)=(x+1)(x^2+2x+1)+2$$
$$=(x+1)(x+1)^2+2$$
$$=(x+1)^3+2$$
$$=x^3+3x^2+3x+3$$

이때 다항식 $P(x)$를 x^2+1로 나누면 다음과 같다.

$$\begin{array}{r} x+3 \\ x^2+1 \overline{\smash{\big)}\ x^3+3x^2+3x+3} \\ \underline{x^3+x} \\ 3x^2+2x+3 \\ \underline{3x^2+3} \\ 2x \end{array}$$

따라서 $Q(x)=x+3$, $R(x)=2x$이므로
$$Q(1)+R(1)=4+2=6$$

답 ②

서술형 완성하기 본문 24쪽

01 $3x^2-5xy+7y^2$ **02** $x^6+3x^5+3x^4+x^3-1$

03 36   **04** (1) $P+Q=12$, $PQ=31$ (2) 612

05 $x^4-3x^3+5x^2-4x+7$

---

01 $A+B=2x^2-3xy+4y^2$ ······ ㉠
$2A-3B=-x^2-xy+3y^2$ ······ ㉡
㉠의 양변에 3을 곱하면
$3A+3B=6x^2-9xy+12y^2$ ······ ㉢
㉡과 ㉢을 변끼리 더하면
$5A=5x^2-10xy+15y^2$
$A=x^2-2xy+3y^2$
㉠에서
$B=(2x^2-3xy+4y^2)-A$
$\quad=(2x^2-3xy+4y^2)-(x^2-2xy+3y^2)$
$\quad=x^2-xy+y^2$ ······ ❶
한편, $X+B=2(A+B)$에서
$X=2A+B$ ······ ❷
따라서
$X=2(x^2-2xy+3y^2)+(x^2-xy+y^2)$
$\quad=3x^2-5xy+7y^2$ ······ ❸

답 $3x^2-5xy+7y^2$

단계	채점 기준	비율
❶	A, B를 구한 경우	50 %
❷	X를 A와 B로 나타낸 경우	20 %
❸	X를 구한 경우	30 %

---

02 $x^2+x=X$라 하면 주어진 식은
$(X-1)(X^2+X+1)=X^3-1$ ······ ❶
이때 $X=x^2+x$이므로
$X^3-1=(x^2+x)^3-1$
$\quad=x^6+3x^5+3x^4+x^3-1$ ······ ❷

답 $x^6+3x^5+3x^4+x^3-1$

단계	채점 기준	비율
❶	공통부분을 X로 놓고 식을 간단히 한 경우	50 %
❷	$(a+b)^3=a^3+3a^2b+3ab^2+b^3$을 이용한 경우	50 %

---

03 $(x+2y)(x^2-2xy+4y^2)-7y^3$
$\quad=\{x^3+(2y)^3\}-7y^3$
$\quad=x^3+y^3$ ······ ❶
곱셈 공식의 변형을 이용하면
$x^3+y^3=(x+y)^3-3xy(x+y)$
$\quad=3^3-3\times(-1)\times3$
$\quad=27+9$
$\quad=36$ ······ ❷

답 36

단계	채점 기준	비율
❶	$(a+b)(a^2-ab+b^2)=a^3+b^3$을 이용하여 식을 정리한 경우	50 %
❷	곱셈 공식의 변형을 이용하여 식의 값을 구한 경우	50 %

---

04 (1) $P+Q=x^2+y^2+x+y+2$
$\quad=(x+y)^2-2xy+(x+y)+2$
$\quad=3^2-2\times1+3+2$
$\quad=12$ ······ ❶
$PQ=(x^2+y+1)(y^2+x+1)$
$\quad=x^2y^2+x^3+x^2+y^3+xy+y+y^2+x+1$
$\quad=x^2y^2+(x^3+y^3)+(x^2+y^2)+(x+y)+xy+1$
$\quad=(xy)^2+\{(x+y)^3-3xy(x+y)\}$
$\qquad+\{(x+y)^2-2xy\}+(x+y)+xy+1$
$\quad=1^2+(3^3-3\times1\times3)+(3^2-2\times1)+3+1+1$
$\quad=1+18+7+5$
$\quad=31$ ······ ❷
(2) $(x^2+y+1)^3+(y^2+x+1)^3$
$\quad=P^3+Q^3$
$\quad=(P+Q)^3-3PQ(P+Q)$
$\quad=12^3-3\times31\times12$
$\quad=12(144-93)$
$\quad=12\times51$
$\quad=612$ ······ ❸

답 (1) $P+Q=12$, $PQ=31$ (2) 612

단계	채점 기준	비율
❶	$P+Q$의 값을 구한 경우	30 %
❷	PQ의 값을 구한 경우	40 %
❸	주어진 식의 값을 구한 경우	30 %

05 다항식 $P(x)$를 $(x-1)^2$으로 나누었을 때의 몫이 $Q(x)$, 나머지가 $x+5$이므로

$P(x)=(x-1)^2Q(x)+x+5$ ...... ㉠ ...... **❶**

또, 다항식 $Q(x)$를 $x-1$로 나누었을 때의 몫이 x, 나머지가 2이므로

$Q(x)=(x-1)x+2$ ...... ㉡ ...... **❷**

㉡을 ㉠에 대입하면

$P(x)=(x-1)^2\{x(x-1)+2\}+x+5$

$\quad=x(x-1)^3+2(x-1)^2+x+5$

$\quad=(x^4-3x^3+3x^2-x)+(2x^2-4x+2)+x+5$

$\quad=x^4-3x^3+5x^2-4x+7$ ...... **❸**

답 $x^4-3x^3+5x^2-4x+7$

단계	채점 기준	비율
❶	$P(x)$를 나타낸 경우	30 %
❷	$Q(x)$를 나타낸 경우	30 %
❸	$(a-b)^3=a^3-3a^2b+3ab^2-b^3$을 이용하여 정리한 경우	40 %

내신 + 수능 고난도 도전 본문 25쪽

01 ④ **02** ① **03** 36

01 $(1+ax)(1+bx)(1+cx)$의 전개식에서 x^2항은

$abx^2+bcx^2+cax^2=(ab+bc+ca)x^2$

이때 $(a+b+c)^2=a^2+b^2+c^2+2(ab+bc+ca)$에서

$5^2=9+2(ab+bc+ca)$

따라서 $ab+bc+ca=8$

답 ④

02 $p+q=(ax+by)+(bx+ay)$

$\quad\quad\quad=(a+b)x+(a+b)y$

$\quad\quad\quad=(a+b)(x+y)$

$\quad\quad\quad=1\times3=3$

또,

$pq=(ax+by)(bx+ay)$

$\quad=abx^2+a^2xy+b^2xy+aby^2$

$\quad=ab(x^2+y^2)+xy(a^2+b^2)$

$\quad=ab\{(x+y)^2-2xy\}+xy\{(a+b)^2-2ab\}$

$\quad=(-1)\times(3^2-2\times1)+1\times\{1^2-2\times(-1)\}$

$\quad=(-7)+3=-4$

이므로

$p^3+q^3=(p+q)^3-3pq(p+q)$

$\quad\quad\quad=3^3-3\times(-4)\times3=63$

따라서 $\dfrac{p^3+q^3}{pq(p+q)}=\dfrac{63}{(-4)\times3}=-\dfrac{21}{4}$

답 ①

03 조건 (가)에서 다항식 $3P_1(x)-P_2(x)$를 x^2+1로 나누었을 때의 나머지는 $R(x)$이므로 몫을 $Q_1(x)$라 하면

$3P_1(x)-P_2(x)=(x^2+1)Q_1(x)+R(x)$ ...... ㉠

또, 조건 (나)에서 다항식 $P_2(x)$를 x^2+1로 나누었을 때의 나머지가 $R(x)$이므로 몫을 $Q_2(x)$라 하면

$P_2(x)=(x^2+1)Q_2(x)+R(x)$ ...... ㉡

또, 조건 (다)에서 다항식 $P_1(x)$를 x^2+1로 나누었을 때의 나머지가 $2x+4$이므로 몫을 $Q_3(x)$라 하면

$P_1(x)=(x^2+1)Q_3(x)+2x+4$ ...... ㉢

㉠+㉡을 하면

$3P_1(x)=(x^2+1)\{Q_1(x)+Q_2(x)\}+2R(x)$

$P_1(x)=(x^2+1)\times\dfrac{Q_1(x)+Q_2(x)}{3}+\dfrac{2}{3}R(x)$ ...... ㉣

㉢과 ㉣이 같아야 하므로

$\dfrac{2}{3}R(x)=2x+4$

따라서 $R(x)=3x+6$이므로

$R(10)=36$

답 36

수학의 왕도

공부에는 왕도가 없지만, 수학에는 있다!
신개념 수학 특화 기본서

02 나머지정리

개념 확인하기

01 $a=2, b=1, c=-1$　　**02** $a=0, b=1, c=1$
03 $a=2, b=1, c=1$　　**04** $a=0, b=0, c=0$
05 $a=2, b=-2, c=3$　**06** -1　**07** -5　**08** 5
09 -1　**10** -2　**11** 1　**12** 5　**13** 14
14 $a=-11, b=12$　　**15** 몫: x^2+x, 나머지: 1
16 몫: x^2+3x+4, 나머지: 5

01 주어진 등식이 x에 대한 항등식이므로
$a=2, b=1, c=-1$

　　　　　　　　　　　　　답 $a=2, b=1, c=-1$

02 주어진 등식이 x에 대한 항등식이므로
$a=0, b=1, c=1$

　　　　　　　　　　　　　답 $a=0, b=1, c=1$

03 주어진 등식의 좌변을 전개하여 정리하면
$x^2+(2-a)x+1=bx^2+c$
이 등식이 x에 대한 항등식이므로
$1=b, 2-a=0, 1=c$
따라서 $a=2, b=1, c=1$

　　　　　　　　　　　　　답 $a=2, b=1, c=1$

04 주어진 등식의 좌변을 전개하여 정리하면
$a(x^2-1)+bx+b+c=0$
$ax^2+bx+(-a+b+c)=0$
이 등식이 x에 대한 항등식이므로
$a=0, b=0, -a+b+c=0$
따라서 $a=0, b=0, c=0$

　　　　　　　　　　　　　답 $a=0, b=0, c=0$

05 주어진 등식의 좌변을 전개하여 정리하면
$ax^2+(a+b)x+b+c=2x^2+1$
이 등식이 x에 대한 항등식이므로
$a=2, a+b=0, b+c=1$
따라서 $a=2, b=-2, c=3$

　　　　　　　　　　　　　답 $a=2, b=-2, c=3$

06 $f(-1)=(-1)^3+2\times(-1)^2+3\times(-1)+1=-1$

　　　　　　　　　　　　　답 -1

07 $f(-2)=(-2)^3+2\times(-2)^2+3\times(-2)+1=-5$

　　　　　　　　　　　　　답 -5

08 $f\left(\dfrac{1}{2}\right)=8\times\left(\dfrac{1}{2}\right)^3+4\times\left(\dfrac{1}{2}\right)^2+4\times\left(\dfrac{1}{2}\right)+1=5$

　　　　　　　　　　　　　답 5

09 $f\left(-\dfrac{1}{2}\right)=8\times\left(-\dfrac{1}{2}\right)^3+4\times\left(-\dfrac{1}{2}\right)^2+4\times\left(-\dfrac{1}{2}\right)+1=-1$

　　　　　　　　　　　　　답 -1

10 $f(3)=27+9k-9-1=-1$이므로
$k=-2$

　　　　　　　　　　　　　답 -2

11 $f(1)=-3-2+k+4=0$이므로
$k=1$

　　　　　　　　　　　　　답 1

12 $f(-1)=3-2-k+4=0$이므로
$k=5$

　　　　　　　　　　　　　답 5

13 $f(2)=-24-8+2k+4=0$이므로
$k=14$

　　　　　　　　　　　　　답 14

14 다항식 $f(x)=3x^3+ax^2+bx-4$가 이차식 $(x-1)(x-2)$로 나누어떨어지므로 인수정리에 의하여 $f(1)=0, f(2)=0$
$f(1)=3+a+b-4=0$에서
$a+b=1$　　　……㉠
$f(2)=24+4a+2b-4=0$에서
$2a+b=-10$　　……㉡
㉠, ㉡을 연립하여 풀면
$a=-11, b=12$

　　　　　　　　　　　　　답 $a=-11, b=12$

15

```
-1 | 1    2    1    1
   |     -1   -1    0
   ------------------
     1    1    0  | 1
```

따라서 몫은 x^2+x, 나머지는 1이다.

　　　　　　　　　　답 몫: x^2+x, 나머지: 1

16

```
1 | 1    2    1    1
  |      1    3    4
  ------------------
    1    3    4  | 5
```

따라서 몫은 x^2+3x+4, 나머지는 5이다.

　　　　　　　답 몫: x^2+3x+4, 나머지: 5

유형 완성하기

01 ③	**02** ⑤	**03** -12	**04** 5	**05** 7
06 ④	**07** 10	**08** 14	**09** ⑤	**10** ③
11 2	**12** 4	**13** 9	**14** -4	**15** ③
16 26	**17** -63	**18** ②	**19** ①	**20** 3
21 23	**22** 12	**23** ④	**24** ③	**25** ②
26 -3	**27** 7	**28** ⑤	**29** ④	**30** 18
31 $5x-3$	**32** 19	**33** ④	**34** 15	**35** ⑤
36 8	**37** 42	**38** ③	**39** ①	**40** ②
41 -3	**42** -1	**43** ④	**44** ②	**45** -14
46 3	**47** 9	**48** ①	**49** ①	**50** 3
51 -4	**52** ④	**53** 1	**54** -6	**55** 3
56 60	**57** ②	**58** ①	**59** ④	**60** 2
61 11	**62** ⑤	**63** $2x+1$	**64** ⑤	

01 $3x^2-4x+2=ax(x+1)+bx(x-2)+c(x+1)(x-2)$가
x에 대한 항등식이므로
양변에 $x=0$을 대입하면
$2=-2c$, $c=-1$
양변에 $x=-1$을 대입하면
$9=3b$, $b=3$
양변에 $x=2$를 대입하면
$6=6a$, $a=1$
따라서 $a+b-c=1+3-(-1)=5$

답 ③

02 $a(x-1)^2+b(x+1)=3x^2-4x+5$가 x에 대한 항등식이므로
양변에 $x=-1$을 대입하면
$4a=12$, $a=3$
양변에 $x=1$을 대입하면
$2b=4$, $b=2$
따라서 $a+b=3+2=5$

답 ⑤

다른 풀이

$a(x-1)^2+b(x+1)=3x^2-4x+5$가 x에 대한 항등식이므로
양변에 $x=0$을 대입하면
$a+b=5$

03 $a(x+1)(x+2)+b(x+1)+c=2x^2-1$이 x에 대한 항등식이므로 양변에 $x=-1$을 대입하면
$c=1$
양변에 $x=-2$를 대입하면
$-b+c=7$, 즉 $-b+1=7$이므로 $b=-6$
양변에 $x=0$을 대입하면
$2a+b+c=-1$, 즉 $2a-6+1=-1$이므로 $a=2$
따라서 $abc=2\times(-6)\times1=-12$

답 -12

04 $x^3+ax^2+bx+2=(x^2+1)(x+c)$에서
$x^3+ax^2+bx+2=x^3+cx^2+x+c$
위 등식이 x에 대한 항등식이므로
$a=c$, $b=1$, $c=2$
따라서 $a=2$, $b=1$, $c=2$이므로
$a+b+c=5$

답 5

05 $a(x+2y)+b(x-y)+1=6x+3y+c$에서
$(a+b)x+(2a-b)y+1=6x+3y+c$
위 등식이 x, y에 대한 항등식이므로
$a+b=6$, $2a-b=3$, $1=c$
따라서 $a=3$, $b=3$, $c=1$이므로
$a+b+c=7$

답 7

06 $f(x)=x^2-x+1$에서
$\begin{aligned}f(x-a)&=(x-a)^2-(x-a)+1\\&=x^2-2ax+a^2-x+a+1\\&=x^2-(2a+1)x+a^2+a+1\end{aligned}$
이므로
$x^2-(2a+1)x+a^2+a+1=x^2-5x+b$
위 등식이 x에 대한 항등식이므로
$2a+1=5$, $a^2+a+1=b$
따라서 $a=2$, $b=7$이므로
$a+b=9$

답 ④

07 $(k+y)x+ky-2k+3=0$을 k에 대하여 정리하면
$(x+y-2)k+(xy+3)=0$
이 등식은 k에 대한 항등식이므로
$x+y=2$, $xy=-3$
따라서 $x^2+y^2=(x+y)^2-2xy=2^2-2\times(-3)=10$

답 10

08 $x^2+ky^2-2k-12=0$을 k에 대하여 정리하면
$(y^2-2)k+(x^2-12)=0$
이 등식은 k에 대한 항등식이므로
$x^2=12$, $y^2=2$
따라서 $x^2+y^2=12+2=14$

답 14

09 $\dfrac{ax+by+2}{2x+3y+4}=k$ (k는 상수)라 하면
$ax+by+2=k(2x+3y+4)$
$ax+by+2=2kx+3ky+4k$
이 등식이 x, y에 대한 항등식이므로
$a=2k$, $b=3k$, $2=4k$
따라서 $k=\dfrac{1}{2}$, $a=1$, $b=\dfrac{3}{2}$이므로
$a+b=\dfrac{5}{2}$

답 ⑤

10 $x^2+(k+1)x+(k+2)m+n=0$이 $x=-1$을 근으로 가지므로
$1-(k+1)+(k+2)m+n=0$
이 식을 k에 대하여 정리하면
$(m-1)k+(2m+n)=0$
이 등식은 k에 대한 항등식이므로
$m-1=0,\ 2m+n=0$
따라서 $m=1,\ n=-2$이므로 $m-n=3$

답 ③

11 $(x-1)^3+kx+(y+1)^3+ky-3(k+3)=0$을 k에 대하여 정리하면
$(x+y-3)k+(x-1)^3+(y+1)^3-9=0$
이 등식은 k에 대한 항등식이므로
$x+y-3=0,\ (x-1)^3+(y+1)^3-9=0$
이때 $x-1=X,\ y+1=Y$라 하면
$X+Y=3,\ X^3+Y^3=9$
$(X+Y)^3=X^3+Y^3+3XY(X+Y)$에서
$3^3=9+3XY\times3$, 즉 $XY=2$
따라서 $(x-1)(y+1)=2$

답 2

12 $x+y=2$에서 $y=2-x$이므로
$ax^2-x+by+c=0$에 대입하면
$ax^2-x+b(2-x)+c=0$
x에 대한 내림차순으로 정리하면
$ax^2+(-1-b)x+2b+c=0$
이 등식은 x에 대한 항등식이므로
$a=0,\ -1-b=0,\ 2b+c=0$
따라서 $a=0,\ b=-1,\ c=2$이므로
$a+2b+3c=4$

답 4

13 $2x-y=-1$에서 $y=2x+1$이므로
$a(x-1)+b(y+1)+12=0$에 대입하면
$a(x-1)+b(2x+2)+12=0$
$(a+2b)x+(-a+2b+12)=0$
이 등식은 x에 대한 항등식이므로
$a+2b=0,\ -a+2b+12=0$
따라서 $a=6,\ b=-3$이므로
$a-b=9$

답 9

14 $x+y=1$에서 $x=1-y$이므로
$x^2+px+qy^2-xy-ry=0$에 대입하면
$(1-y)^2+p(1-y)+qy^2-(1-y)y-ry=0$
$(2+q)y^2-(3+p+r)y+(p+1)=0$
이 등식은 y에 대한 항등식이므로
$2+q=0,\ 3+p+r=0,\ p+1=0$
따라서 $p=-1,\ q=-2,\ r=-2$이므로
$pqr=-4$

답 -4

15 주어진 등식의 양변에 $x=1$을 대입하면
$0=a_8+a_7+\cdots+a_2+a_1+a_0$ $\cdots\cdots$ ㉠
주어진 등식의 양변에 $x=-1$을 대입하면
$2^8=a_8-a_7+\cdots+a_2-a_1+a_0$ $\cdots\cdots$ ㉡
㉠$-$㉡을 하면
$-2^8=2(a_1+a_3+a_5+a_7)$
따라서 $a_1+a_3+a_5+a_7=-2^7$

답 ③

16 주어진 등식의 양변에 $x=1$을 대입하면
$3^3=a_0+a_1+a_2+\cdots+a_6$
주어진 등식의 양변에 $x=0$을 대입하면
$1=a_0$
따라서 $a_1+a_2+a_3+a_4+a_5+a_6=3^3-1=26$

답 26

17 주어진 등식의 양변에 $x=0$을 대입하면
$-1=a_7+a_6+a_5+\cdots+a_1+a_0$ $\cdots\cdots$ ㉠
주어진 등식의 양변에 $x=-2$를 대입하면
$(-2)^7-1=-a_7+a_6-a_5+\cdots-a_1+a_0$ $\cdots\cdots$ ㉡
주어진 등식의 양변에 $x=-1$을 대입하면
$-2=a_0$
㉠$+$㉡을 하면
$(-2)^7-2=2(a_0+a_2+a_4+a_6)$
$a_0+a_2+a_4+a_6=-65$이고 $a_0=-2$이므로
$a_2+a_4+a_6=-63$

답 -63

18 다항식 x^4+ax^2+b를 x^2+x-2로 나누었을 때의 몫을 $Q(x)$라 하면 나머지가 $2x-1$이므로
$x^4+ax^2+b=(x^2+x-2)Q(x)+2x-1$
$x^4+ax^2+b=(x-1)(x+2)Q(x)+2x-1$ $\cdots\cdots$ ㉠
㉠은 x에 대한 항등식이므로 양변에 $x=1$을 대입하면
$1+a+b=1$, 즉 $a+b=0$ $\cdots\cdots$ ㉡
㉠의 양변에 $x=-2$를 대입하면
$16+4a+b=-5$, 즉 $4a+b=-21$ $\cdots\cdots$ ㉢
㉡, ㉢을 연립하여 풀면
$a=-7,\ b=7$
따라서 $b-a=14$

답 ②

19 다항식 x^5+ax^3-2x+b를 x^2-x로 나누었을 때의 몫을 $Q(x)$라 하면 나머지가 $3x+2$이므로
$x^5+ax^3-2x+b=(x^2-x)Q(x)+3x+2$
$x^5+ax^3-2x+b=x(x-1)Q(x)+3x+2$ $\cdots\cdots$ ㉠
㉠은 x에 대한 항등식이므로 양변에 $x=0$을 대입하면
$b=2$ $\cdots\cdots$ ㉡
㉠의 양변에 $x=1$을 대입하면
$1+a-2+b=5$, 즉 $a+b=6$ $\cdots\cdots$ ㉢

©을 ©에 대입하면
$a+2=6$, $a=4$
따라서 $ab=4\times 2=8$

답 ①

20 $x^3+ax^2+bx=(x^2+1)Q(x)+x+1$이 x에 대한 항등식이므로 $Q(x)$는 x에 대한 일차식이어야 한다.
좌변이 x^3의 계수가 1인 삼차식이므로 $Q(x)=x+c$ (c는 상수)로 놓으면
$x^3+ax^2+bx=(x^2+1)(x+c)+x+1$
$x^3+ax^2+bx=x^3+cx^2+2x+c+1$
위 등식이 x에 대한 항등식이므로
$a=c$, $b=2$, $0=c+1$
따라서 $a=-1$, $b=2$, $c=-1$이므로
$b-a=3$

답 3

21 다항식 $f(x)=x^3+ax+b$를 x^2+x+1로 나누었을 때의 몫을 $Q(x)$라 하면 나머지가 $-x$이므로
$x^3+ax+b=(x^2+x+1)Q(x)-x$
좌변이 최고차항의 계수가 1인 삼차식이므로 $Q(x)$는 일차항의 계수가 1인 일차식이다.
$Q(x)=x+c$ (c는 상수)로 놓으면
$x^3+ax+b=(x^2+x+1)(x+c)-x$ ······ ㉠
㉠의 양변에 $x=0$을 대입하면
$b=c$
㉠의 양변에 $x=-1$을 대입하면
$-1-a+b=-1+c+1$
$b=c$이므로 $a=-1$
㉠의 양변에 $x=1$을 대입하면
$1+a+b=3(1+c)-1$
$a=-1$, $b=c$이므로
$b=3+3b-1$, $b=-1$
따라서 $f(x)=x^3-x-1$이므로
$f(3)=27-3-1=23$

답 23

다른 풀이
다항식 $f(x)$를 x^2+x+1로 나누면 다음과 같다.

$$
\begin{array}{r}
x-1 \\
x^2+x+1\;\overline{\smash{\big)}\;x^3\qquad\quad +ax+b} \\
\underline{x^3+x^2\qquad +x}\qquad\quad \\
-x^2+(a-1)x+b \\
\underline{-x^2\qquad -x-1} \\
ax+b+1
\end{array}
$$

이때 위에서 구한 나머지와 $-x$가 같아야 하므로
$ax+b+1=-x$
즉, $a=-1$, $b+1=0$이므로
$a=-1$, $b=-1$
따라서 $f(x)=x^3-x-1$이므로
$f(3)=27-3-1=23$

22 다항식 x^5+ax^2+bx-5를 x^2-1로 나누었을 때의 몫과 나머지가 각각 $Q(x)$, $2x-3$이므로
$x^5+ax^2+bx-5=(x^2-1)Q(x)+2x-3$ ······ ㉠
㉠의 양변에 $x=1$을 대입하면
$1+a+b-5=2-3$, $a+b=3$ ······ ㉡
㉠의 양변에 $x=-1$을 대입하면
$-1+a-b-5=-2-3$, $a-b=1$ ······ ㉢
㉡, ㉢을 연립하여 풀면 $a=2$, $b=1$이므로
$x^5+2x^2+x-5=(x^2-1)Q(x)+2x-3$ ······ ㉣
㉣의 양변에 $x=2$를 대입하면
$32+8+2-5=3Q(2)+4-3$
따라서 $Q(2)=12$

답 12

23 다항식 $f(x)$를 $x-2$로 나누었을 때의 나머지가 3이므로 나머지정리에 의하여 $f(2)=3$
따라서 다항식 $xf(x)+1$을 $x-2$로 나누었을 때의 나머지는 나머지정리에 의하여
$2f(2)+1=2\times 3+1=7$

답 ④

24 다항식 $f(x)$를 $x-1$로 나누었을 때의 나머지가 4이므로 나머지정리에 의하여
$f(1)=1+a+2=4$, $a=1$
따라서 다항식 $f(x^2)+x$를 $x+1$로 나누었을 때의 나머지는 나머지정리에 의하여
$f(1)-1=4-1=3$

답 ③

25 다항식 x^3+ax^2+bx-1을 $x-1$로 나누었을 때의 나머지가 2이므로 나머지정리에 의하여
$1+a+b-1=2$, 즉 $a+b=2$ ······ ㉠
다항식 x^3+ax^2+bx-1을 $x-2$로 나누었을 때의 나머지가 1이므로 나머지정리에 의하여
$8+4a+2b-1=1$, 즉 $2a+b=-3$ ······ ㉡
㉠, ㉡을 연립하여 풀면
$a=-5$, $b=7$
따라서 $b-a=12$

답 ②

26 다항식 $f(x)$를 $x+1$로 나누었을 때의 나머지가 -2이므로 나머지정리에 의하여 $f(-1)=-2$
따라서 다항식 $x^2f(x+1)+5$를 $2x+4$로 나누었을 때의 나머지는 나머지정리에 의하여
$(-2)^2f(-1)+5=4\times(-2)+5=-3$

답 -3

27 다항식 $f(x)+2g(x)$를 $x-2$로 나누었을 때의 나머지가 11이므로 나머지정리에 의하여
$f(2)+2g(2)=11$ ······ ㉠

다항식 $f(x)-g(x)$를 $-x+2$로 나누었을 때의 나머지가 -1이므로 나머지정리에 의하여
$f(2)-g(2)=-1$ …… ㉡
㉠, ㉡을 연립하여 풀면
$f(2)=3$, $g(2)=4$
이때 다항식 $f(x-1)+g(x-1)$을 $x-3$으로 나누었을 때의 나머지는 나머지정리에 의하여
$f(2)+g(2)=3+4=7$

답 7

28 다항식 $x^{10}-x^5+1$을 x^2-1로 나누었을 때의 몫을 $Q(x)$라 하고, 나머지를 $R(x)=ax+b$ (a, b는 상수)라 하면
$x^{10}-x^5+1=(x^2-1)Q(x)+R(x)$
$x^{10}-x^5+1=(x-1)(x+1)Q(x)+ax+b$ …… ㉠
㉠의 양변에 $x=1$을 대입하면
$1-1+1=a+b$, 즉 $a+b=1$ …… ㉡
㉠의 양변에 $x=-1$을 대입하면
$1+1+1=-a+b$, 즉 $-a+b=3$ …… ㉢
㉡, ㉢을 연립하여 풀면
$a=-1$, $b=2$
따라서 $R(x)=-x+2$이므로
$R(-3)=5$

답 ⑤

29 다항식 $f(x)$를 $x+1$, $x-2$로 나누었을 때의 나머지가 각각 -8, 1이므로 나머지정리에 의하여
$f(-1)=-8$, $f(2)=1$
$f(x)$를 x^2-x-2로 나누었을 때의 몫을 $Q(x)$라 하고, 나머지를 $R(x)=ax+b$ (a, b는 상수)라 하면
$f(x)=(x^2-x-2)Q(x)+R(x)$
$f(x)=(x+1)(x-2)Q(x)+ax+b$ …… ㉠
㉠의 양변에 $x=-1$을 대입하면
$f(-1)=-a+b$, 즉 $-a+b=-8$ …… ㉡
㉠의 양변에 $x=2$를 대입하면
$f(2)=2a+b$, 즉 $2a+b=1$ …… ㉢
㉡, ㉢을 연립하여 풀면
$a=3$, $b=-5$
따라서 $R(x)=3x-5$이므로
$R(3)=4$

답 ④

30 다항식 x^5+ax^3+x+b를 x^2-x로 나누었을 때의 몫이 $Q(x)$, 나머지가 $3x-2$이므로
$x^5+ax^3+x+b=(x^2-x)Q(x)+3x-2$
$x^5+ax^3+x+b=x(x-1)Q(x)+3x-2$ …… ㉠
㉠의 양변에 $x=0$을 대입하면
$b=-2$
㉠의 양변에 $x=1$을 대입하면
$1+a+1+b=1$

즉, $a=1$이므로 ㉠에서
$x^5+x^3+x-2=x(x-1)Q(x)+3x-2$ …… ㉡
$Q(x)$를 $x-2$로 나누었을 때의 나머지는 나머지정리에 의하여 $Q(2)$
이므로 ㉡의 양변에 $x=2$를 대입하면
$32+8+2-2=2\times1\times Q(2)+3\times2-2$
따라서 $Q(2)=18$

답 18

31 다항식 $f(x)$를 $x-3$으로 나누었을 때의 몫이 $Q(x)$, 나머지가 12이므로
$f(x)=(x-3)Q(x)+12$ …… ㉠
$Q(x)$를 $x+2$로 나누었을 때의 몫을 $Q_1(x)$라 하면 나머지가 5이므로
$Q(x)=(x+2)Q_1(x)+5$ …… ㉡
㉡을 ㉠에 대입하면
$f(x)=(x-3)\{(x+2)Q_1(x)+5\}+12$
$\quad\quad=(x-3)(x+2)Q_1(x)+5(x-3)+12$
$\quad\quad=(x^2-x-6)Q_1(x)+5x-3$
따라서 다항식 $f(x)$를 x^2-x-6으로 나누었을 때의 나머지는 $5x-3$
이다.

답 $5x-3$

32 다항식 $(x+1)^{10}(x^2+ax+b)$를 $(x+3)^2$으로 나누었을 때의 몫을 $Q(x)$라 하면 나머지가 $2^{10}(x+3)$이므로
$(x+1)^{10}(x^2+ax+b)=(x+3)^2Q(x)+2^{10}(x+3)$ …… ㉠
㉠의 양변에 $x=-3$을 대입하면
$2^{10}(9-3a+b)=0$이므로
$b=3a-9$ …… ㉡
㉡을 ㉠에 대입하면
$(x+1)^{10}(x^2+ax+3a-9)=(x+3)^2Q(x)+2^{10}(x+3)$
$(x+1)^{10}(x+3)(x-3+a)=(x+3)^2Q(x)+2^{10}(x+3)$
위 등식이 x에 대한 항등식이므로
$(x+1)^{10}(x-3+a)=(x+3)Q(x)+2^{10}$ …… ㉢
㉢의 양변에 $x=-3$을 대입하면
$2^{10}(-6+a)=2^{10}$, $a=7$
이것을 ㉡에 대입하면 $b=12$
따라서 $a+b=7+12=19$

답 19

33 다항식 $f(x)=2x^3+ax^2+3x+b$는 $x-2$로 나누었을 때의 나머지가 6이므로 나머지정리에 의하여
$f(2)=16+4a+6+b=6$
$4a+b=-16$ …… ㉠
$f(x)$가 $x+1$로 나누어떨어지므로 인수정리에 의하여
$f(-1)=-2+a-3+b=0$
$a+b=5$ …… ㉡
㉠, ㉡을 연립하여 풀면
$a=-7$, $b=12$
따라서 $b-a=19$

답 ④

34 $x+3$이 다항식 $f(x)=x^3+kx^2-2x+3$의 인수이므로 $f(x)$는 $x+3$으로 나누어떨어진다.

인수정리에 의하여

$f(-3)=-27+9k+6+3=0$

즉, $k=2$이므로

$f(x)=x^3+2x^2-2x+3$

따라서 $f(x)$를 $x-2$로 나누었을 때의 나머지는 나머지정리에 의하여

$f(2)=8+8-4+3=15$

답 15

35 다항식 $f(x)=x^5-ax^3+3x+b$는 $x-1$로 나누어떨어지므로 인수정리에 의하여

$f(1)=1-a+3+b=0$

$a-b=4$ ······ ㉠

$f(x-1)$을 $x-3$으로 나누었을 때의 나머지가 -1이므로 나머지정리에 의하여

$f(2)=32-8a+6+b=-1$

$8a-b=39$ ······ ㉡

㉠, ㉡을 연립하여 풀면

$a=5$, $b=1$

따라서 $ab=5$

답 ⑤

36 다항식 $f(x)=x^3+ax^2+bx+8$에 대하여 $f(2x-1)$은 $2x+1$로 나누어떨어지므로 인수정리에 의하여

$f(-2)=-8+4a-2b+8=0$, $2a-b=0$ ······ ㉠

$f(2x+1)$은 $2x-1$로 나누어떨어지므로

$f(2)=8+4a+2b+8=0$, $2a+b=-8$ ······ ㉡

㉠, ㉡을 연립하여 풀면

$a=-2$, $b=-4$

따라서 $ab=8$

답 8

37 $f(x)$가 최고차항의 계수가 1인 삼차식이므로 $f(x)-12$도 최고차항의 계수가 1인 삼차식이고, 조건 (나), (다)에 의하여

$f(x)-12=(x+2)(x-2)(x+a)$ (a는 상수) ······ ㉠

조건 (가)에서 $f(0)=0$이므로 ㉠의 양변에 $x=0$을 대입하면

$f(0)-12=2\times(-2)\times a$, $4a=12$

$a=3$이므로

$f(x)=(x+2)(x-2)(x+3)+12$

따라서 $f(x)$를 $x-3$으로 나누었을 때의 나머지는 나머지정리에 의하여

$f(3)=5\times1\times6+12=42$

답 42

38 다항식 $f(x)=x^3+ax^2+bx+3$이 x^2-2x-3으로 나누어떨어지고, $x^2-2x-3=(x+1)(x-3)$이므로 인수정리에 의하여

$f(-1)=f(3)=0$이다.

$f(-1)=-1+a-b+3=0$, $a-b=-2$ ······ ㉠

$f(3)=27+9a+3b+3=0$, $3a+b=-10$ ······ ㉡

㉠, ㉡을 연립하여 풀면

$a=-3$, $b=-1$

따라서 $ab=3$

답 ③

39 $f(x)=(x-1)^3+ax+b$라 하자.

$f(x)$가 x^2-1로 나누어떨어지고 $x^2-1=(x-1)(x+1)$이므로 인수정리에 의하여 $f(1)=f(-1)=0$이다.

$f(1)=0+a+b=0$, $a+b=0$ ······ ㉠

$f(-1)=(-2)^3-a+b=0$, $a-b=-8$ ······ ㉡

㉠, ㉡을 연립하여 풀면

$a=-4$, $b=4$

따라서 $a+2b=4$

답 ①

40 다항식 $f(x)=x^3-3x^2+ax+b$가 $(x+2)(x-1)$로 나누어떨어지므로 인수정리에 의하여 $f(-2)=f(1)=0$이다.

$f(-2)=-8-12-2a+b=0$, $2a-b=-20$ ······ ㉠

$f(1)=1-3+a+b=0$, $a+b=2$ ······ ㉡

㉠, ㉡을 연립하여 풀면 $a=-6$, $b=8$이므로

$f(x)=x^3-3x^2-6x+8$

따라서 $f(x)$를 $x-2$로 나누었을 때의 나머지는 나머지정리에 의하여

$f(2)=8-12-12+8=-8$

답 ②

다른 풀이

다항식 $f(x)=x^3-3x^2+ax+b$가 $(x+2)(x-1)$로 나누어떨어지므로

$f(x)=(x+2)(x-1)(x+k)$ (k는 상수)

$\qquad=x^3+(k+1)x^2+(k-2)x-2k$

$x^3-3x^2+ax+b=x^3+(k+1)x^2+(k-2)x-2k$

위 식은 x에 대한 항등식이므로

$k+1=-3$, $k=-4$

즉, $f(x)=(x+2)(x-1)(x-4)$

따라서 $f(x)$를 $x-2$로 나누었을 때의 나머지는 나머지정리에 의하여

$f(2)=4\times1\times(-2)=-8$

41 다항식 $f(x+3)$이 x^2+5x+6으로 나누어떨어지고, $x^2+5x+6=(x+2)(x+3)$이므로

$f(1)=f(0)=0$ ······ ㉠

$f(x)-3$을 x^2-x로 나누었을 때의 몫과 나머지를 각각 $Q(x)$, $R(x)$라 하면 $R(x)$는 일차 이하의 다항식이므로

$R(x)=ax+b$ (a, b는 상수)로 놓을 수 있다.

$f(x)-3=x(x-1)Q(x)+ax+b$ ······ ㉡

㉡의 양변에 $x=0$을 대입하면

$f(0)-3=b$, $b=-3$

㉡의 양변에 $x=1$을 대입하면

$f(1)-3=a+b$, $a+b=-3$

$b=-3$이므로 $a=0$

따라서 $R(x)=0\times x+(-3)=-3$

답 -3

42 다항식 $f(x)$를 $x+3$으로 나누었을 때의 몫이 $Q(x)$이고 나머지는 0이므로

$f(x)=(x+3)Q(x)$

이때 $Q(x)$가 $x-3$으로 나누어떨어지므로 $Q(x)$를 $x-3$으로 나누었을 때의 몫을 $Q_1(x)$라 하면

$Q(x)=(x-3)Q_1(x)$

따라서 $f(x)=(x+3)(x-3)Q_1(x)$

즉, $f(x)$가 $x+3$, $x-3$으로 나누어떨어지므로

$f(-3)=f(3)=0$

다항식 $f(x+1)-1$을 x^2+2x-8로 나누었을 때의 몫과 나머지를 각각 $Q_2(x)$, $R(x)$라 하면

$f(x+1)-1=(x^2+2x-8)Q_2(x)+R(x)$

이때 $x^2+2x-8=(x+4)(x-2)$이고 $R(x)$는 일차 이하의 다항식이므로 $R(x)=ax+b$ (a, b는 상수)라 하면

$f(x+1)-1=(x+4)(x-2)Q_2(x)+ax+b$ ······ ㉠

㉠의 양변에 $x=-4$를 대입하면

$f(-3)-1=-4a+b$, $-4a+b=-1$ ······ ㉡

㉠의 양변에 $x=2$를 대입하면

$f(3)-1=2a+b$, $2a+b=-1$ ······ ㉢

㉡, ㉢을 연립하여 풀면 $a=0$, $b=-1$

따라서 구하는 나머지는 -1이다.

답 -1

43

b	1	2	a	11
		p	q	r
	1	-1	5	c

위의 조립제법에서 $2+p=-1$이므로

$p=-3$

이때 $b=p$이므로 $b=-3$

$q=b\times(-1)=-b=3$이고, $a+q=a+3=5$이므로

$a=2$

또, $r=b\times5=(-3)\times5=-15$이고,

$11+r=11+(-15)=c$이므로 $c=-4$

따라서 $abc=2\times(-3)\times(-4)=24$

답 ④

44 다항식 x^3+ax^2+1을 $x-1$로 나누었을 때의 몫 $Q(x)$를 조립제법을 이용하여 구하면

1	1	a	0	1
		1	$a+1$	$a+1$
	1	$a+1$	$a+1$	$a+2$

$Q(x)=x^2+(a+1)x+(a+1)$

이때 $Q(x)$를 $x-1$로 나누었을 때의 나머지가 -1이므로 나머지정리에 의하여

$Q(1)=1+(a+1)+(a+1)=-1$

즉, $2a+3=-1$이므로 $a=-2$

답 ②

45 다항식 x^4+ax^2-4를 $x-2$로 나누었을 때의 몫 $Q(x)$를 조립제법을 이용하여 구하면

2	1	0	a	0	-4
		2	4	$2a+8$	$4a+16$
	1	2	$a+4$	$2a+8$	$4a+12$

$Q(x)=x^3+2x^2+(a+4)x+2a+8$

이때 $Q(x+1)$을 $x+4$로 나누었을 때의 나머지가 1이므로 나머지정리에 의하여

$Q(-3)=-27+18-3a-12+2a+8=1$

즉, $-a-13=1$이므로

$a=-14$

답 -14

46 다항식 $f(x)=2x^3+ax^2+x-6$을 $x+1$로 나누었을 때의 몫을 조립제법을 이용하여 구하면

-1	2	a	1	-6
		-2	$-a+2$	$a-3$
	2	$a-2$	$-a+3$	$a-9$

$2x^2+(a-2)x+(-a+3)=2x^2+bx+b-1$이므로

$a-2=b$, $-a+3=b-1$에서

$a-b=2$, $a+b=4$

위의 두 식을 연립하여 풀면

$a=3$, $b=1$

따라서 $ab=3$

답 3

47 조립제법을 이용하여 빈칸에 알맞은 식을 구하면 다음과 같다.

2	1	a	3	b
		2	$2a+4$	$4a+14$
-1	1	$a+2$	$2a+7$	$4a+b+14$
		-1	$-a-1$	
	1	$a+1$	$a+6$	

이때 $4a+b+14=7$, $-a-1=4$이므로

$a=-5$, $b=13$

즉, $x^3-5x^2+3x+13$을 $(x-2)(x+1)$로 나누었을 때의 몫과 나머지를 위의 조립제법을 이용하여 구하면

$x^3-5x^2+3x+13$

$=(x-2)(x^2-3x-3)+7$

$=(x-2)\{(x+1)(x-4)+1\}+7$

$=(x-2)(x+1)(x-4)+(x-2)+7$

$=(x-2)(x+1)(x-4)+x+5$

이므로 $Q(x)=x-4$, $R(x)=x+5$

따라서 $Q(a)+R(b)=Q(-5)+R(13)=-9+18=9$

답 9

48 다항식 $2x^3+ax^2-3x+b$가 $(x-1)^2$을 인수로 가지므로 조립제법을 이용하면

1	2	a	-3	b
		2	$a+2$	$a-1$
1	2	$a+2$	$a-1$	$a+b-1$
		2	$a+4$	
	2	$a+4$	$2a+3$	

$2x^3+ax^2-3x+b$
$=(x-1)\{2x^2+(a+2)x+(a-1)\}+a+b-1$
$=(x-1)\{(x-1)(2x+a+4)+2a+3\}+a+b-1$
$=(x-1)^2(2x+a+4)+(x-1)(2a+3)+a+b-1$
$a+b-1=0$이고 $2a+3=0$
따라서 $a=-\dfrac{3}{2}$, $b=\dfrac{5}{2}$이므로
$4ab=4\times\left(-\dfrac{3}{2}\right)\times\dfrac{5}{2}=-15$

답 ①

49 조립제법을 이용하면

$-\dfrac{1}{2}$	2	-3	4	2
		-1	2	-3
	2	-4	6	-1

이므로
$2x^3-3x^2+4x+2=\left(x+\dfrac{1}{2}\right)(\boxed{2x^2-4x+6})-1$
$=(2x+1)(\boxed{x^2-2x+3})-1$
따라서 $f(x)=2x^2-4x+6$, $g(x)=x^2-2x+3$이므로
$f(1)+g(1)=4+2=6$

답 ①

50 $f(x)$, p를 조립제법을 이용하여 구하면

$\dfrac{1}{3}$	3	-7	-1	2
		1	-2	-1
	3	-6	-3	1

$3x^3-7x^2-x+2=\left(x-\dfrac{1}{3}\right)(3x^2-6x-3)+1$ $\quad$ ...... ㉠
$f(x)=3x^2-6x-3$, $p=1$이고
㉠에서 $3x^3-7x^2-x+2=(3x-1)(x^2-2x-1)+1$
이므로 $g(x)=x^2-2x-1$, $q=1$
$\dfrac{f(p)}{g(q)}=\dfrac{f(1)}{g(1)}=\dfrac{-6}{-2}=3$

답 3

51 다항식 $8x^3+2ax+1$을 $2x-1$로 나누었을 때의 몫 $Q(x)$를 조립제법을 이용하여 구하면

$\dfrac{1}{2}$	8	0	$2a$	1
		4	2	$a+1$
	8	4	$2a+2$	$a+2$

$8x^3+2ax+1=\left(x-\dfrac{1}{2}\right)(8x^2+4x+2a+2)+a+2$
$=(2x-1)(4x^2+2x+a+1)+a+2$
따라서 $Q(x)=4x^2+2x+a+1$
이때 $Q(x)$를 $2x-1$로 나누었을 때의 나머지가 -1이므로 나머지정리에 의하여
$Q\left(\dfrac{1}{2}\right)=4\times\left(\dfrac{1}{2}\right)^2+2\times\dfrac{1}{2}+a+1=-1$
즉, $a+3=-1$이므로 $a=-4$

답 -4

52 $2x^3+x^2-x+2=a(x-1)^3+b(x-1)^2+c(x-1)+d$를 조립제법을 이용하여 구하면

1	2	1	-1	2
		2	3	2
1	2	3	2	4
		2	5	
1	2	5	7	
		2		
	2	7		

$2x^3+x^2-x+2$
$=(x-1)(2x^2+3x+2)+4$
$=(x-1)\{(x-1)(2x+5)+7\}+4$
$=(x-1)^2(2x+5)+7(x-1)+4$
$=(x-1)^2\{(x-1)\times2+7\}+7(x-1)+4$
$=2(x-1)^3+7(x-1)^2+7(x-1)+4$
따라서 $a=2$, $b=7$, $c=7$, $d=4$이므로
$cd-ab=7\times4-2\times7=14$

답 ④

53 $f(x)$를 $x+1$로 나누었을 때의 몫을 $g(x)$, $g(x)$를 $x+1$로 나누었을 때의 몫을 $h(x)$라 하면
$f(x)=(x+1)g(x)+1$
$g(x)=(x+1)h(x)+2$
이때 $h(x)=(x+1)+3$이므로
$g(x)=(x+1)\{(x+1)+3\}+2$
$=(x+1)^2+3(x+1)+2$
$f(x)=(x+1)\{(x+1)^2+3(x+1)+2\}+1$
$=(x+1)^3+3(x+1)^2+2(x+1)+1$
따라서 $f(x)$를 $x+2$로 나누었을 때의 나머지는 나머지정리에 의하여
$f(-2)=-1+3-2+1=1$

답 1

54 모든 실수 x에 대하여 등식
$x^3+x^2+2x+3=a(x+1)^3+b(x+1)^2+c(x+1)+d$

가 성립하므로 조립제법을 이용하여 구하면

```
-1 | 1    1    2    3
   |     -1    0   -2
-1 | 1    0    2  | 1
   |     -1    1
-1 | 1   -1  | 3
   |     -1
     1  | -2
```

x^3+x^2+2x+3
$=(x+1)(x^2+2)+1$
$=(x+1)\{(x+1)(x-1)+3\}+1$
$=(x+1)^2(x-1)+3(x+1)+1$
$=(x+1)^2\{(x+1)-2\}+3(x+1)+1$
$=(x+1)^3-2(x+1)^2+3(x+1)+1$
따라서 $a=1$, $b=-2$, $c=3$, $d=1$이므로
$abcd=-6$

답 -6

55 조립제법을 이용하여 구하면

```
2 | 1   -2   -3    4
  |       2    0   -6
2 | 1    0   -3  | -2
  |       2    4
2 | 1    2  | 1
  |       2
    1  | 4
```

$x^3-2x^2-3x+4=(x-2)(x^2-3)-2$이므로
$Q_1(x)=x^2-3$, $R_1=-2$
$x^2-3=(x-2)(x+2)+1$이므로
$Q_2(x)=x+2$, $R_2=1$
$x+2=(x-2)\times1+4$이므로
$R_3=4$
따라서 $R_1+R_2+R_3=(-2)+1+4=3$

답 3

56 조립제법을 이용하여 구하면

```
1/2 | 8    0    4    1
    |      4    2    3
1/2 | 8    4    6  | 4
    |      4    4
1/2 | 8    8  | 10
    |      4
      8  | 12
```

$8x^3+4x+1=\left(x-\dfrac{1}{2}\right)(8x^2+4x+6)+4$
$=\left(x-\dfrac{1}{2}\right)\left\{\left(x-\dfrac{1}{2}\right)(8x+8)+10\right\}+4$
$=\left(x-\dfrac{1}{2}\right)^2(8x+8)+10\left(x-\dfrac{1}{2}\right)+4$
$=\left(x-\dfrac{1}{2}\right)^2\left\{\left(x-\dfrac{1}{2}\right)\times8+12\right\}+10\left(x-\dfrac{1}{2}\right)+4$
$=8\left(x-\dfrac{1}{2}\right)^3+12\left(x-\dfrac{1}{2}\right)^2+10\left(x-\dfrac{1}{2}\right)+4$
$=(2x-1)^3+3(2x-1)^2+5(2x-1)+4$
따라서 $a=1$, $b=3$, $c=5$, $d=4$이므로
$abcd=1\times3\times5\times4=60$

답 60

57 다항식 $(4x-2)^{10}$을 x로 나누었을 때의 몫을 $Q(x)$, 나머지를 R라 하면 $(4x-2)^{10}=xQ(x)+R$이고,
양변에 $x=0$을 대입하면 $R=\boxed{1024}$이다.
$(4x-2)^{10}=xQ(x)+\boxed{1024}$에 $x=507$을 대입하면
$2026^{10}=507\times Q(507)+\boxed{1024}$
$\qquad=507\times Q(507)+507\times2+10$
$\qquad=507\times\{Q(507)+\boxed{2}\}+\boxed{10}$
2026^{10}을 507로 나누었을 때의 나머지는 $\boxed{10}$이다.
따라서 $a=1024$, $b=2$, $c=10$이므로
$a+b+c=1024+2+10=1036$

답 ②

58 다항식 $(x+1)^{11}$을 x로 나누었을 때의 몫을 $Q(x)$, 나머지를 R라 하면 $(x+1)^{11}=xQ(x)+R$이고 $x=0$을 대입하면
$R=1$
$(x+1)^{11}=xQ(x)+1$에 $x=99$를 대입하면
$100^{11}=99\times Q(99)+1$
따라서 100^{11}을 99로 나누었을 때의 나머지는 1이다.

답 ①

59 다항식 $x^{10}-10$을 $2x+2$로 나누었을 때의 몫을 $Q(x)$, 나머지를 R라 하면
$x^{10}-10=(2x+2)Q(x)+R$
양변에 $x=\boxed{-1}$을 대입하면 $R=\boxed{-9}$이다.
등식 $x^{10}-10=(2x+2)Q(x)+(\boxed{-9})$에 $x=9$를 대입하면
$9^{10}-10=20\times Q(9)+(\boxed{-9})$
$\qquad=20\times\{Q(9)-1\}+\boxed{11}$
따라서 $9^{10}-10$을 20으로 나누었을 때의 나머지는 $\boxed{11}$이다.
따라서 $a=-1$, $b=-9$, $c=11$이므로
$abc=(-1)\times(-9)\times11=99$

답 ④

60 다항식 $1+x+x^2+\cdots+x^{201}$을 $x-1$로 나누었을 때의 몫을 $Q(x)$, 나머지를 R라 하면
$1+x+x^2+\cdots+x^{201}=(x-1)Q(x)+R$

양변에 $x=1$을 대입하면

$R=202$

등식 $1+x+x^2+\cdots+x^{201}=(x-1)Q(x)+202$에

$x=11$을 대입하면

$1+11+11^2+\cdots+11^{201}=10\times Q(11)+202$

$\qquad\qquad\qquad\qquad\quad =10\times\{Q(11)+20\}+2$

따라서 $1+11+11^2+\cdots+11^{201}$을 10으로 나누었을 때의 나머지는 2

이다.

$\boxed{\text{답}}$ 2

61 다항식 $x^{99}+x^{100}+x^{101}$을 x^2-1로 나누었을 때의 몫을 $Q(x)$,

나머지를 $R(x)$라 하면 $R(x)$는 일차 이하의 다항식이므로

$ax+b\,(a,\,b$는 상수$)$로 놓을 수 있다.

$x^{99}+x^{100}+x^{101}=(x^2-1)Q(x)+ax+b$

위 식에 $x=1$, $x=-1$을 각각 대입하면

$a+b=3$, $-a+b=-1$이므로 두 식을 연립하여 풀면

$a=2$, $b=1$

$x^{99}+x^{100}+x^{101}=(x^2-1)Q(x)+2x+1$에 $x=5$를 대입하면

$5^{99}+5^{100}+5^{101}=24\times Q(5)+11$

따라서 $5^{99}+5^{100}+5^{101}$을 24로 나누었을 때의 나머지는 11이다.

$\boxed{\text{답}}$ 11

62 $f(x)$가 최고차항의 계수가 1인 삼차다항식이므로 조건 (나)에 의

하여

$f(x)=(x-2)^2(x+a)+x+a\,(a$는 상수$)$

조건 (가)에 의하여 $f(2)=3$이므로

$2+a=3$, $a=1$

$f(x)=(x-2)^2(x+1)+x+1$

$\qquad =(x-2)^2(x+1)+\{(x-2)+3\}$

$\qquad =(x-2)\{(x-2)(x+1)+1\}+3$

$\qquad =(x-2)(x^2-x-1)+3$

따라서 $f(x)$를 $x-2$로 나누었을 때의 몫은 $Q(x)=x^2-x-1$이므로

$Q(3)=9-3-1=5$

$\boxed{\text{답}}$ ⑤

63 주어진 등식은 x에 대한 항등식이므로

양변에 $x=0$을 대입하면 $\{f(0)\}^2=1$

$f(x)$의 상수항을 포함한 모든 항의 계수가 양수이므로

$f(0)=1$ $\qquad\cdots\cdots$ ㉠

$f(x)$를 n차식이라 하면

$\{f(x)\}^2$은 $2n$차식, $2xf(x)+2x+1$은 $(n+1)$차식이다.

$2n=n+1$이므로 $n=1$

$f(x)=ax+b\,(a,\,b$는 상수이고, $a>0)$라 하면 $\{f(x)\}^2$의 최고차항

의 계수는 a^2, $2xf(x)+2x+1$의 최고차항의 계수는 $2a$이므로

$a^2=2a$

$a>0$이므로 $a=2$ $\qquad\cdots\cdots$ ㉡

㉠, ㉡에 의하여 $f(x)=2x+1$

$\boxed{\text{답}}$ $2x+1$

64 조건 (가)의 $g(x)$를 조건 (나)에 대입하면

$x(x-1)f(x)-(2x^2+x)f(x)=x^3+ax^2+2x+b$

$-x(x+2)f(x)=x^3+ax^2+2x+b$ $\qquad\cdots\cdots$ ㉠

㉠은 x에 대한 항등식이므로 양변에 $x=0$을 대입하면 $b=0$

㉠의 양변에 $x=-2$를 대입하면

$0=-8+4a-4+b$에서 $a=3$

즉, $-x(x+2)f(x)=x^3+3x^2+2x$이므로

양변에 $x=2$를 대입하면

$-8f(2)=8+12+4$, $f(2)=-3$

따라서 $g(x)$를 $x-2$로 나누었을 때의 나머지는

$g(2)=2f(2)=2\times(-3)=-6$

$\boxed{\text{답}}$ ⑤

서술형 완성하기

본문 40쪽

01 $x^3+2x^2-4x-10$ **02** 19 **03** 1 **04** 13

05 $3x+1$ **06** x^2+2x+3

---

01 조건 (가)에서 $f(x)+2$는 $(x+2)^2$으로 나누어떨어지므로

$f(x)+2=(x+2)^2(ax+b)\,(a,\,b$는 상수, $a\ne0)$ $\qquad\cdots\cdots$ ㉠

로 놓을 수 있다. $\qquad\qquad\qquad\qquad\qquad\qquad\cdots\cdots$ ❶

㉠의 양변에 $x=0$을 대입하면

$f(0)+2=4b$

조건 (나)에서 $f(0)=-10$이므로

$-10+2=4b$, $b=-2$

㉠의 양변에 $x=1$을 대입하면

$f(1)+2=9(a+b)$

조건 (나)에서 $f(1)=-11$이고 $b=-2$이므로

$-11+2=9(a-2)$, $a=1$ $\qquad\qquad\qquad\cdots\cdots$ ❷

따라서 $f(x)=(x+2)^2(x-2)-2=x^3+2x^2-4x-10$ $\qquad\cdots\cdots$ ❸

$\boxed{\text{답}}$ $x^3+2x^2-4x-10$

단계	채점 기준	비율
❶	$f(x)+2=(x+2)^2(ax+b)$로 나타낸 경우	40 %
❷	a, b의 값을 구한 경우	40 %
❸	$f(x)$를 내림차순으로 나타낸 경우	20 %

02 다항식 $f(x)+g(x)$를 $2x-6$으로 나누었을 때의 나머지가 5이

므로 나머지정리에 의하여

$f(3)+g(3)=5$

다항식 $f(x)g(x)$를 $2x-6$으로 나누었을 때의 나머지가 3이므로 나

머지정리에 의하여

$f(3)g(3)=3$ $\qquad\qquad\qquad\qquad\qquad\qquad\cdots\cdots$ ❶

따라서 다항식 $\{f(x)\}^2+\{g(x)\}^2$을 $x-3$으로 나누었을 때의 나머지

는 나머지정리에 의하여

$\{f(3)\}^2+\{g(3)\}^2$

$=\{f(3)+g(3)\}^2-2f(3)g(3)$ $\qquad\qquad\qquad\cdots\cdots$ ❷

$=5^2-2\times3=19$ $\qquad\qquad\qquad\qquad\qquad\cdots\cdots$ ❸

$\boxed{\text{답}}$ 19

단계	채점 기준	비율
❶	$f(3)$, $g(3)$에 대한 합과 곱을 구한 경우	40 %
❷	$\{f(3)\}^2+\{g(3)\}^2$을 $f(3)$, $g(3)$에 대한 합과 곱으로 표현한 경우	40 %
❸	$\{f(3)\}^2+\{g(3)\}^2$의 값을 구한 경우	20 %

03 등식 $(x-1)(x^2+1)P(x)=x^4+ax^2+b$는 x에 대한 항등식이고, 우변의 최고차항의 계수가 1이므로
$P(x)=x+c\,(c$는 상수$)$
로 놓을 수 있다. ...... ❶
$(x-1)(x^2+1)(x+c)=x^4+ax^2+b$에서
$(x^3-x^2+x-1)(x+c)=x^4+ax^2+b$
$x^4+(c-1)x^3+(1-c)x^2+(c-1)x-c=x^4+ax^2+b$
이 식은 x에 대한 항등식이므로
$c-1=0,\ 1-c=a,\ -c=b$
즉, $a=0,\ b=-1,\ c=1$이므로 ...... ❷
$a-b=1$ ...... ❸

답 1

단계	채점 기준	비율
❶	$P(x)=x+c$로 나타낸 경우	40 %
❷	주어진 등식이 항등식임을 이용하여 a, b의 값을 구한 경우	40 %
❸	$a-b$의 값을 구한 경우	20 %

04 $f(x)=x^5-x^3+x-1$이라 하고
$f(x)$를 $x-2$로 나누었을 때의 나머지를 R라 하면
$f(x)=(x-2)Q(x)+R$ ...... ❶
$f(2)=R$이고 $f(2)=2^5-2^3+2-1=25$이므로
$R=25$ ...... ❷
즉, $x^5-x^3+x-1=(x-2)Q(x)+25$이므로
이 항등식의 양변에 $x=-2$를 대입하면
$(-2)^5-(-2)^3+(-2)-1=(-4)Q(-2)+25$
$Q(-2)=13$
따라서 $Q(x)$를 $x+2$로 나누었을 때의 나머지는 나머지정리에 의하여 $Q(-2)=13$이다. ...... ❸

답 13

단계	채점 기준	비율
❶	$f(x)$를 $x-2$로 나누었을 때의 몫과 나머지로 나타낸 경우	40 %
❷	R의 값을 구한 경우	20 %
❸	$Q(x)$를 $x+2$로 나누었을 때의 나머지를 구한 경우	40 %

05 다항식 $f(x)$를 x^2+2x-3으로 나누었을 때의 몫을 $Q_1(x)$라 하면 나머지는 $2x-2$이므로
$f(x)=(x^2+2x-3)Q_1(x)+2x-2$
$f(x)=(x+3)(x-1)Q_1(x)+2x-2$ ...... ㉠
㉠은 x에 대한 항등식이므로 ㉠의 양변에 $x=-3$을 대입하면
$f(-3)=-8$

다항식 $f(x)$를 x^2-2x-8로 나누었을 때의 몫을 $Q_2(x)$라 하면 나머지는 $x+9$이므로
$f(x)=(x^2-2x-8)Q_2(x)+x+9$
$f(x)=(x+2)(x-4)Q_2(x)+x+9$ ...... ㉡
㉡은 x에 대한 항등식이므로 ㉡의 양변에 $x=4$를 대입하면
$f(4)=13$ ...... ❶
이때 $f(x)$를 x^2-x-12로 나누었을 때의 몫과 나머지를 각각 $Q_3(x)$, $R(x)=ax+b\,(a,\ b$는 상수$)$라 하면
$f(x)=(x^2-x-12)Q_3(x)+R(x)$
$f(x)=(x+3)(x-4)Q_3(x)+ax+b$ ...... ㉢ ...... ❷
㉢은 x에 대한 항등식이므로 ㉢의 양변에 $x=-3$을 대입하면
$f(-3)=-3a+b$
㉢의 양변에 $x=4$를 대입하면
$f(4)=4a+b$
$f(-3)=-8$, $f(4)=13$이므로
$-3a+b=-8$, $4a+b=13$이고 두 식을 연립하여 풀면
$a=3,\ b=1$
따라서 $R(x)=3x+1$ ...... ❸

답 $3x+1$

단계	채점 기준	비율
❶	$f(-3)$, $f(4)$의 값을 구한 경우	40 %
❷	$f(x)=(x+3)(x-4)Q_3(x)+ax+b$로 나타낸 경우	30 %
❸	$f(x)$를 x^2-x-12로 나누었을 때의 나머지를 구한 경우	30 %

06 $f(x)$를 $x-1$로 나누었을 때의 나머지는 6이므로
$f(1)=6$ ...... ❶
$f(x)$를 x^2+x+1로 나누었을 때의 몫을 $Q(x)$라 하면 나머지는 $x+2$이므로
$f(x)=(x^2+x+1)Q(x)+x+2$
이때 $Q(x)$를 $x-1$로 나누었을 때의 몫을 $Q_1(x)$라 하고 나머지를 R'이라 하면
$f(x)=(x^2+x+1)\{(x-1)Q_1(x)+R'\}+x+2$
$f(x)=(x^3-1)Q_1(x)+R'(x^2+x+1)+x+2$ ...... ❷
위 항등식의 양변에 $x=1$을 대입하면
$f(1)=3R'+3=6$
$R'=1$이므로
$f(x)=(x^3-1)Q_1(x)+(x^2+x+1)+x+2$
$\quad=(x^3-1)Q_1(x)+x^2+2x+3$
따라서 $f(x)$를 x^3-1로 나누었을 때의 나머지 $R(x)$는
$R(x)=x^2+2x+3$이다. ...... ❸

답 x^2+2x+3

단계	채점 기준	비율
❶	$f(1)$의 값을 구한 경우	20 %
❷	$f(x)=(x^3-1)Q_1(x)+R'(x^2+x+1)+x+2$로 나타낸 경우	40 %
❸	$R(x)$를 구한 경우	40 %

01 15   **02** 20   **03** $-x+3$ **04** 12

01 다항식 $f(x)$를 x^3-1로 나누었을 때의 몫을 $Q(x)$라 하면 나머지가 x^2+2x이므로

$f(x)=(x^3-1)Q(x)+x^2+2x$

위 등식은 x에 대한 항등식이므로 x 대신 x^2을 대입하면

$f(x^2)=(x^6-1)Q(x^2)+x^4+2x^2$

$x^4+2x^2=(x^3+1)x+2x^2-x$이므로

$f(x^2)=(x^3+1)(x^3-1)Q(x^2)+x(x^3+1)+2x^2-x$

$\qquad =(x^3+1)\{(x^3-1)Q(x^2)+x\}+2x^2-x$

따라서 $R(x)=2x^2-x$이므로

$R(3)=2\times3^2-3=15$

                                          답 15

02 $x^2+x-2=(x-1)(x+2)$, $x^2+2x-3=(x-1)(x+3)$이므로 조건 (가)에서 $f(x)$는 $x-1$, $x+2$, $x+3$을 모두 인수로 가져야 한다.

즉, $f(x)$ 중에서 차수가 가장 낮은 것은 삼차다항식이므로

$g(x)=k(x-1)(x+2)(x+3)$ (k는 0이 아닌 상수)

로 놓을 수 있다.

이때 조건 (나)에서 $f(0)=12$, 즉 $g(0)=12$이므로

$g(0)=k(0-1)(0+2)(0+3)=-6k=12$

$k=-2$

따라서 $g(x)=-2(x-1)(x+2)(x+3)$이므로

$g(-4)=-2\times(-5)\times(-2)\times(-1)=20$

                                          답 20

03 x에 대한 항등식 $f(-x)=(x^2-x)g(x)+x+1$의 양변에 $x=0$을 대입하면 $f(0)=1$

$x=1$을 대입하면 $f(-1)=2$

$g(x)+x$를 x^2+x로 나누었을 때의 몫을 $Q(x)$라 하면 나머지는 $2x+3$이므로

$g(x)+x=(x^2+x)Q(x)+2x+3$

$g(x)+x=x(x+1)Q(x)+2x+3$ ······ ㉠

㉠의 양변에 $x=0$을 대입하면 $g(0)=3$

㉠의 양변에 $x=-1$을 대입하면

$g(-1)-1=1$, 즉 $g(-1)=2$

$f(x)g(x)$를 x^2+x로 나누었을 때의 몫을 $Q_1(x)$, 나머지를 $R(x)=ax+b$ (a, b는 상수)라 하면

$f(x)g(x)=(x^2+x)Q_1(x)+R(x)$

$f(x)g(x)=x(x+1)Q_1(x)+ax+b$ ······ ㉡

㉡은 x에 대한 항등식이므로 ㉡의 양변에 $x=0$을 대입하면

$f(0)g(0)=b$에서 $b=3$

㉡의 양변에 $x=-1$을 대입하면

$f(-1)g(-1)=-a+b$에서 $-a+b=4$

$b=3$이므로 $a=-1$

따라서 $R(x)=-x+3$

                                        답 $-x+3$

04 $\{Q(x)\}^2+\{Q(x-1)\}^2=xP(x)$ ······ ㉠

㉠의 양변에 $x=0$을 대입하면

$\{Q(0)\}^2+\{Q(-1)\}^2=0$

$Q(x)$의 상수항을 포함한 모든 항의 계수가 실수이므로 $Q(0)$, $Q(-1)$의 값도 모두 실수이다.

따라서 $Q(0)=0$, $Q(-1)=0$

다항식 $Q(x)$는 최고차항의 계수가 1인 이차다항식이므로

$Q(x)=x(x+1)$ ······ ㉡

㉠, ㉡에서

$\{x(x+1)\}^2+\{(x-1)x\}^2=xP(x)$

$P(x)=x\{(x+1)^2+(x-1)^2\}$

$\qquad =x(2x^2+2)$

$$\begin{array}{r}
2x-2 \\
x+1\overline{)\,2x^2+2} \\
\underline{2x^2+2x} \\
-2x+2 \\
\underline{-2x-2} \\
4
\end{array}$$

위의 나눗셈에서 $2x^2+2=(x+1)(2x-2)+4$이므로

$P(x)=x\{(x+1)(2x-2)+4\}$

$\qquad =x(x+1)(2x-2)+4x$

$\qquad =Q(x)(2x-2)+4x$

따라서 $R(x)=4x$이므로

$R(3)=4\times3=12$

                                          답 12

03 인수분해

본문 43쪽

개념 확인하기

01 $(x+y+z)^2$ **02** $(x-y-z)^2$

03 $(x+y+2z)^2$ **04** $(x+1)^3$ **05** $(x-1)^3$

06 $(2x+1)^3$ **07** $(x-2y)^3$

08 $(2x+1)(4x^2-2x+1)$

09 $(x+3y)(x^2-3xy+9y^2)$

10 $(x-4)(x^2+4x+16)$ **11** $(x-2y)(x^2+2xy+4y^2)$

12 $(x+2)(x^2+x+1)$ **13** $(x-3)(x^2+3)$

14 $(x+2)^3$ **15** $(x-y-1)^3$ **16** $(x^2+x-1)^2$

17 $(x^2-2)(x^2+5)$ **18** $(x^2+x+3)(x^2-x+3)$

19 $(x+y+1)^2$ **20** $(a+b)(a-b)(a+c)$

21 $(a+b)(b-c)(c+a)$ **22** $(x-1)^2(x+2)$

23 $(x-1)(x^2+2x-1)$ **24** $(x+1)(x^2+x+1)$

25 $(x+1)(x-1)(x+2)^2$

---

01 $x^2+y^2+z^2+2xy+2yz+2zx=(x+y+z)^2$

               🗒 $(x+y+z)^2$

02 $x^2+y^2+z^2-2xy+2yz-2zx=(x-y-z)^2$

               🗒 $(x-y-z)^2$

03 $x^2+y^2+4z^2+2xy+4yz+4zx=(x+y+2z)^2$

               🗒 $(x+y+2z)^2$

04 $x^3+3x^2+3x+1=(x+1)^3$

               🗒 $(x+1)^3$

05 $x^3-3x^2+3x-1=(x-1)^3$

               🗒 $(x-1)^3$

06 $8x^3+12x^2+6x+1$
$=(2x)^3+3\times(2x)^2\times1+3\times(2x)\times1^2+1^3$
$=(2x+1)^3$

               🗒 $(2x+1)^3$

07 $x^3-6x^2y+12xy^2-8y^3$
$=x^3-3\times x^2\times(2y)+3\times x\times(2y)^2-(2y)^3$
$=(x-2y)^3$

               🗒 $(x-2y)^3$

08 $8x^3+1=(2x)^3+1^3$
$\qquad\quad=(2x+1)(4x^2-2x+1)$

               🗒 $(2x+1)(4x^2-2x+1)$

09 $x^3+27y^3=x^3+(3y)^3$
$\qquad\qquad=(x+3y)(x^2-3xy+9y^2)$

               🗒 $(x+3y)(x^2-3xy+9y^2)$

10 $x^3-64=x^3-4^3$
$\qquad\quad=(x-4)(x^2+4x+16)$

               🗒 $(x-4)(x^2+4x+16)$

11 $x^3-8y^3=x^3-(2y)^3$
$\qquad\qquad=(x-2y)(x^2+2xy+4y^2)$

               🗒 $(x-2y)(x^2+2xy+4y^2)$

12 $x+1=X$로 놓으면
$(x+1)^3+1=X^3+1$
$\qquad\qquad\quad=(X+1)(X^2-X+1)$
$\qquad\qquad\quad=(x+2)\{(x+1)^2-(x+1)+1\}$
$\qquad\qquad\quad=(x+2)(x^2+x+1)$

               🗒 $(x+2)(x^2+x+1)$

13 $x-1=X$로 놓으면
$(x-1)^3-8=X^3-8$
$\qquad\qquad\quad=(X-2)(X^2+2X+4)$
$\qquad\qquad\quad=(x-3)\{(x-1)^2+2(x-1)+4\}$
$\qquad\qquad\quad=(x-3)(x^2+3)$

               🗒 $(x-3)(x^2+3)$

14 $x+1=X$로 놓으면
$(x+1)^3+3(x+1)^2+3(x+1)+1$
$=X^3+3X^2+3X+1$
$=(X+1)^3$
$=(x+2)^3$

               🗒 $(x+2)^3$

15 $x-1=X$로 놓으면
$(x-1)^3-3(x-1)^2y+3(x-1)y^2-y^3$
$=X^3-3X^2y+3Xy^2-y^3$
$=(X-y)^3$
$=(x-y-1)^3$

               🗒 $(x-y-1)^3$

16 $(x-1)x(x+1)(x+2)+1$
$\qquad=x(x+1)(x-1)(x+2)+1$
$\qquad=(x^2+x)(x^2+x-2)+1$
$x^2+x=X$로 놓으면
$(x^2+x)(x^2+x-2)+1$
$=X(X-2)+1$
$=X^2-2X+1$
$=(X-1)^2$
$=(x^2+x-1)^2$

               🗒 $(x^2+x-1)^2$

17 $x^2=X$로 놓으면
$x^4+3x^2-10=X^2+3X-10$
$\qquad\qquad\qquad=(X-2)(X+5)$
$\qquad\qquad\qquad=(x^2-2)(x^2+5)$

               🗒 $(x^2-2)(x^2+5)$

18
$$x^4+5x^2+9=x^4+6x^2+9-x^2$$
$$=(x^2+3)^2-x^2$$
$$=(x^2+x+3)(x^2-x+3)$$
答 $(x^2+x+3)(x^2-x+3)$

19 주어진 식을 x에 대하여 내림차순으로 정리하면
$$x^2+2x+2xy+y^2+2y+1$$
$$=x^2+2(y+1)x+(y+1)^2$$
$$=(x+y+1)^2$$
答 $(x+y+1)^2$

20
$$a^3+a^2c-ab^2-b^2c$$
$$=a^2(a+c)-b^2(a+c)$$
$$=(a^2-b^2)(a+c)$$
$$=(a+b)(a-b)(a+c)$$
答 $(a+b)(a-b)(a+c)$

21 주어진 식을 a에 대하여 내림차순으로 정리하면
$$a^2(b-c)+b^2(c+a)-c^2(a+b)$$
$$=(b-c)a^2+(b^2-c^2)a+b^2c-bc^2$$
$$=(b-c)a^2+(b+c)(b-c)a+bc(b-c)$$
$$=(b-c)\{a^2+(b+c)a+bc\}$$
$$=(b-c)(a+b)(a+c)$$
$$=(a+b)(b-c)(c+a)$$
答 $(a+b)(b-c)(c+a)$

22 $f(x)=x^3-3x+2$라 하면 $f(1)=0$이므로 $f(x)$는 $x-1$을 인수로 갖는다.
조립제법을 이용하여 $f(x)$를 인수분해하면

1	1	0	-3	2
		1	1	-2
	1	1	-2	0

$$f(x)=(x-1)(x^2+x-2)$$
$$=(x-1)^2(x+2)$$
答 $(x-1)^2(x+2)$

23 $f(x)=x^3+x^2-3x+1$이라 하면 $f(1)=0$이므로 $f(x)$는 $x-1$을 인수로 갖는다.
조립제법을 이용하여 $f(x)$를 인수분해하면

1	1	1	-3	1
		1	2	-1
	1	2	-1	0

$$f(x)=(x-1)(x^2+2x-1)$$
答 $(x-1)(x^2+2x-1)$

24 $f(x)=x^3+2x^2+2x+1$이라 하면 $f(-1)=0$이므로 $f(x)$는 $x+1$을 인수로 갖는다.

조립제법을 이용하여 $f(x)$를 인수분해하면

-1	1	2	2	1
		-1	-1	-1
	1	1	1	0

$$f(x)=(x+1)(x^2+x+1)$$
答 $(x+1)(x^2+x+1)$

25 $f(x)=x^4+4x^3+3x^2-4x-4$라 하면 $f(-1)=0$이므로 $f(x)$는 $x+1$을 인수로 갖는다.
조립제법을 이용하여 인수분해하면

-1	1	4	3	-4	-4
		-1	-3	0	4
	1	3	0	-4	0

$$f(x)=(x+1)(x^3+3x^2-4)$$
이때 $g(x)=x^3+3x^2-4$라 하면 $g(1)=0$이므로 $g(x)$는 $x-1$을 인수로 갖는다. 다시 조립제법을 이용하여 인수분해하면

1	1	3	0	-4
		1	4	4
	1	4	4	0

$$f(x)=(x+1)(x^3+3x^2-4)=(x+1)(x-1)(x^2+4x+4)$$
$$=(x+1)(x-1)(x+2)^2$$
答 $(x+1)(x-1)(x+2)^2$

유형 완성하기   본문 44~58쪽

01 ①	**02** ③	**03** $(x+y+3z)^2$	**04** ④
05 48	**06** ①	**07** ③	**08** $(2x-3y)^3$
09 ③	**10** 40	**11** ⑤	**12** ⑤
13 $(2x-3y)(4x^2+6xy+9y^2)$		**14** ②	**15** 9
16 ②	**17** 7	**18** $(x-3)(x-1)(x^2+x+1)$	
19 $(x+y+z+1)^2$	**20** ⑤	**21** ④	
22 $(x^2+x-3)(x^2+x+1)$		**23** -8	**24** ①
25 16	**26** ③	**27** ③	**28** $(x-2y)^2(x+2y)^2$
29 ②	**30** $(x^2+2x+5)(2x^2+4x-1)$		**31** ⑤
32 $(x^2+2x+2)(x^2-2x+2)$		**33** ②	**34** 4
35 $(x^2+3x+5)(x^2+x+3)$		**36** ③	**37** -2
38 -1	**39** ①	**40** $(a+b)(a+b+c)$	**41** ⑤
42 $(x-1)(x-4)(x+2)$		**43** -6	**44** ④
45 12	**46** ②	**47** $(x+1)(x+2)(x^2+x+1)$	
48 ③	**49** 51	**50** 7	**51** ③	**52** ⑤
53 ⑤	**54** ①	**55** ③	**56** ③	**57** ③
58 ⑤	**59** 482	**60** ⑤	**61** ②	**62** 131
63 15	**64** ②	**65** ③	**66** 정삼각형	**67** 4
68 12	**69** 2	**70** ④	**71** 36	**72** 5
73 9			

01 $4x^2+y^2+z^2-4xy-2yz+4zx$
$=(2x)^2+(-y)^2+z^2$
$\qquad +2\times(2x)\times(-y)+2\times(-y)\times z+2\times z\times(2x)$
$=(2x-y+z)^2$
따라서 $a=2$, $b=-1$, $c=1$ 또는 $a=-2$, $b=1$, $c=-1$이므로
$a^2+b^2+c^2=4+1+1=6$

답 ①

02 $x^2+4y^2+4z^2-4(xy+2yz-zx)$
$=x^2+(-2y)^2+(2z)^2$
$\qquad +2\times x\times(-2y)+2\times(-2y)\times(2z)+2\times(2z)\times x$
$=(x-2y+2z)^2$

답 ③

03 $x(x+2y)+y(y+6z)+3z(3z+2x)$
$=x^2+2xy+y^2+6yz+9z^2+6zx$
$=x^2+y^2+(3z)^2+2\times x\times y+2\times y\times(3z)+2\times(3z)\times x$
$=(x+y+3z)^2$

답 $(x+y+3z)^2$

04 $x(x+6y-6z)+9(y-z)^2$
$=x^2+6xy-6zx+9y^2-18yz+9z^2$
$=x^2+(3y)^2+(-3z)^2$
$\qquad +2\times x\times(3y)+2\times(3y)\times(-3z)+2\times(-3z)\times x$
$=(x+3y-3z)^2$
따라서 주어진 식의 인수인 것은 $x+3y-3z$이다.

답 ④

05 모든 실수 x, y, z에 대하여 등식
$(x+ay+bz)^2=x^2+9y^2+4z^2+6xy+pyz+qzx$
가 성립하므로 양변의 계수를 비교하면
$(ay)^2=9y^2$, $(bz)^2=4z^2$에서
$a=\pm3$, $b=\pm2$이고
$2axy=6xy$이므로 $a=3$
a, b가 모두 정수이고 $ab<0$이므로
$b=-2$
$(x+3y-2z)^2=x^2+9y^2+4z^2+6xy-12yz-4zx$
따라서 $p=-12$, $q=-4$이므로 $pq=48$

답 48

06 $x^2(x+3y)+y^2(y+3x)$
$=x^3+3x^2y+3xy^2+y^3$
$=(x+y)^3$
따라서 $(ax+by)^3=(x+y)^3$에서
$a=1$, $b=1$이므로 $ab=1$

답 ①

07 $x^3+6x^2y+12xy^2+8y^3$
$=x^3+3\times x^2\times(2y)+3\times x\times(2y)^2+(2y)^3$
$=(x+2y)^3$

답 ③

08 $8x^3+18xy(3y-2x)-27y^3$
$=8x^3-36x^2y+54xy^2-27y^3$
$=(2x)^3+3\times(2x)^2\times(-3y)+3\times(2x)\times(-3y)^2+(-3y)^3$
$=(2x-3y)^3$

답 $(2x-3y)^3$

09 $8x^3-12x^2y+6xy^2-y^3$
$=(2x)^3-3\times(2x)^2\times y+3\times(2x)\times y^2-y^3$
$=(2x-y)^3$
따라서 주어진 식의 인수인 것은 $4x^2-4xy+y^2$이다.

답 ③

10 $x^3+px^2y+27xy^2+qy^3$을 인수분해하면 $(ax+by)^3$이므로
$x^3+px^2y+27xy^2+qy^3=(ax+by)^3$
$x^3=(ax)^3$에서 $a^3=1$, $a=1$
$27xy^2=3\times(ax)\times(by)^2$에서 $3ab^2=27$
$a=1$을 대입하면 $b^2=9$
b는 자연수이므로 $b=3$
따라서 $p=3\times a^2\times b=9$, $q=b^3=27$이므로
$a+b+p+q=1+3+9+27=40$

답 40

11 $(a+1)^3-27=(a+1)^3-3^3$
$\qquad =\{(a+1)-3\}\{(a+1)^2+3(a+1)+9\}$
$\qquad =(a-2)(a^2+5a+13)$
따라서 주어진 식의 인수인 것은 $a^2+5a+13$이다.

답 ⑤

12 $x^3+64y^3=x^3+(4y)^3$
$\qquad =(x+4y)(x^2-4xy+16y^2)$
따라서 주어진 식의 인수인 것은 $x^2-4xy+16y^2$이다.

답 ⑤

13 $8x^3-27y^3=(2x)^3-(3y)^3$
$\qquad =(2x-3y)(4x^2+6xy+9y^2)$

답 $(2x-3y)(4x^2+6xy+9y^2)$

14 $(x-3)^3+1$
$=\{(x-3)+1\}\{(x-3)^2-(x-3)+1\}$
$=(x-2)(x^2-7x+13)$

답 ②

15 $(x^2+1)^3-8x^3$
$=(x^2+1)^3-(2x)^3$
$=\{(x^2+1)-2x\}\{(x^2+1)^2+(x^2+1)\times2x+(2x)^2\}$
$=(x-1)^2(x^4+2x^3+6x^2+2x+1)$
$=(x-a)^2(x^4+bx^3+cx^2+bx+1)$

a, b, c는 자연수이므로

$a=1$, $b=2$, $c=6$

따라서 $a+b+c=1+2+6=9$

답 9

16 $2x-1=X$, $x+2y=Y$로 놓으면

$(2x-1)^3-3(2x-1)^2(x+2y)+3(2x-1)(x+2y)^2-(x+2y)^3$

$=X^3-3X^2Y+3XY^2-Y^3$

$=(X-Y)^3$

$=\{(2x-1)-(x+2y)\}^3$

$=(x-2y-1)^3$

답 ②

17 $x^2+1=X$로 놓으면

$(x^2+1)(x^2+2)-12=X(X+1)-12$

$=X^2+X-12$

$=(X+4)(X-3)$

$=(x^2+5)(x^2-2)$

$a<b$이므로 $a=-2$, $b=5$

따라서 $b-a=5-(-2)=7$

답 7

18 x^4-3x^3-x+3

$=x^3(x-3)-(x-3)$

$=(x-3)(x^3-1)$

$=(x-3)(x-1)(x^2+x+1)$

답 $(x-3)(x-1)(x^2+x+1)$

19 $x+1=X$, $y-1=Y$, $z+1=Z$로 놓으면

$(x+1)^2+(y-1)^2+(z+1)^2$

$+2\{(x+1)(y-1)+(y-1)(z+1)+(z+1)(x+1)\}$

$=X^2+Y^2+Z^2+2XY+2YZ+2ZX$

$=(X+Y+Z)^2$

$=\{(x+1)+(y-1)+(z+1)\}^2$

$=(x+y+z+1)^2$

답 $(x+y+z+1)^2$

20 $x^2-x=X$로 놓으면

$(x^2-x)^2+2x^2-2x-15$

$=(x^2-x)^2+2(x^2-x)-15$

$=X^2+2X-15$

$=(X+5)(X-3)$

$=(x^2-x+5)(x^2-x-3)$

따라서 주어진 식의 인수인 것은 x^2-x+5이다.

답 ⑤

21 $(x-2)(x-3)(x+3)(x+4)-16$

$=(x-2)(x+3)(x-3)(x+4)-16$

$=(x^2+x-6)(x^2+x-12)-16$

$x^2+x=X$로 놓으면

$(x^2+x-6)(x^2+x-12)-16$

$=(X-6)(X-12)-16$

$=X^2-18X+56$

$=(X-4)(X-14)$

$=(x^2+x-4)(x^2+x-14)$

$=(x^2+ax+b)(x^2+ax+c)$

이때 $b<c$이므로

$a=1$, $b=-14$, $c=-4$

따라서 $a-b-c=1-(-14)-(-4)=19$

답 ④

22 $(x-1)x(x+1)(x+2)-3$

$=(x-1)(x+2)x(x+1)-3$

$=(x^2+x-2)(x^2+x)-3$

$x^2+x=X$로 놓으면

$(x^2+x-2)(x^2+x)-3$

$=(X-2)X-3$

$=X^2-2X-3$

$=(X-3)(X+1)$

$=(x^2+x-3)(x^2+x+1)$

답 $(x^2+x-3)(x^2+x+1)$

23 $(x-3)(x-2)x(x+1)-4$

$=(x-3)(x+1)(x-2)x-4$

$=(x^2-2x-3)(x^2-2x)-4$

$x^2-2x=X$로 놓으면

$(x^2-2x-3)(x^2-2x)-4$

$=(X-3)X-4$

$=X^2-3X-4$

$=(X+1)(X-4)$

$=(x^2-2x+1)(x^2-2x-4)$

$=(x-1)^2(x^2-2x-4)$

$=(x+a)^2(x^2+bx+c)$

따라서 $a=-1$, $b=-2$, $c=-4$이므로

$abc=(-1)\times(-2)\times(-4)=-8$

답 -8

24 $(x+1)^2(x+2)(x+3)(x+4)+x+1$

$=(\boxed{x+1})\{(x+1)(x+2)(x+3)(x+4)+1\}$

$=(x+1)\{(x+1)(x+4)(x+2)(x+3)+1\}$

$=(\boxed{x+1})\{(\boxed{x^2+5x}+4)(\boxed{x^2+5x}+6)+1\}$

$X=\boxed{x^2+5x}$로 놓으면

$(\boxed{x+1})\{(\boxed{x^2+5x}+4)(\boxed{x^2+5x}+6)+1\}$

$=(\boxed{x+1})(X^2+10X+25)$

$=(\boxed{x+1})(X+\boxed{5})^2$

$=(\boxed{x+1})(\boxed{x^2+5x}+\boxed{5})^2$

따라서 $f(x)=x+1$, $g(x)=x^2+5x$, $k=5$이므로
$f(k)+g(k)=f(5)+g(5)=6+5^2+5\times5=56$

답 ①

25 $x(x+2)(x-2)(x-4)+k$
$\quad=x(x-2)(x+2)(x-4)+k$
$\quad=(x^2-2x)(x^2-2x-8)+k$
$x^2-2x=X$로 놓으면
$(x^2-2x)(x^2-2x-8)+k$
$=X(X-8)+k$
$=X^2-8X+k$
$=(X-4)^2+k-16$
$=(x^2-2x-4)^2+k-16$
이때 주어진 식이 x에 대한 이차식의 완전제곱식으로 인수분해되려면
$k-16=0$이어야 하므로
$k=16$

답 16

26 $x^2=X$로 놓으면
$x^4+2x^2-24=X^2+2X-24$
$\qquad\qquad\quad=(X-4)(X+6)$
$\qquad\qquad\quad=(x^2-4)(x^2+6)$
$\qquad\qquad\quad=(x+2)(x-2)(x^2+6)$
$\qquad\qquad\quad=(x+a)(x-a)(x^2+b)$
따라서 $a=2$, $b=6$이므로
$a+b=8$

답 ③

27 $x^2=X$로 놓으면
$x^4-13x^2+36=X^2-13X+36$
$\qquad\qquad\quad=(X-9)(X-4)$
$\qquad\qquad\quad=(x^2-9)(x^2-4)$
$\qquad\qquad\quad=(x+3)(x-3)(x+2)(x-2)$
따라서 주어진 식의 인수가 아닌 것은 x^2+4이다.

답 ③

28 $x^2=X$, $y^2=Y$로 놓으면
$x^4-8x^2y^2+16y^4$
$=(x^2)^2-8(x^2)(y^2)+16(y^2)^2$
$=X^2-8XY+16Y^2$
$=(X-4Y)^2$
$=(x^2-4y^2)^2$
$=\{(x-2y)(x+2y)\}^2$
$=(x-2y)^2(x+2y)^2$

답 $(x-2y)^2(x+2y)^2$

29 $X=\boxed{x^2+1}$로 놓으면
$(x^2+1)^2+x^2-5$
$=(\boxed{x^2+1})^2+(\boxed{x^2+1})-6$
$=X^2+X-6$
$=(X+3)(X-2)$
$=(\boxed{x^2+1}+3)(\boxed{x^2+1}-2)$
$=(x^2+\boxed{4})(x-1)(x+1)$
따라서 $f(x)=x^2+1$, $k=4$이므로
$f(k)=f(4)=4^2+1=17$

답 ②

30 $(x+1)^2=X$로 놓으면
$2(x+1)^4+5(x+1)^2-12$
$=2X^2+5X-12$
$=(X+4)(2X-3)$
$=\{(x+1)^2+4\}\{2(x+1)^2-3\}$
$=(x^2+2x+5)(2x^2+4x-1)$

답 $(x^2+2x+5)(2x^2+4x-1)$

31 x^4+4x^2+16
$\quad=x^4+8x^2+16-4x^2$
$\quad=(x^2+4)^2-(2x)^2$
$\quad=(x^2+2x+4)(x^2-2x+4)$
$\quad=(x^2+ax+b)(x^2-ax+b)$
따라서 $a=2$, $b=4$이므로
$a+b=6$

답 ⑤

32 $x^4+4=x^4+4x^2+4-4x^2$
$\qquad\quad=(x^2+2)^2-(2x)^2$
$\qquad\quad=(x^2+2x+2)(x^2-2x+2)$

답 $(x^2+2x+2)(x^2-2x+2)$

33 $x^4+64=x^4+16x^2+64-16x^2$
$\qquad\qquad=(x^2+8)^2-(4x)^2$
$\qquad\qquad=(x^2+4x+8)(x^2-4x+8)$
따라서 주어진 식의 인수인 것은 x^2-4x+8이다.

답 ②

34 $x^4+3x^2+4=x^4+4x^2+4-x^2$
$\qquad\qquad\quad=(x^2+2)^2-x^2$
$\qquad\qquad\quad=(x^2+x+2)(x^2-x+2)$
따라서 $a=1$, $b=2$, $c=-1$, $d=2$ 또는 $a=-1$, $b=2$, $c=1$, $d=2$
이므로
$a+b+c+d=4$

답 4

35 $(x+1)^4+5(x+1)^2+9$
$=(x+1)^4+6(x+1)^2+9-(x+1)^2$
$=\{(x+1)^2+3\}^2-(x+1)^2$
$=\{(x+1)^2+3+(x+1)\}\{(x+1)^2+3-(x+1)\}$
$=(x^2+3x+5)(x^2+x+3)$

달 $(x^2+3x+5)(x^2+x+3)$

36 주어진 다항식을 y에 대하여 내림차순으로 정리하면
$x^3+(1-2y)x^2+(y^2-2y)x+y^2$
$=x^3+x^2-2x^2y+xy^2-2xy+y^2$
$=(x+1)y^2-2x(x+1)y+x^2(x+1)$
$=(x+1)(y^2-2xy+x^2)$
$=(x+1)(x-y)^2$
따라서 주어진 식의 인수가 아닌 것은 $(x+1)^2$이다.

달 ③

37 $2x^2-xy-y^2+5x+y+2$
$=2x^2+(5-y)x-y^2+y+2$
$=2x^2+(5-y)x-(y-2)(y+1)$
$=(2x+y+1)(x-y+2)$
따라서 $a=2$, $b=1$, $c=1$, $d=-1$이므로
$abcd=-2$

달 -2

38 $x^2+xy-6y^2+ax-13y-6$
$=x^2+(y+a)x-6y^2-13y-6$
$=x^2+(y+a)x-(2y+3)(3y+2)$
주어진 식이 x, y에 대한 두 일차식의 곱으로 인수분해되려면
$y+a=(3y+2)-(2y+3)$
따라서 $a=-1$

달 -1

39 $a^2b+ca^2-b^3-b^2c$
$=c(a^2-b^2)+a^2b-b^3$
$=c(a+b)(a-b)+b(a+b)(a-b)$
$=(a+b)(a-b)(b+c)$
따라서 주어진 식의 인수인 것은 $a-b$이다.

달 ①

40 $a^2+b^2+2ab+ac+bc$
$=c(a+b)+a^2+2ab+b^2$
$=c(a+b)+(a+b)^2$
$=(a+b)(a+b+c)$

달 $(a+b)(a+b+c)$

41 $f(x)=3x^3+2x^2-7x+2$라 하면 $f(1)=0$이므로 $f(x)$는 $x-1$을 인수로 갖는다.
조립제법을 이용하여 $f(x)$를 인수분해하면

1	3	2	-7	2
		3	5	-2
	3	5	-2	0

$f(x)=(x-1)(3x^2+5x-2)=(x-1)(x+2)(3x-1)$
따라서 $a=2$, $P(x)=3x-1$이므로
$P(a)=P(2)=5$

달 ⑤

42 $f(x)=x^3-3x^2-6x+8$이라 하면 $f(1)=0$이므로 $f(x)$는 $x-1$을 인수로 갖는다.
조립제법을 이용하여 $f(x)$를 인수분해하면

1	1	-3	-6	8
		1	-2	-8
	1	-2	-8	0

$f(x)=(x-1)(x^2-2x-8)=(x-1)(x-4)(x+2)$

달 $(x-1)(x-4)(x+2)$

43 $f(x)=2x^3-11x^2+12x+9$라 하면 $f(3)=0$이므로 $f(x)$는 $x-3$을 인수로 갖는다.
조립제법을 이용하여 $f(x)$를 인수분해하면

3	2	-11	12	9
		6	-15	-9
	2	-5	-3	0

$f(x)=(x-3)(2x^2-5x-3)=(x-3)^2(2x+1)$
즉, $(x+a)^2(bx+c)=(x-3)^2(2x+1)$이므로
$a=-3$, $b=2$, $c=1$
따라서 $abc=(-3)\times2\times1=-6$

달 -6

44 $h(x)=x^4+2x^3-8x^2-18x-9$라 하면
$h(-1)=0$, $h(3)=0$이므로 인수정리에 의하여 $h(x)$는 $x+1$과 $x-3$을 인수로 갖는다.
조립제법을 이용하여 $h(x)$를 인수분해하면

-1	1	2	-8	-18	-9
		-1	-1	9	9
3	1	1	-9	-9	0
		3	12	9	
	1	4	3	0	

$h(x)=(x+1)(x-3)(x^2+4x+3)$
$=(x+1)(x-3)(x+3)(x+1)$
$=(x+1)^2(x-3)(x+3)$

이때 $f(x)$, $g(x)$가 모두 $x-a$를 인수로 가져야 하므로
$$\begin{cases} f(x)=(x+1)(x-3) \\ g(x)=(x+1)(x+3) \end{cases} \text{또는} \begin{cases} f(x)=(x+1)(x+3) \\ g(x)=(x+1)(x-3) \end{cases}$$
즉, $a=-1$
(i) $f(x)=(x+1)(x-3)$, $g(x)=(x+1)(x+3)$인 경우
　　$f(-2)+g(1)=(-1)\times(-5)+2\times4=13$
(ii) $f(x)=(x+1)(x+3)$, $g(x)=(x+1)(x-3)$인 경우
　　$f(-2)+g(1)=(-1)\times1+2\times(-2)=-5$
따라서 $f(2a)+g(-a)$의 최댓값은 13이다.

답 ④

45 $h(x)=x^4+3x^3+x^2-3x-2$라 하면
$h(1)=0$, $h(-1)=0$이므로 $h(x)$는 $x-1$과 $x+1$을 인수로 갖는다.
조립제법을 이용하여 $h(x)$를 인수분해하면

```
 1 │ 1    3    1   -3   -2
   │      1    4    5    2
───┼─────────────────────────
-1 │ 1    4    5    2 │  0
   │     -1   -3   -2
───┼─────────────────────────
     1    3    2 │  0
```

$h(x)=(x-1)(x+1)(x^2+3x+2)$
　　　$=(x-1)(x+1)(x+1)(x+2)$
　　　$=(x+1)^2(x-1)(x+2)$
즉, $f(x)g(x)=(x+1)^2(x-1)(x+2)$이고
조건 (가)에서 $f(a)=g(a)=0$이므로 $a=-1$
조건 (나)에서 $f(-2)g(1)\neq0$이므로
$f(x)=(x+1)(x-1)$, $g(x)=(x+1)(x+2)$
따라서 $g(3)-f(3)=4\times5-4\times2=12$

답 12

46 $f(x)=x^3-4x^2+3x+a$가 $x-1$로 나누어떨어지므로
$f(1)=1-4+3+a=0$, $a=0$
$f(x)=x^3-4x^2+3x$
　　　$=x(x^2-4x+3)$
　　　$=x(x-3)(x-1)$
따라서 $f(x)$의 인수인 것은 $x-1$이다.

답 ②

47 $f(x)=x^4+4x^3+6x^2+5x+a$가 $x+1$로 나누어떨어지므로
$f(-1)=1-4+6-5+a=0$, $a=2$
따라서 $f(x)=x^4+4x^3+6x^2+5x+2$이고, 이때 $f(-2)=0$이므로
조립제법을 이용하여 인수분해하면

```
-1 │ 1    4    6    5    2
   │     -1   -3   -3   -2
───┼─────────────────────────
-2 │ 1    3    3    2 │  0
   │     -2   -2   -2
───┼─────────────────────────
     1    1    1 │  0
```

$f(x)=(x+1)(x+2)(x^2+x+1)$

답 $(x+1)(x+2)(x^2+x+1)$

48 $f(x)=x^4+ax^3-x+b$라 하면 $f(x)$가 $x-1$과 $x-2$를 인수로
가지므로
$f(1)=1+a-1+b=0$에서
$a+b=0$　　　……㉠
$f(2)=16+8a-2+b=0$에서
$8a+b=-14$　　　……㉡
㉠, ㉡을 연립하여 풀면
$a=-2$, $b=2$
$f(x)=x^4-2x^3-x+2$
　　　$=x^3(x-2)-(x-2)$
　　　$=(x-2)(x^3-1)$
　　　$=(x-1)(x-2)(x^2+x+1)$
따라서 $Q(x)=x^2+x+1$이므로
$Q(ab)=Q(-4)=16-4+1=13$

답 ③

49 $f(x)=3x^3+ax+b$라 하면 $f(x)$가 $(x-1)^2$을 인수로 가지므로
조립제법을 이용하여 인수분해하면

```
 1 │ 3    0    a      b
   │      3    3      a+3
───┼──────────────────────────
 1 │ 3    3    a+3 │  a+b+3
   │      3    6
───┼──────────────────────────
     3    6 │  a+9
```

$f(x)=(x-1)^2(3x+6)$
따라서 $Q(x)=3x+6$
이때 $a+b+3=0$, $a+9=0$이므로
$a=-9$, $b=6$
따라서 $Q(b-a)=Q(15)=51$

답 51

50 $f(x)=x^3+kx^2+(k-3)x-2$라 하면 $f(x)$가 $x+1$을 인수로
가지므로 조립제법을 이용하여 인수분해하면

```
-1 │ 1    k      k-3    -2
   │     -1     -k+1     2
───┼──────────────────────────
     1    k-1    -2  │   0
```

$f(x)=(x+1)\{x^2+(k-1)x-2\}$
따라서 $Q(x)=x^2+(k-1)x-2$이고, $Q(1)=5$이므로
$Q(1)=1+k-1-2=5$
$k=7$

답 7

51 $4x^2-4xy+y^2-1$
　　$=(2x-y)^2-1^2$
　　$=(2x-y-1)(2x-y+1)$

이므로
$|A-B|=|(2x-y-1)-(2x-y+1)|=2$

답 ③

52 주어진 식을 x에 대하여 내림차순으로 정리하여 인수분해하면
$xy^2+xz^2+yz^2+x^2y+zx^2+y^2z+2xyz$
$=(y+z)x^2+(y^2+2yz+z^2)x+yz(y+z)$
$=(y+z)x^2+(y+z)^2x+yz(y+z)$
$=(y+z)\{x^2+(y+z)x+yz\}$
$=(y+z)(x+y)(x+z)$ ...... ㉠
이때 $x+y+z=1$이므로
$y+z=\boxed{1-x}$, $x+y=1-z$, $x+z=1-y$ ...... ㉡
㉡을 ㉠에 대입하여 정리하면
$xy^2+xz^2+yz^2+x^2y+zx^2+y^2z+2xyz$
$=(\boxed{1-x})(1-y)(1-z)$
$=-(x-\boxed{1})(y-1)(z-1)$
따라서 $a=-1$, $b=-1$, $c=-1$이므로
$a+b+c=\boxed{-3}$
따라서 $f(x)=1-x$이고 $p=1$, $q=-3$이므로
$p+f(q)=1+f(-3)=1+4=5$

답 ⑤

53 $-x^2+y^2+z^2+2yz$
$\quad=y^2+2yz+z^2-x^2$
$\quad=(y+z)^2-x^2$
$\quad=(y+z+x)(y+z-x)$ ...... ㉠
$y+z=\boxed{2x+1}$이므로 이를 ㉠에 대입하면
$-x^2+y^2+z^2+2yz$
$=(\boxed{2x+1}+x)(\boxed{2x+1}-x)$
$=\boxed{(3x+1)(x+1)}$
따라서 $f(x)=2x+1$, $g(x)=(3x+1)(x+1)$이므로
$f(1)+g(1)=3+8=11$

답 ⑤

54 $x+1=X$로 놓으면
$(x+1)^2-y(x+1)-2y^2$
$=X^2-yX-2y^2$
$=(X-2y)(X+y)$
$=(x+1-2y)(x+1+y)$
$=(x-2y+1)(x+y+1)$
이므로 두 다항식 A, B는
$A=x-2y+1$, $B=x+y+1$ 또는 $A=x+y+1$, $B=x-2y+1$
$A=0$, $B=0$에서
$x+y+1=0$, $x-2y+1=0$
위의 두 식을 연립하여 풀면
$x=-1$, $y=0$
따라서 $a=-1$, $b=0$이므로 $b-a=1$

답 ①

55 주어진 식의 좌변을 z에 대하여 내림차순으로 정리한 후 인수분해하면
$x^2y+xy^2+xyz+x+y+z$
$=z(xy+1)+xy(x+y)+(x+y)$
$=z(xy+1)+(x+y)(xy+1)$
$=(x+y+z)(xy+1)$
즉, $(x+y+z)(xy+1)=12$
x, y, z는 자연수이므로 $x+y+z\geq3$이고 $xy+1\geq2$
(ⅰ) $x+y+z=4$, $xy+1=3$인 경우
  $x=1$, $y=2$, $z=1$ 또는 $x=2$, $y=1$, $z=1$이므로
  $x+y=3$
(ⅱ) $x+y+z=6$, $xy+1=2$인 경우
  $x=1$, $y=1$, $z=4$이므로 $x+y=2$
그 이외의 경우는 조건을 만족시키는 세 자연수 x, y, z가 존재하지 않는다.
따라서 $x+y$의 최댓값은 3이다.

답 ③

56 $x^2-6y^2+2x-xy-y+1$
$\quad=x^2+(2-y)x-6y^2-y+1$
$\quad=x^2+(2-y)x-(2y+1)(3y-1)$
$\quad=(x+2y+1)(x-3y+1)$
$A=x+2y+1$, $B=x-3y+1$
또는 $A=x-3y+1$, $B=x+2y+1$이다.
ㄱ. A, B의 y항의 계수의 합은 $-3+2=-1$이다. (참)
ㄴ. (ⅰ) $A=x+2y+1$, $B=x-3y+1$인 경우
    $A-B=5y$이다.
  (ⅱ) $A=x-3y+1$, $B=x+2y+1$인 경우
    $A-B=-5y$이다.
  (ⅰ), (ⅱ)에 의하여 $A-B$는 $5y$ 또는 $-5y$이다. (거짓)
ㄷ. x, y가 모두 자연수이면 $x+2y+1\geq4$이고,
  $x+2y+1$, $x-3y+1$은 모두 정수이다.
  $A\times B=(x+2y+1)(x-3y+1)=-16$이므로
  $x+2y+1$의 값으로 가능한 것은 4, 8, 16이다.
  (ⅰ) $x+2y+1=4$, $x-3y+1=-4$인 경우
    위 두 식을 연립하여 풀면 $x=-\dfrac{1}{5}$, $y=\dfrac{8}{5}$이므로
    조건을 만족시키는 두 자연수 x, y는 존재하지 않는다.
  (ⅱ) $x+2y+1=8$, $x-3y+1=-2$인 경우
    위 두 식을 연립하여 풀면 $x=3$, $y=2$이므로 두 자연수 x, y가 존재한다.
  (ⅲ) $x+2y+1=16$, $x-3y+1=-1$인 경우
    위 두 식을 연립하여 풀면 $x=\dfrac{41}{5}$, $y=\dfrac{17}{5}$이므로
    조건을 만족시키는 두 자연수 x, y는 존재하지 않는다.
  (ⅰ), (ⅱ), (ⅲ)에 의하여 $A\times B=-16$을 만족시키는 두 자연수 x, y가 존재한다. (참)
따라서 옳은 것은 ㄱ, ㄷ이다.

답 ③

57
$$P=x^2+4y^2+9z^2+4xy+12yz+6zx$$
$$=x^2+(2y)^2+(3z)^2+2\{x\times(2y)+(2y)\times(3z)+(3z)\times x\}$$
$$=(x+2y+3z)^2$$

ㄱ. x, y, z가 모두 정수이면 $x+2y+3z$도 정수이므로
$P=(x+2y+3z)^2\geq 0$이다. (참)

ㄴ. x, y, z가 모두 자연수이면 $x+2y+3z\geq 6$이므로
$P=(x+2y+3z)^2\geq 36$이다. (참)

ㄷ. x, y, z가 모두 자연수이면 $x+2y+3z\geq 6$이므로
$P=64$이면 $x+2y+3z=8$ ...... ㉠
㉠을 만족시키는 자연수 x, y, z는
$x=1$, $y=2$, $z=1$ 또는 $x=3$, $y=1$, $z=1$
즉, xyz의 값은 2 또는 3이므로 xyz의 최솟값은 2이다. (거짓)

따라서 옳은 것은 ㄱ, ㄴ이다.

답 ③

58
$$8x^3-4x^2y-2xy^2+y^3$$
$$=(8x^3+y^3)-2xy(2x+y)$$
$$=(2x+y)(4x^2-2xy+y^2)-2xy(2x+y)$$
$$=(2x+y)(4x^2-4xy+y^2)$$
$$=(2x+y)(2x-y)^2$$

두 다항식 P, Q의 x항의 계수가 양수이므로
$P=2x+y$, $Q=2x-y$

ㄱ. $P+2Q=(2x+y)+2\times(2x-y)$
$\qquad\quad =6x-y$
이므로 $P+2Q$의 y항의 계수는 -1이다. (참)

ㄴ. x, y가 모두 정수이면 P, Q도 모두 정수이다.
$P\times Q^2=-1$일 때 가능한 P, Q의 값은
$P=-1$, $Q=1$ 또는 $P=-1$, $Q=-1$
(i) $P=-1$, $Q=1$인 경우
$2x+y=-1$, $2x-y=1$을 연립하여 풀면
$x=0$, $y=-1$이므로 정수 x, y가 존재한다.
(ii) $P=-1$, $Q=-1$인 경우
$2x+y=-1$, $2x-y=-1$을 연립하여 풀면
$x=-\dfrac{1}{2}$, $y=0$이므로 정수 x, y는 존재하지 않는다.

(i), (ii)에 의하여 $P\times Q^2=-1$을 만족시키는 두 정수 x, y가 존재한다. (참)

ㄷ. x, y가 모두 자연수이면 P는 3 이상의 자연수이고 Q는 정수이다.
$P\times Q^2=p$ (p는 10 이하의 소수)라 하면
p는 3 이상 10 이하의 소수이고
$P=p$, $Q=1$ 또는 $P=p$, $Q=-1$
(i) $P=p$, $Q=1$인 경우
$2x+y=p$, $2x-y=1$을 연립하여 풀면
$x=\dfrac{p+1}{4}$, $y=\dfrac{p-1}{2}$
$p=3$이면 $x=1$, $y=1$
$p=5$이면 조건을 만족시키는 두 자연수 x, y는 존재하지 않는다.
$p=7$이면 $x=2$, $y=3$

(ii) $P=p$, $Q=-1$인 경우
$2x+y=p$, $2x-y=-1$을 연립하여 풀면
$x=\dfrac{p-1}{4}$, $y=\dfrac{p+1}{2}$
$p=3$이면 조건을 만족시키는 두 자연수 x, y는 존재하지 않는다.
$p=5$이면 $x=1$, $y=3$
$p=7$이면 조건을 만족시키는 두 자연수 x, y는 존재하지 않는다.

(i), (ii)에 의하여 가능한 $x+y$의 값은 2, 4, 5이므로 주어진 조건을 만족시키는 $x+y$의 최댓값은 5이다. (참)

따라서 옳은 것은 ㄱ, ㄴ, ㄷ이다.

답 ⑤

59 $20=x$로 놓으면
$$\sqrt{20\times 22^2\times 24+4}$$
$$=\sqrt{x(x+2)^2(x+4)+4}$$
$$=\sqrt{\{x(x+4)\}(x+2)^2+4}$$
$$=\sqrt{(x^2+4x)(x^2+4x+4)+4}$$
이때 $x^2+4x=X$라 하면
$$\sqrt{(x^2+4x)(x^2+4x+4)+4}$$
$$=\sqrt{X(X+4)+4}$$
$$=\sqrt{(X+2)^2}$$
$$=|X+2|=x^2+4x+2$$
$$=20^2+4\times 20+2=482$$

답 482

60 $17=x$, $13=y$로 놓으면
$$\dfrac{17^3+13^3}{17^2-17\times 13+13^2}$$
$$=\dfrac{x^3+y^3}{x^2-xy+y^2}$$
$$=\dfrac{(x+y)(x^2-xy+y^2)}{x^2-xy+y^2}$$
$$=x+y=17+13=30$$

답 ③

61 $19=a$로 놓으면
$$19^3+19^2-20$$
$$=a^3+a^2-a-1$$
$$=a^2(\boxed{a+1})-(\boxed{a+1})$$
$$=(a^2-1)(\boxed{a+1})$$
$$=(a-1)(\boxed{a+1})^2$$
$$=18\times 400=\boxed{7200}$$
따라서 $f(a)=a+1$, $k=7200$이므로
$f(k)=f(7200)=7201$

답 ②

62 $10=x$로 놓으면
$10 \times 11 \times 12 \times 13 + 1$
$= x(x+1)(x+2)(x+3) + 1$
$= \{x(x+3)\}\{(x+1)(x+2)\} + 1$
$= (x^2+3x)(x^2+3x+2) + 1$
$x^2+3x=X$라 하면
$(x^2+3x)(x^2+3x+2) + 1$
$= X(X+2) + 1$
$= X^2 + 2X + 1$
$= (X+1)^2$
$= (x^2+3x+1)^2$
$= n^2$
따라서 $n = x^2+3x+1 = 10^2 + 3 \times 10 + 1 = 131$

답 131

63 $f(a) = a^3 - 4a^2 - 3a + 18$이라 하면
$f(3) = 27 - 36 - 9 + 18 = 0$
이므로 $f(a)$는 $a-3$을 인수로 갖는다.

```
 3 │ 1   -4   -3    18
   │      3   -3   -18
   ─────────────────────
     1   -1   -6  │  0
```

위의 조립제법에 의하여
$f(a) = (a-3)(a^2-a-6) = (a-3)^2(a+2)$
따라서 $N = f(13) = 10^2 \times 15 = 1500$이므로
$\dfrac{N}{100} = 15$

답 15

64 주어진 식을 a에 대하여 내림차순으로 정리하여 인수분해하면
$b^2 + ab - ac - c^2$
$= a(b-c) + b^2 - c^2$
$= a(b-c) + (b+c)(b-c)$
$= (a+b+c)(b-c) = 0$
$a+b+c>0$이므로 $b-c=0$
따라서 주어진 삼각형은 $b=c$인 이등변삼각형이다.

답 ②

65 주어진 식을 a에 대하여 내림차순으로 정리하여 인수분해하면
$a^2b + a^2c - b^3 - b^2c - bc^2 - c^3$
$= (b+c)a^2 - b^2(b+c) - c^2(b+c)$
$= (b+c)(a^2 - b^2 - c^2) = 0$
$b+c>0$이므로 $a^2-b^2-c^2=0$, 즉 $a^2=b^2+c^2$
따라서 주어진 삼각형은 빗변의 길이가 a인 직각삼각형이다.

답 ③

66 조건 (가)에서
$(c-a)b^2 + (c^2-a^2)b + ac^2 - a^2c$
$= (c-a)b^2 + (c+a)(c-a)b + ac(c-a)$
$= (c-a)\{b^2 + (c+a)b + ac\}$
$= (c-a)(b+c)(b+a) = 0$
$b+c>0$, $b+a>0$이므로
$c-a=0$ ...... ㉠
조건 (나)에서
$(a-b)^2 - ca + bc$
$= (a-b)^2 - c(a-b)$
$= (a-b)(a-b-c) = 0$
삼각형의 성립 조건에 의하여 $a-b-c<0$이므로
$a-b=0$ ...... ㉡
㉠, ㉡에서 $a=b=c$이므로 삼각형 ABC는 정삼각형이다.

답 정삼각형

67 조건 (가)에서
$a^2 - b^2 + bc - ca$
$= c(b-a) - (b+a)(b-a)$
$= (b-a)(c-b-a) = 0$
이때 a, b, c는 삼각형의 세 변의 길이이므로
$c-b-a<0$
따라서 $b-a=0$, $b=a$ ...... ㉠
㉠을 조건 (나)의 $a^2+ab+b^2=12$에 대입하면
$a^2 + a^2 + a^2 = 12$, $a^2 = 4$
$a>0$이므로 $a=2$이고 ㉠에서 $b=2$
따라서 $a+b=4$

답 4

68 조건 (가)에서
$a^2 - b^2 + ac - bc = (a-b)(a+b) + c(a-b)$
$\qquad\qquad\qquad\quad = (a-b)(a+b+c) = 0$
이때 a, b, c는 삼각형의 세 변의 길이이므로
$a+b+c>0$
따라서 $a=b$
조건 (나)에서 $ab^2 - bc^2 = 0$이므로 $a=b$를 대입하면
$ab^2 - bc^2 = a^3 - ac^2$
$\qquad\quad = a(a+c)(a-c)$
$\qquad\quad = 0$
$a>0$, $a+c>0$이므로 $a=c$
즉, 삼각형 ABC는 한 변의 길이가 a인 정삼각형이다.
이때 조건 (다)에서 삼각형 ABC의 넓이가 $4\sqrt{3}$이므로
$\dfrac{\sqrt{3}}{4}a^2 = 4\sqrt{3}$에서 $a^2 = 16$, $a=4$
따라서 삼각형 ABC의 둘레의 길이는
$4 \times 3 = 12$

답 12

69 $f(x)=x^3+9x^2+23x+15$라 하면
$f(-1)=-1+9-23+15=0$
이므로 $f(x)$는 $x+1$을 인수로 갖는다.
조립제법을 이용하여 $f(x)$를 인수분해하면

$$
\begin{array}{r|rrrr}
-1 & 1 & 9 & 23 & 15 \\
   &   & -1 & -8 & -15 \\
\hline
   & 1 & 8 & 15 & 0
\end{array}
$$

$f(x)=(x+1)(x^2+8x+15)$
$\qquad =(x+1)(x+3)(x+5)$
각 모서리의 길이가 $x+1$, $x+3$, $x+5$이므로 모든 모서리의 길이의 합은
$4\{(x+1)+(x+3)+(x+5)\}=60$
$12x+36=60$, $12x=24$
따라서 $x=2$

답 2

70 $f(x)=2x^3+7x^2+7x+2$라 하면
$f(-1)=-2+7-7+2=0$
이므로 $f(x)$는 $x+1$을 인수로 갖는다.
조립제법을 이용하여 $f(x)$를 인수분해하면

$$
\begin{array}{r|rrrr}
-1 & 2 & 7 & 7 & 2 \\
   &   & -2 & -5 & -2 \\
\hline
   & 2 & 5 & 2 & 0
\end{array}
$$

$f(x)=(x+1)(2x^2+5x+2)$
$\qquad =(x+1)(x+2)(2x+1)$
이때 $x>1$이므로
$x+1<x+2<2x+1$
즉, 세 모서리의 길이 중 가장 작은 것은 $x+1$이다.
이 직육면체의 면 중에서 넓이가 가장 큰 면의 넓이는
$(2x+1)(x+2)$이므로 구하는 두 면의 넓이의 합은
$2(2x+1)(x+2)=4x^2+10x+4$
따라서 구하는 모든 항의 계수의 합은
$4+10+4=18$

답 ④

71 $2x^3+(2y+7)x^2+(7y+3)x+3y$
$\quad =2x^3+2x^2y+7x^2+7xy+3x+3y$
$\quad =y(2x^2+7x+3)+2x^3+7x^2+3x$
$\quad =y(x+3)(2x+1)+x(x+3)(2x+1)$
$\quad =(x+3)(2x+1)(y+x)$
즉, 이 직육면체의 세 모서리의 길이는 $x+3$, $2x+1$, $x+y$이므로 모든 모서리의 길이의 합은
$4\{(x+3)+(2x+1)+(x+y)\}=16x+4y+16$
따라서 $a=16$, $b=4$, $c=16$이므로
$a+b+c=16+4+16=36$

답 36

72 $\sqrt{3}=x$, $\sqrt{2}=y$로 놓으면 직육면체 모양의 상자 A, B, C, D의 부피가 각각 x^3, x^2y, xy^2, y^3이다.
이때 직육면체 모양의 상자 A, B, C, D가 각각 8개, 36개, 54개, 27개 있으므로 모두 사용하여 빈틈없이 쌓아 하나의 정육면체를 만들면 이 정육면체의 부피는 $8x^3+36x^2y+54xy^2+27y^3$이다.
$8x^3+36x^2y+54xy^2+27y^3$
$=(2x)^3+3\times(2x)^2\times(3y)+3\times(2x)\times(3y)^2+(3y)^3$
$=(2x+3y)^3$
즉, 한 모서리의 길이가 $2x+3y$인 정육면체이므로
$2\sqrt{3}+3\sqrt{2}=a\sqrt{3}+b\sqrt{2}$에서 $a=2$, $b=3$
따라서 $a+b=2+3=5$

답 5

73 $f(n)=n^3+7n^2+16n+12$라 하면
$f(-2)=0$이므로 $f(n)$은 $n+2$를 인수로 갖는다.
조립제법을 이용하여 $f(n)$을 인수분해하면

$$
\begin{array}{r|rrrr}
-2 & 1 & 7 & 16 & 12 \\
   &   & -2 & -10 & -12 \\
\hline
   & 1 & 5 & 6 & 0
\end{array}
$$

$f(n)=(n+2)(n^2+5n+6)$
$\qquad =(n+2)^2(n+3)$
즉, 밑면인 원의 반지름의 길이는 $n+2$, 원기둥의 높이는 $n+3$이므로
$a=2$, $b=3$
이때 밑면의 반지름의 길이와 높이의 합은 11이므로
$n+2+n+3=11$에서
$2n=6$, $n=3$
따라서 $an+b=2\times3+3=9$

답 9

서술형 완성하기
본문 59쪽

01 -2 **02** $(x+1)(x+2)$ **03** 2499
04 $a=3$, $b=-3$ **05** $(a+b)^2(a+b-c)$ **06** 81

01 $x^2-xy-2y^2+ax-5y-3$
$\quad =x^2+(a-y)x-2y^2-5y-3$
$\quad =x^2+(-y+a)x-(y+1)(2y+3)$ ······ ❶
주어진 식이 x, y에 대한 두 일차식의 곱으로 인수분해되려면
$-y+a=(y+1)-(2y+3)$
$a=-2$ ······ ❷

답 -2

단계	채점 기준	비율
❶	주어진 식을 x 또는 y에 대한 내림차순으로 정리한 경우	50 %
❷	a의 값을 구한 경우	50 %

02 $f(x)$가 $x-1$, $x+1$을 인수로 가지므로 조립제법에서

$$
\begin{array}{r|rrrrr}
1 & 1 & -k & 1 & k & -2 \\
  &   & 1 & -k+1 & -k+2 & 2 \\
\hline
-1 & 1 & -k+1 & -k+2 & 2 & \;\;0 \\
  &   & -1 & k & -2 & \\
\hline
  & 1 & -k & 2 & \;\;0 &
\end{array}
$$

$g(x)$는 $f(x)$를 $(x-1)(x+1)$로 나누었을 때의 몫이므로

$g(x)=x^2-kx+2$ $\qquad$ ······ ❶

$g(1)=6$이므로

$g(1)=1-k+2=6$에서

$k=-3$ $\qquad$ ······ ❷

따라서 $g(x)=x^2+3x+2=(x+1)(x+2)$ $\qquad$ ······ ❸

🅰 $(x+1)(x+2)$

단계	채점 기준	비율
❶	$g(x)=x^2-kx+2$를 구한 경우	40 %
❷	k의 값을 구한 경우	40 %
❸	$g(x)$를 인수분해한 경우	20 %

03 $50=x$로 놓으면

$$
\frac{50^6-1}{50^4+50^2+1}
$$

$$
=\frac{x^6-1}{x^4+x^2+1}
$$

$$
=\frac{(x^3)^2-1}{(x^2+1)^2-x^2}
$$

$$
=\frac{(x^3-1)(x^3+1)}{(x^2+x+1)(x^2-x+1)}
$$

$$
=\frac{(x-1)(x^2+x+1)(x+1)(x^2-x+1)}{(x^2+x+1)(x^2-x+1)} \quad \text{······ ❶}
$$

$$
=(x-1)(x+1)
$$

$$
=x^2-1
$$

$$
=50^2-1
$$

$$
=2500-1=2499 \qquad \text{······ ❷}
$$

🅰 2499

단계	채점 기준	비율
❶	분자, 분모의 식을 인수분해한 경우	50 %
❷	주어진 식의 값을 구한 경우	50 %

다른 풀이

$50^2=x$로 놓으면

$$
\frac{50^6-1}{50^4+50^2+1}
$$

$$
=\frac{x^3-1}{x^2+x+1}
$$

$$
=\frac{(x-1)(x^2+x+1)}{x^2+x+1} \qquad \text{······ ❶}
$$

$$
=x-1
$$

$$
=50^2-1=2499 \qquad \text{······ ❷}
$$

04 x^3-3x^2+2x-6을 인수분해하면

x^3-3x^2+2x-6

$=x^3+2x-3(x^2+2)$

$=x(x^2+2)-3(x^2+2)$

$=(x-3)(x^2+2)$

x^3-3x^2+2x-6이 일차식 $x+b$(b는 정수)를 인수로 가지므로

$b=-3$ $\qquad$ ······ ❶

$f(x)=x^2-4x+a$라 하면 $f(x)$가 일차식 $x-3$을 인수로 가지므로 인수정리에 의하여

$f(3)=3^2-4\times3+a=0$, $a=3$ $\qquad$ ······ ❷

🅰 $a=3$, $b=-3$

단계	채점 기준	비율
❶	b의 값을 구한 경우	50 %
❷	a의 값을 구한 경우	50 %

05 $a^3+(3b-c)a^2+(3b^2-2bc)a+b^3-b^2c$

$=a^3+3a^2b-a^2c+3ab^2-2abc+b^3-b^2c$

$=c(-a^2-2ab-b^2)+a^3+3a^2b+3ab^2+b^3$ $\qquad$ ······ ❶

$=-c(a+b)^2+(a+b)^3$

$=(a+b)^2(a+b-c)$ $\qquad$ ······ ❷

🅰 $(a+b)^2(a+b-c)$

단계	채점 기준	비율
❶	주어진 식을 c에 대한 내림차순으로 정리한 경우	50 %
❷	다항식을 인수분해한 경우	50 %

06 $(x^2+7x+10)(x^2-5x+4)+k$

$=(x+2)(x+5)(x-4)(x-1)+k$

$=\{(x+5)(x-4)\}\{(x+2)(x-1)\}+k$

$=(x^2+x-20)(x^2+x-2)+k$ $\qquad$ ······ ❶

이때 $x^2+x=X$로 놓으면

$(x^2+x-20)(x^2+x-2)+k$

$=(X-20)(X-2)+k$

$=X^2-22X+40+k$

$=(X-11)^2+k-81$

$=(x^2+x-11)^2+k-81$ $\qquad$ ······ ❷

이때 주어진 식이 x에 대한 이차식의 완전제곱식으로 인수분해되려면

$k-81=0$이어야 하므로

$k=81$ $\qquad$ ······ ❸

🅰 81

단계	채점 기준	비율
❶	주어진 식을 x^2+x로 표현한 경우	40 %
❷	x에 대한 이차식의 완전제곱식으로 표현한 경우	40 %
❸	k의 값을 구한 경우	20 %

내신 + 수능 고난도 도전

01 5000 **02** 44 **03** 39 **04** $8\sqrt{3}$

01 $f(x)=x^4+3x^3-6x^2-28x-24$에 대하여

$f(-2)=0$, $f(3)=0$이므로 $f(x)$는 $x+2$, $x-3$을 인수로 갖는다.

조립제법을 이용하여 $f(x)$를 인수분해하면

$$
\begin{array}{r|rrrrr}
-2 & 1 & 3 & -6 & -28 & -24 \\
   &   & -2 & -2 & 16 & 24 \\
\hline
3 & 1 & 1 & -8 & -12 & \multicolumn{1}{|r}{0} \\
  &   & 3 & 12 & 12 & \\
\hline
  & 1 & 4 & 4 & \multicolumn{1}{|r}{0} &
\end{array}
$$

$f(x)=(x+2)(x-3)(x^2+4x+4)$
$\qquad =(x+2)^3(x-3)$

따라서 $f(x)$를 $x-8$로 나누었을 때의 나머지는 나머지정리에 의하여

$f(8)=(8+2)^3(8-3)=5000$

目 5000

다른 풀이

$f(x)$를 $x-8$로 나누었을 때의 나머지는 나머지정리에 의하여

$f(8)=8^4+3\times 8^3-6\times 8^2-28\times 8-24=5000$

02 $x^4+x^2+n^2$
$\qquad =(x^2)^2+2nx^2+n^2-(2n-1)x^2$
$\qquad =(x^2+n)^2-(2n-1)x^2$

이때 주어진 식이 x에 대한 두 이차식의 곱으로 인수분해되려면 $2n-1$이 어떤 자연수의 제곱이어야 한다.

25 이하의 자연수 n에 대하여 $2n-1$이 홀수이므로 $2n-1$의 값은 홀수의 제곱이어야 한다.

즉, 가능한 $2n-1$의 값은 1, 9, 25, 49이므로 n의 값은 1, 5, 13, 25이다.

따라서 모든 자연수 n의 값의 합은

$1+5+13+25=44$

目 44

03 $g(2)=0$이므로 $g(x)$는 $x-2$를 인수로 갖는다.

조립제법을 이용하여 $g(x)$를 인수분해하면

$$
\begin{array}{r|rrrr}
2 & 1 & -2 & 2 & -4 \\
  &   & 2 & 0 & 4 \\
\hline
  & 1 & 0 & 2 & \multicolumn{1}{|r}{0}
\end{array}
$$

$g(x)=(x-2)(x^2+2)$

조건 (가), (다)에서 정수 c에 대하여 $f(x)$, $g(x)$가 모두 일차식 $x+c$를 인수로 가지므로 $c=-2$

$$
\begin{array}{r|rrrr}
2 & 1 & a & 1 & b \\
  &   & 2 & 2a+4 & 4a+10 \\
\hline
2 & 1 & a+2 & 2a+5 & \multicolumn{1}{|r}{4a+b+10} \\
  &   & 2 & 2a+8 & \\
\hline
  & 1 & a+4 & \multicolumn{1}{|r}{4a+13} &
\end{array}
$$

조건 (나)에서 $f(x)$는 $(x+c)^2$, 즉 $(x-2)^2$을 인수로 가지므로 위의 조립제법에서

$4a+b+10=0$, $4a+13=0$

$a=-\dfrac{13}{4}$, $b=3$

따라서 $2abc=2\times\left(-\dfrac{13}{4}\right)\times 3\times(-2)=39$

目 39

04 조건 (가)에서

$a^2(a+b)+a(b^2-c^2)+b^3-bc^2$
$=a^3+a^2b+ab^2-ac^2+b^3-bc^2$
$=(-a-b)c^2+a^3+a^2b+ab^2+b^3$
$=-(a+b)c^2+a^2(a+b)+b^2(a+b)$
$=(a+b)(a^2+b^2-c^2)$
$=0$

a, b, c는 삼각형의 세 변의 길이이므로 $a+b>0$

따라서 $a^2+b^2-c^2=0$

즉, 삼각형 ABC는 빗변의 길이가 c인 직각삼각형이다.

조건 (나)에서 $(c-a)(c-2b)(c-b)=0$이고,

$c\neq a$이고 $c\neq b$이므로 $c=2b$ ······ ㉠

조건 (다)에서 $3b+c=20$이므로 ㉠을 대입하면

$3b+2b=20$, $b=4$

따라서 $a=4\sqrt{3}$, $b=4$, $c=8$이므로 삼각형 ABC의 넓이는

$\dfrac{1}{2}\times 4\sqrt{3}\times 4=8\sqrt{3}$

目 $8\sqrt{3}$

Ⅱ. 방정식과 부등식

04 복소수와 이차방정식

본문 63~65쪽

개념 확인하기

01 실수부분: 3, 허수부분: 4　　**02** 실수부분: 1, 허수부분: -2

03 실수부분: 3, 허수부분: 0　　**04** 실수부분: 0, 허수부분: -4

05 4　　**06** 실수: 0, $-\sqrt{5}$, i^2, $1-\sqrt{3}$, 허수: $\sqrt{2}i$, $1+i$

07 $a=3$, $b=2$　　　　　**08** $a=4$, $b=-2$

09 $a=3$, $b=-4$　　　　**10** $a=0$, $b=3$　　　**11** $3+i$

12 $\frac{1}{2}+\sqrt{2}i$　**13** 4　　**14** $2i+3$　**15** 2　　**16** $\sqrt{2}$, -3

17 $4+i$　**18** $5-5i$　**19** 10　　**20** $\frac{1}{2}+\frac{1}{2}i$　**21** $2i$

22 $-1-4i$　**23** $2i$ 또는 $-2i$　　**24** $\frac{\sqrt{2}}{2}i$ 또는 $-\frac{\sqrt{2}}{2}i$

25 -9　**26** $4i$　**27** 3　　**28** $-\sqrt{6}i$

29 $x=2i$ 또는 $x=-2i$, 허근　　**30** $x=1$ 또는 $x=2$, 실근

31 $x=\dfrac{-1+\sqrt{3}i}{2}$ 또는 $x=\dfrac{-1-\sqrt{3}i}{2}$, 허근

32 $x=2$(중근), 실근　　**33** -16　**34** 1　　**35** -3

36 0　　**37** 서로 다른 두 허근　　**38** 서로 다른 두 실근

39 서로 다른 두 허근　　**40** 서로 같은 두 실근(중근)

41 $a<4$　**42** $a=-2\sqrt{3}$ 또는 $a=2\sqrt{3}$　　**43** $a\leq\frac{1}{2}$

44 $a>9$　**45** -12 또는 12　　**46** 16

47 (두 근의 합)$=4$, (두 근의 곱)$=8$

48 (두 근의 합)$=-2$, (두 근의 곱)$=\frac{5}{2}$

49 (두 근의 합)$=-\frac{3}{2}$, (두 근의 곱)$=-3$

50 (두 근의 합)$=\frac{\sqrt{2}}{2}$, (두 근의 곱)$=\frac{1}{3}$

51 $x^2-4x+6=0$　　**52** $x^2+2x+5=0$

53 $x^2-3x+2=0$　　**54** $x^2+4x+3=0$

55 $x^2-1=0$　　**56** $x^2-4x+5=0$

57 $x^2-8x+15=0$　　**58** $x^2-2x-1=0$

59 13　　**60** 1　　**61** -3　　**62** 3

---

01 답 실수부분: 3, 허수부분: 4

02 답 실수부분: 1, 허수부분: -2

03 답 실수부분: 3, 허수부분: 0

04 답 실수부분: 0, 허수부분: -4

05 $2+\frac{1}{2}i$의 실수부분이 2이고 허수부분이 $\frac{1}{2}$이므로

$a=2$, $b=\frac{1}{2}$

따라서 $a+4b=2+4\times\frac{1}{2}=4$

답 4

06 $i^2=-1$이므로

실수: 0, $-\sqrt{5}$, i^2, $1-\sqrt{3}$

허수: $\sqrt{2}i$, $1+i$

답 실수: 0, $-\sqrt{5}$, i^2, $1-\sqrt{3}$, 허수: $\sqrt{2}i$, $1+i$

07 답 $a=3$, $b=2$

08 $a-1=3$, $2b=-4$이므로

$a=4$, $b=-2$

답 $a=4$, $b=-2$

09 $a+b=-1$, $a=3$이므로 $b=-4$

따라서 $a=3$, $b=-4$

답 $a=3$, $b=-4$

10 $a=0$, $a-2b=-6$이므로 $b=3$

따라서 $a=0$, $b=3$

답 $a=0$, $b=3$

11 답 $3+i$

12 답 $\frac{1}{2}+\sqrt{2}i$

13 답 4

14 답 $2i+3$

15 $\overline{3-2i}=3+2i$

답 2

16 $\overline{\sqrt{2}+3i}=\sqrt{2}-3i$

답 $\sqrt{2}$, -3

17 $3i+(4-2i)=4+(3-2)i=4+i$

답 $4+i$

18 $(4-3i)-(-1+2i)=\{4-(-1)\}+(-3-2)i$

$=5-5i$

답 $5-5i$

19 $(2+i)(4-2i)=8-2i^2-4i+4i$

$=8+2=10$

답 10

20 $\dfrac{1}{1-i}=\dfrac{1+i}{(1-i)(1+i)}=\dfrac{1+i}{1-i^2}=\dfrac{1+i}{2}=\dfrac{1}{2}+\dfrac{1}{2}i$

目 $\dfrac{1}{2}+\dfrac{1}{2}i$

21 $(1+i)^2=1+2i+i^2=2i$

目 $2i$

22 $\dfrac{4-i}{i}=\dfrac{(4-i)i}{i^2}=\dfrac{4i-i^2}{-1}=-4i-1=-1-4i$

目 $-1-4i$

23 $\sqrt{-4}=2i$, $-\sqrt{-4}=-2i$이므로 $2i$ 또는 $-2i$

目 $2i$ 또는 $-2i$

24 $\sqrt{-\dfrac{1}{2}}=\sqrt{\dfrac{1}{2}}i=\dfrac{\sqrt{2}}{2}i$, $-\sqrt{-\dfrac{1}{2}}=-\sqrt{\dfrac{1}{2}}i=-\dfrac{\sqrt{2}}{2}i$이므로
$\dfrac{\sqrt{2}}{2}i$ 또는 $-\dfrac{\sqrt{2}}{2}i$

目 $\dfrac{\sqrt{2}}{2}i$ 또는 $-\dfrac{\sqrt{2}}{2}i$

25 $\sqrt{-3}\sqrt{-27}=-\sqrt{81}=-9$

目 -9

26 $\sqrt{2}\sqrt{-8}=\sqrt{-16}=\sqrt{16}i=4i$

目 $4i$

27 $\dfrac{\sqrt{-27}}{\sqrt{-3}}=\sqrt{\dfrac{-27}{-3}}=\sqrt{9}=3$

目 3

28 $\dfrac{\sqrt{12}}{\sqrt{-2}}=-\sqrt{\dfrac{12}{-2}}=-\sqrt{-6}=-\sqrt{6}i$

目 $-\sqrt{6}i$

29 $x^2+4=0$에서 $x^2=-4$이므로
$x=\sqrt{-4}=2i$ 또는 $x=-\sqrt{-4}=-2i$
즉, 서로 다른 두 허근을 갖는다.

目 $x=2i$ 또는 $x=-2i$, 허근

30 $x^2-3x+2=0$에서 $(x-1)(x-2)=0$이므로
$x=1$ 또는 $x=2$
즉, 서로 다른 두 실근을 갖는다.

目 $x=1$ 또는 $x=2$, 실근

31 $x^2+x+1=0$에서 근의 공식을 이용하면
$x=\dfrac{-1\pm\sqrt{1^2-4\times1\times1}}{2}=\dfrac{-1\pm\sqrt{-3}}{2}$
$=\dfrac{-1\pm\sqrt{3}i}{2}$
따라서 $x=\dfrac{-1+\sqrt{3}i}{2}$ 또는 $x=\dfrac{-1-\sqrt{3}i}{2}$
즉, 서로 다른 두 허근을 갖는다.

目 $x=\dfrac{-1+\sqrt{3}i}{2}$ 또는 $x=\dfrac{-1-\sqrt{3}i}{2}$, 허근

32 $x^2-4x+4=0$에서 $(x-2)^2=0$이므로 $x=2$
즉, 서로 같은 두 실근 (중근)을 갖는다.

目 $x=2$(중근), 실근

33 $D=0^2-4\times1\times4=-16$

目 -16

34 $D=(-3)^2-4\times1\times2=1$

目 1

35 $D=1^2-4\times1\times1=-3$

目 -3

36 $D=(-4)^2-4\times1\times4=0$

目 0

37 이 이차방정식의 판별식을 D라 할 때,
$D=(-1)^2-4\times1\times1=-3<0$
이므로 서로 다른 두 허근을 갖는다.

目 서로 다른 두 허근

38 이 이차방정식의 판별식을 D라 할 때,
$D=5^2-4\times1\times3=13>0$
이므로 서로 다른 두 실근을 갖는다.

目 서로 다른 두 실근

39 이 이차방정식의 판별식을 D라 할 때,
$\dfrac{D}{4}=1^2-3\times1=-2<0$
이므로 서로 다른 두 허근을 갖는다.

目 서로 다른 두 허근

40 이 이차방정식의 판별식을 D라 할 때,
$\dfrac{D}{4}=(-2)^2-4\times1=0$
이므로 서로 같은 두 실근(중근)을 갖는다.

目 서로 같은 두 실근(중근)

41 이 이차방정식의 판별식을 D라 할 때,
$\dfrac{D}{4}=(-2)^2-1\times a>0$이어야 하므로
$4-a>0$에서 $a<4$

目 $a<4$

42 이 이차방정식의 판별식을 D라 할 때,
$D=a^2-4\times1\times3=0$이어야 하므로 $a^2=12$에서
$a=-2\sqrt{3}$ 또는 $a=2\sqrt{3}$

目 $a=-2\sqrt{3}$ 또는 $a=2\sqrt{3}$

43 이 이차방정식의 판별식을 D라 할 때,

$\dfrac{D}{4}=1^2-2\times a\geq0$이어야 하므로

$1-2a\geq0$에서 $a\leq\dfrac{1}{2}$

답 $a\leq\dfrac{1}{2}$

44 이 이차방정식의 판별식을 D라 할 때,

$\dfrac{D}{4}=3^2-1\times a<0$이어야 하므로

$9-a<0$에서 $a>9$

답 $a>9$

45 $4x^2+ax+9$가 완전제곱식이 되려면
이차방정식 $4x^2+ax+9=0$이 중근을 가져야 하므로
이 이차방정식의 판별식을 D라 할 때,

$D=a^2-4\times4\times9=0$이어야 한다.

즉, $a^2=144$이므로

$a=-12$ 또는 $a=12$

답 -12 또는 12

46 ax^2-8x+1이 완전제곱식이 되려면
이차방정식 $ax^2-8x+1=0$이 중근을 가져야 하므로
이 이차방정식의 판별식을 D라 할 때,

$\dfrac{D}{4}=(-4)^2-a\times1=0$이어야 한다.

즉, $16-a=0$이므로 $a=16$

답 16

47 근과 계수의 관계에 의하여
(두 근의 합)$=-(-4)=4$, (두 근의 곱)$=8$

답 (두 근의 합)$=4$, (두 근의 곱)$=8$

48 근과 계수의 관계에 의하여
(두 근의 합)$=-\dfrac{4}{2}=-2$, (두 근의 곱)$=\dfrac{5}{2}$

답 (두 근의 합)$=-2$, (두 근의 곱)$=\dfrac{5}{2}$

49 근과 계수의 관계에 의하여
(두 근의 합)$=-\dfrac{-3}{2}=-\dfrac{3}{2}$, (두 근의 곱)$=\dfrac{6}{-2}=-3$

답 (두 근의 합)$=-\dfrac{3}{2}$, (두 근의 곱)$=-3$

50 근과 계수의 관계에 의하여
(두 근의 합)$=-\dfrac{-\sqrt{2}}{2}=\dfrac{\sqrt{2}}{2}$, (두 근의 곱)$=\dfrac{\frac{2}{3}}{2}=\dfrac{1}{3}$

답 (두 근의 합)$=\dfrac{\sqrt{2}}{2}$, (두 근의 곱)$=\dfrac{1}{3}$

51 답 $x^2-4x+6=0$

52 $x^2-(-2)x+5=0$, 즉 $x^2+2x+5=0$

답 $x^2+2x+5=0$

53 답 $x^2-3x+2=0$

54 $x^2-(-4)x+3=0$, 즉 $x^2+4x+3=0$

답 $x^2+4x+3=0$

55 (두 근의 합)$=-1+1=0$, (두 근의 곱)$=-1\times1=-1$
따라서 구하는 이차방정식은 $x^2-1=0$

답 $x^2-1=0$

56 (두 근의 합)$=(2+i)+(2-i)=4$,
(두 근의 곱)$=(2+i)(2-i)=4-i^2=5$
따라서 구하는 이차방정식은 $x^2-4x+5=0$

답 $x^2-4x+5=0$

57 (두 근의 합)$=3+5=8$, (두 근의 곱)$=3\times5=15$
따라서 구하는 이차방정식은 $x^2-8x+15=0$

답 $x^2-8x+15=0$

58 (두 근의 합)$=(1-\sqrt{2})+(1+\sqrt{2})=2$,
(두 근의 곱)$=(1-\sqrt{2})(1+\sqrt{2})=1-2=-1$
따라서 구하는 이차방정식은 $x^2-2x-1=0$

답 $x^2-2x-1=0$

59 근과 계수의 관계에 의하여 $\alpha+\beta=6$, $\alpha\beta=6$이므로
$(\alpha+1)(\beta+1)=\alpha\beta+\alpha+\beta+1=6+6+1=13$

답 13

60 근과 계수의 관계에 의하여 $\alpha+\beta=6$, $\alpha\beta=6$이므로
$\dfrac{1}{\alpha}+\dfrac{1}{\beta}=\dfrac{\alpha+\beta}{\alpha\beta}=\dfrac{6}{6}=1$

답 1

61 계수가 모두 유리수이므로 다른 한 근은 $1+\sqrt{2}$
(두 근의 합)$=(1-\sqrt{2})+(1+\sqrt{2})=2$,
(두 근의 곱)$=(1-\sqrt{2})(1+\sqrt{2})=1-2=-1$

따라서 구하는 이차방정식은 $x^2-2x-1=0$
즉, $a=-2$, $b=-1$이므로 $a+b=-3$

답 -3

62 계수가 모두 실수이므로 다른 한 근은 $1-2i$
(두 근의 합)$=(1+2i)+(1-2i)=2$,
(두 근의 곱)$=(1+2i)(1-2i)=1-4i^2=5$
따라서 구하는 이차방정식은 $x^2-2x+5=0$
즉, $a=-2$, $b=5$이므로 $a+b=3$

답 3

01 ②	**02** 3	**03** ④	**04** ②	**05** ③
06 ③	**07** ①	**08** ④	**09** ④	**10** ③
11 36	**12** ③	**13** ⑤	**14** 50	**15** ②
16 ④	**17** ⑤	**18** ⑤	**19** ⑤	**20** ③
21 ④	**22** ③	**23** 10	**24** ④	**25** 105
26 ②	**27** ④	**28** ①	**29** ④	**30** ②
31 ⑤	**32** ⑤	**33** ④	**34** 7	**35** ②
36 ②	**37** 9	**38** ④	**39** ④	**40** ⑤
41 ④	**42** ④	**43** ②	**44** ①	**45** 24
46 ③	**47** ⑤	**48** ④	**49** 32	**50** 11
51 ⑤	**52** 72	**53** ②	**54** 58	**55** ②
56 15	**57** ③	**58** ②	**59** ⑤	**60** ②
61 ②	**62** 14	**63** ①	**64** ③	**65** ①
66 11	**67** ②	**68** 31	**69** ④	**70** 17
71 ①	**72** ②	**73** ③	**74** ②	**75** ③
76 ④	**77** ③	**78** ③	**79** ③	**80** ④
81 ①	**82** ④	**83** ①	**84** ⑤	**85** ⑤
86 60				

01 ㄱ. $a+bi$의 허수부분은 b이다. (거짓)
ㄴ. $b=0$이면 $a+bi=a$이므로 실수이다. (참)
ㄷ. $ab \neq 0$이면 $a \neq 0$이므로 $a+bi$는 순허수가 아니다. (거짓)
따라서 옳은 것은 ㄴ이다.

답 ②

02 조건 (가)에 의하여 허수부분이 3이므로 $b=3$
조건 (나)에 의하여 순허수이므로 실수부분 $a=0$
따라서 $a+b=3$

답 3

03 ㄱ. $\sqrt{3}=\sqrt{3}+0i$이므로 허수부분은 0이다. (참)
ㄴ. 실수부분이 0이고 허수부분이 0인 복소수 0은 실수이다. (거짓)
ㄷ. $a+bi$ (a, b는 실수)에서 $b \neq 0$이면 이 복소수는 허수이다. (참)
따라서 옳은 것은 ㄱ, ㄷ이다.

답 ④

04 $2(1+i)-(2+i)^2=2+2i-(2^2+4i+i^2)$
$\qquad\qquad\qquad\quad =2+2i-(3+4i)$
$\qquad\qquad\qquad\quad =(2-3)+(2-4)i$
$\qquad\qquad\qquad\quad =-1-2i$
따라서 $a=-1$, $b=-2$이므로
$a+b=-3$

답 ②

05 $\dfrac{1+i}{1-i}=\dfrac{(1+i)^2}{(1-i)(1+i)}=\dfrac{1+2i+i^2}{1-i^2}=\dfrac{2i}{2}=i$이고

$\dfrac{1-i}{1+i}=\dfrac{(1-i)^2}{(1+i)(1-i)}=\dfrac{1-2i+i^2}{1-i^2}=\dfrac{-2i}{2}=-i$이므로

$\dfrac{1+i}{1-i}+\dfrac{1-i}{1+i}=i+(-i)=0$

답 ③

06 $a^2+b^2+c^2+2ab-2bc-2ca=(a+b-c)^2$
$a+b-c=(3+i)+(2-2i)-(-1+3i)$
$\qquad\qquad =\{3+2-(-1)\}+(1-2-3)i$
$\qquad\qquad =6-4i$
이므로
$a^2+b^2+c^2+2ab-2bc-2ca=(6-4i)^2$
$\qquad\qquad\qquad\qquad\qquad\qquad =36-48i+16i^2$
$\qquad\qquad\qquad\qquad\qquad\qquad =20-48i$

답 ③

07 $(x+i)(x+2i)+(x-3i)=x^2+3xi+2i^2+x-3i$
$\qquad\qquad\qquad\qquad\qquad\quad =(x^2+x-2)+(3x-3)i$
이 복소수가 순허수가 되려면
$x^2+x-2=0$, $3x-3 \neq 0$이어야 한다.
$x^2+x-2=0$에서 $(x+2)(x-1)=0$이므로
$x=-2$ 또는 $x=1$ …… ㉠
$3x-3 \neq 0$에서 $x \neq 1$ …… ㉡
㉠, ㉡에서 $x=-2$

답 ①

08 $z=a+bi$ (a, b는 실수)로 놓으면 $z^2=a^2-b^2+2abi$이므로
z^2이 실수이려면 $ab=0$이어야 한다.
복소수 $z=(x-3)+(x+2)i$에 대하여 z^2이 실수이려면
$(x-3)(x+2)=0$이어야 하므로
$x=-2$ 또는 $x=3$
따라서 모든 실수 x의 값의 합은 $-2+3=1$

답 ④

정답과 풀이 **43**

09 $z=a+bi$ (a, b는 실수)로 놓으면 $z^2=a^2-b^2+2abi$이므로
z^2이 음의 실수이려면 $a^2-b^2<0$이고 $ab=0$
$ab=0$에서 $a=0$인 경우 $-b^2<0$이어야 하므로 $b\neq0$
$b=0$인 경우 $a^2<0$인 실수 a의 값이 존재하지 않으므로
$a=0$이고 $b\neq0$이다.
복소수 $z=(x^2+2i)+(-1+2xi)=(x^2-1)+(2x+2)i$에 대하여
z^2이 음의 실수이려면
$x^2-1=0$이고 $2x+2\neq0$
$x^2-1=0$에서 $(x+1)(x-1)=0$이므로
$x=-1$ 또는 $x=1$ ······ ㉠
$2x+2\neq0$에서 $x\neq-1$ ······ ㉡
㉠, ㉡에서 $x=1$

답 ④

10 $(1+i)x+(4y-3i)=6-i$에서
$(x+4y)+(x-3)i=6-i$
두 복소수가 서로 같을 조건에 의하여
$x+4y=6$, $x-3=-1$
$x-3=-1$에서 $x=2$이므로
$x+4y=6$에 대입하면 $y=1$
따라서 $x+y=2+1=3$

답 ③

11 $(3+ai)(a+2i)=3a+a^2i+6i+2ai^2$
$\qquad\qquad\qquad\quad =a+(a^2+6)i$
$a+(a^2+6)i=5+bi$이므로 두 복소수가 서로 같을 조건에 의하여
$a=5$, $a^2+6=b$
즉, $b=5^2+6=31$
따라서 $a+b=5+31=36$

답 36

12 $x^2i-3xyi-4y^2i+\dfrac{x}{y}=a$에서
$\dfrac{x}{y}+(x^2-3xy-4y^2)i=a$
두 복소수가 서로 같을 조건에 의하여
$\dfrac{x}{y}=a$, $x^2-3xy-4y^2=0$
$x^2-3xy-4y^2=0$에서 $(x-4y)(x+y)=0$이므로
$x=4y$ 또는 $x=-y$
따라서 $\dfrac{x}{y}=\dfrac{4y}{y}=4$ 또는 $\dfrac{x}{y}=\dfrac{-y}{y}=-1$이므로
$a=4$ 또는 $a=-1$
따라서 모든 실수 a의 값의 합은 $4+(-1)=3$

답 ③

13 $z=3-4i$에서 $z-3=-4i$이므로 양변을 제곱하면
$z^2-6z+9=-16$
즉, $z^2-6z=-25$
따라서 $z^2-6z+30=-25+30=5$

답 ⑤

14 $z=2+i$에서 $z-2=i$이므로 양변을 제곱하면
$z^2-4z+4=-1$
즉, $z^2-4z=-5$이므로
$(z^2-4z)^2-5(z^2-4z)=(-5)^2-5\times(-5)$
$\qquad\qquad\qquad\qquad\qquad =50$

답 50

15 $z=1+\sqrt{3}i$에서 $z-1=\sqrt{3}i$이므로 양변을 제곱하면
$z^2-2z+1=-3$
즉, $z^2-2z+4=0$이므로
$z^3+z^2-2z=z(z^2-2z+4)+3(z^2-2z)$
$\qquad\qquad\quad =z\times0+3\times(-4)$
$\qquad\qquad\quad =-12$

답 ②

16 $z=\bar{z}$가 성립하려면 z는 실수이어야 하므로
$x^2-4x+3=0$
$(x-1)(x-3)=0$
$x=1$ 또는 $x=3$
따라서 모든 실수 x의 값의 합은
$1+3=4$

답 ④

17 ㄱ. $(z+i)(\bar{z}-i)=(a+bi+i)(a-bi-i)$
$\qquad\qquad\qquad =\{a+(b+1)i\}\{a-(b+1)i\}$
$\qquad\qquad\qquad =a^2-(b+1)^2i^2$
$\qquad\qquad\qquad =a^2+(b+1)^2$
이므로 실수이다. (참)
ㄴ. $z^2=(a+bi)^2=a^2+2abi+b^2i^2=(a^2-b^2)+2abi$에서
$\overline{z^2}=\overline{(a^2-b^2)+2abi}=(a^2-b^2)-2abi$이고
$(\bar{z})^2=(a-bi)^2=a^2-2abi+b^2i^2=(a^2-b^2)-2abi$이므로
$\overline{z^2}=(\bar{z})^2$ (참)
ㄷ. $z+\bar{z}=a+bi+\overline{a+bi}=a+bi+a-bi=2a=0$에서
$a=0$이므로 $z=bi$
즉, $b\neq0$이므로 z는 순허수이다. (참)
따라서 옳은 것은 ㄱ, ㄴ, ㄷ이다.

답 ⑤

다른 풀이
ㄱ. $(z+i)(\bar{z}-i)=(z+i)\overline{(z+i)}$이므로 실수이다. (참)
ㄴ. $\overline{z^2}=\overline{z\times z}=\bar{z}\times\bar{z}=(\bar{z})^2$ (참)

18 $\dfrac{1}{z}+\dfrac{1}{\bar{z}}=0$의 양변에 $z\bar{z}$를 곱하면
$\bar{z}+z=0$이므로 $z=-\bar{z}$
즉, $z=a+bi$ (a, b는 실수)로 놓으면
$a+bi=-(a-bi)$이므로 $a=0$
복소수 $z\neq0$이므로 $b\neq0$
따라서 $x^2-4=0$이고 $x^2-2x-8\neq0$

$x^2-4=0$에서 $(x+2)(x-2)=0$이므로
$x=-2$ 또는 $x=2$ ······ ㉠
$x^2-2x-8\neq0$에서
$(x-4)(x+2)\neq0$이므로
$x\neq4$이고 $x\neq-2$ ······ ㉡
㉠, ㉡에서 $x=2$

🈸 ⑤

19 $a\bar{a}+a\bar{\beta}+\bar{a}\beta+\beta\bar{\beta}=a(\bar{a}+\bar{\beta})+\beta(\bar{a}+\bar{\beta})$
$\qquad\qquad\qquad\qquad\quad =(a+\beta)(\bar{a}+\bar{\beta})$
$a+\beta=(2+i)+(1+2i)=3+3i$이고
$\bar{a}+\bar{\beta}=\overline{a+\beta}=3-3i$이므로
$a\bar{a}+a\bar{\beta}+\bar{a}\beta+\beta\bar{\beta}=(3+3i)(3-3i)$
$\qquad\qquad\qquad\qquad =9-9i^2=18$

🈸 ⑤

20 $z^3\bar{z}+z\bar{z}^3=z\bar{z}(z^2+\bar{z}^2)=z\bar{z}\{(z+\bar{z})^2-2z\bar{z}\}$
$\bar{z}=1-i$이므로
$z+\bar{z}=(1+i)+(1-i)=2$,
$z\bar{z}=(1+i)(1-i)=1-i^2=2$
따라서 $z^3\bar{z}+z\bar{z}^3=2(2^2-2\times2)=0$

🈸 ③

21 $z=\dfrac{\overline{w}+1}{\overline{w}-1}=\dfrac{(1+i)+1}{(1-i)-1}=\dfrac{2+i}{-i}=\dfrac{(2+i)i}{-i^2}=-1+2i$
이므로 $\bar{z}=-1-2i$
$\overline{\left(\dfrac{\bar{z}}{z}\right)}=\dfrac{\bar{z}}{z}$
$\qquad =\dfrac{-1-2i}{-1+2i}$
$\qquad =\dfrac{(-1-2i)^2}{(-1+2i)(-1-2i)}$
$\qquad =\dfrac{1+4i+4i^2}{1-4i^2}=\dfrac{-3+4i}{5}$

🈸 ④

22 $z+zi=z(1+i)$이므로
$z=\dfrac{3+4i}{1+i}=\dfrac{(3+4i)(1-i)}{(1+i)(1-i)}$
$\quad =\dfrac{3+4i-3i-4i^2}{1-i^2}$
$\quad =\dfrac{7+i}{2}$

🈸 ③

23 $z=a+bi$ (a, b는 실수)로 놓으면 $\bar{z}=a-bi$이므로
$z+\bar{z}=(a+bi)+(a-bi)=2a=6$에서 $a=3$
$z\bar{z}=(a+bi)(a-bi)=a^2-b^2i^2=a^2+b^2=13$

$9+b^2=13$에서 $b^2=4$이므로 $b=\pm2$
따라서 $z_1=3+2i$, $z_2=3-2i$ 또는 $z_1=3-2i$, $z_2=3+2i$이므로
$z_1{}^2+z_2{}^2=(z_1+z_2)^2-2z_1z_2$
$\qquad\quad =\{(3+2i)+(3-2i)\}^2-2(3+2i)(3-2i)$
$\qquad\quad =6^2-2(9-4i^2)$
$\qquad\quad =36-2\times13=10$

🈸 10

24 $z=a+bi$ (a, b는 실수)로 놓으면 $\bar{z}=a-bi$이므로
$(3+4i)z+3\bar{z}=(3+4i)(a+bi)+3(a-bi)$
$\qquad\qquad\qquad =3a+4ai+3bi+4bi^2+3a-3bi$
$\qquad\qquad\qquad =(3a-4b+3a)+(4a+3b-3b)i$
$\qquad\qquad\qquad =(6a-4b)+4ai$
$(6a-4b)+4ai=4+2i$이므로
두 복소수가 서로 같을 조건에 의하여
$6a-4b=4$, $4a=2$
$4a=2$에서 $a=\dfrac{1}{2}$이고
$6a-4b=4$에서 $3-4b=4$이므로
$b=-\dfrac{1}{4}$
따라서 $z=\dfrac{1}{2}-\dfrac{1}{4}i$

🈸 ④

25 $i+i^2+i^3+\cdots+i^n=-i^4$에서
$i+i^2+i^3+\cdots+i^n=-1$
$i+i^2=-1+i$, $i+i^2+i^3=-1$, $i+i^2+i^3+i^4=0$이므로
$n=4k+1$ (k는 자연수)일 때
$(i+i^2+i^3+i^4)+i^4(i+i^2+i^3+i^4)+\cdots+i^{4k}\times i$
$=i$
$n=4k+2$ (k는 자연수)일 때
$(i+i^2+i^3+i^4)+i^4(i+i^2+i^3+i^4)+\cdots+i^{4k}(i+i^2)$
$=-1+i$
$n=4k+3$ (k는 자연수)일 때
$(i+i^2+i^3+i^4)+i^4(i+i^2+i^3+i^4)+\cdots+i^{4k}(i+i^2+i^3)$
$=-1$
$n=4k+4$ (k는 자연수)일 때
$(i+i^2+i^3+i^4)+i^4(i+i^2+i^3+i^4)+\cdots+i^{4k}(i+i^2+i^3+i^4)$
$=0$
따라서 조건을 만족시키는 자연수 n은 $n=4k+3$ (k는 음이 아닌 정수)이므로 30 이하의 자연수 n은
3, 7, 11, 15, 19, 23, 27
즉, 모든 자연수 n의 값의 합은 105이다.

🈸 105

26 $\dfrac{1-i}{1+i}=\dfrac{(1-i)^2}{(1+i)(1-i)}=\dfrac{1-2i+i^2}{1-i^2}=\dfrac{-2i}{2}=-i$이고
$\dfrac{1+i}{1-i}=\dfrac{(1+i)^2}{(1-i)(1+i)}=\dfrac{1+2i+i^2}{1-i^2}=\dfrac{2i}{2}=i$이므로

$$\left(\frac{1-i}{1+i}\right)^{99}+\left(\frac{1+i}{1-i}\right)^{102}=(-i)^{99}+i^{102}$$
$$=-i^{99}+i^{102}$$
$$=-i^3\times(i^4)^{24}+i^2\times(i^4)^{25}$$
$$=-(-i)+(-1)$$
$$=-1+i$$

답 ②

27 $z^2=\left(\dfrac{1+i}{\sqrt{2}}\right)^2=\dfrac{1+2i+i^2}{2}=\dfrac{2i}{2}=i$

$z^4=(z^2)^2=i^2=-1$

$z^5=z\times z^4=-z$

$z^7=z^3\times z^4=-z^3$

이므로

$1+z+z^2+\cdots+z^{16}$

$=(1+z^2+z^4+\cdots+z^{16})+(z+z^3+z^5+\cdots+z^{15})$

$=(1+i+i^2+\cdots+i^8)+(z+z^3+z^5+\cdots+z^{15})$

$=\{(1+i+i^2+i^3)+(1+i+i^2+i^3)\times i^4+i^8\}$

$\quad+\{(z+z^3+z^5+z^7)+(z+z^3+z^5+z^7)\times z^8\}$

$=1+\{(z+z^3-z-z^3)+(z+z^3-z-z^3)\times i^4\}$

$=1$

답 ④

28 $z^2=(1+i)^2=1+2i+i^2=2i$

$z^{13}=(z^2)^6\times z=(2i)^6\times z=2^6\times i^6\times(1+i)=-2^6(1+i)$

$z^{14}=(z^2)^7=(2i)^7=2^7\times i^7=2^7\times i^4\times i^3=-2^7 i$

$z^{15}=z^{14}\times z=-2^7 i\times(1+i)=2^7(1-i)$이므로

$\overline{z^{15}}=2^7(1+i)$

$z^{16}=(z^2)^8=(2i)^8=2^8\times i^8=2^8\times(i^4)^2=2^8$이므로

$\overline{z^{16}}=2^8$

따라서

$z^{13}+z^{14}+\overline{z^{15}}+\overline{z^{16}}$

$=-2^6(1+i)-2^7 i+2^7(1+i)+2^8$

$=(-2^6+2^7+2^8)+(-2^6-2^7+2^7)i$

$=320-64i$

따라서 $a=320$, $b=-64$이므로 $a+b=256$

답 ①

29 $(\sqrt{3}+\sqrt{-3})\times(\sqrt{2}-\sqrt{-2})-\dfrac{\sqrt{-18}}{\sqrt{-3}}$

$=\sqrt{3}\sqrt{2}-\sqrt{3}\sqrt{-2}+\sqrt{-3}\sqrt{2}-\sqrt{-3}\sqrt{-2}-\sqrt{\dfrac{-18}{-3}}$

$=\sqrt{6}-\sqrt{-6}+\sqrt{-6}-(-\sqrt{6})-\sqrt{6}$

$=\sqrt{6}+\sqrt{6}-\sqrt{6}$

$=\sqrt{6}$

답 ④

30 ㄱ. $\sqrt{-2}\sqrt{8}=\sqrt{(-2)\times 8}=\sqrt{-16}=4i$

ㄴ. $\sqrt{-3}\sqrt{-27}=-\sqrt{(-3)\times(-27)}=-\sqrt{81}=-9$

ㄷ. $\dfrac{\sqrt{-4}}{\sqrt{2}}=\sqrt{\dfrac{-4}{2}}=\sqrt{-2}=\sqrt{2}i$

따라서 옳은 것은 ㄴ이다.

답 ②

31 $\dfrac{\sqrt{32}}{\sqrt{-2}}+\dfrac{\sqrt{27}}{\sqrt{3}}+\dfrac{\sqrt{-32}}{\sqrt{2}}+\dfrac{\sqrt{-27}}{\sqrt{-3}}$

$=-\sqrt{\dfrac{32}{-2}}+\sqrt{\dfrac{27}{3}}+\sqrt{\dfrac{-32}{2}}+\sqrt{\dfrac{-27}{-3}}$

$=-\sqrt{-16}+\sqrt{9}+\sqrt{-16}+\sqrt{9}$

$=-4i+3+4i+3$

$=6$

따라서 $a=6$, $b=0$이므로 $a+b=6$

답 ⑤

32 $\dfrac{\sqrt{a}}{\sqrt{b}}=-\sqrt{\dfrac{a}{b}}$이고 $ab\neq 0$이므로 $a>0$, $b<0$

즉, $a-b>0$

따라서

$\sqrt{(a-b)^2}+|2a|-|b|=|a-b|+|2a|-|b|$

$=(a-b)+2a+b$

$=3a$

답 ⑤

33 $\sqrt{x-4}\sqrt{x+3}=-\sqrt{x^2-x-12}$이고 $x\neq 4$이므로

$x-4<0$, $x+3<0$ 또는 $x+3=0$

즉, $x<4$, $x<-3$ 또는 $x=-3$이므로 $x\leq -3$

이때 $x-6<0$, $x+3\leq 0$이므로

$|x-6|+|x+3|=-(x-6)-(x+3)$

$=-x+6-x-3=-2x+3$

따라서 $a=-2$, $b=3$이므로 $a+b=1$

답 ④

34 $\dfrac{\sqrt{1-x}}{\sqrt{-x-6}}=-\sqrt{\dfrac{x-1}{x+6}}=-\sqrt{\dfrac{1-x}{-x-6}}$이므로

$1-x>0$, $-x-6<0$ 또는 $1-x=0$에서

$-6<x<1$ 또는 $x=1$, $x\neq -6$

따라서 조건을 만족시키는 정수 x의 개수는 -5, -4, -3, -2, -1, 0, 1의 7이다.

답 7

35 x에 대한 이차방정식 $x^2-2kx+k^2-3k-9=0$이 서로 다른 두 실근을 가지려면 이 이차방정식의 판별식을 D라 할 때,

$\dfrac{D}{4}=(-k)^2-(k^2-3k-9)>0$

즉, $3k+9>0$이므로 $k>-3$

따라서 조건을 만족시키는 정수 k의 최솟값은 -2이다.

답 ②

36 x에 대한 이차방정식 $x^2+2(1-k)x+k^2+4=0$이 실근을 가지려면 이 이차방정식의 판별식을 D라 할 때,

$\dfrac{D}{4}=(1-k)^2-(k^2+4)\geq 0$

$k^2-2k+1-k^2-4\geq 0$, $-2k-3\geq 0$이므로

$k\leq -\dfrac{3}{2}$

따라서 조건을 만족시키는 실수 k의 최댓값은 $-\dfrac{3}{2}$이다.

답 ②

37 x에 대한 이차방정식 $x^2+2kx+2a-7=0$이 실수 k의 값에 관계없이 항상 실근을 가지려면 이 이차방정식의 판별식을 D라 할 때,

$\dfrac{D}{4}=k^2-(2a-7)\geq 0$

이 성립해야 한다.

$k^2\geq 0$이므로 $-2a+7\geq 0$, 즉 $a\leq \dfrac{7}{2}$

따라서 실수 a의 최댓값은 $\dfrac{7}{2}$이므로

$p+q=2+7=9$

답 9

38 x에 대한 이차방정식 $x^2-4ax+3a^2+4=0$이 중근을 가지려면 이 이차방정식의 판별식을 D라 할 때,

$\dfrac{D}{4}=(-2a)^2-(3a^2+4)=0$

$4a^2-3a^2-4=0$, $a^2=4$

$a=2$ 또는 $a=-2$

$a=2$일 때, $x^2-8x+16=0$에서 $(x-4)^2=0$이므로 $a=4$

즉, $a+a=2+4=6$

$a=-2$일 때, $x^2+8x+16=0$에서 $(x+4)^2=0$이므로 $a=-4$

즉, $a+a=-2+(-4)=-6$

따라서 $a+a$의 최댓값은 6이다.

답 ④

39 이차방정식이어야 하므로 $k\neq -2$

x에 대한 이차방정식 $(k+2)x^2-2\sqrt{6}x+k-3=0$이 중근을 가지려면 이 이차방정식의 판별식을 D라 할 때,

$\dfrac{D}{4}=(-\sqrt{6})^2-(k+2)(k-3)=0$

$k^2-k-12=0$, $(k+3)(k-4)=0$이므로

$k=-3$ 또는 $k=4$

따라서 조건을 만족시키는 모든 실수 k의 값의 합은

$-3+4=1$

답 ④

40 x에 대한 이차방정식 $x^2-(2k-3)x+k^2-4ak+b=0$이 실수 k의 값에 관계없이 항상 중근을 가지려면

이 이차방정식의 판별식을 D라 할 때, 실수 k의 값에 관계없이

$D=(2k-3)^2-4(k^2-4ak+b)=0$

이 성립해야 한다.

$4k^2-12k+9-4k^2+16ak-4b=0$

$4(4a-3)k+9-4b=0$

즉, $4a-3=0$, $9-4b=0$이므로

$a=\dfrac{3}{4}$, $b=\dfrac{9}{4}$

따라서 $a+b=\dfrac{3}{4}+\dfrac{9}{4}=3$

답 ⑤

41 x에 대한 이차방정식 $x^2-kx+\dfrac{1}{4}k^2-k+\dfrac{5}{4}=0$이 서로 다른 두 허근을 가지려면 이 이차방정식의 판별식을 D라 할 때,

$D=(-k)^2-4\left(\dfrac{1}{4}k^2-k+\dfrac{5}{4}\right)<0$

$4k-5<0$이므로 $k<\dfrac{5}{4}$

따라서 조건을 만족시키는 정수 k의 최댓값은 1이다.

답 ④

42 x에 대한 이차방정식 $x^2+2ax+b^2-c^2=0$이 허근을 가지려면 이 이차방정식의 판별식을 D라 할 때,

$\dfrac{D}{4}=a^2-(b^2-c^2)<0$

$a^2-b^2+c^2<0$, 즉 $a^2+c^2<b^2$

따라서 삼각형 ABC는 ∠B가 둔각인 삼각형이다.

답 ④

43 이차방정식의 서로 다른 실근의 개수 m, n이

$m+n=1$을 만족시키려면

$m=1$, $n=0$ 또는 $m=0$, $n=1$

이차방정식 $x^2+2x-a=0$의 판별식을 D_1, 이차방정식

$x^2-2(a+1)x+5+a^2=0$의 판별식을 D_2라 하면

(i) $m=1$, $n=0$일 때

$\quad\dfrac{D_1}{4}=1+a=0$, $\dfrac{D_2}{4}=(a+1)^2-(5+a^2)<0$

$\quad 1+a=0$에서 $a=-1$이고

$\quad(a+1)^2-(5+a^2)<0$에서 $2a-4<0$이므로 $a<2$

$\quad$따라서 $a=-1$

(ii) $m=0$, $n=1$일 때

$\quad\dfrac{D_1}{4}=1+a<0$, $\dfrac{D_2}{4}=(a+1)^2-(5+a^2)=0$

$\quad 1+a<0$에서 $a<-1$이고

$\quad(a+1)^2-(5+a^2)=0$에서 $2a-4=0$이므로 $a=2$

$\quad$따라서 조건을 만족시키는 실수 a의 값은 없다.

(i), (ii)에서 $a=-1$

답 ②

44 x에 대한 이차식 $x^2-(k+3)x+4$가 완전제곱식이 되려면 이차방정식 $x^2-(k+3)x+4=0$이 중근을 가져야 하므로 이 이차방정식의 판별식을 D라 하면

$D=(k+3)^2-4\times4=0$

$k^2+6k-7=0$, $(k+7)(k-1)=0$에서

$k=-7$ 또는 $k=1$

따라서 조건을 만족시키는 자연수 k의 값은 1이다.

답 ①

45 우변이 $(x-\alpha)^2$인 완전제곱식이므로 x에 대한 이차식 $x^2-2(k+4)x-2k^2+2k+16$이 완전제곱식이 되어야 한다.

즉, 이차방정식 $x^2-2(k+4)x-2k^2+2k+16=0$이 중근을 가져야 하므로 이 이차방정식의 판별식을 D라 하면

$\dfrac{D}{4}=(k+4)^2-(-2k^2+2k+16)=0$

$3k^2+6k=0$, $3k(k+2)=0$

$k=-2$ 또는 $k=0$

(i) $k=-2$일 때

$x^2-4x+4=(x-2)^2$이므로 $\alpha=2$

즉, $\alpha^2+k^2=2^2+(-2)^2=8$

(ii) $k=0$일 때

$x^2-8x+16=(x-4)^2$이므로 $\alpha=4$

즉, $\alpha^2+k^2=4^2+0^2=16$

(i), (ii)에서 α^2+k^2의 값은 8 또는 16이므로 그 합은 24이다.

답 24

46 x에 대한 이차식 $x^2-4ax+ka-k+b$가 실수 k의 값에 관계없이 완전제곱식이 되려면 이차방정식 $x^2-4ax+ka-k+b=0$이 중근을 가져야 하므로 이 이차방정식의 판별식을 D라 하면 실수 k의 값에 관계없이 $\dfrac{D}{4}=(-2a)^2-(ka-k+b)=0$이 성립해야 한다.

$(1-a)k+4a^2-b=0$

위 식이 k에 대한 항등식이므로

$1-a=0$, $4a^2-b=0$

따라서 $a=1$, $b=4$이므로

$a+b=5$

답 ③

47 이차식 $x^2+4xy+3y^2+4x+4y+k$를 x에 대하여 내림차순으로 정리하면

$x^2+4(y+1)x+3y^2+4y+k$

이 식이 x, y에 대한 두 일차식의 곱으로 인수분해되려면 x에 대한 이차방정식 $x^2+4(y+1)x+3y^2+4y+k=0$의 판별식을 D라 할 때,

$\dfrac{D}{4}=\{2(y+1)\}^2-(3y^2+4y+k)$

$\qquad=y^2+4y+4-k$

가 완전제곱식이 되어야 한다.

따라서 y에 대한 이차방정식 $y^2+4y+4-k=0$의 판별식을 D_1이라 하면

$\dfrac{D_1}{4}=2^2-(4-k)=0$, $k=0$

답 ③

48 이차식 $x^2+2xy+ky^2+2\sqrt{2}y+k$를 x에 대하여 내림차순으로 정리하면

$x^2+2yx+ky^2+2\sqrt{2}y+k$

이 식이 x, y에 대한 두 일차식의 곱으로 인수분해되려면 x에 대한 이차방정식 $x^2+2yx+ky^2+2\sqrt{2}y+k=0$의 판별식을 D라 할 때,

$\dfrac{D}{4}=y^2-(ky^2+2\sqrt{2}y+k)$

$\qquad=(1-k)y^2-2\sqrt{2}y-k$

가 완전제곱식이 되어야 한다.

즉, $k\neq1$이고 y에 대한 이차방정식 $(1-k)y^2-2\sqrt{2}y-k=0$의 판별식을 D_1이라 할 때,

$\dfrac{D_1}{4}=(-\sqrt{2})^2-(1-k)(-k)=0$

$k^2-k-2=0$, $(k+1)(k-2)=0$

$k=-1$ 또는 $k=2$

따라서 조건을 만족시키는 모든 실수 k의 값의 합은 $-1+2=1$

답 ④

49 이차식 $x^2-y^2+4x+ky$를 x에 대하여 내림차순으로 정리하면

x^2+4x-y^2+ky

이 식이 x, y에 대한 두 일차식의 곱으로 인수분해되려면 x에 대한 이차방정식 $x^2+4x-y^2+ky=0$의 판별식을 D라 할 때,

$\dfrac{D}{4}=2^2-(-y^2+ky)=y^2-ky+4$

가 완전제곱식이 되어야 한다.

즉, y에 대한 이차방정식 $y^2-ky+4=0$의 판별식을 D_1이라 할 때,

$D_1=(-k)^2-4\times4=0$, $k^2=16$

따라서 $k=-4$ 또는 $k=4$이므로

$\alpha^2+\beta^2=(-4)^2+4^2=32$

답 32

50 이차방정식 $2x^2-7x+4=0$에서 근과 계수의 관계에 의하여

$\alpha+\beta=\dfrac{7}{2}$, $\alpha\beta=\dfrac{4}{2}=2$

$\dfrac{1}{\alpha}+\dfrac{1}{\beta}=\dfrac{\beta+\alpha}{\alpha\beta}=\dfrac{\dfrac{7}{2}}{2}=\dfrac{7}{4}$

따라서 $p=4$, $q=7$이므로 $p+q=4+7=11$

답 11

51 이차방정식 $x^2-8x+9=0$에서 근과 계수의 관계에 의하여

$\alpha+\beta=8$, $\alpha\beta=9$이므로 $\alpha>0$, $\beta>0$이고

$(\sqrt{\alpha}+\sqrt{\beta})^2=\alpha+\beta+2\sqrt{\alpha\beta}=8+2\sqrt{9}=8+6=14$

따라서 $\sqrt{\alpha}+\sqrt{\beta}>0$이므로 $\sqrt{\alpha}+\sqrt{\beta}=\sqrt{14}$

답 ⑤

52 $|x^2-6x|=3$에서 $x^2-6x=3$ 또는 $x^2-6x=-3$

(i) $x^2-6x=3$일 때, $x^2-6x-3=0$

이 이차방정식의 두 근을 α, β라 하면 근과 계수의 관계에 의하여

$\alpha+\beta=6$, $\alpha\beta=-3$이므로

$\alpha^2+\beta^2=(\alpha+\beta)^2-2\alpha\beta=6^2-2\times(-3)=42$

(ii) $x^2-6x=-3$일 때, $x^2-6x+3=0$

이 이차방정식의 두 근을 γ, δ라 하면 근과 계수의 관계에 의하여

$\gamma+\delta=6$, $\gamma\delta=3$이므로

$\gamma^2+\delta^2=(\gamma+\delta)^2-2\gamma\delta=6^2-2\times3=30$

(i), (ii)에서

$\alpha^2+\beta^2+\gamma^2+\delta^2=42+30=72$

답 **72**

53 α가 이차방정식 $x^2-3x+1=0$의 근이므로 $\alpha^2-3\alpha+1=0$에서

$\alpha^2-2\alpha=\alpha-1$

β도 이차방정식 $x^2-3x+1=0$의 근이므로 $\beta^2-3\beta+1=0$에서

$\beta^2-2\beta=\beta-1$

즉, $(\alpha^2-2\alpha)(\beta^2-2\beta)=(\alpha-1)(\beta-1)=\alpha\beta-(\alpha+\beta)+1$

이차방정식의 근과 계수의 관계에 의하여

$\alpha+\beta=3$, $\alpha\beta=1$

따라서 $(\alpha^2-2\alpha)(\beta^2-2\beta)=\alpha\beta-(\alpha+\beta)+1=1-3+1=-1$

답 ②

54 α가 이차방정식 $x^2-8x+6=0$의 근이므로 $\alpha^2-8\alpha+6=0$에서

$\alpha^2=8\alpha-6$

즉, $\alpha^2+8\beta=8\alpha-6+8\beta=8(\alpha+\beta)-6$

이차방정식의 근과 계수의 관계에 의하여

$\alpha+\beta=8$

따라서 $\alpha^2+8\beta=8(\alpha+\beta)-6=8\times8-6=58$

답 **58**

55 이차방정식 $x^2-(a+1)x+2-a=0$에서 근과 계수의 관계에 의하여

$\alpha+\beta=a+1$, $\alpha\beta=2-a$이고

$\alpha^2+\beta^2=(\alpha+\beta)^2-2\alpha\beta=(a+1)^2-2(2-a)$

$\qquad=a^2+2a+1-4+2a$

$\qquad=a^2+4a-3$

$\alpha^2+\beta^2=1$이므로 $a^2+4a-3=1$에서

$a^2+4a-4=0$

이 이차방정식의 판별식을 D라 할 때,

$\dfrac{D}{4}=2^2-1\times(-4)=8>0$이므로 서로 다른 두 실근을 갖는다.

따라서 조건을 만족시키는 모든 실수 a의 값의 합은 근과 계수의 관계에 의하여 -4이다.

답 ②

56 이차방정식 $x^2+ax+3\beta=0$의 두 근이 γ, δ이므로 근과 계수의 관계에 의하여

$\gamma+\delta=-a$ …… ㉠, $\gamma\delta=3\beta$ …… ㉡

이차방정식 $x^2+\gamma x+2\delta=0$의 두 근이 α, β이므로 근과 계수의 관계에 의하여

$\alpha+\beta=-\gamma$ …… ㉢, $\alpha\beta=2\delta$ …… ㉣

㉠, ㉢에서

$\alpha+\gamma=-\delta=-\beta$, 즉 $\beta=\delta$ …… ㉤

㉤을 ㉡에 대입하면 $\gamma\delta=\gamma\beta=3\beta$이고 $\beta\neq0$이므로 $\gamma=3$

㉤을 ㉣에 대입하면 $\alpha\beta=\alpha\delta=2\delta$이고 $\delta\neq0$이므로 $\alpha=2$

$\alpha+\gamma=5$이므로 $\beta=\delta=-(\alpha+\gamma)=-5$

따라서 $\alpha-\beta+\gamma-\delta=2-(-5)+3-(-5)=15$

답 **15**

57 이차방정식 $x^2-kx+2k-4=0$의 한 근이 다른 한 근의 2배이므로 두 근을 α, $2\alpha(\alpha\neq0)$으로 놓으면 근과 계수의 관계에 의하여

$\alpha+2\alpha=k$, $\alpha\times2\alpha=2k-4$

즉, $3\alpha=k$이고 $\alpha^2=k-2$

$3\alpha=k$에서 $\alpha=\dfrac{k}{3}$이므로 $\alpha^2=k-2$에 대입하여 정리하면

$k^2-9k+18=0$, $(k-3)(k-6)=0$

$k=3$ 또는 $k=6$

따라서 조건을 만족시키는 모든 실수 k의 값의 합은 $3+6=9$

답 ③

58 이차방정식 $x^2-9x+k^2+k=0$의 두 근의 차가 5이므로 두 근을 α, $\alpha+5$로 놓으면 근과 계수의 관계에 의하여

$\alpha+(\alpha+5)=9$, $\alpha\times(\alpha+5)=k^2+k$

즉, $2\alpha+5=9$, $\alpha(\alpha+5)=k^2+k$

$2\alpha+5=9$에서 $\alpha=2$이므로

$\alpha(\alpha+5)=k^2+k$에 대입하여 정리하면

$k^2+k-14=0$

이차방정식 $k^2+k-14=0$의 판별식을 D라 할 때,

$D=1^2-4\times1\times(-14)=57>0$이므로 두 실근을 갖는다.

따라서 조건을 만족시키는 모든 실수 k의 값의 곱은 근과 계수의 관계에 의하여 -14이다.

답 ②

59 이차방정식 $x^2-2kx+2k^2-\dfrac{13}{2}=0$의 두 근이 연속된 정수이므로 두 근을 α, $\alpha+1$로 놓으면 근과 계수의 관계에 의하여

$\alpha+(\alpha+1)=2k$, $\alpha\times(\alpha+1)=2k^2-\dfrac{13}{2}$

즉, $2\alpha+1=2k$, $\alpha(\alpha+1)=2k^2-\dfrac{13}{2}$

$2\alpha+1=2k$에서 $\alpha=k-\dfrac{1}{2}$이므로

$\alpha(\alpha+1)=2k^2-\dfrac{13}{2}$에 대입하여 정리하면

$\left(k-\dfrac{1}{2}\right)\left(k+\dfrac{1}{2}\right)=2k^2-\dfrac{13}{2}$

$k^2-\dfrac{1}{4}=2k^2-\dfrac{13}{2}$

즉, $k^2=\dfrac{25}{4}$이므로 $k=\dfrac{5}{2}$ 또는 $k=-\dfrac{5}{2}$

따라서 조건을 만족시키는 양수 k의 값은 $\dfrac{5}{2}$이다.

답 ⑤

60 이차방정식 $x^2-kx+k=0$의 두 근의 비가 $2:3$이므로 두 근을 2α, $3\alpha(\alpha\neq0)$으로 놓으면 근과 계수의 관계에 의하여
$2\alpha+3\alpha=k$, $2\alpha\times3\alpha=k$
즉, $5\alpha=k$이고 $6\alpha^2=k$
$5\alpha=k$에서 $\alpha=\dfrac{1}{5}k$이므로 $6\alpha^2=k$에 대입하여 정리하면
$6k^2-25k=0$, $k(6k-25)=0$
$k=0$ 또는 $k=\dfrac{25}{6}$
k는 양수이므로 $k=\dfrac{25}{6}$

답 ②

61 이차방정식 $x^2-2kx+k+1=0$의 두 근이 연속된 홀수이므로 두 근을 $2\alpha-1$, $2\alpha+1$이라 하면 근과 계수의 관계에 의하여
$(2\alpha-1)+(2\alpha+1)=2k$, $(2\alpha-1)(2\alpha+1)=k+1$
$(2\alpha-1)+(2\alpha+1)=2k$에서 $2\alpha=k$이므로
$(2\alpha-1)(2\alpha+1)=k+1$에 대입하여 정리하면
$k^2-k-2=0$, $(k+1)(k-2)=0$
$k=-1$ 또는 $k=2$
따라서 k는 양수이므로 $k=2$

답 ②

참고
$k=-1$인 경우 두 실근은 -2, 0이므로 조건을 만족시키지 않는다.

62 x에 대한 이차방정식 $x^2+(a^2+a-12)x+5-b=0$의 두 실근의 절댓값이 같고 부호가 다르므로 두 근을 α, $-\alpha$ $(\alpha\neq0)$으로 놓으면 근과 계수의 관계에 의하여
$\alpha+(-\alpha)=-(a^2+a-12)$, $\alpha\times(-\alpha)=5-b$
$a^2+a-12=0$에서 $(a+4)(a-3)=0$이므로
$a=-4$ 또는 $a=3$
$\alpha\times(-\alpha)=5-b$에서 $-\alpha^2<0$이므로 $5-b<0$에서 $b>5$
이때 b는 한 자리 자연수이므로 $b=6, 7, 8, 9$
따라서 $a+b$의 최댓값은 $a=3$, $b=9$일 때 12이고, 최솟값은 $a=-4$, $b=6$일 때 2이므로 그 합은 14이다.

답 14

63 이차방정식 $x^2+ax+b=0$의 두 근이 -2, 3이므로 근과 계수의 관계에 의하여
$-2+3=-a$, $-2\times3=b$
$a=-1$, $b=-6$
a, b를 두 근으로 하고 x^2의 계수가 1인 이차방정식은
$x^2-\{-1+(-6)\}x+(-1)\times(-6)=0$
즉, $x^2+7x+6=0$
따라서 $f(x)=x^2+7x+6$이므로
$f(-2)=(-2)^2+7\times(-2)+6=-4$

답 ①

64 두 수 -1과 1을 근으로 하고 x^2의 계수가 1인 이차방정식은
$x^2-(-1+1)x+(-1)\times1=0$
즉, $x^2-1=0$
따라서 $f(x)=x^2-1$이므로 $f(2)=2^2-1=3$

답 ③

65 이차방정식 $x^2-3x+4=0$의 두 근이 α, β이므로 근과 계수의 관계에 의하여
$\alpha+\beta=3$, $\alpha\beta=4$
이차방정식 $x^2+ax+b=0$의 두 근이 $\alpha+1$, $\beta+1$이므로 근과 계수의 관계에 의하여
$(\alpha+1)+(\beta+1)=-a$, $(\alpha+1)(\beta+1)=b$ $\qquad\cdots\cdots$ ㉠
이때
$(\alpha+1)+(\beta+1)=\alpha+\beta+2=3+2=5$
$(\alpha+1)(\beta+1)=\alpha\beta+\alpha+\beta+1=4+3+1=8$
이므로 ㉠에서 $a=-5$, $b=8$
두 수 -5와 8을 근으로 하고 x^2의 계수가 1인 이차방정식은
$x^2-(-5+8)x+(-5)\times8=0$, 즉 $x^2-3x-40=0$
따라서 $f(x)=x^2-3x-40$이므로 $f(0)=-40$

답 ①

66 이차방정식 $3x^2+5x-1=0$의 두 근이 α, β이므로 근과 계수의 관계에 의하여 $\alpha+\beta=-\dfrac{5}{3}$, $\alpha\beta=-\dfrac{1}{3}$이므로
$\dfrac{1}{\alpha}+\dfrac{1}{\beta}=\dfrac{\alpha+\beta}{\alpha\beta}=\dfrac{-\dfrac{5}{3}}{-\dfrac{1}{3}}=5$
$\dfrac{1}{\alpha}\times\dfrac{1}{\beta}=\dfrac{1}{\alpha\beta}=\dfrac{1}{-\dfrac{1}{3}}=-3$
따라서 $\dfrac{1}{\alpha}$, $\dfrac{1}{\beta}$을 두 근으로 하고 x^2의 계수가 1인 이차방정식은
$x^2-5x-3=0$
따라서 $f(x)=x^2-5x-3$이므로
$f(-2)=(-2)^2-5\times(-2)-3=11$

답 11

67 이차방정식 $x^2+ax+b=0$의 두 근이 α, β이므로 근과 계수의 관계에 의하여
$\alpha+\beta=-a$, $\alpha\beta=b$
이차방정식 $x^2-(3a+6)x+4=0$의 두 근이 $\alpha-1$, $\beta-1$이므로 근과 계수의 관계에 의하여
$(\alpha-1)+(\beta-1)=3a+6$ $\qquad\cdots\cdots$ ㉠
$(\alpha-1)(\beta-1)=4$ $\qquad\cdots\cdots$ ㉡
이때
$(\alpha-1)+(\beta-1)=\alpha+\beta-2=-a-2$이므로 ㉠에서
$-a-2=3a+6$, $a=-2$
$(\alpha-1)(\beta-1)=\alpha\beta-(\alpha+\beta)+1=b-2+1=b-1$
이므로 ㉡에서
$b-1=4$, $b=5$

두 수 -2와 5를 근으로 하고 x^2의 계수가 1인 이차방정식은
$x^2-(-2+5)x+(-2)\times5=0$, 즉 $x^2-3x-10=0$
따라서 $f(x)=x^2-3x-10$이므로 $f(0)=-10$

답 ②

68 1이 이차방정식 $x^2-ax+3=0$의 근이므로
$1-a+3=0$에서 $a=4$
즉, $x^2-4x+3=0$에서 $(x-1)(x-3)=0$
$x=1$ 또는 $x=3$이므로 $\alpha=3$
3과 6을 두 근으로 하고 x^2의 계수가 1인 이차방정식은
$x^2-(3+6)x+3\times6=0$
즉, $x^2-9x+18=0$이므로
$b=9$, $c=18$
따라서 $a+b+c=4+9+18=31$

답 31

69 b만 잘못 보고 풀었으므로 두 근의 곱은
$\dfrac{c}{a}=-1\times2=-2$에서 $c=-2a$ ...... ㉠

c만 잘못 보고 풀었으므로 두 근의 합은
$-\dfrac{b}{a}=2+(-2)=0$에서 $b=0$ ...... ㉡
㉠, ㉡을 $ax^2+bx+c=0$에 대입하면
$ax^2-2a=0$
$a\neq0$이므로 위의 식의 양변을 a로 나누면
$x^2-2=0$, $(x+\sqrt{2})(x-\sqrt{2})=0$
$x=-\sqrt{2}$ 또는 $x=\sqrt{2}$
따라서 $|\beta-\alpha|=2\sqrt{2}$

답 ④

70 갑은 x의 계수 b만 잘못 보고 풀었으므로 두 근의 곱은
$\dfrac{c}{a}=-1\times4=-4$에서 $c=-4a$ ...... ㉠

을은 상수항 c만 잘못 보고 풀었으므로 두 근의 합은
$-\dfrac{b}{a}=\left(-\dfrac{3}{2}+\sqrt{2}\right)+\left(-\dfrac{3}{2}-\sqrt{2}\right)=-3$에서
$b=3a$ ...... ㉡
㉠, ㉡을 $ax^2+bx+c=0$에 대입하면
$ax^2+3ax-4a=0$
$a\neq0$이므로 위의 식의 양변을 a로 나누면
$x^2+3x-4=0$, $(x+4)(x-1)=0$
$x=-4$ 또는 $x=1$
따라서 $\alpha^2+\beta^2=16+1=17$

답 17

71 $\dfrac{-b-\sqrt{b^2-ac}}{2a}=-3$, $\dfrac{-b+\sqrt{b^2-ac}}{2a}=5$이므로
$\dfrac{-b-\sqrt{b^2-ac}}{2a}+\dfrac{-b+\sqrt{b^2-ac}}{2a}=-\dfrac{b}{a}=2$에서
$b=-2a$ ...... ㉠
$\dfrac{-b-\sqrt{b^2-ac}}{2a}\times\dfrac{-b+\sqrt{b^2-ac}}{2a}=\dfrac{ac}{4a^2}=\dfrac{c}{4a}=-15$에서

$c=-60a$ ...... ㉡
㉠, ㉡을 $ax^2+bx+c=0$에 대입하면
$ax^2-2ax-60a=0$
$a\neq0$이므로 $x^2-2x-60=0$
따라서 두 근의 곱은 근과 계수의 관계에 의하여 -60이다.

답 ①

72 이차방정식 $x^2-4x+5=0$에서 근의 공식에 의하여 두 근은
$x=-(-2)\pm\sqrt{(-2)^2-1\times5}=2\pm i$이므로
$x^2-4x+5=(x-2-i)(x-2+i)$
따라서 보기 중 주어진 이차식의 인수인 것은 ②이다.

답 ②

73 이차방정식 $x^2-2x+2=0$에서 근의 공식에 의하여 두 근은
$x=-(-1)\pm\sqrt{(-1)^2-1\times2}=1\pm i$
따라서
$x^2-2x+2=\{x-(1+i)\}\{x-(1-i)\}$
$=(x-1-i)(x-1+i)$

답 ③

74 이차방정식 $x^2+ax+b=0$의 두 근이 α, β이므로
$x^2+ax+b=(x-\alpha)(x-\beta)$
$(3-\alpha)(3-\beta)=0$, $(2-\alpha)(2-\beta)=0$이므로 $x^2+ax+b=0$의 근은
$x=2$ 또는 $x=3$
따라서 $x^2+ax+b=(x-2)(x-3)$이므로
$x=4$를 대입하면 $16+4a+b=2$에서
$4a+b=-14$

답 ②

75 x에 대한 이차방정식 $x^2+ax+b=0$의 두 근이 α, β이므로
$x^2+ax+b=(x-\alpha)(x-\beta)$
$(\alpha-1)(\beta-1)=0$에서 $(1-\alpha)(1-\beta)=0$이고
$(2\alpha-1)(2\beta-1)=0$에서 $\left(\dfrac{1}{2}-\alpha\right)\left(\dfrac{1}{2}-\beta\right)=0$
이므로 $x^2+ax+b=0$의 근은
$x=1$ 또는 $x=\dfrac{1}{2}$
따라서 $\alpha+\beta=1+\dfrac{1}{2}=\dfrac{3}{2}$

답 ③

76 이차방정식 $3x^2-6x+4=0$의 두 근이 α, β이므로 근과 계수의 관계에 의하여
$\alpha+\beta=2$, $\alpha\beta=\dfrac{4}{3}$
$f(\alpha)=\alpha$, $f(\beta)=\beta$에서
$f(\alpha)-\alpha=f(\beta)-\beta=0$
따라서 α, β는 이차방정식 $f(x)-x=0$의 두 근이고, $f(x)$의 x^2의
계수가 1이므로

$$f(x)-x=(x-\alpha)(x-\beta)$$
$$=x^2-(\alpha+\beta)x+\alpha\beta$$
$$=x^2-2x+\frac{4}{3}$$

따라서 $f(x)=x^2-x+\frac{4}{3}$이므로 $f(1)=\frac{4}{3}$

답 ④

77 이차방정식 $x^2-2x-3=0$의 두 근이 α, β이므로 근과 계수의 관계에 의하여
$\alpha+\beta=2$, $\alpha\beta=-3$
$\alpha=2-\beta$, $\beta=2-\alpha$
$f(\alpha)=\beta$, $f(\beta)=\alpha$에서
$f(\alpha)+\alpha-2=0$, $f(\beta)+\beta-2=0$
따라서 α, β는 이차방정식 $f(x)+x-2=0$의 두 근이고, $f(x)$의 x^2의 계수가 1이므로
$$f(x)+x-2=(x-\alpha)(x-\beta)$$
$$=x^2-(\alpha+\beta)x+\alpha\beta$$
$$=x^2-2x-3$$
따라서 $f(x)=x^2-3x-1$이므로
$f(4)=4^2-3\times4-1=3$

답 ③

78 이차방정식 $f(x)=0$의 두 근을 α, β라 하면
$\alpha+\beta=4$, $\alpha\beta=-2$
$f(2x-1)=0$에서 $2x-1=t$라 하면 $x=\frac{t+1}{2}$이므로
$f(2x-1)=0$의 근은 $x=\frac{\alpha+1}{2}$ 또는 $x=\frac{\beta+1}{2}$
따라서 방정식 $f(2x-1)=0$의 두 근의 곱은
$$\frac{\alpha+1}{2}\times\frac{\beta+1}{2}=\frac{\alpha\beta+\alpha+\beta+1}{4}$$
$$=\frac{-2+4+1}{4}=\frac{3}{4}$$

답 ③

79 이차방정식 $f(x)=0$의 두 근이 α, β이므로
방정식 $f(2x)=0$에서 $2x=t$라 하면 $x=\frac{t}{2}$
$f(2x)=0$의 근은 $x=\frac{\alpha}{2}$ 또는 $x=\frac{\beta}{2}$
따라서 $\alpha\beta=12$이므로 방정식 $f(2x)=0$의 두 근의 곱은
$$\frac{\alpha}{2}\times\frac{\beta}{2}=\frac{\alpha\beta}{4}=\frac{12}{4}=3$$

답 ③

80 이차방정식 $f(x)=0$의 두 근이 α, β이므로
방정식 $f(4x-2)=0$에서 $4x-2=t$라 하면 $x=\frac{t+2}{4}$
$f(4x-2)=0$의 근은 $x=\frac{\alpha+2}{4}$ 또는 $x=\frac{\beta+2}{4}$

따라서 $\alpha+\beta=12$이므로 방정식 $f(4x-2)=0$의 두 근의 합은
$$\frac{\alpha+2}{4}+\frac{\beta+2}{4}=\frac{\alpha+\beta+4}{4}=\frac{16}{4}=4$$

답 ④

다른 풀이

이차방정식 $f(x)=0$의 두 근이 α, β이고 $\alpha+\beta=12$이므로 이차항의 계수가 1인 이차방정식 $f(x)=0$은
$f(x)=x^2-12x+k=0$ (k는 상수)
따라서
$$f(4x-2)=(4x-2)^2-12(4x-2)+k$$
$$=16x^2-64x+28+k=0$$
따라서 근과 계수의 관계에 의하여 이차방정식 $f(4x-2)=0$의 두 근의 합은 $\frac{64}{16}=4$이다.

81 a, b가 실수이므로 이차방정식 $x^2+ax+b=0$의 한 근이 $3+i$이면 다른 한 근은 $3-i$이다.
따라서 $x^2+ax+b=(x-3-i)(x-3+i)$
$x=2$를 대입하면 $4+2a+b=(-1-i)(-1+i)=2$
이므로 $2a+b=-2$

답 ①

82 a, b가 실수이므로 이차방정식 $x^2+ax+b=0$의 한 근이 $1+i$이면 다른 한 근은 $1-i$이다.
이차방정식의 근과 계수의 관계에 의하여
$(1+i)+(1-i)=-a$, $(1+i)(1-i)=b$
이므로 $a=-2$, $b=2$
따라서 $b-a=2-(-2)=4$

답 ④

83 a, b가 유리수이므로 이차방정식 $x^2+ax+b=0$의 한 근이 $2-\sqrt{3}$이면 다른 한 근은 $2+\sqrt{3}$이다.
이차방정식의 근과 계수의 관계에 의하여
$(2-\sqrt{3})+(2+\sqrt{3})=-a$, $(2-\sqrt{3})(2+\sqrt{3})=b$
이므로 $a=-4$, $b=1$
따라서 $ab=-4$

답 ①

84 a, b가 실수이므로 이차방정식 $x^2+2x+a=0$의 한 근이 $b-3i$이면 다른 한 근은 $b+3i$이다.
이차방정식의 근과 계수의 관계에 의하여
$(b-3i)+(b+3i)=-2$, $(b-3i)(b+3i)=a$
$(b-3i)+(b+3i)=-2$에서
$2b=-2$이므로 $b=-1$
$(b-3i)(b+3i)=(-1-3i)(-1+3i)=1-9i^2=1+9=10$
이므로 $a=10$
따라서 $a+b=10+(-1)=9$

답 ⑤

85 m, n이 실수이므로 이차방정식 $x^2+2mx+n=0$의 한 근이 $-1+i$이면 다른 한 근은 $-1-i$이다.

이차방정식의 근과 계수의 관계에 의하여

$(-1+i)+(-1-i)=-2m$, $(-1+i)(-1-i)=n$

이므로 $m=1$, $n=2$

이때 $\dfrac{1}{m}+\dfrac{1}{n}=\dfrac{m+n}{mn}=\dfrac{3}{2}$, $\dfrac{1}{m}\times\dfrac{1}{n}=\dfrac{1}{2}$이므로

$\dfrac{1}{m}$, $\dfrac{1}{n}$을 두 근으로 하고 x^2의 계수가 1인 이차방정식은

$x^2-\dfrac{3}{2}x+\dfrac{1}{2}=0$

따라서 $a=-\dfrac{3}{2}$, $b=\dfrac{1}{2}$이므로

$b-a=\dfrac{1}{2}-\left(-\dfrac{3}{2}\right)=2$

답 ⑤

86 $f(2-\sqrt{2})=2a-b$이므로 $2-\sqrt{2}$는 방정식

$f(x)-2a+b=0$, 즉 $x^2+ax-2a+b=0$의 근이다.

이때 a, b가 유리수이므로 $2+\sqrt{2}$도 이차방정식 $x^2+ax-2a+b=0$의 근이다.

이차방정식의 근과 계수의 관계에 의하여

$(2-\sqrt{2})+(2+\sqrt{2})=-a$에서 $a=-4$

$(2-\sqrt{2})(2+\sqrt{2})=-2a+b$에서

$2=8+b$이므로 $b=-6$

따라서 $f(x)=x^2+ax=x^2-4x$이므로

$f(b)=f(-6)=(-6)^2-4\times(-6)=60$

답 60

서술형 완성하기   본문 80쪽

01 17   **02** $\dfrac{4}{3}$ **03** -20 **04** 16

05 $x=\dfrac{1+\alpha}{2\alpha}$ 또는 $x=\dfrac{1+\beta}{2\beta}$ **06** 8

01 $z=\dfrac{5}{1-2i}=\dfrac{5(1+2i)}{(1-2i)(1+2i)}=\dfrac{5(1+2i)}{1-4i^2}$

$\qquad=\dfrac{5(1+2i)}{5}=1+2i$ ······ ❶

$z=1+2i$에서 $z-1=2i$이므로 양변을 제곱하면

$z^2-2z+1=-4$

$z^2-2z+5=0$에서 $z^2-2z=-5$ ······ ❷

$(z^2-2z)^2+(z-3)(z+1)$

$=(z^2-2z)^2+(z^2-2z)-3$

$=(-5)^2+(-5)-3$

$=25-8$

$=17$ ······ ❸

답 17

단계	채점 기준	비율
❶	복소수의 나눗셈을 한 경우	20 %
❷	주어진 복소수를 근으로 가지는 이차방정식을 구한 경우	40 %
❸	다항식의 연산을 이용하여 주어진 식의 값을 구한 경우	40 %

02 $z=a+bi$ (a, b는 실수)로 놓으면 $\bar{z}=a-bi$이고

$(1+2i)^2=1+4i+4i^2=-3+4i$이므로

$(1+2i)^2z+4=(\bar{z}+2)i$에서

$(-3+4i)(a+bi)+4=(a-bi+2)i$

$-3a+4ai-3bi+4bi^2+4=(a+2)i-bi^2$

$-3a+4ai-3bi-4b+4=(a+2)i+b$

$(-3a-4b+4)+(4a-3b)i=b+(a+2)i$ ······ ❶

두 복소수가 서로 같을 조건에 의하여

$-3a-4b+4=b$, $4a-3b=a+2$

두 식을 연립하여 풀면

$a=\dfrac{11}{12}$, $b=\dfrac{1}{4}$ ······ ❷

따라서 $z=\dfrac{11}{12}+\dfrac{1}{4}i$이므로

$z+\bar{z}+(z-\bar{z})i$

$=\left(\dfrac{11}{12}+\dfrac{1}{4}i\right)+\left(\dfrac{11}{12}-\dfrac{1}{4}i\right)+\left\{\left(\dfrac{11}{12}+\dfrac{1}{4}i\right)-\left(\dfrac{11}{12}-\dfrac{1}{4}i\right)\right\}i$

$=\dfrac{11}{6}+\dfrac{1}{2}i^2=\dfrac{11}{6}-\dfrac{1}{2}=\dfrac{4}{3}$ ······ ❸

답 $\dfrac{4}{3}$

단계	채점 기준	비율
❶	$z=a+bi$로 놓고 $p+qi$ 꼴로 좌변과 우변을 정리한 경우	30 %
❷	두 복소수가 서로 같을 조건을 이용하여 a, b의 값을 구한 경우	40 %
❸	$z+\bar{z}+(z-\bar{z})i$의 값을 구한 경우	30 %

03 이차방정식 $x^2-x+k=0$의 두 실근을 α, β ($\alpha\leq\beta$)라 하면 근과 계수의 관계에 의하여

$\alpha+\beta=1$, $\alpha\beta=k$ ······ ❶

(ⅰ) $\alpha\geq0$, $\beta\geq0$ 또는 $\alpha\leq0$, $\beta\leq0$일 때

$\alpha+\beta=1$이므로 $\alpha\geq0$, $\beta\geq0$

즉, $|\alpha|+|\beta|=\alpha+\beta=9$이므로 조건을 만족시키지 않는다.

······ ❷

(ⅱ) $\alpha\leq0\leq\beta$일 때

$|\alpha|+|\beta|=9$에서 $-\alpha+\beta=9$

$\alpha+\beta=1$, $-\alpha+\beta=9$를 연립하여 풀면

$\alpha=-4$, $\beta=5$ ······ ❸

(ⅰ), (ⅱ)에서 $\alpha=-4$, $\beta=5$

따라서 $k=\alpha\beta=(-4)\times5=-20$ ······ ❹

답 -20

단계	채점 기준	비율
❶	이차방정식의 근과 계수의 관계를 이용하여 두 근의 합과 두 근의 곱에 대한 관계식을 구한 경우	20 %
❷	두 근의 부호가 같은 경우가 조건을 만족시키지 않음을 파악한 경우	30 %
❸	두 근의 부호가 다른 경우에 대하여 두 근을 구한 경우	30 %
❹	k의 값을 구한 경우	20 %

04 이차방정식 $x^2+ax-4=0$의 두 근이 α, $\beta(\alpha\ne\beta)$이므로 근과 계수의 관계에 의하여

$\alpha+\beta=-a$, $\alpha\beta=-4$

α^2, β^2이 이차방정식 $x^2-8x+b=0$의 두 근이므로 근과 계수의 관계에 의하여

$\alpha^2+\beta^2=8$, $\alpha^2\beta^2=b$ ...... ❶

$\alpha\beta=-4$이므로

$\alpha^2\beta^2=(\alpha\beta)^2=(-4)^2=16$에서 $b=16$

$x^2-8x+16=(x-4)^2$이므로

$\alpha^2=\beta^2=4$

따라서 $\alpha=2$, $\beta=-2$ 또는 $\alpha=-2$, $\beta=2$이므로

$\alpha+\beta=0$

즉, $a=0$이므로 $a+b=0+16=16$ ...... ❷

답 16

단계	채점 기준	비율
❶	이차방정식의 근과 계수의 관계를 이용하여 α, β에 대한 식을 구한 경우	50 %
❷	a, b의 값을 구하여 그 합을 구한 경우	50 %

05 $c\ne0$이므로 0은 이차방정식 $ax^2+bx+c=0$의 근이 아니다.

즉, $\alpha\beta\ne0$

$ax^2+bx+c=0$에 x 대신 $\dfrac{1}{t}$을 대입하면

$\dfrac{a}{t^2}+\dfrac{b}{t}+c=0$, $\dfrac{1}{t^2}(ct^2+bt+a)=0$

$ct^2+bt+a=0$ ...... ㉠

이 방정식의 해는 $t=\dfrac{1}{\alpha}$ 또는 $t=\dfrac{1}{\beta}$ ...... ❶

㉠에 t 대신 $2k-1$을 대입하면

$c(2k-1)^2+b(2k-1)+a=0$

즉, $\dfrac{1}{\alpha}=2k-1$ 또는 $\dfrac{1}{\beta}=2k-1$이므로

$\dfrac{1}{\alpha}=2k-1$에서 $k=\dfrac{1+\alpha}{2\alpha}$

$\dfrac{1}{\beta}=2k-1$에서 $k=\dfrac{1+\beta}{2\beta}$

따라서 이차방정식 $c(2x-1)^2+b(2x-1)+a=0$의 해는

$x=\dfrac{1+\alpha}{2\alpha}$ 또는 $x=\dfrac{1+\beta}{2\beta}$ ...... ❷

답 $x=\dfrac{1+\alpha}{2\alpha}$ 또는 $x=\dfrac{1+\beta}{2\beta}$

단계	채점 기준	비율
❶	x 대신 $\dfrac{1}{t}$을 대입한 이차방정식의 해를 구한 경우	40 %
❷	이차방정식 $c(2x-1)^2+b(2x-1)+a=0$의 해를 α, β로 나타낸 경우	60 %

06 두 이차방정식 $x^2+6x+n=0$, $x^2-4x+10-n=0$의 판별식을 각각 D_1, D_2라 하면

$\dfrac{D_1}{4}=3^2-n=9-n$이고 $\dfrac{D_2}{4}=(-2)^2-(10-n)=n-6$

$\dfrac{D_1}{4}=9-n<0$, 즉 $n>9$이면 $f(n)=0$

$\dfrac{D_1}{4}=9-n=0$, 즉 $n=9$이면 $f(n)=1$

$\dfrac{D_1}{4}=9-n>0$, 즉 $n<9$이면 $f(n)=2$

이고

$\dfrac{D_2}{4}=n-6<0$, 즉 $n<6$이면 $g(n)=0$

$\dfrac{D_2}{4}=n-6=0$, 즉 $n=6$이면 $g(n)=1$

$\dfrac{D_2}{4}=n-6>0$, 즉 $n>6$이면 $g(n)=2$ ...... ❶

따라서

$1\le n\le5$이면 $f(n)+g(n)=2+0=2$

$n=6$이면 $f(n)+g(n)=2+1=3$

$7\le n\le8$이면 $f(n)+g(n)=2+2=4$

$n=9$이면 $f(n)+g(n)=1+2=3$

$n\ge10$이면 $f(n)+g(n)=0+2=2$

이므로 $f(n)+g(n)=2$를 만족시키는 12 이하의 자연수 n의 개수는 1, 2, 3, 4, 5, 10, 11, 12의 8이다. ...... ❷

답 8

단계	채점 기준	비율
❶	n에 값에 따라 $f(n)$, $g(n)$의 값을 구한 경우	50 %
❷	$f(n)+g(n)=2$인 12 이하의 자연수 n의 개수를 구한 경우	50 %

내신 + 수능 고난도 도전   본문 81쪽

01 ③   **02** ⑤   **03** ②   **04** ②

01 $z=p+qi$ (p, q는 실수, $pq\ne0$)로 놓으면 조건 (가)에서

$z+i\bar{z}=p+qi+i(p-qi)=p+qi+pi-qi^2$
$=(p+q)+(p+q)i=0$

즉, $p+q=0$에서 $q=-p$이므로 $z=p(1-i)$이고

$z^2=p^2(1-i)^2=-2p^2i$, $z^4=(-2p^2i)^2=-4p^4$, $z^5=-4p^5(1-i)$

$z^5=-4z$이므로

$-4p^5(1-i)=-4p(1-i)$에서 $p^4=1$이므로

$p=1$ 또는 $p=-1$

$z+\bar{z}=2p>0$이므로 $p=1$

따라서 $z=1-i$

$w=r+si$ (r, s는 실수, $rs \neq 0$)로 놓으면

$w+\bar{w}=(r+si)+(r-si)=2r$이므로 조건 (나)에서

$2r=4$, 즉 $r=2$

$w=2+si$에서 $w^2=(2+si)^2=4-s^2+4si$이므로

$w^2-z=4-s^2+4si-(1-i)$

$\qquad =3-s^2+(4s+1)i$

$(w^2-z)^2$의 값이 음의 실수이려면 w^2-z는 순허수이어야 하므로

$3-s^2=0$이고 $4s+1 \neq 0$

$s^2=3$에서 $s=\sqrt{3}$ 또는 $s=-\sqrt{3}$

즉, $w=2+\sqrt{3}i$ 또는 $w=2-\sqrt{3}i$

따라서 $z=1-i$에서 $z^2=-2i$이고 $w=2+\sqrt{3}i$ 또는 $w=2-\sqrt{3}i$이므로

$(z^2i-w)^2=\{-2i \times i-(2\pm\sqrt{3}i)\}^2$

$\qquad\qquad =(\mp\sqrt{3}i)^2=-3$

目 ③

02 이차방정식 $x^2-6x+4=0$의 두 근이 α, β이므로 근과 계수의 관계에 의하여

$\alpha+\beta=6$, $\alpha\beta=4$ ······ ㉠

㉠에서 $\beta=6-\alpha$, $\alpha=6-\beta$이므로

$f(\alpha)=-3\alpha(6-\beta)$, $f(\beta)=-3\beta(6-\alpha)$에 대입하면

$f(\alpha)=-3\alpha^2$, $f(\beta)=-3\beta^2$

즉, α, β는 이차방정식 $f(x)+3x^2=0$의 두 근이므로

$f(x)+3x^2=a(x-\alpha)(x-\beta)=a(x^2-6x+4)$ $(a \neq 0)$

$f(1)=2$이므로

$f(1)+3=a(1-6+4)=-a$에서 $a=-5$

따라서 $f(x)+3x^2=-5(x^2-6x+4)=-5x^2+30x-20$이므로

$f(x)=-8x^2+30x-20$

따라서 이차방정식 $-8x^2+30x-20=0$의 두 근의 곱은 근과 계수의 관계에 의하여 $\dfrac{-20}{-8}=\dfrac{5}{2}$이다.

目 ⑤

03 조건 (나)에서 이차방정식 $x^2+ax+b=0$이 서로 다른 두 실근을 가져야 하므로 이 이차방정식의 판별식을 D라 하면

$D=a^2-4b>0$, 즉 $a^2>4b$ ······ ㉠

두 근이 α, β이므로 이차방정식의 근과 계수의 관계에 의하여

$\alpha+\beta=-a$, $\alpha\beta=b$

$(\alpha-\beta)^2=(\alpha+\beta)^2-4\alpha\beta=(-a)^2-4b \leq 10$에서

$a^2-4b \leq 10$ ······ ㉡

㉠, ㉡에서 $0<a^2-4b \leq 10$

조건 (가)에 의하여 $-4b \geq 0$이므로 $0 \leq -4b \leq 10$에서

$b=0$, -1, -2

(i) $b=0$일 때

$\quad$ $0<a^2 \leq 10$이므로 $a=\pm1$ 또는 $a=\pm2$ 또는 $a=\pm3$

$\quad$ $a+b^2=a$의 값은 -3, -2, -1, 1, 2, 3

(ii) $b=-1$일 때

$\quad$ $-4<a^2 \leq 6$이므로 $a=0$ 또는 $a=\pm1$ 또는 $a=\pm2$

$\quad$ $a+b^2=a+1$의 값은 -1, 0, 1, 2, 3

(iii) $b=-2$일 때

$\quad$ $-8<a^2 \leq 2$이므로 $a=0$ 또는 $a=\pm1$

$\quad$ $a+b^2=a+4$의 값은 3, 4, 5

(i), (ii), (iii)에서 $a+b^2$의 최댓값은 5, 최솟값은 -3이므로 그 합은 2이다.

目 ②

04 $x^2-5=2k|x|$에서 $x^2-2k|x|-5=0$

$x \geq 0$일 때, $x^2-2kx-5=0$이고 이 이차방정식의 근은

$x=k\pm\sqrt{k^2+5}$

$x<0$일 때, $x^2+2kx-5=0$이고 이 이차방정식의 근은

$x=-k\pm\sqrt{k^2+5}$

주어진 방정식이 정수인 두 근을 가지려면 $\sqrt{k^2+5}$가 자연수이어야 한다.

즉, k^2+5가 완전제곱식이어야 하므로

$k^2+5=n^2$ (n은 자연수)

$k^2-n^2=-5$에서 $(k-n)(k+n)=-5$

$k-n=-1$, $k+n=5$

두 식을 연립하여 풀면 $k=2$, $n=3$

$x \geq 0$일 때, $x=-1$ 또는 $x=5$이므로 $x=5$

$x<0$일 때, $x=-5$ 또는 $x=1$이므로 $x=-5$

따라서 $\alpha=-5$, $\beta=5$ 또는 $\alpha=5$, $\beta=-5$

$f(-5)$, $f(5)$를 근으로 갖는 이차방정식이 $x^2-42x+200=0$이므로 근과 계수의 관계에 의하여

$f(-5)+f(5)=42$

$f(x)=x^2+ax+b$ (a, b는 상수)로 놓으면

$f(-5)+f(5)=(25-5a+b)+(25+5a+b)=50+2b=42$에서

$b=-4$

따라서 $kf(0)=2b=2 \times(-4)=-8$

目 ②

05 이차방정식과 이차함수

본문 83쪽

개념 확인하기

01 -5	**02** -3	**03** $0, 4$	**04** $1, 4$	**05** 0
06 1	**07** 2	**08** (1) $k<9$ (2) $k=9$ (3) $k>9$		
09 $-2, 1$	**10** $-6, 1$	**11** 서로 다른 두 점에서 만난다.		

12 한 점에서 만난다. (접한다.)　　**13** 만나지 않는다.
14 (1) $k<5$ (2) $k=5$ (3) $k>5$
15 최댓값: 없다., 최솟값: -3
16 최댓값: 8, 최솟값: 없다.　　**17** 최댓값: 0, 최솟값: -4
18 최댓값: 3, 최솟값: 0　　**19** 최댓값: 6, 최솟값: 3

01 $-1, 3$이 이차방정식 $x^2+ax+b=0$의 실근과 같으므로
$x^2+ax+b=(x+1)(x-3)=x^2-2x-3$
즉, $a=-2$, $b=-3$이므로 $a+b=-5$

답 -5

다른 풀이
$x^2+ax+b=(x+1)(x-3)$이므로
$x=1$을 대입하면
$1+a+b=-4$에서 $a+b=-5$

02 $-\sqrt{3}, \sqrt{3}$이 이차방정식 $x^2+ax+b=0$의 실근과 같으므로
$x^2+ax+b=(x+\sqrt{3})(x-\sqrt{3})=x^2-3$
즉, $a=0$, $b=-3$이므로 $a+b=-3$

답 -3

다른 풀이
$x^2+ax+b=(x+\sqrt{3})(x-\sqrt{3})$이므로
$x=1$을 대입하면
$1+a+b=-2$에서 $a+b=-3$

03 이차방정식 $x^2-4x=0$의 실근과 같으므로
$x(x-4)=0$에서 $x=0$ 또는 $x=4$
따라서 이차함수 $y=x^2-4x$의 그래프와 x축의 교점의 x좌표는 0, 4이다.

답 $0, 4$

04 이차방정식 $x^2-5x+4=0$의 실근과 같으므로
$(x-1)(x-4)=0$에서
$x=1$ 또는 $x=4$
따라서 이차함수 $y=x^2-5x+4$의 그래프와 x축의 교점의 x좌표는 1, 4이다.

답 $1, 4$

05 이차방정식 $x^2-4x+5=0$의 서로 다른 실근의 개수와 같으므로 이 이차방정식의 판별식을 D라 할 때, $\dfrac{D}{4}=(-2)^2-5=-1<0$이므로 실근의 개수는 0이다.
따라서 교점의 개수는 0이다.

답 0

06 이차방정식 $3x^2-6x+3=0$의 서로 다른 실근의 개수와 같으므로 이 이차방정식의 판별식을 D라 할 때, $\dfrac{D}{4}=(-3)^2-9=0$이므로 서로 다른 실근의 개수는 1이다.
따라서 교점의 개수는 1이다.

답 1

07 이차방정식 $x^2+4x+2=0$의 서로 다른 실근의 개수와 같으므로 이 이차방정식의 판별식을 D라 할 때, $\dfrac{D}{4}=2^2-2=2>0$이므로 서로 다른 실근의 개수는 2이다.
따라서 교점의 개수는 2이다.

답 2

08 이차방정식 $x^2-6x+k=0$의 판별식을 D라 할 때,
$\dfrac{D}{4}=(-3)^2-k=9-k$이므로
(1) $9-k>0$에서 $k<9$
(2) $9-k=0$에서 $k=9$
(3) $9-k<0$에서 $k>9$

답 (1) $k<9$ (2) $k=9$ (3) $k>9$

09 이차방정식 $x^2-2=-x$, 즉 $x^2+x-2=0$의 실근과 같으므로
$(x+2)(x-1)=0$에서 $x=-2$ 또는 $x=1$

답 $-2, 1$

10 이차방정식 $-x^2-3x+5=2x-1$, 즉 $x^2+5x-6=0$의 실근과 같으므로
$(x+6)(x-1)=0$에서 $x=-6$ 또는 $x=1$

답 $-6, 1$

11 이차방정식 $x^2+x=2x+1$, 즉 $x^2-x-1=0$의 판별식을 D라 하면
$D=(-1)^2-(-4)=5>0$
이므로 서로 다른 두 점에서 만난다.

답 서로 다른 두 점에서 만난다.

12 이차방정식 $x^2-3x+2=-x+1$, 즉 $x^2-2x+1=0$의 판별식을 D라 하면
$\dfrac{D}{4}=(-1)^2-1=0$
이므로 한 점에서 만난다. (접한다.)

답 한 점에서 만난다. (접한다.)

13 이차방정식 $-x^2-4x+3=x+13$, 즉 $x^2+5x+10=0$의 판별식을 D라 하면
$D=5^2-40=-15<0$
이므로 만나지 않는다.

답 만나지 않는다.

14 이차방정식 $x^2-3x+k=x+1$, 즉 $x^2-4x+k-1=0$의 판별식을 D라 하면

$$\frac{D}{4}=(-2)^2-(k-1)=5-k$$이므로

(1) $5-k>0$에서 $k<5$

(2) $5-k=0$에서 $k=5$

(3) $5-k<0$에서 $k>5$

답 (1) $k<5$ (2) $k=5$ (3) $k>5$

15 $y=x^2-4x+1=(x-2)^2-3$이므로

최댓값은 없고 최솟값은 -3이다.

답 최댓값: 없다., 최솟값: -3

16 $y=-2x^2-8x=-2(x+2)^2+8$이므로

최댓값은 8이고 최솟값은 없다.

답 최댓값: 8, 최솟값: 없다.

17 $f(x)=x^2-4x=(x-2)^2-4$에서 꼭짓점의 x좌표는 2이고,

$1\le 2\le 4$

즉, $f(1)=-3$, $f(2)=-4$, $f(4)=0$이므로 최댓값은 0, 최솟값은 -4이다.

답 최댓값: 0, 최솟값: -4

18 $f(x)=-x^2-2x+3=-(x+1)^2+4$에서 꼭짓점의 x좌표는 -1이고, $-2<-1$

즉, $f(-3)=0$, $f(-2)=3$이므로 최댓값은 3, 최솟값은 0이다.

답 최댓값: 3, 최솟값: 0

19 $f(x)=x^2+2x+3=(x+1)^2+2$에서 꼭짓점의 x좌표는 -1이고, $-1<0$

즉, $f(0)=3$, $f(1)=6$이므로 최댓값은 6, 최솟값은 3이다.

답 최댓값: 6, 최솟값: 3

유형 완성하기

본문 84~91쪽

01 ①	**02** 2	**03** ①	**04** 5	**05** ①
06 ②	**07** ②	**08** ⑤	**09** ④	**10** ②
11 ③	**12** 44	**13** ②	**14** ⑤	**15** ⑤
16 ⑤	**17** ③	**18** ②	**19** ②	**20** ④
21 ①	**22** ⑤	**23** ③	**24** ⑤	**25** ④
26 ④	**27** ④	**28** ③	**29** ④	**30** ④
31 ③	**32** ⑤	**33** ①	**34** 7	**35** ②
36 ①	**37** ③	**38** ⑤	**39** 18	**40** ⑤
41 ④	**42** ⑤	**43** ①	**44** ④	**45** ⑤
46 ⑤	**47** ④	**48** 16 m²	**49** ④	

---

01 이차함수 $y=x^2+ax+b$의 그래프가 x축과 만나는 두 점의 x좌표가 -1, 2이므로 -1, 2는 이차방정식 $x^2+ax+b=0$의 두 실근이다.

이차방정식의 근과 계수의 관계에 의하여

$-1+2=-a$, $-1\times 2=b$

$a=-1$, $b=-2$

따라서 $a+b=(-1)+(-2)=-3$

답 ①

02 이차방정식 $ax^2+bx+c=0$의 두 실근이 1, 3이므로

이차함수 $y=ax^2+bx+c$의 그래프가 x축과 만나는 두 점의 x좌표는 1, 3이다.

따라서 x축과 만나는 두 점 사이의 거리는 $3-1=2$

답 2

03 이차함수 $y=2x^2+ax+b$의 그래프와 x축이 점 A(2, 0)에서만 만나므로 2는 이차방정식 $2x^2+ax+b=0$의 중근이다.

즉, $2x^2+ax+b=2(x-2)^2=2x^2-8x+8$이므로

$a=-8$, $b=8$

따라서 $ab=-8\times 8=-64$

답 ①

04 이차함수 $y=x^2+ax+b$의 그래프와 x축의 교점의 x좌표가 -3, -1이므로 -3, -1은 이차방정식 $x^2+ax+b=0$의 두 실근이다.

이차방정식의 근과 계수의 관계에 의하여

$-3+(-1)=-a$, $-3\times(-1)=b$

$a=4$, $b=3$

$x^2+bx-a=0$에서 $x^2+3x-4=0$이므로

$(x+4)(x-1)=0$, $x=-4$ 또는 $x=1$

따라서 두 실근의 차는 $1-(-4)=5$

답 5

05 이차함수 $y=ax^2+bx+c$의 그래프가 x축 위의 두 점 A(-3, 0), B(3, 0)을 지나므로

$ax^2+bx+c=a(x+3)(x-3)$

또한 점 C(0, -9)를 지나므로

$-9=a\times(0+3)(0-3)$에서 $a=1$

따라서 $ax^2+bx+c=(x+3)(x-3)$이므로 $x=2$를 대입하면

$4a+2b+c=5\times(-1)=-5$

답 ①

06 이차함수 $y=x^2+2x+a$의 그래프가 x축과 만나는 두 점의 x좌표가 b, $b+4$이므로 b, $b+4$는 이차방정식 $x^2+2x+a=0$의 두 실근이다.

이차방정식의 근과 계수의 관계에 의하여

$b+(b+4)=-2$, $b(b+4)=a$

$2b+4=-2$에서 $b=-3$이므로

$a=-3\times 1=-3$

따라서 $a+b=-3+(-3)=-6$

답 ②

07 이차함수 $y=x^2-4kx+4k^2+2k+4$의 그래프가 x축과 서로 다른 두 점에서 만나려면 이차방정식 $x^2-4kx+4k^2+2k+4=0$이 서로 다른 두 실근을 가져야 하므로 이 이차방정식의 판별식을 D라 하면

$\dfrac{D}{4}=(-2k)^2-(4k^2+2k+4)>0$

$-2k-4>0$에서 $k<-2$

따라서 정수 k의 최댓값은 -3이다.

답 ②

08 이차함수 $y=x^2-4ax-4b^2+100$의 그래프가 x축과 접하려면 이차방정식 $x^2-4ax-4b^2+100=0$이 중근을 가져야 하므로 이 이차방정식의 판별식을 D라 하면

$\dfrac{D}{4}=(-2a)^2-(-4b^2+100)=0$

$4a^2+4b^2-100=0$

즉, $a^2+b^2=25$

a는 자연수이므로

$a=1$일 때, $b^2=24$이므로 자연수 b는 존재하지 않는다.

$a=2$일 때, $b^2=21$이므로 자연수 b는 존재하지 않는다.

$a=3$일 때, $b^2=16$에서 $b=4$

$a=4$일 때, $b^2=9$에서 $b=3$

$a\geq5$일 때, $b^2\leq0$이므로 자연수 b는 존재하지 않는다.

따라서 $a=3$, $b=4$ 또는 $a=4$, $b=3$이므로

$a+b=7$

답 ⑤

09 이차함수 $y=x^2+2kx+4k+5$의 그래프가 x축과 접하려면 이차방정식 $x^2+2kx+4k+5=0$이 중근을 가져야 한다.

이 이차방정식의 판별식을 D_1이라 하면

$\dfrac{D_1}{4}=k^2-(4k+5)=0$

$k^2-4k-5=0$, $(k+1)(k-5)=0$

$k=-1$ 또는 $k=5$ ······ ㉠

이차함수 $y=x^2-4x+k$의 그래프가 x축과 만나지 않으려면 이차방정식 $x^2-4x+k=0$이 서로 다른 두 허근을 가져야 한다.

이 이차방정식의 판별식을 D_2라 하면

$\dfrac{D_2}{4}=(-2)^2-k<0$

$k>4$ ······ ㉡

㉠, ㉡을 동시에 만족시켜야 하므로 $k=5$

답 ④

10 이차함수 $y=x^2-2ax+(a-1)k+b$의 그래프가 실수 k의 값에 관계없이 x축과 접하므로 이차방정식 $x^2-2ax+(a-1)k+b=0$이 중근을 가져야 한다.

이 이차방정식의 판별식을 D라 할 때, 실수 k의 값에 관계없이

$\dfrac{D}{4}=(-a)^2-\{(a-1)k+b\}=0$

이어야 하므로 $-(a-1)k+a^2-b=0$에서

$a-1=0$, $a^2-b=0$

$a=1$이고 $b=a^2=1$

따라서 $a+b=1+1=2$

답 ②

11 이차함수 $y=x^2+ax+2b$의 그래프와 직선 $y=x+b$가 만나는 두 점의 x좌표가 -3, 2이므로 -3, 2는 이차방정식 $x^2+ax+2b=x+b$의 두 실근이다.

$x^2+ax+2b=x+b$에서 $x^2+(a-1)x+b=0$

이차방정식의 근과 계수의 관계에 의하여

$-3+2=-a+1$, $-3\times2=b$

$a=2$, $b=-6$

따라서 $a+b=2+(-6)=-4$

답 ③

12 이차함수 $y=-3x^2+x-4$의 그래프와 직선 $y=mx+n$의 두 교점의 x좌표가 0, 4이므로 0, 4는 이차방정식 $-3x^2+x-4=mx+n$의 두 실근이다.

$-3x^2+x-4=mx+n$에서 $3x^2+(m-1)x+n+4=0$

이차방정식의 근과 계수의 관계에 의하여

$0+4=\dfrac{-m+1}{3}$, $0\times4=\dfrac{n+4}{3}$이므로

$m=-11$, $n=-4$

따라서 $mn=-11\times(-4)=44$

답 44

13 이차함수 $y=x^2+x$의 그래프와 직선 $y=mx$가 만나는 서로 다른 두 점의 x좌표의 차가 4이므로 이차방정식 $x^2+x=mx$, 즉 $x^2+(1-m)x=0$의 두 근의 차가 4이다.

$x^2+(1-m)x=0$에서 $x(x-m+1)=0$

즉, 이 방정식의 근이 $x=0$ 또는 $x=m-1$이므로

$m-1=4$ 또는 $m-1=-4$

$m=5$ 또는 $m=-3$

따라서 모든 실수 m의 값의 합은 $5+(-3)=2$

답 ②

14 이차함수 $y=x^2+ax+b$의 그래프와 직선 $y=x$가 점 $(1, 1)$에서만 만나므로 이차방정식 $x^2+ax+b=x$, 즉 $x^2+(a-1)x+b=0$은 중근 $x=1$을 갖는다.

즉, $x^2+(a-1)x+b=(x-1)^2$이므로 $x=3$을 대입하면

$9+3(a-1)+b=4$

따라서 $3a+b=-2$

답 ⑤

15 이차함수 $y=x^2$의 그래프와 직선 $y=mx-4$의 두 교점의 x좌표가 α, $\beta(\alpha<\beta)$이므로 이차방정식 $x^2=mx-4$, 즉 $x^2-mx+4=0$의 두 근이 α, β이다.

이차방정식의 근과 계수의 관계에 의하여

$\alpha+\beta=m$, $\alpha\beta=4$

$\alpha+\beta=6$이므로 $m=6$

한편, $(\beta-\alpha)^2=(\alpha+\beta)^2-4\alpha\beta=6^2-4\times4=20$이고

$\beta-\alpha>0$이므로

$\beta-\alpha=\sqrt{20}=2\sqrt{5}$

따라서 $m(\beta-\alpha)=6\times2\sqrt{5}=12\sqrt{5}$

답 ⑤

16 이차함수 $y=x^2+4x$의 그래프와 직선 $y=x+k$가 서로 다른 두 점에서 만나려면 이차방정식 $x^2+4x=x+k$, 즉 $x^2+3x-k=0$이 서로 다른 두 실근을 가져야 한다.

이 이차방정식의 판별식을 D라 하면

$D=3^2-4\times1\times(-k)>0$, $9+4k>0$

$k>-\dfrac{9}{4}$

따라서 조건을 만족시키는 정수 k의 최솟값은 -2이다.

🅐 ⑤

17 이차함수 $y=-2x^2+x$의 그래프가 직선 $y=-3x+n$과 만나지 않으려면 이차방정식 $-2x^2+x=-3x+n$, 즉 $2x^2-4x+n=0$이 서로 다른 두 허근을 가져야 한다.

이 이차방정식의 판별식을 D라 하면

$\dfrac{D}{4}=(-2)^2-2\times n<0$, $2n>4$

$n>2$

따라서 조건을 만족시키는 정수 n의 최솟값은 3이다.

🅐 ③

18 이차함수 $y=x^2+x+a$의 그래프와 직선 $y=-3x$가 적어도 한 점에서 만나려면 이차방정식 $x^2+x+a=-3x$, 즉 $x^2+4x+a=0$이 실근을 가져야 한다.

이 이차방정식의 판별식을 D라 하면

$\dfrac{D}{4}=2^2-a\geq0$

$a\leq4$

따라서 자연수 a는 1, 2, 3, 4이므로 그 합은 10이다.

🅐 ②

19 기울기가 2인 직선의 방정식을 $y=2x+k$ (k는 실수)라 하면 이 직선이 이차함수 $y=x^2+3$의 그래프와 접해야 하므로 이차방정식 $x^2+3=2x+k$, 즉 $x^2-2x+3-k=0$이 중근을 가져야 한다.

이 이차방정식의 판별식을 D라 하면

$\dfrac{D}{4}=(-1)^2-1\times(3-k)=0$

$1-(3-k)=0$에서 $k=2$

따라서 구하는 접선의 방정식은 $y=2x+2$이므로 이 접선의 y절편은 2이다.

🅐 ②

20 점 $(1,-1)$을 지나는 접선의 방정식을

$y=m(x-1)-1=mx-m-1$ (m은 실수)

로 놓으면 이 직선이 이차함수 $y=-2x^2+x$의 그래프와 점 $(1,-1)$에서 접하므로 이차방정식 $-2x^2+x=mx-m-1$, 즉 $2x^2+(m-1)x-m-1=0$이 중근 $x=1$을 갖는다.

즉, $2x^2+(m-1)x-m-1=2(x-1)^2$이므로

$2x^2+(m-1)x-m-1=2x^2-4x+2$

$m-1=-4$, $-m-1=2$에서 $m=-3$

따라서 구하는 접선의 기울기는 -3이다.

🅐 ④

21 실수 a의 값에 관계없이 이차함수 $y=x^2-2ax+a^2+4a$의 그래프에 접하는 직선의 방정식이 $y=mx+n$이므로 이차방정식 $x^2-2ax+a^2+4a=mx+n$, 즉 $x^2-(2a+m)x+a^2+4a-n=0$이 실수 a의 값에 관계없이 중근을 가져야 한다.

이 이차방정식의 판별식을 D라 할 때, 실수 a의 값에 관계없이

$D=(-2a-m)^2-4\times1\times(a^2+4a-n)=0$

이어야 한다.

즉, $4a^2+4ma+m^2-4a^2-16a+4n=0$에서

$4(m-4)a+m^2+4n=0$

위 식이 a에 대한 항등식이므로

$m-4=0$, $m^2+4n=0$

$m=4$이고 $16+4n=0$에서 $n=-4$

따라서 $mn=4\times(-4)=-16$

🅐 ①

22 이차함수 $y=f(x)$의 그래프와 x축이 만나는 점의 x좌표가 -3, 1이므로 이차방정식 $f(x)=0$의 근은

$x=-3$ 또는 $x=1$

$f\left(\dfrac{1}{2}x-2\right)=0$에서 $\dfrac{1}{2}x-2=t$라 하면 $x=2(t+2)$이므로

$f\left(\dfrac{1}{2}x-2\right)=0$의 근은

$x=2(-3+2)=-2$ 또는 $x=2(1+2)=6$

따라서 $f\left(\dfrac{1}{2}x-2\right)=0$의 두 근의 합은

$-2+6=4$

🅐 ⑤

23 이차함수 $y=f(x)$의 그래프와 x축이 만나는 점의 x좌표가 -1, 2이므로 이차방정식 $f(x)=0$의 근은

$x=-1$ 또는 $x=2$

$f(2x+a)=0$에서 $2x+a=t$라 하면 $x=\dfrac{1}{2}(t-a)$이므로

$f(2x+a)=0$의 근은

$x=\dfrac{1}{2}(-1-a)$ 또는 $x=\dfrac{1}{2}(2-a)$

따라서 $f(2x+a)=0$의 두 근의 합은

$\dfrac{1}{2}(-1-a)+\dfrac{1}{2}(2-a)=\dfrac{1}{2}(1-2a)$

즉, $\dfrac{1}{2}(1-2a)=2$이므로 $1-2a=4$에서

$a=-\dfrac{3}{2}$

🅐 ③

24 두 이차함수 $y=f(x)$, $y=g(x)$의 그래프가 만나는 점의 x좌표가 -2, 4이므로 이차방정식 $f(x)=g(x)$의 근은

$x=-2$ 또는 $x=4$

$f(2x)=g(2x)$에서 $2x=t$라 하면 $x=\dfrac{1}{2}t$이므로

$f(2x)=g(2x)$의 근은

$x=\dfrac{1}{2}\times(-2)=-1$ 또는 $x=\dfrac{1}{2}\times4=2$

따라서 $f(2x)=g(2x)$의 두 근의 곱은

$-1\times2=-2$

답 ⑤

25 이차함수 $y=x^2+2ax+b$가 $x=3$에서 최솟값 -2를 가지므로

$x^2+2ax+b=(x-3)^2-2=x^2-6x+7$

즉, $2a=-6$, $b=7$이므로 $a=-3$, $b=7$

따라서 $a+b=-3+7=4$

답 ④

26 $f(x)=x^2-6x+6=(x-3)^2-3$이므로

함수 $f(x)$는 $x=3$에서 최솟값 -3을 갖는다.

$g(x)=-x^2-2x+1=-(x+1)^2+2$이므로

함수 $g(x)$는 $x=-1$에서 최댓값 2를 갖는다.

따라서 $a=3$, $b=-1$, $m=-3$, $M=2$이므로

$a+b+m+M=3+(-1)+(-3)+2=1$

답 ④

27 함수 $f(x)$는 $x=k$에서 최솟값 4를 가지므로

$x^2+ax+b=(x-k)^2+4$이고

$f(-2)=f(6)$이므로 $k=\dfrac{-2+6}{2}=2$이다.

즉, $x^2+ax+b=(x-2)^2+4$이므로 $x=1$을 대입하면

$1+a+b=5$, $a+b=4$

따라서 $a+b+k=4+2=6$

답 ③

28 이차함수 $y=x^2+ax+b$의 그래프가 x축과 두 점 $(-4, 0)$, $(2, 0)$에서 만나므로

$x^2+ax+b=(x+4)(x-2)=x^2+2x-8$에서

$a=2$, $b=-8$

즉, 주어진 이차함수는

$y=x^2+2x-8=(x+1)^2-9$

이므로 $x=-1$에서 최솟값 -9를 갖는다.

따라서 $m=-9$이므로

$a+b-m=2+(-8)-(-9)=3$

답 ③

29 $f(x)=x^2-2x+a=(x-1)^2+a-1$

이므로 꼭짓점의 x좌표는 1이다.

$0\leq1\leq3$이므로 꼭짓점의 x좌표가 주어진 범위에 포함된다.

이때 $f(0)=a$, $f(1)=a-1$, $f(3)=a+3$이고

$a-1<a<a+3$이므로 $0\leq x\leq3$에서 함수 $f(x)$의 최댓값은 $a+3$, 최솟값은 $a-1$이다.

따라서 최댓값과 최솟값의 합은 $2a+2$이므로

$2a+2=10$에서 $a=4$

답 ④

30 $f(x)=x^2-2x+3=(x-1)^2+2$

이므로 꼭짓점의 x좌표는 1이다.

$0<1$이므로 꼭짓점의 x좌표는 주어진 범위에 포함되지 않는다.

$f(-1)=6$, $f(0)=3$이므로

$-1\leq x\leq0$에서 이차함수 $f(x)$의 최댓값은 6, 최솟값은 3이고 그 합은 9이다.

답 ④

31 $f(x)=x^2-2x+a^2+a=(x-1)^2+a^2+a-1$

이므로 꼭짓점의 x좌표는 1이다.

$1<2$이므로 꼭짓점의 x좌표가 주어진 범위에 포함되지 않고

$f(2)<f(4)$이다.

함수 $f(x)$는 $x=2$에서 최솟값 $f(2)=a^2+a$, $x=4$에서 최댓값

$f(4)=a^2+a+8$을 가지므로 그 합은

$2a^2+2a+8=12$

즉, $a^2+a-2=0$에서 $(a+2)(a-1)=0$이므로

$a=-2$ 또는 $a=1$

따라서 $\alpha=-2$, $\beta=1$이므로

$\beta-\alpha=1-(-2)=3$

답 ③

32 $f(x)=2x^2-2x+k=2\left(x-\dfrac{1}{2}\right)^2+k-\dfrac{1}{2}$

이므로 꼭짓점의 x좌표는 $\dfrac{1}{2}$이다.

$-1\leq\dfrac{1}{2}\leq1$이므로 꼭짓점의 x좌표가 주어진 범위에 포함된다.

이때 $f(-1)=k+4$, $f\left(\dfrac{1}{2}\right)=k-\dfrac{1}{2}$, $f(1)=k$이고

$k-\dfrac{1}{2}<k<k+4$이므로 $-1\leq x\leq1$에서 함수 $f(x)$의 최솟값은

$k-\dfrac{1}{2}$, 최댓값은 $k+4$이다.

즉, $k+4=4$이므로 $k=0$

따라서 함수 $f(x)$의 최솟값은 $k-\dfrac{1}{2}=-\dfrac{1}{2}$

답 ⑤

33 $f(x)=ax^2-2ax+b=a(x-1)^2+b-a \ (a<0)$

이므로 꼭짓점의 x좌표는 1이다.

$-1\leq1\leq2$이므로 꼭짓점의 x좌표가 주어진 범위에 포함된다.

이때 $f(-1)=3a+b$, $f(1)=-a+b$, $f(2)=b$이고

$a<0$이므로 $3a+b<b<-a+b$

즉, $-1\leq x\leq2$에서 함수 $f(x)$의 최솟값은 $3a+b$, 최댓값은 $-a+b$

이므로

$3a+b=-2$, $-a+b=6$

두 식을 연립하여 풀면 $a=-2$, $b=4$

따라서 $ab=-2\times4=-8$

답 ①

34 (i) $0 \le x \le 3$일 때

$f(x) = x^2 - 3|x| + x - 1 = x^2 - 2x - 1 = (x-1)^2 - 2$

이므로 꼭짓점의 x좌표는 1이다.

$0 \le 1 \le 3$이므로 꼭짓점의 x좌표는 주어진 범위에 포함된다.

이때 $f(0) = -1$, $f(1) = -2$, $f(3) = 2$이므로

$0 \le x \le 3$에서 함수 $f(x)$의 최댓값은 2, 최솟값은 -2이다.

(ii) $-3 \le x \le 0$일 때

$f(x) = x^2 - 3|x| + x - 1 = x^2 + 4x - 1 = (x+2)^2 - 5$

이므로 꼭짓점의 x좌표는 -2이다.

$-3 \le -2 \le 0$이므로 꼭짓점의 x좌표는 주어진 범위에 포함된다.

이때 $f(-3) = -4$, $f(-2) = -5$, $f(0) = -1$이므로

$-3 \le x \le 0$에서 함수 $f(x)$의 최댓값은 -1, 최솟값은 -5이다.

(i), (ii)에 의하여 $-3 \le x \le 3$에서 함수 $f(x)$의 최댓값은

$f(3) = 2$, 최솟값은 $f(-2) = -5$이다.

따라서 $M = 2$, $m = -5$이므로

$M - m = 2 - (-5) = 7$

답 7

35 $f(x) = x^2 - 4x = (x-2)^2 - 4$

이므로 꼭짓점의 x좌표는 2이다.

(i) $2 < a < 4$일 때,

꼭짓점의 x좌표는 주어진 범위에 포함되지 않고 $f(a) < f(4)$

즉, 함수 $f(x)$는 $x = 4$에서 최댓값 $f(4) = 0$을 가지므로 조건을 만족시키지 않는다.

(ii) $a \le 2$일 때,

꼭짓점의 x좌표는 주어진 범위에 포함되고

$f(a) = a^2 - 4a$, $f(2) = -4$, $f(4) = 0$이므로

최댓값이 5이려면 $a^2 - 4a = 5$이어야 한다.

$a^2 - 4a - 5 = 0$에서 $(a+1)(a-5) = 0$

$a = -1$ 또는 $a = 5$

그런데 $a \le 2$이므로 $a = -1$

(i), (ii)에서 $a = -1$

답 ②

36 $y = x^2 + 2kx = (x+k)^2 - k^2$

이므로 꼭짓점의 x좌표는 $-k$이다.

(i) $-k \ge 0$, 즉 $k \le 0$일 때

꼭짓점의 x좌표가 주어진 범위에 포함되므로 이차함수는 $x = -k$에서 최솟값 $-k^2$을 갖는다.

즉, $-k^2 = -9$이므로 $k = -3$ 또는 $k = 3$

그런데 $k \le 0$이므로 $k = -3$

(ii) $-k < 0$, 즉 $k > 0$일 때

꼭짓점의 x좌표가 주어진 범위에 포함되지 않으므로 이차함수는 $x = 0$에서 최솟값 0을 갖는다.

즉, 조건을 만족시키지 않는다.

(i), (ii)에서 $k = -3$

답 ①

37 $f(x) = x^2 - 2ax$로 놓으면

$-2 \le x \le 6$에서 이차함수 $y = f(x)$의 최댓값은 $f(-2)$와 $f(6)$의 값 중 큰 값이다.

주어진 조건에서 $f(6)$이 최댓값이 되어야 하므로 $f(-2) \le f(6)$을 만족시켜야 한다.

즉, $4 + 4a \le 36 - 12a$에서

$16a \le 32$, $a \le 2$

따라서 실수 a의 최댓값은 2이다.

답 ③

38 $x^2 + 2x = t$로 놓으면

$t = (x+1)^2 - 1$이므로 꼭짓점의 x좌표가 -1이고

$-2 \le -1 \le 1$이므로 꼭짓점의 x좌표가 주어진 범위에 포함된다.

$x = -2$일 때, $t = 0$

$x = -1$일 때, $t = -1$

$x = 1$일 때, $t = 3$

이므로 $-1 \le t \le 3$

이때 주어진 함수는

$y = t^2 - 4t + 3 = (t-2)^2 - 1$

이므로 꼭짓점의 t좌표는 2이고 $-1 \le t \le 3$에 포함된다.

$t = -1$일 때, $y = 8$

$t = 2$일 때, $y = -1$

$t = 3$일 때, $y = 0$

이므로 주어진 함수의 최댓값은 8이고 최솟값은 -1이다.

따라서 $M = 8$, $m = -1$이므로

$M - m = 8 - (-1) = 9$

답 ⑤

39 $x^2 - 4x + 1 = t$로 놓으면

$t = (x-2)^2 - 3$이므로 꼭짓점의 x좌표가 2이고

$0 \le 2 \le 3$이므로 꼭짓점의 x좌표가 주어진 범위에 포함된다.

$x = 0$일 때, $t = 1$

$x = 2$일 때, $t = -3$

$x = 3$일 때, $t = -2$

이므로 $-3 \le t \le 1$

이때 주어진 함수는

$y = t^2 - 2(t-1) = t^2 - 2t + 2 = (t-1)^2 + 1$

이므로 꼭짓점의 t좌표는 1이고 $-3 \le t \le 1$에 포함된다.

$t = -3$일 때, $y = 17$

$t = 1$일 때, $y = 1$

이므로 주어진 함수의 최댓값은 17이고 최솟값은 1이다.

따라서 최댓값과 최솟값의 합은 18이다.

답 18

40 $x^2 - 2x = t$로 놓으면

$t = (x-1)^2 - 1$이므로 $t \ge -1$

이때 주어진 함수는

$y = t^2 - 2t + k = (t-1)^2 + k - 1$

이므로 꼭짓점의 t좌표가 1이고 $t \ge -1$에 포함된다.

따라서 $t=1$일 때, 최솟값 $k-1$을 가지므로

$k-1=4$, $k=5$

답 ⑤

41 $x^2-4x+y^2+2y+6=(x-2)^2+(y+1)^2+1$

이때 $(x-2)^2\geq0$, $(y+1)^2\geq0$이므로

$x=2$, $y=-1$일 때, 최솟값 1을 갖는다.

답 ④

42 $-2x^2+4xy-4y^2+2x+k$

$\quad=-x^2+4xy-4y^2-x^2+2x+k$

$\quad=-(x-2y)^2-(x-1)^2+k+1$

이때 $-(x-2y)^2\leq0$, $-(x-1)^2\leq0$이므로

$x=1$이고 $x=2y$, 즉 $y=\dfrac{1}{2}$일 때, 최댓값 $k+1$을 갖는다.

$k+1=10$이므로 $k=9$

따라서 $abk=1\times\dfrac{1}{2}\times9=\dfrac{9}{2}$

답 ⑤

43 $x^2+2ax+y^2+4by+a^2+4b^2+c$

$\quad=(x+a)^2+(y+2b)^2+c$

이때 $(x+a)^2\geq0$, $(y+2b)^2\geq0$이므로

$x=-a$, $y=-2b$일 때 최솟값 c를 갖는다.

즉, $-a=2$, $-2b=3$, $c=4$이므로

$a=-2$, $b=-\dfrac{3}{2}$, $c=4$

따라서 $a+b+c=-2+\left(-\dfrac{3}{2}\right)+4=\dfrac{1}{2}$

답 ①

44 $x+y=4$에서 $y=4-x$이므로

$x^2+2y=x^2+2(4-x)=x^2-2x+8$

$\quad=(x-1)^2+7$

따라서 $x=1$일 때 최솟값 7을 갖는다.

답 ④

45 $2x-y=4$에서 $y=2x-4$이므로

$xy=x(2x-4)=2x^2-4x$

$\quad=2(x-1)^2-2$

꼭짓점의 x좌표가 1이므로 $-1\leq x\leq4$에 포함되고

$x=-1$일 때, $xy=6$

$x=1$일 때, $xy=-2$

$x=4$일 때, $xy=16$

따라서 xy의 최댓값은 16, 최솟값은 -2이므로 그 합은 14이다.

답 ⑤

46 $xy\geq0$이므로 $x\geq0$, $y\geq0$ 또는 $x\leq0$, $y\leq0$

$x\leq0$, $y\leq0$이면 $x+y\leq0$이므로 조건을 만족시키지 않는다.

즉, $x\geq0$, $y\geq0$

$x+y=4$에서 $y=4-x$이고 $4-x\geq0$이므로 $x\leq4$

즉, $0\leq x\leq4$

이때

$x^2+y^2=x^2+(4-x)^2$

$\quad\quad=2x^2-8x+16$

$\quad\quad=2(x-2)^2+8$

이므로 꼭짓점의 x좌표가 2이고 $0\leq x\leq4$에 포함된다.

$x=0$ 또는 $x=4$일 때, $x^2+y^2=16$

$x=2$일 때, $x^2+y^2=8$

따라서 x^2+y^2의 최댓값은 16, 최솟값은 8이므로 그 합은 24이다.

답 ⑤

47 $-x^2+16=0$에서

$(x+4)(x-4)=0$이므로

$x=-4$ 또는 $x=4$

즉, 이차함수 $y=-x^2+16$의 그래프가 x축과 만나는 점의 x좌표는 -4, 4이므로 점 A의 좌표를 $(a, 0)$이라 하면 점 B의 좌표는 $(a, -a^2+16)$이고 점 B가 제1사분면 위에 있으므로

$0<a<4$를 만족시켜야 한다.

$\overline{AD}=2a$, $\overline{AB}=-a^2+16$이므로

직사각형 ABCD의 둘레의 길이는

$4a+2(-a^2+16)=-2a^2+4a+32$

$\quad\quad\quad\quad\quad\quad=-2(a-1)^2+34$

꼭짓점의 a좌표는 1이고 $0<a<4$에 포함된다.

따라서 $a=1$일 때 둘레의 길이의 최댓값은 34이다.

답 ④

48 창고의 세로의 길이를 x m라 하면 가로의 길이는 $(16-4x)$m이고 $x>0$, $16-4x>0$에서 $0<x<4$

전체 창고의 넓이는

$x(16-4x)=-4x^2+16x$

$\quad\quad\quad\quad=-4(x-2)^2+16$

이때 꼭짓점의 x좌표는 2이고 $0<x<4$에 포함되므로 $x=2$일 때 최댓값 16을 갖는다.

따라서 전체 창고의 넓이의 최댓값은 16 m²이다.

답 16 m²

49 $y=-4x^2+160x=-4(x-20)^2+1600$

이므로 꼭짓점의 x좌표가 20이고 $15\leq x\leq30$에 포함된다.

$x=15$일 때, $y=1500$

$x=20$일 때, $y=1600$

$x=30$일 때, $y=1200$

따라서 $x=20$일 때 최댓값 1600, $x=30$일 때 최솟값 1200을 가지므로 최댓값과 최솟값의 차는 400(천 원)이다.

답 ④

01 5   **02** $2 \leq k < 6$ **03** -2 **04** 27
05 12   **06** 5

01 실수 k에 대하여 직선 $y=x+k$와 이차함수 $y=x^2-3x+10$의 그래프가 만나는 서로 다른 점의 개수는 x에 대한 이차방정식 $x^2-3x+10=x+k$, 즉 $x^2-4x+10-k=0$의 서로 다른 실근의 개수와 같다.   …… ❶

이 이차방정식의 판별식을 D라 할 때,

$\dfrac{D}{4}=(-2)^2-(10-k)=k-6$에 대하여

$k-6>0$, 즉 $k>6$이면 $f(k)=2$
$k-6=0$, 즉 $k=6$이면 $f(k)=1$
$k-6<0$, 즉 $k<6$이면 $f(k)=0$ …… ❷
을 만족시킨다.
따라서
$f(2)+f(4)+f(6)+f(8)+f(10)=0+0+1+2+2=5$ …… ❸

답 5

단계	채점 기준	비율
❶	$f(k)$를 이차방정식의 실근의 개수로 이해한 경우	30 %
❷	판별식을 이용하여 $f(k)$를 구한 경우	50 %
❸	$f(2)+f(4)+f(6)+f(8)+f(10)$의 값을 구한 경우	20 %

02 이차방정식 $x^2-4x+6-k=0$이 두 실근을 가지므로
이 이차방정식의 판별식을 D라 하면

$\dfrac{D}{4}=(-2)^2-(6-k)\geq 0$

$-2+k\geq 0$에서 $k\geq 2$ …… ❶
두 실근이 모두 0보다 크므로 두 근의 합과 곱이 모두 양수이어야 한다.
이차방정식의 근과 계수의 관계에 의하여
(두 근의 합)$=4>0$, (두 근의 곱)$=6-k>0$이므로
$k<6$ …… ❷
따라서 조건을 만족시키는 실수 k의 값의 범위는
$2\leq k<6$ …… ❸

답 $2\leq k<6$

단계	채점 기준	비율
❶	판별식을 이용하여 k의 값의 범위를 구한 경우	40 %
❷	두 근이 모두 양수일 조건을 이용하여 k의 값의 범위를 구한 경우	40 %
❸	❶, ❷의 공통 범위를 구한 경우	20 %

03 $f(x)=(x-k)^2+k$로 놓으면
(i) $k<-1$일 때
꼭짓점의 x좌표가 주어진 범위에 포함되지 않고
$f(-1)<f(1)$이므로 $x=-1$에서
최솟값 $(-1-k)^2+k=k^2+3k+1$을 갖는다.

$k^2+3k+1=1$에서 $k^2+3k=0$이므로
$k(k+3)=0$
$k=-3$ 또는 $k=0$
$k<-1$이므로 $k=-3$ …… ❶
(ii) $-1\leq k\leq 1$일 때
꼭짓점의 x좌표가 주어진 범위에 포함되므로 $x=k$에서 최솟값 k를 갖는다.
즉, $k=1$ …… ❷
(iii) $k>1$일 때
꼭짓점의 x좌표가 주어진 범위에 포함되지 않고
$f(1)<f(-1)$이므로 $x=1$에서
최솟값 $(1-k)^2+k=k^2-k+1$을 갖는다.
$k^2-k+1=1$에서 $k^2-k=0$이므로
$k(k-1)=0$
$k=0$ 또는 $k=1$
$k>1$이므로 조건을 만족시키는 실수 k의 값은 없다.   …… ❸
(i), (ii), (iii)에서 조건을 만족시키는 실수 k는 -3, 1이므로 그 합은 -2이다.   …… ❹

답 -2

단계	채점 기준	비율
❶	$k<-1$일 때 조건을 만족시키는 실수 k의 값을 구한 경우	30 %
❷	$-1\leq k\leq 1$일 때 조건을 만족시키는 실수 k의 값을 구한 경우	30 %
❸	$k>1$일 때 조건을 만족시키는 실수 k의 값이 없음을 구한 경우	30 %
❹	실수 k의 값의 합을 구한 경우	10 %

04 삼각형 ABC와 삼각형 ARQ는 서로 닮음이므로 점 A에서 두 선분 BC, RQ 위에 내린 수선의 발을 각각 H_1, H_2라 하면
$\overline{BC}:\overline{AH_1}=\overline{RQ}:\overline{AH_2}$
삼각형 ABC의 넓이가 54이므로

$\dfrac{1}{2}\times 12 \times \overline{AH_1}=54$

$\overline{AH_1}=9$
$\overline{RQ}=x\ (x>0)$이라 하면
$12:9=x:\overline{AH_2}$에서

$\overline{AH_2}=\dfrac{3}{4}x$이므로 $\overline{PQ}=9-\dfrac{3}{4}x$ …… ❶

$9-\dfrac{3}{4}x>0$이므로 $x<12$, 즉 $0<x<12$이고

직사각형 PQRS의 넓이는

$x\left(9-\dfrac{3}{4}x\right)=-\dfrac{3}{4}x^2+9x$

$=-\dfrac{3}{4}(x-6)^2+27$ …… ❷

꼭짓점의 x좌표가 6이므로 $0<x<12$에 포함된다.
따라서 $x=6$일 때, 최댓값 27을 가지므로 직사각형 PQRS의 넓이의 최댓값은 27이다.   …… ❸

답 27

단계	채점 기준	비율
❶	$\overline{RQ}=x$로 놓고 $\overline{PQ}$를 x에 대한 식으로 나타낸 경우	30 %
❷	직사각형 PQRS의 넓이를 x에 대한 완전제곱꼴로 나타낸 경우	40 %
❸	직사각형 PQRS의 넓이의 최댓값을 구한 경우	30 %

05 점 $P(a, b^2)$이 직선 $2x+y-6=0$ 위의 점이므로
$2a+b^2-6=0$
즉, $b^2=6-2a$ ...... ❶
$b^2 \geq 0$이므로 $6-2a \geq 0$에서 $a \leq 3$
$a^2+ab^2+b^4=a^2+a(6-2a)+(6-2a)^2$
$\qquad\qquad\quad =a^2+6a-2a^2+36-24a+4a^2$
$\qquad\qquad\quad =3a^2-18a+36$
$\qquad\qquad\quad =3(a-3)^2+9$ ...... ❷
꼭짓점의 a좌표가 3이므로 $a \leq 3$에 포함된다.
따라서 $a^2+ab^2+b^4$의 최솟값은 $a=3$일 때 9이므로
$t=3$, $m=9$
즉, $t+m=3+9=12$ ...... ❸

🔲 12

단계	채점 기준	비율
❶	점 P가 직선 $2x+y-6=0$ 위의 점임을 이용하여 b^2을 a에 대한 식으로 나타낸 경우	30 %
❷	$a^2+ab^2+b^4$을 a에 대한 완전제곱꼴로 나타낸 경우	40 %
❸	$t+m$의 값을 구한 경우	30 %

06 조건 (가)에 의하여 함수 $f(x)$는 $x=0$에서 최솟값을 가지므로
$a>0$이고 $ax^2+bx+4=ax^2+k$ (k는 실수) 꼴로 놓을 수 있다.
즉, $b=0$이고 $k=4$ ...... ❶
조건 (나)에서 함수 $y=f(x)$의 그래프가 직선 $y=2x$와 접하거나 이 직선보다 항상 위쪽에 있어야 하므로 이차방정식 $ax^2+4=2x$, 즉
$ax^2-2x+4=0$이 중근을 갖거나 실근을 갖지 않아야 한다.
이 이차방정식의 판별식을 D라 하면
$\dfrac{D}{4}=(-1)^2-4a \leq 0$이어야 하므로
$1-4a \leq 0$에서 $a \geq \dfrac{1}{4}$ ...... ❷
따라서 $f(2)=4a+4\left(a \geq \dfrac{1}{4}\right)$이므로 $f(2)$의 최솟값은 $a=\dfrac{1}{4}$일 때 5이다. ...... ❸

🔲 5

단계	채점 기준	비율
❶	b의 값을 구한 경우	30 %
❷	a의 값의 범위를 구한 경우	40 %
❸	$f(2)$의 최솟값을 구한 경우	30 %

01 $-5 \leq t \leq 1$ **02** ④   **03** 4   **04** -5

01 직선 $y=m(x-t)+4t$는 실수 m의 값에 관계없이 점 $(t, 4t)$를 지나고 점 $(t, 4t)$는 직선 $y=4x$ 위의 점이다.
직선 $y=m(x-t)+4t$가 실수 m의 값에 관계없이 이차함수
$y=x^2+8x-5=(x+4)^2-21$의 그래프와 만나려면
직선 $y=4x$와 이차함수 $y=x^2+8x-5$의 그래프는 다음 그림과 같이 서로 다른 두 점에서 만나고 그 점을 각각 P, Q라 하면 조건을 만족시키는 점 $(t, 4t)$는 선분 PQ 위의 점이면 된다.

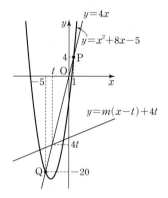

$x^2+8x-5=4x$에서 $x^2+4x-5=0$
$(x+5)(x-1)=0$이므로
$x=-5$ 또는 $x=1$
따라서 조건을 만족시키는 실수 t의 값의 범위는
$-5 \leq t \leq 1$

🔲 $-5 \leq t \leq 1$

02 $4x+3 \geq 0$, $2y \geq 0$이므로 $\sqrt{4x+3} \geq 0$, $\sqrt{2y} \geq 0$
$2x+y=6$에서 $y=6-2x$이므로 $6-2x \geq 0$에서 $x \leq 3$
즉, $0 \leq x \leq 3$
$\sqrt{4x+3}+\sqrt{2y}=t$ ($t>0$)으로 놓고 양변을 제곱하여 정리하면
$t^2=4x+2y+3+2\sqrt{2(4x+3)y}$
$y=6-2x$이므로
$t^2=15+2\sqrt{2(4x+3)(6-2x)}$
$f(x)=(4x+3)(6-2x)$라 하면
$f(x)=-8x^2+18x+18=-8\left(x-\dfrac{9}{8}\right)^2+\dfrac{225}{8}$
이때 함수 $f(x)$의 그래프의 꼭짓점의 x좌표가 $\dfrac{9}{8}$이므로 $0 \leq x \leq 3$에 포함된다.
$x=0$일 때, $f(0)=18$
$x=\dfrac{9}{8}$일 때, $f\left(\dfrac{9}{8}\right)=\dfrac{225}{8}$
$x=3$일 때, $f(3)=0$
즉, $0 \leq x \leq 3$에서 함수 $f(x)$의 최댓값은 $\dfrac{225}{8}$, 최솟값은 0이다.
따라서 t^2의 최댓값은 $x=\dfrac{9}{8}$일 때 $t^2=15+2\sqrt{2 \times \dfrac{225}{8}}=30$이고,
최솟값은 $x=3$일 때 $t^2=15$이다.
$t>0$이므로 t의 최댓값은 $\sqrt{30}$이고 최솟값은 $\sqrt{15}$

즉, 최댓값과 최솟값의 곱은
$$\sqrt{30}\times\sqrt{15}=15\sqrt{2}$$

답 ④

03 $x^2+4x+k=t$로 놓으면

$t=(x+2)^2+k-4$

꼭짓점의 x좌표는 -2이므로 $-4\leq x\leq 0$에 포함된다.

$x=-4$ 또는 $x=0$일 때, $t=k$

$x=-2$일 때, $t=k-4$

이므로 t의 값의 범위는 $k-4\leq t\leq k$이고

$y=-(x^2+4x+k)^2+4(x^2+4x+k)$

$\ \ =-t^2+4t=-(t-2)^2+4$

꼭짓점의 t좌표가 2이므로

(ⅰ) $k<2$일 때

꼭짓점의 t좌표가 $k-4\leq t\leq k$에 포함되지 않는다.

$t=k-4$일 때, $y=-(k-6)^2+4=-k^2+12k-32$

$t=k$일 때, $y=-(k-2)^2+4=-k^2+4k$

이므로 최댓값과 최솟값의 합은

$-2k^2+16k-32=4$

$k^2-8k+18=0$

이를 만족시키는 실수 k는 존재하지 않는다.

(ⅱ) $2\leq k\leq 4$일 때

꼭짓점의 t좌표가 $k-4\leq t\leq k$에 포함된다.

$t=k-4$일 때, $y=-(k-6)^2+4=-k^2+12k-32$

$t=2$일 때, $y=4$

$t=k$일 때, $y=-(k-2)^2+4=-k^2+4k$

이고 $-k^2+12k-32\leq -k^2+4k$이므로

최댓값은 4이고 최솟값은 $-k^2+12k-32$이다.

최댓값과 최솟값의 합이 4이므로

$4+(-k^2+12k-32)=4$

$k^2-12k+32=0$, $(k-4)(k-8)=0$이므로

$k=4$ 또는 $k=8$

$2\leq k\leq 4$이므로 $k=4$

(ⅲ) $4<k\leq 6$일 때

꼭짓점의 t좌표가 $k-4\leq t\leq k$에 포함된다.

(ⅱ)의 결과를 이용하면

$-k^2+12k-32\geq -k^2+4k$이므로

최댓값은 4이고 최솟값은 $-k^2+4k$이다.

최댓값과 최솟값의 합이 4이므로

$4+(-k^2+4k)=4$

$k^2-4k=0$, $k(k-4)=0$이므로

$k=0$ 또는 $k=4$

$4<k\leq 6$이므로 조건을 만족시키는 실수 k는 존재하지 않는다.

(ⅳ) $k>6$일 때

꼭짓점의 t좌표가 $k-4\leq t\leq k$에 포함되지 않는다.

즉, 최댓값과 최솟값의 합은 (ⅰ)과 같으므로 이를 만족시키는 실수 k는 존재하지 않는다.

(ⅰ)~(ⅳ)에서 $k=4$

답 4

04 x의 값의 범위가 $k\leq x\leq k+4$이므로 실수 k의 값에 관계없이 $k+4-k=4$로 구간의 길이가 4로 일정하다.

$f(k)=f(k+4)$를 만족시키는 실수 k의 값을 k_1이라 하면

$k\leq k_1$일 때 $M(k)=f(k)$이고, $k>k_1$일 때 $M(k)=f(k+4)$

$M(k)=\begin{cases} f(k) & (k\leq 0) \\ f(k+4) & (k>0) \end{cases}$ 이므로 $k_1=0$

즉, $f(0)=f(4)$이고 $M(k)$의 최솟값은 4를 만족시키므로

$f(x)=x^2+ax+b=x(x-4)+4$

$\quad\quad\ =x^2-4x+4=(x-2)^2$

이때 $m(k)=\begin{cases} (k+2)^2 & (k\leq -2) \\ 0 & (-2<k<2) \\ (k-2)^2 & (k\geq 2) \end{cases}$

이므로 곡선 $y=m(k)$와 직선 $y=2k+t$가 다음 그림과 같다.

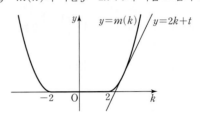

곡선 $y=m(k)$와 직선 $y=2k+t$가 한 점에서만 만나는 경우는 곡선 $y=(k-2)^2$과 직선 $y=2k+t$가 접할 때이므로 이차방정식

$k^2-4k+4=2k+t$, 즉 $k^2-6k+4-t=0$의 판별식을 D라 할 때,

$\dfrac{D}{4}=(-3)^2-(4-t)=0$이어야 한다.

즉, $9-4+t=0$에서 $t=-5$

답 -5

06 여러 가지 방정식과 부등식

본문 95~97쪽

개념 확인하기

01 $x=2$ 또는 $x=-1\pm\sqrt{3}i$

02 $x=-2$ 또는 $x=-1$ 또는 $x=1$

03 $x=0$ 또는 $x=3$ 또는 $x=\dfrac{-3\pm3\sqrt{3}i}{2}$

04 $x=0$ 또는 $x=4$ **05** $x=1$ 또는 $x=\dfrac{1\pm\sqrt{5}}{2}$

06 $x=2$ 또는 $x=\dfrac{-1\pm\sqrt{3}i}{2}$

07 $x=4$ 또는 $x=-2$ 또는 $x=1\pm i$

08 $x=\pm i$ 또는 $x=\pm2$ **09** $x^3-x=0$

10 (1) 2 (2) 0 (3) -1 (4) 0

11 $\begin{cases}x=4\\y=2\end{cases}$ 또는 $\begin{cases}x=-2\\y=-4\end{cases}$

12 $\begin{cases}x=2\\y=0\end{cases}$ 또는 $\begin{cases}x=0\\y=-1\end{cases}$ **13** $\begin{cases}x=-1\\y=5\end{cases}$ 또는 $\begin{cases}x=5\\y=-1\end{cases}$

14 $\begin{cases}x=-2\\y=3\end{cases}$ 또는 $\begin{cases}x=3\\y=-2\end{cases}$

15 $\begin{cases}x=-\sqrt{3}\\y=\sqrt{3}\end{cases}$ 또는 $\begin{cases}x=\sqrt{3}\\y=-\sqrt{3}\end{cases}$ 또는 $\begin{cases}x=2\\y=1\end{cases}$ 또는 $\begin{cases}x=-2\\y=-1\end{cases}$

16 $\begin{cases}x=2\\y=2\end{cases}$ 또는 $\begin{cases}x=-2\\y=-2\end{cases}$ 또는 $\begin{cases}x=-2i\\y=2i\end{cases}$ 또는 $\begin{cases}x=2i\\y=-2i\end{cases}$

17 $1<x<4$ **18** 해가 없다.

19 $2\le x\le8$ **20** $x\le\dfrac{3}{2}$ 또는 $x\ge\dfrac{7}{2}$

21 $-\dfrac{4}{3}<x<2$ **22** $x<-1$ 또는 $x>3$

23 $\dfrac{2}{3}\le x\le2$ **24** $x<\dfrac{3}{2}$ 또는 $x>3$

25 풀이 참조   **26** $1<x<2$

27 $x<1$ 또는 $x>2$ **28** $-2\le x\le3$

29 $x\le-2$ 또는 $x\ge3$ **30** 모든 실수

31 $x\ne-2$인 모든 실수   **32** $(x-4)(x-6)\ge0$

33 $(x+1)(x-2)<0$ **34** $x(x-2)>0$

35 $(x-4)^2>0$ **36** $-2<x<-1$

37 $-2<x<0$ **38** 해가 없다.

01 $x^3-8=0$의 좌변을 인수분해하면
$(x-2)(x^2+2x+4)=0$
따라서 $x=2$ 또는 $x=-1\pm\sqrt{3}i$

> 📋 $x=2$ 또는 $x=-1\pm\sqrt{3}i$

02 $x^3+2x^2-x-2=0$의 좌변을 인수분해하면
$x^2(x+2)-(x+2)=0$, $(x+2)(x^2-1)=0$
$(x+2)(x+1)(x-1)=0$
따라서 $x=-2$ 또는 $x=-1$ 또는 $x=1$

> 📋 $x=-2$ 또는 $x=-1$ 또는 $x=1$

03 $x^4-27x=0$의 좌변을 인수분해하면
$x(x^3-27)=0$, $x(x-3)(x^2+3x+9)=0$
따라서 $x=0$ 또는 $x=3$ 또는 $x=\dfrac{-3\pm3\sqrt{3}i}{2}$

> 📋 $x=0$ 또는 $x=3$ 또는 $x=\dfrac{-3\pm3\sqrt{3}i}{2}$

04 $x^4-4x^3=0$의 좌변을 인수분해하면
$x^3(x-4)=0$
따라서 $x=0$ 또는 $x=4$

> 📋 $x=0$ 또는 $x=4$

05 $f(x)=x^3-2x^2+1$이라 하면
$f(1)=1-2+1=0$
조립제법을 이용하여 $f(x)$를 인수
분해하면

$$\begin{array}{r|rrrr} 1 & 1 & -2 & 0 & 1 \\ & & 1 & -1 & -1 \\ \hline & 1 & -1 & -1 & \boxed{0} \end{array}$$

$f(x)=(x-1)(x^2-x-1)$
이므로 주어진 방정식은 $(x-1)(x^2-x-1)=0$
따라서 $x=1$ 또는 $x=\dfrac{1\pm\sqrt{5}}{2}$

> 📋 $x=1$ 또는 $x=\dfrac{1\pm\sqrt{5}}{2}$

06 $f(x)=x^4-3x^3+x^2+4$라 하면
$f(2)=16-24+4+4=0$
조립제법을 이용하여 $f(x)$를 인수분해하면

$$\begin{array}{r|rrrrr} 2 & 1 & -3 & 1 & 0 & 4 \\ & & 2 & -2 & -2 & -4 \\ \hline 2 & 1 & -1 & -1 & -2 & \boxed{0} \\ & & 2 & 2 & 2 & \\ \hline & 1 & 1 & 1 & \boxed{0} & \end{array}$$

$f(x)=(x-2)^2(x^2+x+1)$
이므로 주어진 방정식은
$(x-2)^2(x^2+x+1)=0$
따라서 $x=2$ 또는 $x=\dfrac{-1\pm\sqrt{3}i}{2}$

> 📋 $x=2$ 또는 $x=\dfrac{-1\pm\sqrt{3}i}{2}$

07 $x^2-2x=t$라 하면 주어진 방정식은
$t^2-6t-16=0$, $(t-8)(t+2)=0$
$t=8$ 또는 $t=-2$
(i) $t=8$, 즉 $x^2-2x-8=0$에서
 $(x-4)(x+2)=0$이므로
 $x=4$ 또는 $x=-2$
(ii) $t=-2$, 즉 $x^2-2x+2=0$에서
 $x=1\pm i$
(i), (ii)에서 $x=4$ 또는 $x=-2$ 또는 $x=1\pm i$

> 📋 $x=4$ 또는 $x=-2$ 또는 $x=1\pm i$

08 $x^2 = t$로 놓으면 주어진 방정식은

$t^2 - 3t - 4 = 0$, $(t+1)(t-4) = 0$

$t = -1$ 또는 $t = 4$

즉, $x^2 = -1$ 또는 $x^2 = 4$이므로

$x = \pm i$ 또는 $x = \pm 2$

답 $x = \pm i$ 또는 $x = \pm 2$

09 x^3의 계수가 1이고 세 근이 -1, 0, 1인 삼차방정식은

$(x+1)x(x-1) = 0$에서 $x^3 - x = 0$

답 $x^3 - x = 0$

10 $x^3 = 1$에서 $x^3 - 1 = 0$

$(x-1)(x^2 + x + 1) = 0$

(1) $\omega^3 = 1$이므로

$\omega^3 + \omega^6 = \omega^3 + (\omega^3)^2 = 1 + 1 = 2$

(2) ω는 $x^2 + x + 1 = 0$의 근이므로

$\omega^2 + \omega + 1 = 0$

(3) $\omega^2 + \omega + 1 = 0$이므로

$\omega + \dfrac{1}{\omega} = \dfrac{\omega^2 + 1}{\omega} = \dfrac{-\omega}{\omega} = -1$

(4) ω가 $x^2 + x + 1 = 0$의 한 허근이므로 $\bar{\omega}$도 다른 한 근이다.

이차방정식의 근과 계수의 관계에 의하여 $\omega + \bar{\omega} = -1$, $\omega\bar{\omega} = 1$이므로

$\omega\bar{\omega} + \omega + \bar{\omega} = 1 + (-1) = 0$

답 (1) 2 (2) 0 (3) -1 (4) 0

11 $x - y = 2$에서 $y = x - 2$ ...... ㉠

㉠을 $x^2 + y^2 = 20$에 대입하면

$x^2 + (x-2)^2 = 20$, $2x^2 - 4x - 16 = 0$

$x^2 - 2x - 8 = 0$, $(x-4)(x+2) = 0$이므로

$x = 4$ 또는 $x = -2$

㉠에서 $x = 4$이면 $y = 2$, $x = -2$이면 $y = -4$

따라서 구하는 해는

$\begin{cases} x = 4 \\ y = 2 \end{cases}$ 또는 $\begin{cases} x = -2 \\ y = -4 \end{cases}$

답 $\begin{cases} x = 4 \\ y = 2 \end{cases}$ 또는 $\begin{cases} x = -2 \\ y = -4 \end{cases}$

12 $x - 2y = 2$에서 $x = 2y + 2$ ...... ㉠

㉠을 $x^2 - 4y = 4$에 대입하면

$(2y+2)^2 - 4y = 4$, $4y^2 + 4y = 0$

$4y(y+1) = 0$이므로

$y = 0$ 또는 $y = -1$

㉠에서 $y = 0$이면 $x = 2$, $y = -1$이면 $x = 0$

따라서 구하는 해는

$\begin{cases} x = 2 \\ y = 0 \end{cases}$ 또는 $\begin{cases} x = 0 \\ y = -1 \end{cases}$

답 $\begin{cases} x = 2 \\ y = 0 \end{cases}$ 또는 $\begin{cases} x = 0 \\ y = -1 \end{cases}$

13 $x + y = 4$에서 $y = -x + 4$ ...... ㉠

㉠을 $x^2 + xy + y^2 = 21$에 대입하면

$x^2 + x(-x+4) + (-x+4)^2 = 21$

$x^2 - 4x - 5 = 0$, $(x+1)(x-5) = 0$이므로

$x = -1$ 또는 $x = 5$

㉠에서 $x = -1$이면 $y = 5$, $x = 5$이면 $y = -1$

따라서 구하는 해는

$\begin{cases} x = -1 \\ y = 5 \end{cases}$ 또는 $\begin{cases} x = 5 \\ y = -1 \end{cases}$

답 $\begin{cases} x = -1 \\ y = 5 \end{cases}$ 또는 $\begin{cases} x = 5 \\ y = -1 \end{cases}$

14 $x + y = 1$에서 $y = -x + 1$ ...... ㉠

㉠을 $xy = -6$에 대입하면

$x(-x+1) = -6$, $x^2 - x - 6 = 0$

$(x+2)(x-3) = 0$이므로

$x = -2$ 또는 $x = 3$

㉠에서 $x = -2$이면 $y = 3$, $x = 3$이면 $y = -2$

따라서 구하는 해는

$\begin{cases} x = -2 \\ y = 3 \end{cases}$ 또는 $\begin{cases} x = 3 \\ y = -2 \end{cases}$

답 $\begin{cases} x = -2 \\ y = 3 \end{cases}$ 또는 $\begin{cases} x = 3 \\ y = -2 \end{cases}$

다른 풀이

$x + y = 1$, $xy = -6$이므로 x, y는 이차방정식 $t^2 - t - 6 = 0$의 두 근이다.

$(t+2)(t-3) = 0$이므로 $t = -2$ 또는 $t = 3$

따라서 구하는 해는

$\begin{cases} x = -2 \\ y = 3 \end{cases}$ 또는 $\begin{cases} x = 3 \\ y = -2 \end{cases}$

15 $x^2 - xy - 2y^2 = 0$에서 $(x+y)(x-2y) = 0$이므로

$x = -y$ 또는 $x = 2y$

(i) $x = -y$를 $2x^2 + y^2 = 9$에 대입하면

$2 \times (-y)^2 + y^2 = 9$, $3y^2 = 9$

$y^2 = 3$에서 $y = \pm\sqrt{3}$이므로

$x = \mp\sqrt{3}$, $y = \pm\sqrt{3}$ (복부호 동순)

(ii) $x = 2y$를 $2x^2 + y^2 = 9$에 대입하면

$2 \times (2y)^2 + y^2 = 9$, $9y^2 = 9$

$y^2 = 1$에서 $y = \pm 1$이므로

$x = \pm 2$, $y = \pm 1$ (복부호 동순)

(i), (ii)에서 구하는 해는

$\begin{cases} x = -\sqrt{3} \\ y = \sqrt{3} \end{cases}$ 또는 $\begin{cases} x = \sqrt{3} \\ y = -\sqrt{3} \end{cases}$ 또는 $\begin{cases} x = 2 \\ y = 1 \end{cases}$ 또는 $\begin{cases} x = -2 \\ y = -1 \end{cases}$

답 $\begin{cases} x = -\sqrt{3} \\ y = \sqrt{3} \end{cases}$ 또는 $\begin{cases} x = \sqrt{3} \\ y = -\sqrt{3} \end{cases}$ 또는 $\begin{cases} x = 2 \\ y = 1 \end{cases}$ 또는 $\begin{cases} x = -2 \\ y = -1 \end{cases}$

16 $x^2-y^2=0$에서 $(x-y)(x+y)=0$이므로

$x=y$ 또는 $x=-y$

(i) $x=y$를 $x^2+2xy-y^2=8$에 대입하면

$\quad y^2+2y^2-y^2=8,\ 2y^2=8$

$\quad y^2=4$에서 $y=\pm2$이므로

$\quad x=\pm2,\ y=\pm2$ (복부호 동순)

(ii) $x=-y$를 $x^2+2xy-y^2=8$에 대입하면

$\quad (-y)^2+2(-y)y-y^2=8,\ -2y^2=8$

$\quad y^2=-4$에서 $y=\pm2i$이므로

$\quad x=\mp2i,\ y=\pm2i$ (복부호 동순)

(i), (ii)에서 구하는 해는

$\begin{cases} x=2 \\ y=2 \end{cases}$ 또는 $\begin{cases} x=-2 \\ y=-2 \end{cases}$ 또는 $\begin{cases} x=-2i \\ y=2i \end{cases}$ 또는 $\begin{cases} x=2i \\ y=-2i \end{cases}$

달 $\begin{cases} x=2 \\ y=2 \end{cases}$ 또는 $\begin{cases} x=-2 \\ y=-2 \end{cases}$ 또는 $\begin{cases} x=-2i \\ y=2i \end{cases}$ 또는 $\begin{cases} x=2i \\ y=-2i \end{cases}$

17 $x-3>-2$에서 $x>1$ $\quad\cdots\cdots$ ㉠

$2x-6<x-2$에서 $x<4$ $\quad\cdots\cdots$ ㉡

㉠, ㉡의 공통부분을 구하면

$1<x<4$

달 $1<x<4$

18 $2x-4\geq-2$에서 $x\geq1$ $\quad\cdots\cdots$ ㉠

$x<-x+2$에서 $x<1$ $\quad\cdots\cdots$ ㉡

㉠, ㉡의 공통부분이 없으므로 해가 없다.

달 해가 없다.

19 $|x-5|\leq3$에서 $-3\leq x-5\leq3$

따라서 $2\leq x\leq8$

달 $2\leq x\leq8$

20 $|2x-5|\geq2$에서

$2x-5\leq-2$ 또는 $2x-5\geq2$

따라서 $x\leq\dfrac{3}{2}$ 또는 $x\geq\dfrac{7}{2}$

달 $x\leq\dfrac{3}{2}$ 또는 $x\geq\dfrac{7}{2}$

21 $|3x-1|<5$에서 $-5<3x-1<5$

즉, $-4<3x<6$이므로 $-\dfrac{4}{3}<x<2$

달 $-\dfrac{4}{3}<x<2$

22 $|1-x|>2$에서 $|x-1|>2$이므로

$x-1<-2$ 또는 $x-1>2$

따라서 $x<-1$ 또는 $x>3$

달 $x<-1$ 또는 $x>3$

23 $2x-2=0$에서 $x=1$이므로

(i) $x\geq1$일 때

$\quad 2x-2\leq x$에서 $x\leq2$이므로

$\quad 1\leq x\leq2$

(ii) $x<1$일 때

$\quad -2x+2\leq x,\ 3x\geq2$에서 $x\geq\dfrac{2}{3}$이므로

$\quad \dfrac{2}{3}\leq x<1$

(i), (ii)에서 부등식의 해는

$\dfrac{2}{3}\leq x\leq2$

달 $\dfrac{2}{3}\leq x\leq2$

24 $3x-6=0$에서 $x=2$이므로

(i) $x\geq2$일 때

$\quad 3x-6>x,\ 2x>6$에서 $x>3$이므로

$\quad x>3$

(ii) $x<2$일 때

$\quad -3x+6>x,\ 4x<6$에서 $x<\dfrac{3}{2}$이므로

$\quad x<\dfrac{3}{2}$

(i), (ii)에서 부등식의 해는

$x<\dfrac{3}{2}$ 또는 $x>3$

달 $x<\dfrac{3}{2}$ 또는 $x>3$

25 (1) $x<-1$일 때, $x-1<0$이고 $x+1<0$이므로

$\quad -(x-1)-(x+1)\leq4,\ -2x\leq4,\ x\geq-2$

$\quad$ 즉, $-2\leq x<-1$

(2) $-1\leq x<1$일 때, $x-1<0$이고 $x+1\geq0$이므로

$\quad -(x-1)+(x+1)\leq4,\ 2\leq4$

$\quad$ 항상 성립하므로 $-1\leq x<1$

(3) $x\geq1$일 때, $x-1\geq0$이고 $x+1>0$이므로

$\quad (x-1)+(x+1)\leq4,\ 2x\leq4,\ x\leq2$

$\quad$ 즉, $1\leq x\leq2$

(4)

(5) $-2\leq x\leq2$

달 풀이 참조

26 $x^2-3x+2<0$에서 $(x-1)(x-2)<0$이므로

$1<x<2$

달 $1<x<2$

27 $x^2-3x+2>0$에서 $(x-1)(x-2)>0$이므로

$x<1$ 또는 $x>2$

달 $x<1$ 또는 $x>2$

28 $x^2-x-6\leq0$에서 $(x+2)(x-3)\leq0$이므로

$-2\leq x\leq3$

달 $-2\leq x\leq3$

29 $x^2-x-6 \geq 0$에서 $(x+2)(x-3) \geq 0$이므로
$x \leq -2$ 또는 $x \geq 3$

目 $x \leq -2$ 또는 $x \geq 3$

30 $x^2-2x+1 \geq 0$에서 $(x-1)^2 \geq 0$이므로
부등식의 해는 모든 실수이다.

目 모든 실수

31 양변에 -1을 곱하면
$x^2+4x+4>0$에서 $(x+2)^2>0$이므로
부등식의 해는 $x \neq -2$인 모든 실수이다.

目 $x \neq -2$인 모든 실수

32 目 $(x-4)(x-6) \geq 0$

33 目 $(x+1)(x-2)<0$

34 目 $x(x-2)>0$

35 目 $(x-4)^2>0$

36 $x+3<2$에서 $x<-1$ ······ ㉠
$x^2-2x-8<0$에서 $(x+2)(x-4)<0$이므로
$-2<x<4$ ······ ㉡
따라서 ㉠, ㉡의 공통부분을 구하면
$-2<x<-1$

目 $-2<x<-1$

37 $x^2-4x>0$에서 $x(x-4)>0$이므로
$x<0$ 또는 $x>4$ ······ ㉠
$x^2-4<0$에서 $(x+2)(x-2)<0$이므로
$-2<x<2$ ······ ㉡
따라서 ㉠, ㉡의 공통부분을 구하면
$-2<x<0$

目 $-2<x<0$

38 주어진 연립부등식의 해는 연립부등식 $\begin{cases} -x+2<x^2 \\ x^2<-3x-2 \end{cases}$의 해와 같다.
$-x+2<x^2$에서 $x^2+x-2>0$, $(x+2)(x-1)>0$이므로
$x<-2$ 또는 $x>1$ ······ ㉠
$x^2<-3x-2$에서 $x^2+3x+2<0$, $(x+2)(x+1)<0$이므로
$-2<x<-1$ ······ ㉡
따라서 ㉠, ㉡의 공통부분이 없으므로 해가 없다.

目 해가 없다.

유형 완성하기

01 ②	**02** ③	**03** ④	**04** ②	**05** ①
06 ④	**07** ③	**08** ③	**09** $4+2\sqrt{5}$	**10** ④
11 ①	**12** ②	**13** -110	**14** ③	**15** ⑤
16 ⑤	**17** ②	**18** ④	**19** ①	**20** ⑤
21 32	**22** ①	**23** ④	**24** ②	**25** ①
26 ②	**27** ⑤	**28** ③	**29** ⑤	**30** ③
31 ④	**32** ③	**33** ②	**34** ③	**35** ①
36 12	**37** ③	**38** ③	**39** 15	**40** ①
41 64	**42** ④	**43** 72	**44** ②	**45** 737
46 ③	**47** ③	**48** ③	**49** ④	**50** ①
51 ②	**52** ③	**53** ④	**54** ④	**55** ②
56 ④	**57** ③	**58** ④	**59** ④	**60** 13
61 58	**62** ④	**63** ⑤	**64** ④	**65** 38
66 ②	**67** ⑤	**68** ④	**69** ③	**70** ③
71 ④	**72** ④	**73** ⑤	**74** ③	**75** ④
76 ④	**77** ③	**78** ⑤	**79** ④	**80** ③
81 ①	**82** 54	**83** ④	**84** 20	**85** 21
86 ⑤	**87** ④	**88** ④	**89** ④	**90** ④
91 15	**92** 4	**93** ④	**94** ④	**95** ①
96 ②	**97** ②	**98** ④	**99** 14	**100** ③
101 ④	**102** ①	**103** ③	**104** -16	**105** ②
106 ③	**107** ②	**108** ⑤	**109** ⑤	**110** ③
111 ③	**112** 20	**113** ②		

01 $x^3-4x^2-x+4=0$에서
$x^2(x-4)-(x-4)=0$
$(x-4)(x^2-1)=0$, $(x-4)(x-1)(x+1)=0$이므로
$x=4$ 또는 $x=1$ 또는 $x=-1$
따라서 가장 큰 근은 $x=4$, 가장 작은 근은 $x=-1$이므로
$\alpha\beta=4\times(-1)=-4$

目 ②

02 $f(x)=x^3-x^2+2$라 하면
$f(-1)=-1-1+2=0$
조립제법을 이용하여 $f(x)$를 인수분해하면

$$
\begin{array}{r|rrrr}
-1 & 1 & -1 & 0 & 2 \\
 & & -1 & 2 & -2 \\
\hline
 & 1 & -2 & 2 & 0
\end{array}
$$

$f(x)=(x+1)(x^2-2x+2)$
이므로 주어진 방정식은
$(x+1)(x^2-2x+2)=0$
$x=-1$ 또는 $x^2-2x+2=0$
방정식 $x^3-x^2+2=0$의 두 허근 α, β는 방정식 $x^2-2x+2=0$의 근이므로 근과 계수의 관계에 의하여
$\alpha+\beta=2$, $\alpha\beta=2$

따라서 $\alpha^2+\beta^2=(\alpha+\beta)^2-2\alpha\beta=2^2-2\times2=0$

답 ③

03 $f(x)=2x^4-x^3-6x^2+x+4$라 하면
$f(1)=2-1-6+1+4=0$
조립제법을 이용하여 $f(x)$를 인수분해하면

```
1 | 2  -1  -6   1   4
  |     2   1  -5  -4
  ---------------------
    2   1  -5  -4 | 0
```

$f(x)=(x-1)(2x^3+x^2-5x-4)$
이때 $g(x)=2x^3+x^2-5x-4$라 하면
$g(-1)=-2+1+5-4=0$
조립제법을 이용하여 $g(x)$를 인수분해하면

```
-1 | 2   1  -5  -4
   |    -2   1   4
   ------------------
     2  -1  -4 | 0
```

$g(x)=(x+1)(2x^2-x-4)$이므로
$f(x)=(x-1)(x+1)(2x^2-x-4)$
따라서 주어진 방정식은
$(x-1)(x+1)(2x^2-x-4)=0$
이차방정식 $2x^2-x-4=0$의 판별식을 D라 하면
$D=(-1)^2-4\times2\times(-4)=33>0$
즉, 서로 다른 두 실근을 가지므로 두 실근을 α, β로 놓으면
$\alpha+\beta=\dfrac{1}{2}$
따라서 주어진 사차방정식의 서로 다른 모든 실근의 합은
$1+(-1)+\dfrac{1}{2}=\dfrac{1}{2}$

답 ④

04 $f(x)=x^3+2x^2+2x-5$라 하면
$f(1)=1+2+2-5=0$
조립제법을 이용하여 $f(x)$를 인수분해하면

```
1 | 1   2   2  -5
  |     1   3   5
  ------------------
    1   3   5 | 0
```

$f(x)=(x-1)(x^2+3x+5)$
이므로 주어진 방정식은
$(x-1)(x^2+3x+5)=0$
$x=1$ 또는 $x^2+3x+5=0$
이때 방정식 $x^3+2x^2+2x-5=0$의 두 허근 α, β는 방정식
$x^2+3x+5=0$의 근이므로
$x^2+3x+5=(x-\alpha)(x-\beta)$
$x=3$을 대입하면 $9+9+5=(3-\alpha)(3-\beta)$
따라서 $(\alpha-3)(\beta-3)=23$

답 ②

05 $x^2+4x=t$로 놓으면 주어진 방정식은
$t^2-2t-15=0$, $(t+3)(t-5)=0$이므로
$t=-3$ 또는 $t=5$

(i) $t=-3$일 때, $x^2+4x=-3$에서
$x^2+4x+3=0$, $(x+3)(x+1)=0$
$x=-3$ 또는 $x=-1$

(ii) $t=5$일 때, $x^2+4x=5$에서
$x^2+4x-5=0$, $(x+5)(x-1)=0$
$x=-5$ 또는 $x=1$

(i), (ii)에서 음수인 실근은
$x=-1$ 또는 $x=-3$ 또는 $x=-5$
이므로 그 곱은 -15이다.

답 ①

06 $x^2+2x=t$로 놓으면 주어진 방정식은
$(t-1)(t-2)-6=0$
$t^2-3t-4=0$, $(t+1)(t-4)=0$이므로
$t=-1$ 또는 $t=4$

(i) $t=-1$일 때, $x^2+2x=-1$에서
$x^2+2x+1=0$, $(x+1)^2=0$이므로
$x=-1$

(ii) $t=4$일 때, $x^2+2x=4$에서
$x^2+2x-4=0$
이 이차방정식의 판별식을 D라 할 때,
$\dfrac{D}{4}=1^2-1\times(-4)=5>0$
이므로 -1이 아닌 서로 다른 두 실근을 갖는다.

(i), (ii)에서 주어진 방정식의 서로 다른 실근의 개수는 3이다.

답 ④

07 $(x-1)(x-2)(x-3)(x-4)-24=0$에서
$\{(x-1)(x-4)\}\{(x-2)(x-3)\}-24=0$
$(x^2-5x+4)(x^2-5x+6)-24=0$
이때 $x^2-5x=t$로 놓으면
$(t+4)(t+6)-24=0$, $t^2+10t=0$
$t(t+10)=0$이므로 $t=0$ 또는 $t=-10$

(i) $t=0$일 때, $x^2-5x=0$이므로
$x(x-5)=0$
$x=0$ 또는 $x=5$

(ii) $t=-10$일 때, $x^2-5x=-10$이므로
$x^2-5x+10=0$
이 이차방정식의 판별식을 D라 할 때,
$D=(-5)^2-4\times1\times10=-15<0$
이므로 서로 다른 두 허근을 갖고 근과 계수의 관계에 의하여 모든 허근의 곱은 10이다.

(i), (ii)에서 주어진 방정식의 모든 실근의 합은 5, 모든 허근의 곱은 10이므로
$a=5$, $b=10$
따라서 $a+b=15$

답 ③

08 $x^4-5x^2+4=0$에서 $x^2=X$로 놓으면
$X^2-5X+4=0$, $(X-1)(X-4)=0$이므로
$X=1$ 또는 $X=4$

즉, $x^2=1$ 또는 $x^2=4$이므로

$x=-2$ 또는 $x=-1$ 또는 $x=1$ 또는 $x=2$

따라서 양수인 실근은 $x=1$ 또는 $x=2$이므로 그 합은 3이다.

🖪 ③

09 $x^4-18x^2+1=0$에서 $x^4-2x^2+1-16x^2=0$

$(x^2-1)^2-(4x)^2=0$, $(x^2-4x-1)(x^2+4x-1)=0$

$x^2-4x-1=0$에서 $x=2\pm\sqrt{5}$

$x^2+4x-1=0$에서 $x=-2\pm\sqrt{5}$

따라서 실근 중 가장 큰 근은 $2+\sqrt{5}$이고 가장 작은 근은 $-2-\sqrt{5}$이므로

$a-\beta=2+\sqrt{5}-(-2-\sqrt{5})=4+2\sqrt{5}$

🖪 $4+2\sqrt{5}$

10 $x^4-(k^2-4)x^2+4=0$에서

$x^4+4x^2+4-k^2x^2=0$

$(x^2+2)^2-(kx)^2=0$

$(x^2-kx+2)(x^2+kx+2)=0$

사차방정식의 서로 다른 실근의 개수가 2가 되려면 두 이차방정식 $x^2-kx+2=0$, $x^2+kx+2=0$이 각각

서로 다른 두 실근, 서로 다른 두 허근

또는 중근, 중근

또는 서로 다른 두 허근, 서로 다른 두 실근을 가져야 한다.

두 이차방정식의 판별식을 각각 D_1, D_2라 하면

$D_1=k^2-8$이고 $D_2=k^2-8$

이므로 $k^2-8>0$이고 $k^2-8<0$을 만족시키는 양수 k의 값은 존재하지 않는다.

따라서 두 이차방정식이 모두 중근을 갖는 경우뿐이므로

$k^2-8=0$, $k=\pm2\sqrt{2}$

k는 양수이므로 $k=2\sqrt{2}$

🖪 ④

11 사차방정식 $x^4+4x^3-10x^2+4x+1=0$의 양변을 x^2으로 나누면

$x^2+4x-10+\dfrac{4}{x}+\dfrac{1}{x^2}=0$

$x^2+\dfrac{1}{x^2}+4\left(x+\dfrac{1}{x}\right)-10=0$

$\left(x+\dfrac{1}{x}\right)^2+4\left(x+\dfrac{1}{x}\right)-12=0$

이때 $x+\dfrac{1}{x}=X$로 놓으면

$X^2+4X-12=0$, $(X-2)(X+6)=0$

$X=2$ 또는 $X=-6$

(i) $X=2$일 때, $x+\dfrac{1}{x}=2$에서

$x^2-2x+1=0$

즉, $(x-1)^2=0$이므로 중근 $x=1$을 갖는다.

(ii) $X=-6$일 때, $x+\dfrac{1}{x}=-6$에서

$x^2+6x+1=0$

이 이차방정식의 판별식을 D라 하면

$\dfrac{D}{4}=3^2-1\times1=8>0$

이므로 서로 다른 두 실근을 갖는다.

이때 근과 계수의 관계에 의하여 두 근의 합은 -6이다.

(i), (ii)에서 서로 다른 모든 실근의 합은

$1+(-6)=-5$

🖪 ①

12 사차방정식 $x^4+3x^3-2x^2+3x+1=0$의 양변을 x^2으로 나누면

$x^2+3x-2+\dfrac{3}{x}+\dfrac{1}{x^2}=0$

$x^2+\dfrac{1}{x^2}+3\left(x+\dfrac{1}{x}\right)-2=0$

$\left(x+\dfrac{1}{x}\right)^2+3\left(x+\dfrac{1}{x}\right)-4=0$

이때 $x+\dfrac{1}{x}=X$라 하면

$X^2+3X-4=0$, $(X-1)(X+4)=0$

$X=1$ 또는 $X=-4$

(i) $X=1$일 때, $x+\dfrac{1}{x}=1$에서

$x^2-x+1=0$

이 이차방정식의 판별식을 D_1이라 하면

$D_1=(-1)^2-4\times1\times1=-3<0$

이므로 서로 다른 두 허근을 갖는다.

(ii) $X=-4$일 때, $x+\dfrac{1}{x}=-4$에서

$x^2+4x+1=0$

이 이차방정식의 판별식을 D_2라 하면

$\dfrac{D_2}{4}=2^2-1\times1=3>0$

이므로 서로 다른 두 실근을 갖는다.

이때 근과 계수의 관계에 의하여 두 근의 합은 -4이다.

(i), (ii)에서 서로 다른 모든 실근의 합은 -4이다.

🖪 ②

13 사차방정식 $x^4+4x^3-3x^2+4x+1=0$의 양변을 x^2으로 나누면

$x^2+4x-3+\dfrac{4}{x}+\dfrac{1}{x^2}=0$

$x^2+\dfrac{1}{x^2}+4\left(x+\dfrac{1}{x}\right)-3=0$

$\left(x+\dfrac{1}{x}\right)^2+4\left(x+\dfrac{1}{x}\right)-5=0$

이때 $x+\dfrac{1}{x}=X$라 하면

$X^2+4X-5=0$, $(X-1)(X+5)=0$이므로

$X=1$ 또는 $X=-5$

(i) $X=1$일 때, $x+\dfrac{1}{x}=1$에서

$x^2-x+1=0$

이 이차방정식의 판별식을 D_1이라 하면

$D_1=(-1)^2-4\times1\times1=-3<0$

이므로 두 허근을 갖는다.

(ii) $X=-5$일 때, $x+\dfrac{1}{x}=-5$에서

$x^2+5x+1=0$

이 이차방정식의 판별식을 D_2라 하면

$D_2=5^2-4\times1\times1=21>0$

이므로 서로 다른 두 실근을 갖는다.

따라서 주어진 방정식의 한 실근을 α라 하면 (ii)에서

$\alpha+\dfrac{1}{\alpha}=-5$이므로

$\alpha^3+\dfrac{1}{\alpha^3}=\left(\alpha+\dfrac{1}{\alpha}\right)^3-3\left(\alpha+\dfrac{1}{\alpha}\right)$

$\qquad\qquad=(-5)^3-3\times(-5)=-110$

답 -110

14 $f(x)=x^3-3x^2+ax+3$이라 하면 $f(1)=0$이므로

$f(1)=1-3+a+3=0$에서 $a=-1$

즉, $f(x)=x^3-3x^2-x+3$이므로 주어진 방정식은

$x^3-3x^2-x+3=0$

$x^2(x-3)-(x-3)=0$, $(x-3)(x^2-1)=0$

$(x-3)(x-1)(x+1)=0$

따라서 나머지 두 근은 $x=3$ 또는 $x=-1$이므로 두 근의 차는

$3-(-1)=4$

따라서 상수 a의 값과 나머지 두 근의 차의 합은

$-1+4=3$

답 ③

15 $f(x)=x^3+ax+4$라 하면 $f(-2)=0$이므로

$f(-2)=-8-2a+4=0$에서 $a=-2$

즉, $f(x)=x^3-2x+4$이고 $f(-2)=0$이므로 조립제법을 이용하여 $f(x)$를 인수분해하면

$$
\begin{array}{r|rrrr}
-2 & 1 & 0 & -2 & 4 \\
   &   & -2 & 4 & -4 \\
\hline
   & 1 & -2 & 2 & 0 \\
\end{array}
$$

$f(x)=(x+2)(x^2-2x+2)$

이때 다른 두 근 α, β는 이차방정식 $x^2-2x+2=0$의 근이므로 근과 계수의 관계에 의하여

$\alpha+\beta=2$

답 ⑤

16 $f(x)=x^4-3x^3-5x^2+ax$라 하면 $f(1)=0$이므로

$f(1)=1-3-5+a=0$에서 $a=7$

즉, $f(x)=x^4-3x^3-5x^2+7x$이고 $f(1)=0$이므로 조립제법을 이용하여 $f(x)$를 인수분해하면

$$
\begin{array}{r|rrrrr}
1 & 1 & -3 & -5 & 7 & 0 \\
  &   & 1 & -2 & -7 & 0 \\
\hline
  & 1 & -2 & -7 & 0 & 0 \\
\end{array}
$$

$f(x)=(x-1)(x^3-2x^2-7x)=x(x-1)(x^2-2x-7)$

따라서 주어진 방정식은

$x(x-1)(x^2-2x-7)=0$

이때 이차방정식 $x^2-2x-7=0$의 두 근을 α, β라 하면 근과 계수의 관계에 의하여

$\alpha+\beta=2$, $\alpha\beta=-7$이므로

$\alpha^2+\beta^2=(\alpha+\beta)^2-2\alpha\beta=2^2-2\times(-7)=18$

또, $\gamma=0$이므로

$\alpha^2+\beta^2+\gamma^2=18$

답 ⑤

17 $f(x)=x^3+2x^2+(k-3)x-k$라 하면

$f(1)=1+2+(k-3)-k=0$

조립제법을 이용하여 $f(x)$를 인수분해하면

$$
\begin{array}{r|rrrr}
1 & 1 & 2 & k-3 & -k \\
  &   & 1 & 3 & k \\
\hline
  & 1 & 3 & k & 0 \\
\end{array}
$$

$f(x)=(x-1)(x^2+3x+k)$

이므로 주어진 방정식은

$(x-1)(x^2+3x+k)=0$

이때 이차방정식 $x^2+3x+k=0$도 실근을 가져야 하므로 이 이차방정식의 판별식을 D라 하면

$D=3^2-4\times1\times k=9-4k\geq0$, $k\leq\dfrac{9}{4}$

따라서 정수 k의 최댓값은 2이다.

답 ②

18 $f(x)=x^3+kx^2+2kx+8$이라 하면

$f(-2)=-8+4k-4k+8=0$

조립제법을 이용하여 $f(x)$를 인수분해하면

$$
\begin{array}{r|rrrr}
-2 & 1 & k & 2k & 8 \\
   &   & -2 & -2k+4 & -8 \\
\hline
   & 1 & k-2 & 4 & 0 \\
\end{array}
$$

$f(x)=(x+2)\{x^2+(k-2)x+4\}$

이므로 주어진 방정식은

$(x+2)\{x^2+(k-2)x+4\}=0$

이때 이차방정식 $x^2+(k-2)x+4=0$이 허근을 가져야 하므로 이 이차방정식의 판별식을 D라 하면

$D=(k-2)^2-16<0$

즉, $k^2-4k-12<0$에서 $(k+2)(k-6)<0$

$-2<k<6$

따라서 조건을 만족시키는 정수 k의 개수는 -1, 0, 1, 2, 3, 4, 5의 7이다.

답 ④

19 $f(x)=x^3+(k-4)x-2k$라 하면

$f(2)=8+2k-8-2k=0$

조립제법을 이용하여 $f(x)$를 인수분해하면

$$
\begin{array}{r|rrrr}
2 & 1 & 0 & k-4 & -2k \\
  &   & 2 & 4 & 2k \\
\hline
  & 1 & 2 & k & 0 \\
\end{array}
$$

$f(x)=(x-2)(x^2+2x+k)$
이므로 주어진 방정식은
$(x-2)(x^2+2x+k)=0$ ······ ㉠
이 방정식이 중근을 가지려면 $x=2$가 이차방정식 $x^2+2x+k=0$의 근
이거나 이차방정식 $x^2+2x+k=0$이 중근을 가져야 한다.
(i) $x=2$가 이차방정식 $x^2+2x+k=0$의 근일 때
  $4+4+k=0$에서 $k=-8$
  $k=-8$을 ㉠에 대입하면
  $(x-2)(x^2+2x-8)=0$에서 $(x-2)^2(x+4)=0$이므로
  중근 2를 갖는다.
(ii) 이차방정식 $x^2+2x+k=0$이 중근을 가질 때
  이 이차방정식의 판별식을 D라 하면
  $\dfrac{D}{4}=1-k=0$에서 $k=1$
  $k=1$을 ㉠에 대입하면
  $(x-2)(x^2+2x+1)=0$에서 $(x-2)(x+1)^2=0$이므로
  중근 -1을 갖는다.
(i), (ii)에서 $k=-8$ 또는 $k=1$
따라서 모든 실수 k의 값의 합은 -7이다.
답 ①

20 삼차방정식 $x^3-3x+4=0$의 세 근이 α, β, γ이므로
$x^3-3x+4=(x-\alpha)(x-\beta)(x-\gamma)$
$x=1$을 대입하면
$1-3+4=(1-\alpha)(1-\beta)(1-\gamma)$
따라서 $(1-\alpha)(1-\beta)(1-\gamma)=2$
답 ⑤

21 삼차방정식 $x^3-4x^2+6x+4=0$의 세 근이 α, β, γ이므로
$x^3-4x^2+6x+4=(x-\alpha)(x-\beta)(x-\gamma)$ ······ ㉠
한편, $(\alpha+2)(\beta+2)(\gamma+2)=-(-2-\alpha)(-2-\beta)(-2-\gamma)$이므
로 ㉠에 $x=-2$를 대입하면
$-8-16-12+4=(-2-\alpha)(-2-\beta)(-2-\gamma)$에서
$(-2-\alpha)(-2-\beta)(-2-\gamma)=-32$
따라서 $(\alpha+2)(\beta+2)(\gamma+2)=32$
답 32

22 삼차방정식 $f(x)-4=0$의 세 근이 -1, 1, 4이므로
$f(x)-4=(x+1)(x-1)(x-4)$
$x=2$를 대입하면
$f(2)-4=3\times1\times(-2)=-6$
따라서 $f(2)=-2$
답 ①

23 계수가 모두 유리수이고 삼차방정식 $x^3+ax^2+bx+4=0$의 한
근이 $1+\sqrt{2}$이므로 $1-\sqrt{2}$도 근이다.
나머지 한 근을 α라 하면
$x^3+ax^2+bx+4=(x-1-\sqrt{2})(x-1+\sqrt{2})(x-\alpha)$

$x=0$을 대입하면 $4=\alpha$
$x=1$을 대입하면 $1+a+b+4=-\sqrt{2}\times\sqrt{2}\times(-3)=6$
따라서 $a+b=1$
답 ④

24 계수가 모두 실수이고 삼차방정식 $x^3+ax^2+bx+c=0$의 한 근
이 $3+4i$이므로 $3-4i$도 근이다.
나머지 한 근이 1이므로
$x^3+ax^2+bx+c=(x-1)(x-3-4i)(x-3+4i)$
$x=2$를 대입하면
$8+4a+2b+c=1\times(-1-4i)(-1+4i)=17$
따라서 $4a+2b+c=9$
답 ⑤

25 계수가 모두 실수이고 삼차방정식 $f(x)=0$의 한 근이 i이므로
$-i$도 근이다.
나머지 한 근이 3이므로
$f(x)=(x-3)(x-i)(x+i)$
$x=2$를 대입하면
$f(2)=-1\times(2-i)(2+i)=-5$
답 ①

26 $x^3=-1$에서 $x^3+1=0$, $(x+1)(x^2-x+1)=0$이므로
ω는 이차방정식 $x^2-x+1=0$의 근이다.
즉, $\omega^2-\omega+1=0$, $\omega^3=-1$이므로
$1+\omega+\omega^2+\omega^3+\cdots+\omega^{10}$
$=1+\omega+\omega^2+\omega^3+\omega^3\times\omega+\omega^3\times\omega^2+(\omega^3)^2$
  $+(\omega^3)^2\times\omega+(\omega^3)^2\times\omega^2+(\omega^3)^3+(\omega^3)^3\times\omega$
$=1+\omega+\omega^2-1-\omega-\omega^2+1+\omega+\omega^2-1-\omega$
$=\omega^2=-1+\omega$
따라서 $a=-1$, $b=1$이므로 $a+b=-1+1=0$
답 ②

27 $x^3=1$에서 $x^3-1=0$, $(x-1)(x^2+x+1)=0$이므로
ω는 이차방정식 $x^2+x+1=0$의 근이다.
즉, $\omega^2+\omega+1=0$, $\omega^3=1$이므로
$1+\omega+\omega^2+\cdots+\omega^{99}+\omega^{100}$
$=(1+\omega+\omega^2)+(1+\omega+\omega^2)\times\omega^3+\cdots$
  $+(1+\omega+\omega^2)\times\omega^{96}+(\omega^3)^{33}+(\omega^3)^{33}\times\omega$
$=1+\omega$
따라서 $a=1$, $b=1$이므로 $a+b=2$
답 ⑤

28 ω가 이차방정식 $x^2-x+1=0$의 한 허근이므로
$\omega^2-\omega+1=0$
양변에 $\omega+1$을 곱하면
$(\omega+1)(\omega^2-\omega+1)=0$

즉, $\omega^3+1=0$에서 $\omega^3=-1$이고 $\dfrac{1}{\omega^2}=-\omega$이므로

$$\omega^{10}-\dfrac{1}{\omega^{20}}=(\omega^3)^3\times\omega-\dfrac{1}{(\omega^3)^6\times\omega^2}$$

$$=-\omega-\dfrac{1}{\omega^2}$$

$$=-\omega-(-\omega)$$

$$=0$$

답 ②

29 $x^3=-1$에서 $x^3+1=0$, $(x+1)(x^2-x+1)=0$이므로
ω는 이차방정식 $x^2-x+1=0$의 근이고 $\overline{\omega}$도 이 이차방정식의 근이다.
즉, $\omega^2-\omega+1=0$이고 $\overline{\omega}^2-\overline{\omega}+1=0$이므로
$\omega-1=\omega^2$, $\overline{\omega}-1=\overline{\omega}^2$
따라서 $\dfrac{\omega-1}{\omega^2}+\dfrac{\overline{\omega}^2}{\overline{\omega}-1}=\dfrac{\omega^2}{\omega^2}+\dfrac{\overline{\omega}^2}{\overline{\omega}^2}=2$

답 ⑤

30 $\omega^3=1$ ...... ㉠
$x^3=1$에서 $x^3-1=0$, $(x-1)(x^2+x+1)=0$이므로
ω와 $\overline{\omega}$는 이차방정식 $x^2+x+1=0$의 근이다.
근과 계수의 관계에 의하여
$\omega+\overline{\omega}=-1$, $\omega\overline{\omega}=1$ ...... ㉡
$\omega^2+\omega+1=0$ ...... ㉢
ㄱ. ㉠, ㉢에 의하여
$$\omega^{10}+\omega^{20}+\omega^{30}=(\omega^3)^3\times\omega+(\omega^3)^6\times\omega^2+(\omega^3)^{10}$$
$$=\omega+\omega^2+1=0 \ (참)$$
ㄴ. $\omega^{10}+\dfrac{1}{\omega^{10}}=(\omega^3)^3\times\omega+\dfrac{1}{(\omega^3)^3\times\omega}=\omega+\dfrac{1}{\omega}$
㉢의 양변을 ω로 나누면
$\omega+1+\dfrac{1}{\omega}=0$이므로 $\omega+\dfrac{1}{\omega}=-1 \ (참)$
ㄷ. ㉡에 의하여
$$(2+3\omega)(2+3\overline{\omega})=4+6\omega+6\overline{\omega}+9\omega\overline{\omega}$$
$$=4+6\times(-1)+9\times1$$
$$=7 \ (거짓)$$
따라서 옳은 것은 ㄱ, ㄴ이다.

답 ③

31 $2x-y=3$에서 $y=2x-3$ ...... ㉠
㉠을 $x^2+xy=6$에 대입하면
$x^2+x(2x-3)=6$
$x^2-x-2=0$, $(x+1)(x-2)=0$
$x=-1$ 또는 $x=2$
$\alpha>0$이므로 $\alpha=2$
㉠에서 $x=2$이면 $y=1$
따라서 $\beta=1$이므로 $\alpha+\beta=2+1=3$

답 ④

32 $-x+y=1$에서 $y=x+1$ ...... ㉠
㉠을 $x^2-3xy+y^2=-1$에 대입하면
$x^2-3x(x+1)+(x+1)^2=-1$
$x^2+x-2=0$, $(x+2)(x-1)=0$
$x=-2$ 또는 $x=1$
㉠에서 $x=-2$이면 $y=-1$, $x=1$이면 $y=2$이므로
구하는 해는
$$\begin{cases}x=-2\\y=-1\end{cases} \text{또는} \begin{cases}x=1\\y=2\end{cases}$$
따라서 $x+y$의 값은 -3 또는 3이므로 모든 $\alpha+\beta$의 값의 합은 0이다.

답 ③

33 $x=2$, $y=1$이 연립방정식 $\begin{cases}x-ay=5\\bx^2-5y=3\end{cases}$의 한 해이므로

$x=2$, $y=1$을 $x-ay=5$에 대입하면
$2-a=5$에서 $a=-3$
마찬가지로 $x=2$, $y=1$을 $bx^2-5y=3$에 대입하면
$4b-5=3$에서 $b=2$
$x+3y=5$에서 $x=-3y+5$ ...... ㉠
㉠을 $2x^2-5y=3$에 대입하면
$2(-3y+5)^2-5y=3$, $18y^2-65y+47=0$
$(y-1)(18y-47)=0$이므로
$y=1$ 또는 $y=\dfrac{47}{18}$
$y=\dfrac{47}{18}$을 ㉠에 대입하면
$$x=-3\times\dfrac{47}{18}+5=-\dfrac{47}{6}+\dfrac{30}{6}=-\dfrac{17}{6}$$
이므로 나머지 해는 $x=-\dfrac{17}{6}$, $y=\dfrac{47}{18}$
따라서 $\alpha=-\dfrac{17}{6}$, $\beta=\dfrac{47}{18}$이므로
$$\alpha+\beta=-\dfrac{17}{6}+\dfrac{47}{18}=-\dfrac{2}{9}$$

답 ②

34 $x^2-y^2=0$에서 $(x-y)(x+y)=0$이므로
$x=y$ 또는 $x=-y$
(i) $x=y$를 $x^2+2xy=12$에 대입하면
$y^2+2y^2=12$, $3y^2=12$
$y^2=4$에서 $y=\pm2$이므로
$x=\pm2$, $y=\pm2$ (복부호 동순)
즉, $x+y=4$ 또는 $x+y=-4$
(ii) $x=-y$를 $x^2+2xy=12$에 대입하면
$(-y)^2+2\times(-y)\times y=12$, $-y^2=12$
$y^2=-12$이므로 실수인 해를 갖지 않는다.
(i), (ii)에서 $x+y$의 값은 -4 또는 4이므로 그 합은 0이다.

답 ③

35 $x^2-xy-2y^2=0$에서 $(x-2y)(x+y)=0$이므로
$x=2y$ 또는 $x=-y$

(i) $x=2y$를 $2x^2-y^2=7$에 대입하면

$2\times(2y)^2-y^2=7$, $7y^2=7$

$y^2=1$에서 $y=\pm1$이므로

$x=\pm2$, $y=\pm1$ (복부호 동순)

즉, $xy=2$

(ii) $x=-y$를 $2x^2-y^2=7$에 대입하면

$2\times(-y)^2-y^2=7$, $y^2=7$에서 $y=\pm\sqrt{7}$이므로

$x=\mp\sqrt{7}$, $y=\pm\sqrt{7}$ (복부호 동순)

즉, $xy=-7$

(i), (ii)에서 xy의 최솟값은 -7이다.

답 ①

36 두 연립방정식 $\begin{cases} x^2-ay^2=0 \\ x^2+3xy-y^2=-1 \end{cases}$과 $\begin{cases} x-by=4 \\ x^2+2xy-3y^2=0 \end{cases}$을 동

시에 만족시키는 x, y는 연립방정식 $\begin{cases} x^2+2xy-3y^2=0 \\ x^2+3xy-y^2=-1 \end{cases}$의 해이다.

$x^2+2xy-3y^2=0$에서 $(x+3y)(x-y)=0$이므로

$x=-3y$ 또는 $x=y$

(i) $x=-3y$를 $x^2+3xy-y^2=-1$에 대입하면

$(-3y)^2+3\times(-3y)\times y-y^2=-1$

$y^2=1$에서 $y=\pm1$이므로

$x=\mp3$, $y=\pm1$ (복부호 동순)

(ii) $x=y$를 $x^2+3xy-y^2=-1$에 대입하면

$y^2+3y^2-y^2=-1$에서 $y^2=-\dfrac{1}{3}$

y는 정수가 아니므로 조건을 만족시키지 않는다.

(i), (ii)에서 $x=-3$, $y=1$ 또는 $x=3$, $y=-1$

$x=-3$, $y=1$인 경우

$x=-3$, $y=1$이 $x^2-ay^2=0$과 $x-by=4$의 해이므로

$9-a=0$에서 $a=9$, $-3-b=4$에서 $b=-7$

즉, $a+b=9+(-7)=2$

$x=3$, $y=-1$인 경우

$x=3$, $y=-1$이 $x^2-ay^2=0$과 $x-by=4$의 해이므로

$9-a=0$에서 $a=9$, $3+b=4$에서 $b=1$

즉, $a+b=9+1=10$

따라서 모든 $a+b$의 값의 합은 $2+10=12$

답 12

37 $x+y=4$, $xy=-5$이므로 x, y는 이차방정식 $t^2-4t-5=0$의 두 근이다.

즉, $(t+1)(t-5)=0$이므로 $t=-1$ 또는 $t=5$

따라서 $\begin{cases} x=-1 \\ y=5 \end{cases}$ 또는 $\begin{cases} x=5 \\ y=-1 \end{cases}$이므로

$|\alpha|+|\beta|=6$

답 ③

38 $(x+y)^2=x^2+y^2+2xy=10+2\times3=16$이므로

$x+y=4$ 또는 $x+y=-4$

$x+y=4$, $xy=3$ 또는 $x+y=-4$, $xy=3$이므로 x, y는 이차방정식

$t^2-4t+3=0$ 또는 $t^2+4t+3=0$의 두 근이다.

(i) $t^2-4t+3=0$일 때

$(t-1)(t-3)=0$이므로 $t=1$ 또는 $t=3$

즉, $\begin{cases} x=1 \\ y=3 \end{cases}$ 또는 $\begin{cases} x=3 \\ y=1 \end{cases}$

(ii) $t^2+4t+3=0$일 때

$(t+1)(t+3)=0$이므로 $t=-1$ 또는 $t=-3$

즉, $\begin{cases} x=-1 \\ y=-3 \end{cases}$ 또는 $\begin{cases} x=-3 \\ y=-1 \end{cases}$

따라서 $\alpha+2\beta$의 값은 7, 5, -7, -5이므로 그 합은 0이다.

답 ③

39 $x+y=u$, $xy=v$라 하면

$(x+1)(y+1)=xy+x+y+1=u+v+1=10$에서

$u+v=9$

$xy(x+y)=uv=20$

따라서 u, v는 이차방정식 $t^2-9t+20=0$의 두 근이다.

$(t-4)(t-5)=0$에서 $t=4$ 또는 $t=5$이므로

$u=4$, $v=5$ 또는 $u=5$, $v=4$

(i) $u=4$, $v=5$일 때

x, y는 이차방정식 $t^2-4t+5=0$의 두 근이고

이 이차방정식의 판별식을 D라 할 때,

$\dfrac{D}{4}=(-2)^2-1\times5=-1<0$이므로 실근을 갖지 않는다.

(ii) $u=5$, $v=4$일 때

x, y는 이차방정식 $t^2-5t+4=0$, 즉 $(t-4)(t-1)=0$의 두 근이

므로

$x=4$, $y=1$ 또는 $x=1$, $y=4$

따라서 $\alpha+2\beta$의 값은 6, 9이므로 그 합은 15이다.

답 15

40 $2x+y=a$에서 $y=-2x+a$ ······ ㉠

㉠을 $x^2+y^2=4$에 대입하면

$x^2+(-2x+a)^2=4$, $5x^2-4ax+a^2-4=0$

이 이차방정식의 실근이 한 개만 존재해야 하므로 이 이차방정식의 판

별식을 D라 할 때,

$\dfrac{D}{4}=(-2a)^2-5(a^2-4)=0$

$4a^2-5a^2+20=0$, $a^2=20$

$a=2\sqrt{5}$ 또는 $a=-2\sqrt{5}$

따라서 모든 실수 a의 값의 곱은 -20이다.

답 ①

41 $x+y=16$, $xy=k$이므로 두 실수 x, y는 이차방정식

$t^2-16t+k=0$의 두 실근이다.

실수인 해가 존재하려면 이 이차방정식의 판별식을 D라 할 때,

$\dfrac{D}{4}=(-8)^2-1\times k\geq0$, $k\leq64$

따라서 자연수 k의 개수는 64이다.

답 64

42 $x+y=a$에서 $y=-x+a$이므로 $x^2-x+y=3$에 대입하면
$x^2-x-x+a=3$
$x^2-2x+a-3=0$
이 이차방정식의 실근이 존재하지 않아야 하므로 이 이차방정식의 판별식을 D라 하면
$\dfrac{D}{4}=(-1)^2-(a-3)<0$
$-a+4<0$에서 $a>4$
따라서 정수 a의 최솟값은 5이다.

답 ③

43 두 정사각형의 한 변의 길이를 각각 x, y라 하자.
두 정사각형 ABCD, EFGH의 둘레의 길이의 합이 48이고 넓이의 합이 90이므로
$\begin{cases} 4x+4y=48 \\ x^2+y^2=90 \end{cases}$
$4x+4y=48$, $x+y=12$에서 $y=12-x$ ······ ㉠
㉠을 $x^2+y^2=90$에 대입하면
$x^2+(12-x)^2=90$
$x^2-12x+27=0$
$(x-3)(x-9)=0$
$x=3$ 또는 $x=9$
㉠에서 $x=3$이면 $y=9$, $x=9$이면 $y=3$이므로
두 정사각형 ABCD, EFGH의 넓이의 차는
$9^2-3^2=72$

답 72

44 직사각형 ABCD의 세로의 길이와 가로의 길이를 각각 x, y라 하면 둘레의 길이가 6이므로 $2x+2y=6$에서 $x+y=3$이고
한 대각선의 길이는 $\sqrt{x^2+y^2}$이다.
직사각형 ABCD의 세로의 길이를 2배로 하고 가로의 길이를 2만큼 늘린 직사각형의 세로의 길이는 $2x$, 가로의 길이는 $y+2$이므로 이 직사각형의 한 대각선의 길이는 $\sqrt{4x^2+(y+2)^2}$
즉, $\sqrt{4x^2+(y+2)^2}=\sqrt{5}\sqrt{x^2+y^2}$
양변을 제곱하여 정리하면
$4x^2+(y+2)^2=5x^2+5y^2$
$x^2+4y^2-4y-4=0$
$\begin{cases} x+y=3 \\ x^2+4y^2-4y-4=0 \end{cases}$ ······ ㉠
$x+y=3$에서 $x=3-y$이므로 ㉠에 대입하면
$(3-y)^2+4y^2-4y-4=0$
$5y^2-10y+5=0$, $5(y-1)^2=0$
즉, $y=1$이므로 $x=3-1=2$
따라서 직사각형 ABCD의 한 대각선의 길이는
$\sqrt{2^2+1^2}=\sqrt{5}$

답 ②

45 조건 (가)에 의하여 백의 자리의 숫자를 x라 하면 일의 자리의 숫자는 x이다.
십의 자리의 숫자를 y라 하면 조건 (나), (다)에 의하여
$2x+y=17$, $x^2+y^2+x^2=2x^2+y^2=107$
$\begin{cases} 2x+y=17 \\ 2x^2+y^2=107 \end{cases}$ ······ ㉠
$2x+y=17$에서 $y=17-2x$이므로 ㉠에 대입하면
$2x^2+(17-2x)^2=107$
$3x^2-34x+91=0$에서 $(3x-13)(x-7)=0$
$x=\dfrac{13}{3}$ 또는 $x=7$
x는 한 자리 자연수이므로 $x=7$이고
$y=17-2x=17-14=3$
따라서 조건을 만족시키는 세 자리 자연수는 737이다.

답 737

46 $3x+2>2x-6$에서 $x>-8$ ······ ㉠
$x+7\geq 3x-1$에서 $2x\leq 8$, $x\leq 4$ ······ ㉡
㉠, ㉡의 공통부분을 구하면
$-8<x\leq 4$
따라서 조건을 만족시키는 정수 x의 개수는 -7, -6, $\cdots$, 3, 4의 12이다.

답 ③

47 $-2(x-2)\geq x-8$에서 $-2x+4\geq x-8$
$3x\leq 12$, $x\leq 4$ ······ ㉠
$\dfrac{1}{2}x\leq x+4$에서 $\dfrac{1}{2}x\geq -4$, $x\geq -8$ ······ ㉡
㉠, ㉡의 공통부분을 구하면
$-8\leq x\leq 4$
따라서 $a=-8$, $b=4$이므로
$b-a=4-(-8)=12$

답 ③

48 $4x-2>x-10$에서 $3x>-8$, $x>-\dfrac{8}{3}$ ······ ㉠
$-2x+13>3x+4$에서 $5x<9$, $x<\dfrac{9}{5}$ ······ ㉡
㉠, ㉡의 공통부분을 구하면
$-\dfrac{8}{3}<x<\dfrac{9}{5}$
따라서 조건을 만족시키는 정수 x는 -2, -1, 0, 1이므로
$M=1$, $m=-2$이고 $M-m=1-(-2)=3$

답 ③

49 주어진 연립부등식의 해는 연립부등식 $\begin{cases} -x-4<x \\ x<10-x \end{cases}$의 해와 같다.
$-x-4<x$에서 $2x>-4$, $x>-2$ ······ ㉠
$x<10-x$에서 $2x<10$, $x<5$ ······ ㉡
㉠, ㉡의 공통부분을 구하면
$-2<x<5$
따라서 정수 해는 -1, 0, 1, 2, 3, 4이므로 그 합은 9이다.

답 ④

50 주어진 연립부등식의 해는 연립부등식 $\begin{cases} \frac{1}{2}x-3<x+2 \\ x+2<3-\frac{1}{3}x \end{cases}$ 의 해와

같다.

$\frac{1}{2}x-3<x+2$에서 $\frac{1}{2}x>-5$, $x>-10$ $\quad$ …… ㉠

$x+2<3-\frac{1}{3}x$에서 $\frac{4}{3}x<1$, $x<\frac{3}{4}$ $\quad$ …… ㉡

㉠, ㉡의 공통부분을 구하면

$-10<x<\frac{3}{4}$

따라서 $a=-10$, $b=\frac{3}{4}$이므로

$ab=-10\times\frac{3}{4}=-\frac{15}{2}$

답 ①

51 주어진 연립부등식의 해는 연립부등식 $\begin{cases} 2(x-1)<x+2 \\ x+2<3(x+2) \end{cases}$ 의 해와

같다.

$2(x-1)<x+2$에서 $2x-2<x+2$, $x<4$ $\quad$ …… ㉠

$x+2<3(x+2)$에서 $x+2<3x+6$, $x>-2$ $\quad$ …… ㉡

㉠, ㉡의 공통부분을 구하면

$-2<x<4$

따라서 정수인 해의 개수는 -1, 0, 1, 2, 3의 5이다.

답 ②

52 $3x<x+a$에서 $x<\frac{a}{2}$ $\quad$ …… ㉠

$b-x<4x$에서 $x>\frac{b}{5}$ $\quad$ …… ㉡

㉠, ㉡의 공통부분이 $-1<x<4$이려면

$\frac{a}{2}=4$, $\frac{b}{5}=-1$이어야 하므로

$a=8$, $b=-5$

따라서 $a+b=8+(-5)=3$

답 ③

53 $x+3\le a$에서 $x\le a-3$ $\quad$ …… ㉠

$3x-4>x$에서 $x>2$ $\quad$ …… ㉡

㉠, ㉡의 공통부분이 $b<x\le4$이려면

$a-3=4$, $b=2$이어야 하므로

$a=7$, $b=2$

따라서 $a+b=7+2=9$

답 ④

54 $5\le x-2a$에서 $x\ge5+2a$

$2x+a\le x+a^2-a$에서 $x\le a^2-2a$

주어진 연립부등식의 해가 하나뿐이려면

$5+2a=a^2-2a$

$a^2-4a-5=0$, $(a+1)(a-5)=0$

$a=-1$ 또는 $a=5$

따라서 모든 실수 a의 값의 합은 $-1+5=4$

답 ④

55 $-x>x+a$에서 $x<-\frac{a}{2}$ $\quad$ …… ㉠

$6-2x\le x$에서 $x\ge2$ $\quad$ …… ㉡

㉠, ㉡의 공통부분이 없으려면 $-\frac{a}{2}\le2$이어야 하므로

$a\ge-4$

따라서 정수 a의 최솟값은 -4이다.

답 ②

56 $2(x+1)\le6$에서 $x\le2$ $\quad$ …… ㉠

$x-2\ge a$에서 $x\ge a+2$ $\quad$ …… ㉡

㉠, ㉡의 공통부분이 없으려면 $a+2>2$이어야 하므로

$a>0$

따라서 정수 a의 최솟값은 1이다.

답 ④

57 $3x+6>0$에서 $x>-2$ $\quad$ …… ㉠

$2x-6a+7<0$에서 $x<3a-\frac{7}{2}$ $\quad$ …… ㉡

㉠, ㉡의 공통부분이 없으려면 $3a-\frac{7}{2}\le-2$이어야 하므로

$3a\le\frac{3}{2}$, $a\le\frac{1}{2}$

따라서 정수 a의 최댓값은 0이다.

답 ③

58 $-3x-6<2$에서 $3x>-8$, $x>-\frac{8}{3}$ $\quad$ …… ㉠

$4x\le x+a$에서 $x\le\frac{a}{3}$ $\quad$ …… ㉡

㉠, ㉡의 공통부분에서 정수 x가 3개 존재하려면

$-\frac{8}{3}<x\le\frac{a}{3}$이어야 하고

-2, -1, 0을 포함하고 1 이상의 정수는 포함하지 않아야 하므로

$0\le\frac{a}{3}<1$, 즉 $0\le a<3$

따라서 정수 a는 0, 1, 2이므로 그 합은 3이다.

답 ③

59 $-x+\frac{1}{2}a\le x\le -x+\frac{10}{3}a-8$에서

$\frac{1}{2}a\le2x\le\frac{10}{3}a-8$이므로

$\frac{1}{4}a\le x\le\frac{5}{3}a-4$

이를 만족시키는 정수 x가 2와 3뿐이려면

$1<\frac{1}{4}a\le2$이고 $3\le\frac{5}{3}a-4<4$이어야 한다.

$1<\frac{1}{4}a\le2$에서 $4<a\le8$

$3\le\frac{5}{3}a-4<4$에서 $7\le\frac{5}{3}a<8$, $\frac{21}{5}\le a<\frac{24}{5}$

조건을 만족시키는 실수 a의 값의 범위는 $\frac{21}{5}\le a<\frac{24}{5}$이므로

$p=\frac{21}{5}$, $q=\frac{24}{5}$

따라서 $p+q=\frac{21}{5}+\frac{24}{5}=9$

답 ④

60 $x+3>0$에서 $x>-3$ $\qquad$ ㉠

$3x-2a+5<0$에서 $x<\dfrac{2a-5}{3}$ $\qquad$ ㉡

㉠, ㉡의 공통부분에서 정수 x가 5개 존재하려면

$-3<x<\dfrac{2a-5}{3}$이어야 하고

-2, -1, 0, 1, 2를 포함하고 3 이상의 정수는 포함하지 않아야 하므로

$2<\dfrac{2a-5}{3}\leq 3$, $6<2a-5\leq 9$

즉, $11<2a\leq 14$이므로 $\dfrac{11}{2}<a\leq 7$

따라서 정수 a는 6, 7이므로 그 합은 13이다.

🅐 13

61 학생 수를 x라 하면 공의 개수는 $3x+18$이다.

5개씩 나누어 주면 제외된 학생은 1개 이상 4개 이하를 받으므로 공의 개수에 대한 부등식은 다음과 같다.

$5(x-1)+1\leq 3x+18\leq 5(x-1)+4$

$5x-4\leq 3x+18\leq 5x-1$

즉, 연립부등식 $\begin{cases} 5x-4\leq 3x+18 \\ 3x+18\leq 5x-1 \end{cases}$의 해와 같다.

$5x-4\leq 3x+18$에서 $2x\leq 22$, $x\leq 11$ $\qquad$ ㉠

$3x+18\leq 5x-1$에서 $2x\geq 19$, $x\geq\dfrac{19}{2}$ $\qquad$ ㉡

㉠, ㉡의 공통부분을 구하면

$\dfrac{19}{2}\leq x\leq 11$

x는 자연수이므로 $x=10$ 또는 $x=11$

$x=10$일 때 공의 개수는 48이고, $x=11$일 때 공의 개수는 51이다.

따라서 공의 개수와 학생의 수의 합은 58 또는 62이므로 공의 개수와 학생의 수의 합의 최솟값은 58이다.

🅐 58

62 학생 수를 x라 하면 마스크의 개수는 $5x+12$이다.

6개씩 나누어 주면 제외된 세 학생 중 2명은 1개도 받지 못하고 한 학생은 6개 미만으로 받으므로 마스크의 개수에 대한 부등식은 다음과 같다.

$6(x-3)+1\leq 5x+12\leq 6(x-3)+5$

$6x-17\leq 5x+12\leq 6x-13$

즉, 연립부등식 $\begin{cases} 6x-17\leq 5x+12 \\ 5x+12\leq 6x-13 \end{cases}$의 해와 같다.

$6x-17\leq 5x+12$에서 $x\leq 29$ $\qquad$ ㉠

$5x+12\leq 6x-13$에서 $x\geq 25$ $\qquad$ ㉡

㉠, ㉡의 공통부분을 구하면

$25\leq x\leq 29$

x는 자연수이므로 학생 수의 최댓값은 29, 최솟값은 25이다.

따라서 $M=29$, $m=25$이므로

$M+m=29+25=54$

🅐 ④

63 방의 개수를 x라 하면 학생 수는 $3x+5$이다.

4명씩 배정하면 방이 3개가 남으므로 3개의 방에는 학생이 한 명도 배정되지 않았고, 1개의 방에는 1명 이상 4명 이하가 배정되어야 하므로 학생 수에 대한 부등식은 다음과 같다.

$4(x-4)+1\leq 3x+5\leq 4(x-4)+4$

$4x-15\leq 3x+5\leq 4x-12$

즉, 연립부등식 $\begin{cases} 4x-15\leq 3x+5 \\ 3x+5\leq 4x-12 \end{cases}$의 해와 같다.

$4x-15\leq 3x+5$에서 $x\leq 20$ $\qquad$ ㉠

$3x+5\leq 4x-12$에서 $x\geq 17$ $\qquad$ ㉡

㉠, ㉡의 공통부분을 구하면

$17\leq x\leq 20$

x는 자연수이므로 x의 최댓값은 20, 최솟값은 17이다.

따라서 $M=20$, $m=17$이므로

$M+m=20+17=37$

🅐 ⑤

64 처음 직사각형의 가로의 길이를 x, 세로의 길이를 y라 하면 둘레의 길이가 20이므로

$2x+2y=20$, 즉 $y=10-x$

이때 $x>0$, $10-x>0$에서

$0<x<10$

이 직사각형의 가로의 길이를 2배로 늘리고 세로의 길이를 3배로 늘렸을 때의 가로의 길이와 세로의 길이는 각각 $2x$, $3(10-x)$이므로 새로운 직사각형의 둘레의 길이는

$4x+6(10-x)=60-2x$

이 직사각형의 둘레의 길이가 48 이상 56 이하가 되어야 하므로

$48\leq 60-2x\leq 56$에서 $-12\leq -2x\leq -4$

$2\leq x\leq 6$

따라서 $a=2$, $b=6$이므로

$a+b=2+6=8$

🅐 ④

65 조건 (가)에서 $b=a+4$, $c=b+4$이므로 $c=a+8$

a는 4로 나누면 1이 남는 자연수이므로

$a=4k-3$ (k는 자연수)라 하면

$b=4k+1$, $c=4k+5$

조건 (나)에 대입하면

$57\leq (4k-3)+(4k+1)+(4k+5)\leq 81$

$57\leq 12k+3\leq 81$, $54\leq 12k\leq 78$

$\dfrac{9}{2}\leq k\leq\dfrac{13}{2}$

k는 자연수이므로 $k=5$, 6

따라서 a의 값은 $4\times 5-3=17$, $4\times 6-3=21$이므로 그 합은 38이다.

🅐 38

66 이차방정식 $x^2-4x+k-5=0$의 판별식을 D라 하면

$\dfrac{D}{4}=(-2)^2-(k-5)>0$에서

$9-k>0$, $k<9$ $\qquad$ ㉠

두 실근이 모두 양수이어야 하므로 두 실근의 합과 곱이 모두 양수이어야 한다.

즉, 이차방정식의 근과 계수의 관계에 의하여

(두 근의 합)=$4>0$

(두 근의 곱)=$k-5>0$에서 $k>5$ ······ ㉡

㉠, ㉡의 공통부분은 $5<k<9$

따라서 정수 k의 개수는 6, 7, 8의 3이다.

답 ②

67 $|3x-8|<4$에서

$-4<3x-8<4$, $4<3x<12$

$\dfrac{4}{3}<x<4$

따라서 $a=\dfrac{4}{3}$, $b=4$이므로

$a+b=\dfrac{4}{3}+4=\dfrac{16}{3}$

답 ⑤

68 $|2x-9|>3$에서

$2x-9<-3$ 또는 $2x-9>3$

$x<3$ 또는 $x>6$

따라서 조건을 만족시키는 10 이하의 자연수 x의 개수는 1, 2, 7, 8, 9, 10의 6이다.

답 ④

69 $3<|x-4|$에서 $x-4<-3$ 또는 $x-4>3$

$x<1$ 또는 $x>7$ ······ ㉠

$|x-4|\leq 5$에서 $-5\leq x-4\leq 5$

$-1\leq x\leq 9$ ······ ㉡

㉠, ㉡의 공통부분은

$-1\leq x<1$ 또는 $7<x\leq 9$

따라서 정수 x는 -1, 0, 8, 9이므로 그 합은 16이다.

답 ③

70 $x-4=0$에서 $x=4$이므로

(i) $x\geq 4$일 때

$x-4<2x-3$에서 $x>-1$이므로

$x\geq 4$

(ii) $x<4$일 때

$-x+4<2x-3$에서 $3x>7$, $x>\dfrac{7}{3}$이므로

$\dfrac{7}{3}<x<4$

(i), (ii)에서 부등식의 해는 $x>\dfrac{7}{3}$

따라서 정수 x의 최솟값은 3이다.

답 ③

71 $3x-3=0$에서 $x=1$이므로

(i) $x\geq 1$일 때

$3x-3\geq 2x-1$에서 $x\geq 2$이므로

$x\geq 2$

(ii) $x<1$일 때

$-3x+3\geq 2x-1$에서 $5x\leq 4$, $x\leq\dfrac{4}{5}$이므로

$x\leq\dfrac{4}{5}$

(i), (ii)에서 부등식의 해는

$x\leq\dfrac{4}{5}$ 또는 $x\geq 2$

따라서 10 이하의 자연수 x의 개수는 2, 3, $\cdots$, 10의 9이다.

답 ④

72 $x-3=0$에서 $x=3$이므로

(i) $x\geq 3$일 때

$x-3\leq 2x+a$에서 $x\geq -a-3$

$-a-3\geq 3$, 즉 $a\leq -6$이면 $x\geq -a-3$

$-a-3<3$, 즉 $a>-6$이면 $x\geq 3$

(ii) $x<3$일 때

$-x+3\leq 2x+a$에서 $3x\geq -a+3$, $x\geq -\dfrac{a}{3}+1$

$-\dfrac{a}{3}+1\geq 3$, 즉 $a\leq -6$이면 해가 없다.

$-\dfrac{a}{3}+1<3$, 즉 $a>-6$이면 $-\dfrac{a}{3}+1\leq x<3$

(i), (ii)에서 부등식의 해는

$a\leq -6$이면 $x\geq -a-3\geq 3$

$a>-6$이면 $x\geq -\dfrac{a}{3}+1$

이때 주어진 부등식의 해가 $x\geq -1$에 포함되려면 $-\dfrac{a}{3}+1\geq -1$이어

야 하므로 $-\dfrac{a}{3}\geq -2$에서

$a\leq 6$

따라서 조건을 만족시키는 실수 a의 최댓값은 6이다.

답 ④

73 $x+1=0$에서 $x=-1$, $x-2=0$에서 $x=2$이므로

다음과 같이 구간을 나누어 부등식의 해를 구한다.

(i) $x<-1$일 때

$-(x+1)-2(x-2)\leq 8$에서 $-3x+3\leq 8$, $x\geq -\dfrac{5}{3}$이므로

$-\dfrac{5}{3}\leq x<-1$

(ii) $-1\leq x<2$일 때

$(x+1)-2(x-2)\leq 8$에서 $-x+5\leq 8$, $x\geq -3$이므로

$-1\leq x<2$

(iii) $x\geq 2$일 때

$(x+1)+2(x-2)\leq 8$에서 $3x-3\leq 8$, $x\leq\dfrac{11}{3}$이므로

$2\leq x\leq\dfrac{11}{3}$

(i), (ii), (iii)에서 부등식의 해는

$-\dfrac{5}{3}\leq x\leq\dfrac{11}{3}$

따라서 정수 x의 개수는 -1, 0, 1, 2, 3의 5이다.

답 ⑤

74 $x+2=0$에서 $x=-2$, $x-2=0$에서 $x=2$이므로 다음과 같이 구간을 나누어 부등식의 해를 구한다.

(i) $x<-2$일 때

$-(x+2)-3(x-2)\leq16$에서 $-4x+4\leq16$, $x\geq-3$이므로

$-3\leq x<-2$

(ii) $-2\leq x<2$일 때

$(x+2)-3(x-2)\leq16$에서 $-2x+8\leq16$, $x\geq-4$이므로

$-2\leq x<2$

(iii) $x\geq2$일 때

$(x+2)+3(x-2)\leq16$에서 $4x-4\leq16$, $x\leq5$이므로

$2\leq x\leq5$

(i), (ii), (iii)에서 부등식의 해는 $-3\leq x\leq5$

따라서 $a=-3$, $b=5$이므로

$b-a=5-(-3)=8$

답 ③

75 $x=0$이고 $x-3=0$에서 $x=3$이므로 다음과 같이 구간을 나누어 부등식의 해를 구한다.

(i) $x<0$일 때

$-3x+2(x-3)>1$에서 $-x-6>1$, $x<-7$이므로

$x<-7$

(ii) $0\leq x<3$일 때

$3x+2(x-3)>1$에서 $5x-6>1$, $x>\dfrac{7}{5}$이므로

$\dfrac{7}{5}<x<3$

(iii) $x\geq3$일 때

$3x-2(x-3)>1$에서 $x+6>1$, $x>-5$이므로

$x\geq3$

(i), (ii), (iii)에서 부등식의 해는

$x<-7$ 또는 $x>\dfrac{7}{5}$

따라서 $M=-8$, $m=2$이므로

$M+m=-8+2=-6$

답 ③

76 이차방정식 $f(x)=0$의 해가 $x=-5$ 또는 $x=2$이므로

이차부등식 $f(x)<0$의 해는 $-5<x<2$

따라서 정수 x의 개수는 -4, -3, -2, -1, 0, 1의 6이다.

답 ④

77 두 이차함수 $y=f(x)$, $y=g(x)$의 그래프가 만나는 점의 x좌표가 -2, 2이므로

방정식 $f(x)=g(x)$의 해는 $x=-2$ 또는 $x=2$이다.

$-2<x<2$에서 이차함수 $y=f(x)$의 그래프가 이차함수 $y=g(x)$의 그래프보다 아래에 있으므로 이차부등식 $f(x)\leq g(x)$의 해는

$-2\leq x\leq2$

따라서 정수 x의 개수는 -2, -1, 0, 1, 2의 5이다.

답 ③

78 $x^2+x-12<0$에서 $(x+4)(x-3)<0$이므로

$-4<x<3$

따라서 $a=-4$, $b=3$이므로

$b-a=3-(-4)=7$

답 ⑤

79 $-x^2+5x+4\geq x^2+1$에서

$2x^2-5x-3\leq0$, $(2x+1)(x-3)\leq0$이므로

$-\dfrac{1}{2}\leq x\leq3$

따라서 정수 x의 개수는 0, 1, 2, 3의 4이다.

답 ④

80 (i) $x\geq0$일 때

$x^2+3x-4\leq0$에서 $(x+4)(x-1)\leq0$

$-4\leq x\leq1$이므로 $0\leq x\leq1$

(ii) $x<0$일 때

$x^2-3x-4\leq0$에서 $(x+1)(x-4)\leq0$

$-1\leq x\leq4$이므로 $-1\leq x<0$

(i), (ii)에서 부등식의 해는 $-1\leq x\leq1$

따라서 정수 x의 개수는 -1, 0, 1의 3이다.

답 ③

81 이차부등식 $x^2+ax+b<0$의 해가 $-1<x<3$이므로

$x^2+ax+b=(x+1)(x-3)$

$x=1$을 대입하면

$1+a+b=2\times(-2)=-4$이므로

$a+b=-5$

답 ①

82 이차부등식 $x^2+ax+b\leq0$의 해가 $x=-3$이므로

$x^2+ax+b=(x+3)^2=x^2+6x+9$

위의 식이 x에 대한 항등식이므로 $a=6$, $b=9$

따라서 $ab=6\times9=54$

답 54

83 이차부등식 $ax^2+bx+c>0$의 해가 $\dfrac{1}{3}<x<4$이므로

$a<0$이고

$ax^2+bx+c=a\left(x-\dfrac{1}{3}\right)(x-4)=ax^2-\dfrac{13}{3}ax+\dfrac{4}{3}a$

위의 식이 x에 대한 항등식이므로

$b=-\dfrac{13}{3}a$, $c=\dfrac{4}{3}a$

$cx^2+bx+a<0$에서 $\dfrac{4}{3}ax^2-\dfrac{13}{3}ax+a<0$

양변을 $\dfrac{a}{3}$로 나누면 $\dfrac{a}{3}<0$이므로

$4x^2-13x+3>0$, $(4x-1)(x-3)>0$

$x<\dfrac{1}{4}$ 또는 $x>3$

따라서 음의 정수 x의 최댓값은 -1, 자연수 x의 최솟값은 4이므로 그 합은 3이다.

답 ③

84 이차부등식 $f(x)>0$의 해가 $2<x<4$이므로
$f(x)=p(x-2)(x-4)$ $(p<0)$이라 하면
$$f\left(\frac{1}{2}x\right)=p\left(\frac{1}{2}x-2\right)\left(\frac{1}{2}x-4\right)$$
$$=\frac{p}{4}(x-4)(x-8)$$
부등식 $f\left(\frac{1}{2}x\right)<0$의 해는 $x<4$ 또는 $x>8$이므로
$\alpha=4$, $\beta=8$
따라서 $\alpha+2\beta=4+2\times8=20$

답 20

85 이차부등식 $ax^2+bx+c\leq0$의 해가 $-1\leq x\leq5$이므로
$ax^2+bx+c=a(x+1)(x-5)$ $(a>0)$
$f(x)=ax^2+bx+c$라 하면
$a(x-4)^2+bx-4b+c=a(x-4)^2+b(x-4)+c=f(x-4)$
이때
$$f(x-4)=a(x-4+1)(x-4-5)$$
$$=a(x-3)(x-9)$$
이므로 부등식 $a(x-4)^2+bx-4b+c>0$, 즉 $a(x-3)(x-9)>0$
의 해는
$x<3$ 또는 $x>9$
따라서 $\alpha=3$, $\beta=9$이므로 $\alpha+2\beta=3+2\times9=21$

답 21

86 이차방정식 $f(x)=0$의 해가 $x=-6$ 또는 $x=k$ $(k>0)$이므로
$f(x)=p(x+6)(x-k)$ $(p>0)$이라 하면
$$f(2x-3)=p(2x-3+6)(2x-3-k)$$
$$=p(2x+3)(2x-3-k)$$
$-\frac{3}{2}<\frac{3+k}{2}$이므로 부등식 $f(2x-3)>0$의 해는
$x<-\frac{3}{2}$ 또는 $x>\frac{3+k}{2}$
따라서 $\alpha=-\frac{3}{2}$이고, $\frac{3+k}{2}=2$에서 $k=1$이므로
$\alpha+k=-\frac{3}{2}+1=-\frac{1}{2}$

답 ⑤

87 이차부등식 $x^2-2ax+4a\leq0$의 해가 한 개이려면
이차방정식 $x^2-2ax+4a=0$의 판별식을 D라 할 때,
$$\frac{D}{4}=(-a)^2-4a=0$$
$a^2-4a=0$, $a(a-4)=0$
$a=0$ 또는 $a=4$
따라서 모든 실수 a의 값의 합은 4이다.

답 ④

88 x에 대한 이차부등식 $-x^2+4x-a^2+3a>0$이 해를 가지려면
이차방정식 $-x^2+4x-a^2+3a=0$의 판별식을 D라 할 때,
$$\frac{D}{4}=2^2-(-1)\times(-a^2+3a)>0$$이어야 하므로
$a^2-3a-4<0$, $(a+1)(a-4)<0$
$-1<a<4$
따라서 조건을 만족시키는 정수 a는 0, 1, 2, 3이므로 그 합은 6이다.

답 ④

89 (i) $a=4$일 때,
$-2\sqrt{3}x-4\geq0$에서 $x\leq-\frac{2}{3}\sqrt{3}$이므로 해를 갖는다.
(ii) $a>4$일 때,
주어진 부등식은 항상 해를 갖는다.
(iii) $a<4$일 때,
이차부등식 $(a-4)x^2-2\sqrt{3}x-a\geq0$이 해를 가지려면 이차방정식
$(a-4)x^2-2\sqrt{3}x-a=0$의 판별식을 D라 할 때,
$$\frac{D}{4}=(-\sqrt{3})^2-(a-4)\times(-a)\geq0$$이어야 하므로
$a^2-4a+3\geq0$, $(a-1)(a-3)\geq0$
$a\leq1$ 또는 $a\geq3$이므로 $a\leq1$ 또는 $3\leq a<4$
(i), (ii), (iii)에서 $a\leq1$ 또는 $a\geq3$
따라서 10 이하의 자연수 a의 개수는 2를 제외한 9이다.

답 ④

90 x에 대한 이차부등식 $x^2+2ax+a^2-a+5>0$이 모든 실수 x에 대하여 성립하려면 이차방정식 $x^2+2ax+a^2-a+5=0$의 판별식을 D라 할 때,
$$\frac{D}{4}=a^2-(a^2-a+5)<0$$이어야 하므로
$a-5<0$, $a<5$
따라서 조건을 만족시키는 정수 a의 최댓값은 4이다.

답 ④

91 x에 대한 이차부등식 $ax^2+4x+a-3\geq0$이 모든 실수 x에 대하여 성립하려면 $a>0$이고
이차방정식 $ax^2+4x+a-3=0$의 판별식을 D라 할 때,
$$\frac{D}{4}=2^2-a(a-3)\leq0$$이어야 하므로
$a^2-3a-4\geq0$, $(a+1)(a-4)\geq0$
$a\leq-1$ 또는 $a\geq4$
그런데 $a>0$이므로 $a\geq4$
따라서 조건을 만족시키는 -6 이상 6 이하의 정수 a는 4, 5, 6이므로 그 합은 15이다.

답 15

92 실수 k의 값에 관계없이 x에 대한 부등식 $|x-3|<ak^2+8k+a$의 해가 존재하려면 모든 실수 k에 대하여 $ak^2+8k+a>0$이 성립해야 한다.
즉, $a>0$이고 k에 대한 이차방정식 $ak^2+8k+a=0$의 판별식을 D라 할 때, $\frac{D}{4}=4^2-a^2<0$이어야 하므로

$a^2-16>0$, $(a+4)(a-4)>0$

$a<-4$ 또는 $a>4$

그런데 $a>0$이므로 $a>4$

따라서 조건을 만족시키는 -8 이상 8 이하의 정수 a의 개수는 5, 6, 7, 8의 4이다.

답 4

93 이차부등식 $x^2-2ax+a+6\leq0$이 해를 갖지 않으려면 이차방정식 $x^2-2ax+a+6=0$의 판별식을 D라 할 때,

$\dfrac{D}{4}=(-a)^2-(a+6)<0$이어야 하므로

$a^2-a-6<0$, $(a+2)(a-3)<0$

$-2<a<3$

따라서 $\alpha=-2$, $\beta=3$이므로

$\alpha+2\beta=-2+2\times3=4$

답 ④

94 (i) $a=1$일 때,

주어진 부등식은 $-1\geq0$이므로 해를 갖지 않는다.

(ii) $a\neq1$일 때,

x에 대한 이차부등식 $(a-1)x^2-(a-1)x-1\geq0$이 해를 갖지 않으려면 $a-1<0$, 즉 $a<1$이고

이차방정식 $(a-1)x^2-(a-1)x-1=0$의 판별식을 D라 할 때,

$D=\{-(a-1)\}^2-4\times(a-1)\times(-1)<0$이어야 하므로

$a^2+2a-3<0$, $(a+3)(a-1)<0$

$-3<a<1$

(i), (ii)에서 $-3<a\leq1$

따라서 정수 a의 개수는 -2, -1, 0, 1의 4이다.

답 ④

95 ㄱ. $x^2-6x+10=(x-3)^2+1>0$이므로

$x^2-6x+10\leq0$을 만족시키는 실수 x는 존재하지 않는다.

ㄴ. $x^2-4x+4=(x-2)^2\geq0$이므로

$x^2-4x+4\leq0$의 해는 $x=2$

ㄷ. $-x^2-2x-1<0$에서 $x^2+2x+1>0$

$x^2+2x+1=(x+1)^2\geq0$이므로

$-x^2-2x-1<0$의 해는 $x\neq-1$인 모든 실수이다.

따라서 해가 존재하지 않는 것은 ㄱ이다.

답 ①

96 $-1\leq x\leq2$에서 x에 대한 이차부등식 $x^2-2x+4a\geq0$이 항상 성립하려면 $-1\leq x\leq2$에서 이차함수

$f(x)=x^2-2x+4a=(x-1)^2+4a-1$

의 최솟값이 0 이상이어야 한다.

$-1\leq1\leq2$이므로 함수 $f(x)$는 $x=1$에서 최솟값 $f(1)=4a-1$을 가지므로

$4a-1\geq0$, 즉 $a\geq\dfrac{1}{4}$

따라서 실수 a의 최솟값은 $\dfrac{1}{4}$이다.

답 ②

97 $2x^2-x-4a<x^2+3x-a^2+24$에서

$x^2-4x+a^2-4a-24<0$

$-2\leq x\leq3$에서 x에 대한 이차부등식 $x^2-4x+a^2-4a-24<0$이 항상 성립하려면 $-2\leq x\leq3$에서 함수 $f(x)=x^2-4x+a^2-4a-24$의 최댓값이 0보다 작아야 한다.

$f(x)=(x-2)^2+a^2-4a-28$이고

$f(-2)=a^2-4a-12$, $f(3)=a^2-4a-27$에서

$f(-2)>f(3)$이므로 함수 $f(x)$의 최댓값은

$f(-2)=a^2-4a-12$

따라서 $a^2-4a-12<0$에서

$(a+2)(a-6)<0$이므로

$-2<a<6$

즉, 조건을 만족시키는 정수 a의 개수는 -1, 0, $\cdots$, 5의 7이다.

답 ②

98 $-1\leq x\leq1$에서 x에 대한 이차부등식

$x^2+(a^2-4a-5)x-1\leq0$이 항상 성립하려면

$-1\leq x\leq1$에서 함수 $f(x)=x^2+(a^2-4a-5)x-1$의 최댓값이 0 이하이어야 한다.

함수 $f(x)$의 최댓값은

$f(1)=a^2-4a-5$ 또는 $f(-1)=-a^2+4a+5$

(i) $f(1)\geq f(-1)$일 때

$a^2-4a-5\geq-a^2+4a+5$이므로

$2(a^2-4a-5)\geq0$, $2(a+1)(a-5)\geq0$

$a\leq-1$ 또는 $a\geq5$

이때 최댓값이 $f(1)$이므로 $a^2-4a-5\leq0$이어야 한다.

$(a+1)(a-5)\leq0$에서 $-1\leq a\leq5$이므로

$a=-1$ 또는 $a=5$

(ii) $f(1)<f(-1)$일 때

$a^2-4a-5<-a^2+4a+5$이므로

$2(a^2-4a-5)<0$, $2(a+1)(a-5)<0$

$-1<a<5$

이때 최댓값이 $f(-1)$이므로 $-a^2+4a+5\leq0$이어야 한다.

$a^2-4a-5\geq0$, $(a+1)(a-5)\geq0$에서

$a\leq-1$ 또는 $a\geq5$이므로 조건을 만족시키는 실수 a의 값은 존재하지 않는다.

(i), (ii)에서 $a=-1$ 또는 $a=5$

따라서 조건을 만족시키는 실수 a는 -1, 5이므로 그 합은 4이다.

답 ④

99 $x^2-2x-2\leq2x+3$에서 $x^2-4x-5\leq0$

$(x+1)(x-5)\leq0$, $-1\leq x\leq5$ ...... ㉠

$x^2+3x+5>3(x+2)$에서 $x^2-1>0$

$(x+1)(x-1)>0$, $x<-1$ 또는 $x>1$ ...... ㉡

㉠, ㉡의 공통부분을 구하면

$1<x\leq5$

따라서 정수 x는 2, 3, 4, 5이므로 그 합은 14이다.

답 14

100 주어진 연립부등식의 해는 연립부등식
$\begin{cases} -3x+6 \le x^2+x+1 \\ x^2+x+1 \le 3x+9 \end{cases}$ 의 해와 같다.

$-3x+6 \le x^2+x+1$에서 $x^2+4x-5 \ge 0$

$(x+5)(x-1) \ge 0$, $x \le -5$ 또는 $x \ge 1$ ····· ㉠

$x^2+x+1 \le 3x+9$에서 $x^2-2x-8 \le 0$

$(x+2)(x-4) \le 0$, $-2 \le x \le 4$ ····· ㉡

㉠, ㉡의 공통부분은 $1 \le x \le 4$

따라서 정수 x는 1, 2, 3, 4이므로 그 합은 10이다.

目 ③

101 $x^2-4|x|-12 \le 0$에서

(i) $x \ge 0$일 때

$x^2-4x-12 \le 0$이므로

$(x+2)(x-6) \le 0$

$-2 \le x \le 6$

그런데 $x \ge 0$이므로 $0 \le x \le 6$

(ii) $x < 0$일 때

$x^2+4x-12 \le 0$이므로

$(x+6)(x-2) \le 0$

$-6 \le x \le 2$

그런데 $x < 0$이므로 $-6 \le x < 0$

(i), (ii)에서 $-6 \le x \le 6$ ····· ㉠

$x^2+x > -3x+5$에서 $x^2+4x-5 > 0$

$(x+5)(x-1) > 0$, $x < -5$ 또는 $x > 1$ ····· ㉡

㉠, ㉡의 공통부분을 구하면

$-6 \le x < -5$ 또는 $1 < x \le 6$

따라서 정수 x의 개수는 -6, 2, 3, 4, 5, 6의 6이다.

目 ④

102 $x^2-3x-10 \le 0$에서 $(x+2)(x-5) \le 0$이므로

$-2 \le x \le 5$

$x^2+(k-1)x-k < 0$에서 $(x+k)(x-1) < 0$이므로

$-k < 1$일 때, $-k < x < 1$

$-k = 1$일 때, 해가 없다.

$-k > 1$일 때, $1 < x < -k$

주어진 연립부등식의 해가 $1 < x \le 5$가 되려면 다음 그림과 같아야 하므로 $-k > 1$, 즉 $k < -1$이고 $-k > 5$이어야 한다.

따라서 $k < -5$이므로 정수 k의 최댓값은 -6이다.

目 ①

103 연립부등식 $\begin{cases} x^2-x+a \ge 0 \\ x^2-4x+b < 0 \end{cases}$ 의 해가 $2 \le x < 5$가 되려면

두 이차방정식 $x^2-x+a=0$, $x^2-4x+b=0$이 모두 서로 다른 두 실근을 가져야 한다. 이때

$x=2$는 이차방정식 $x^2-x+a=0$의 해이고

$x=5$는 이차방정식 $x^2-4x+b=0$의 해이어야 한다.

$4-2+a=0$에서 $a=-2$

$25-20+b=0$에서 $b=-5$

따라서 $ab=-2 \times (-5)=10$

目 ③

104 연립부등식 $\begin{cases} x^2+ax+b \le 0 \\ x^2+cx+d > 0 \end{cases}$ 의 해가 $-2 \le x < 0$ 또는 $3 < x \le 5$가 되려면 다음 그림과 같아야 한다.

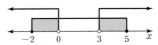

두 이차방정식 $x^2+ax+b=0$, $x^2+cx+d=0$이 모두 서로 다른 두 실근을 가져야 하고

이차방정식 $x^2+ax+b=0$의 해를 α, $\beta (\alpha < \beta)$,

이차방정식 $x^2+cx+d=0$의 해를 γ, $\delta (\gamma < \delta)$라 하면

$\alpha < \gamma < \delta < \beta$이어야 한다.

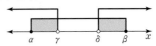

즉, $\alpha=-2$, $\beta=5$, $\gamma=0$, $\delta=3$이므로

$x^2+ax+b=(x+2)(x-5)$

$x^2+cx+d=x(x-3)$

위의 두 식에 $x=1$을 대입하면

$1+a+b=-12$, $1+c+d=-2$이므로

$a+b=-13$, $c+d=-3$

따라서 $a+b+c+d=-16$

目 -16

105 $x^2-4x-12 \le 0$에서 $(x+2)(x-6) \le 0$이므로

$-2 \le x \le 6$ ····· ㉠

$x^2+2(a+1)x+a^2+2a \le 0$에서 $(x+a+2)(x+a) \le 0$이므로

$-a-2 \le x \le -a$ ····· ㉡

이 연립부등식의 정수인 해가 1개이려면 ㉠, ㉡의 공통부분이 다음 그림과 같아야 한다.

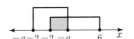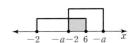

즉, $-2 \le -a < -1$ 또는 $5 < -a-2 \le 6$이어야 하므로

$1 < a \le 2$ 또는 $-8 \le a < -7$

따라서 $p=-8$, $q=-7$, $r=1$, $s=2$이므로

$p+2q+3r+4s=-8+2 \times (-7)+3 \times 1+4 \times 2=-11$

目 ②

106 $x^2-6x \ge 0$에서 $x(x-6) \ge 0$이므로

$x \le 0$ 또는 $x \ge 6$ ····· ㉠

$x^2-ax+2a-4 \le 0$에서 $(x-a+2)(x-2) \le 0$이므로

$a-2 < 2$, 즉 $a < 4$일 때, $a-2 \le x \le 2$
$a-2 = 2$, 즉 $a = 4$일 때, $x=2$
$a-2 > 2$, 즉 $a > 4$일 때, $2 \le x \le a-2$ $\Big\}$ ····· ㉡

(i) $a<4$일 때

ⓛ에서 $a-2 \le x \le 2$

이 연립부등식의 정수인 해가 오직 하나가 되려면 ㉠, ⓛ의 공통부분은 다음 그림과 같아야 하므로

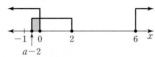

$-1<a-2 \le 0$, 즉 $1<a \le 2$

(ii) $a=4$일 때

ⓛ에서 $x=2$이고 이때 ㉠, ⓛ의 공통부분이 없으므로 조건을 만족시키지 않는다.

(iii) $a>4$일 때

ⓛ에서 $2 \le x \le a-2$

이 연립부등식의 정수인 해가 오직 하나가 되려면 ㉠, ⓛ의 공통부분은 다음 그림과 같아야 하므로

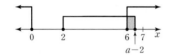

$6 \le a-2<7$, 즉 $8 \le a<9$

(i), (ii), (iii)에서 조건을 만족시키는 실수 a의 값의 범위는

$1<a \le 2$ 또는 $8 \le a<9$

따라서 정수 a는 2, 8이므로 그 합은 10이다.

답 ③

107 $|x-3|<k$에서 $-k<x-3<k$이므로

$3-k<x<3+k$ ...... ㉠

$x^2+4x \le 2x+8$에서 $x^2+2x-8 \le 0$

$(x+4)(x-2) \le 0$, $-4 \le x \le 2$ ...... ⓛ

이 연립부등식의 정수인 해의 개수가 3 또는 4가 되려면 ㉠, ⓛ의 공통부분은 다음 그림과 같아야 한다.

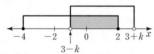

즉, $3-k<x \le 2$이어야 하므로

$-2 \le 3-k<0$

$3<k \le 5$

따라서 조건을 만족시키는 자연수 k는 4, 5이므로 그 합은 9이다.

답 ②

108 x에 대한 이차방정식 $x^2-4ax+3a^2-6a=0$이 허근을 가지려면 이 이차방정식의 판별식을 D라 할 때,

$\dfrac{D}{4}=(-2a)^2-(3a^2-6a)<0$이어야 하므로

$a^2+6a<0$, $a(a+6)<0$

$-6<a<0$

따라서 $\alpha=-6$, $\beta=0$이므로 $\beta-\alpha=0-(-6)=6$

답 ⑤

109 x에 대한 이차방정식 $x^2-2ax-8a+9=0$이 허근을 가지려면 이 이차방정식의 판별식을 D_1이라 할 때,

$\dfrac{D_1}{4}=(-a)^2-(-8a+9)<0$이어야 하므로

$a^2+8a-9<0$, $(a+9)(a-1)<0$

$-9<a<1$ ...... ㉠

x에 대한 이차방정식 $x^2-3x+a+4=0$이 실근을 가지려면 이 이차방정식의 판별식을 D_2라 할 때,

$D_2=(-3)^2-4(a+4) \ge 0$이어야 하므로

$-4a-7 \ge 0$, $a \le -\dfrac{7}{4}$ ...... ⓛ

㉠, ⓛ의 공통부분을 구하면 $-9<a \le -\dfrac{7}{4}$

따라서 정수 a의 개수는 -8, -7, $\cdots$, -2의 7이다.

답 ⑤

110 x에 대한 이차방정식 $x^2-2(k+1)x+2ak-8=0$이 k의 값에 관계없이 서로 다른 두 실근을 가지려면 이 이차방정식의 판별식을 D라 할 때, 모든 실수 k에 대하여

$\dfrac{D}{4}=(k+1)^2-(2ak-8)>0$이어야 한다.

즉, 모든 실수 k에 대하여 $k^2-2(a-1)k+9>0$이어야 하므로 k에 대한 이차방정식 $k^2-2(a-1)k+9=0$의 판별식을 D_1이라 할 때,

$\dfrac{D_1}{4}=(a-1)^2-9<0$

$a^2-2a-8<0$, $(a+2)(a-4)<0$

$-2<a<4$

따라서 정수 a는 -1, 0, 1, 2, 3이므로 그 합은 5이다.

답 ③

111 가장 긴 변의 길이가 $a+8$이므로 삼각형의 결정 조건에 의하여

$a+8<a+(a+4)$에서 $a>4$ ...... ㉠

이 삼각형이 둔각삼각형이려면

$(a+8)^2>a^2+(a+4)^2$이어야 하므로

$a^2-8a-48<0$, $(a+4)(a-12)<0$

$-4<a<12$ ...... ⓛ

㉠, ⓛ의 공통부분을 구하면 $4<a<12$

따라서 자연수 a의 개수는 5, 6, $\cdots$, 11의 7이다.

답 ③

112 직사각형의 가로와 세로의 길이를 각각 x, y라 하면 이 직사각형의 둘레의 길이가 28이므로

$2x+2y=28$에서 $x+y=14$, 즉 $y=14-x$

긴 변의 길이를 가로의 길이 x라 하면

$x \ge 14-x$에서 $x \ge 7$ ...... ㉠

이 직사각형의 넓이가 $x(14-x)$이므로

$24 \le x(14-x) \le 48$ ...... ⓛ

이때 ⓛ의 해는 연립부등식 $\begin{cases} 24 \le x(14-x) \\ x(14-x) \le 48 \end{cases}$의 해와 같다.

$24 \le x(14-x)$에서 $x^2-14x+24 \le 0$

$(x-2)(x-12) \le 0$, $2 \le x \le 12$ ...... ㉢

$x(14-x)\leq48$에서 $x^2-14x+48\geq0$

$(x-6)(x-8)\geq0$, $x\leq6$ 또는 $x\geq8$ ...... ㉣

㉢, ㉣의 공통부분을 구하면

$2\leq x\leq6$ 또는 $8\leq x\leq12$

㉠에서 $x\geq7$이므로 $8\leq x\leq12$

따라서 $a=8$, $b=12$이므로

$a+b=8+12=20$

답 20

113 가로의 길이가 a이고 세로의 길이가 $a+2$인 직사각형의 넓이는 $a(a+2)$이다.

이 직사각형의 가로의 길이를 6만큼 늘리고 세로의 길이를 4만큼 줄여서 만든 직사각형의 가로의 길이와 세로의 길이는 각각 $a+6$, $a-2$이므로 그 넓이는 $(a+6)(a-2)$이다.

이 직사각형의 넓이가 원래의 직사각형의 넓이의 $\frac{5}{6}$배 이하이므로

$(a+6)(a-2)\leq\frac{5}{6}a(a+2)$

$6a^2+24a-72\leq5a^2+10a$

$a^2+14a-72\leq0$, $(a+18)(a-4)\leq0$

$-18\leq a\leq4$

$a>2$이므로 $2<a\leq4$

따라서 자연수 a는 3, 4이므로 그 합은 7이다.

답 ②

서술형 완성하기 본문 117쪽

01 $2<a<16$ **02** 5 **03** $\frac{1}{2}\leq a<3$

04 $3\leq x\leq5$ **05** 128 **06** $x<-3$ 또는 $x\geq5$

01 이차함수 $y=x^2-2x+2$의 그래프와 직선 $y=ax-a$가 서로 다른 두 점에서 만나려면 이차방정식 $x^2-2x+2=ax-a$,

즉 $x^2-(a+2)x+a+2=0$이 서로 다른 두 실근을 가져야 한다.

이 이차방정식의 판별식을 D_1이라 하면

$D_1=\{-(a+2)\}^2-4(a+2)>0$

$(a+2)(a-2)>0$

$a<-2$ 또는 $a>2$ ...... ㉠ ...... ❶

이차함수 $y=x^2-2x+2$의 그래프와 직선 $y=(a-2)x-4a+2$가 만나지 않으려면 이차방정식 $x^2-2x+2=(a-2)x-4a+2$, 즉

$x^2-ax+4a=0$이 서로 다른 두 허근을 가져야 한다.

이 이차방정식의 판별식을 D_2라 하면

$D_2=(-a)^2-16a<0$

$a(a-16)<0$, $0<a<16$ ...... ㉡ ...... ❷

㉠, ㉡의 공통부분을 구하면 조건을 만족시키는 실수 a의 값의 범위는

$2<a<16$ ...... ❸

답 $2<a<16$

단계	채점 기준	비율
❶	서로 다른 두 점에서 만나도록 하는 실수 a의 값의 범위를 구한 경우	40 %
❷	만나지 않도록 하는 실수 a의 값의 범위를 구한 경우	40 %
❸	❶, ❷에서 구한 실수 a의 값의 범위의 공통부분을 구한 경우	20 %

02 $f(x)=x^3-(a^2+a+4)x^2+a(a+2)^2x-4a^3$이라 하자.

$x=a$를 대입하면

$f(a)=a^3-(a^2+a+4)a^2+a^2(a+2)^2-4a^3$

$\quad=a^3-a^4-a^3-4a^2+a^2(a^2+4a+4)-4a^3$

$\quad=a^3-a^4-a^3-4a^2+a^4+4a^3+4a^2-4a^3$

$\quad=0$

인수정리와 조립제법을 이용하여 $f(x)$를 인수분해하면

a	1	$-a^2-a-4$	a^3+4a^2+4a	$-4a^3$
		a	$-a^3-4a$	$4a^3$
	1	$-a^2-4$	$4a^2$	0

$f(x)=(x-a)\{x^2-(a^2+4)x+4a^2\}$

$\quad=(x-a)(x-a^2)(x-4)$ ...... ❶

즉, 방정식 $f(x)=0$의 실근은

$x=a$ 또는 $x=a^2$ 또는 $x=4$

이때 세 실근 중 두 실근만이 서로 같아야 하므로

$a=a^2$ 또는 $a=4$ 또는 $a^2=4$인 경우로 나누어 생각할 수 있다.

(i) $a=a^2$일 때

$a^2-a=0$에서 $a(a-1)=0$

$a=0$ 또는 $a=1$이므로

$a=0$일 때, 세 실근은 0, 0, 4

$a=1$일 때, 세 실근은 1, 1, 4

이므로 모두 조건을 만족시킨다.

(ii) $a=4$일 때

세 실근은 4, 16, 4이므로 조건을 만족시킨다.

(iii) $a^2=4$일 때

$a=-2$ 또는 $a=2$이므로

$a=-2$일 때, 세 실근은 -2, 4, 4

$a=2$일 때, 세 실근은 2, 4, 4

이므로 모두 조건을 만족시킨다. ...... ❷

(i), (ii), (iii)에서 조건을 만족시키는 실수 a는 -2, 0, 1, 2, 4이므로 그 합은 5이다. ...... ❸

답 5

단계	채점 기준	비율
❶	$f(x)$를 인수분해한 경우	30 %
❷	$a=a^2$ 또는 $a=4$ 또는 $a^2=4$인 경우로 나누어 조건을 만족시키는 a의 값을 구한 경우	60 %
❸	실수 a의 값의 합을 구한 경우	10 %

03 $3x+2a\geq4$에서 $x\geq\frac{4-2a}{3}$

$x-a+4>-x+a$에서 $x>a-2$ ...... ❶

(i) $\dfrac{4-2a}{3}>a-2$, 즉 $a<2$일 때

연립부등식의 해는 $x\geq\dfrac{4-2a}{3}$

정수 x의 최솟값이 1이려면 $0<\dfrac{4-2a}{3}\leq1$이어야 하므로

$0<4-2a\leq3$, $-4<-2a\leq-1$, $\dfrac{1}{2}\leq a<2$

즉, $\dfrac{1}{2}\leq a<2$

(ii) $\dfrac{4-2a}{3}\leq a-2$, 즉 $a\geq2$일 때

연립부등식의 해는 $x>a-2$

정수 x의 최솟값이 1이려면 $0\leq a-2<1$이어야 하므로 $2\leq a<3$

즉, $2\leq a<3$ ······ ❷

(i), (ii)에서 $\dfrac{1}{2}\leq a<3$ ······ ❸

🔲 $\dfrac{1}{2}\leq a<3$

단계	채점 기준	비율
❶	각각의 부등식의 해를 구한 경우	30 %
❷	$a<2$ 또는 $a\geq2$인 경우로 나누어 실수 a의 값의 범위를 구한 경우	60 %
❸	실수 a의 값의 범위를 구한 경우	10 %

04

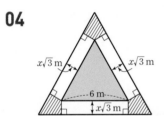

그림과 같이 정삼각형 모양의 정원의 각 꼭짓점에서 산책로의 두 변에 수선을 내리면 산책로는 가로의 길이가 6 m이고 세로의 길이가 $x\sqrt{3}$ m 인 직사각형 3개와 빗금 친 세 부분으로 나누어진다.

빗금 친 세 부분의 넓이는 오른쪽 그림과 같이 내 접원의 반지름의 길이가 산책로의 폭 $x\sqrt{3}$ m와 같은 정삼각형의 넓이와 같다.

정삼각형의 내심은 무게중심과 같으므로 정삼각형의 높이는 $3x\sqrt{3}$ m이고, 정삼각형의 한 변의 길이는 $6x$ m이다.

산책로의 넓이는

$3\times6\times x\sqrt{3}+\dfrac{\sqrt{3}}{4}\times(6x)^2=(9x^2+18x)\sqrt{3}$ m^2 ······ ❶

산책로의 넓이가 $135\sqrt{3}$ m^2 이상 $315\sqrt{3}$ m^2 이하가 되려면

$135\sqrt{3}\leq(9x^2+18x)\sqrt{3}\leq315\sqrt{3}$

$15\leq x^2+2x\leq35$

$x^2+2x\geq15$에서 $x^2+2x-15\geq0$

$(x+5)(x-3)\geq0$

$x\leq-5$ 또는 $x\geq3$ ······ ㉠

$x^2+2x\leq35$에서 $x^2+2x-35\leq0$

$(x+7)(x-5)\leq0$

$-7\leq x\leq5$ ······ ㉡ ······ ❷

㉠, ㉡의 공통부분을 구하면

$-7\leq x\leq-5$ 또는 $3\leq x\leq5$

$x>0$이므로 $3\leq x\leq5$ ······ ❸

🔲 $3\leq x\leq5$

단계	채점 기준	비율
❶	산책로의 넓이를 x에 대한 식으로 나타낸 경우	30 %
❷	각각의 부등식의 해를 구한 경우	60 %
❸	양수 x의 값의 범위를 구한 경우	10 %

05 $(x^2+2x-2)(x^2+2x+3)=6$에서

$x^2+2x=t$로 놓으면 $(t-2)(t+3)=6$

$t^2+t-12=0$, $(t+4)(t-3)=0$

$t=-4$ 또는 $t=3$

즉, $x^2+2x=-4$ 또는 $x^2+2x=3$이므로

$x^2+2x+4=0$ 또는 $x^2+2x-3=0$

주어진 방정식의 한 허근이 w이므로 w는 이차방정식 $x^2+2x+4=0$ 의 근이다. ······ ❶

이때 $\overline{w}$도 이 이차방정식의 근이므로 근과 계수의 관계에 의하여

$w+\overline{w}=-2$, $w\overline{w}=4$

$w\overline{w}=4$에서 $\overline{w}=\dfrac{4}{w}$

또, $x^2+2x+4=0$의 양변에 $x-2$를 곱하면

$(x-2)(x^2+2x+4)=0$, 즉 $x^3-8=0$이므로

$w^3=8$ ······ ❷

$\overline{w}w^6+4w^5+2w^7+6w^6$

$=w^6\Big(\overline{w}+\dfrac{4}{w}+2w+6\Big)$

$=8^2(\overline{w}+\overline{w}+2w+6)$

$=128(\overline{w}+w+3)$

$=128(-2+3)$

$=128$ ······ ❸

🔲 128

단계	채점 기준	비율
❶	w를 근으로 갖는 이차방정식을 구한 경우	30 %
❷	w의 성질을 파악한 경우	30 %
❸	$\overline{w}w^6+4w^5+2w^7+6w^6$의 값을 구한 경우	40 %

06 연립부등식 $\begin{cases} x^2+x+a\leq0 \\ x^2-5x+b<0 \end{cases}$의 해가 $0<x\leq2$이므로 두 이차방 정식 $x^2+x+a=0$, $x^2-5x+b=0$은 모두 서로 다른 두 실근을 가져 야 한다. 이때

$x=2$가 이차방정식 $x^2+x+a=0$의 근이고

$x=0$이 이차방정식 $x^2-5x+b=0$의 근이어야 한다.

즉, $x=2$를 $x^2+x+a=0$에 대입하면

$4+2+a=0$에서 $a=-6$

$x=0$을 $x^2-5x+b=0$에 대입하면

$b=0$ ······ ❶

따라서 연립부등식 $\begin{cases} x^2+x+a>0 \\ x^2-5x+b\geq0 \end{cases}$은 $\begin{cases} x^2+x-6>0 \\ x^2-5x\geq0 \end{cases}$이다.

$x^2+x-6>0$에서 $(x+3)(x-2)>0$이므로

$x<-3$ 또는 $x>2$ ……㉠

$x^2-5x\geq0$에서 $x(x-5)\geq0$이므로

$x\leq0$ 또는 $x\geq5$ ……㉡   ……❷

㉠, ㉡의 공통부분을 구하면

$x<-3$ 또는 $x\geq5$ ……❸

          답 $x<-3$ 또는 $x\geq5$

단계	채점 기준	비율
❶	a, b의 값을 각각 구한 경우	40 %
❷	연립부등식 $\begin{cases} x^2+x+a>0 \\ x^2-5x+b\geq0 \end{cases}$에서 각각의 부등식의 해를 구한 경우	50 %
❸	연립부등식의 해를 구한 경우	10 %

참고

$x^2+x-6\leq0$에서 $(x+3)(x-2)\leq0$이므로

$-3\leq x\leq2$ ……㉠

$x^2-5x<0$에서 $x(x-5)<0$이므로

$0<x<5$ ……㉡

㉠, ㉡의 공통부분이 $0<x\leq2$이므로 조건을 만족시킨다.

내신 + 수능 고난도 도전   본문 118쪽

01 $\frac{7}{2}(-1+\sqrt{17})$ 02 35   03 9   04 ③

01 사차방정식 $x^4+px^2+q=0$에 대하여 α'이 근이면 $-\alpha'$도 근이다.

조건 (가)에 의하여 $\alpha+\beta=-1$이므로 $\beta\neq-\alpha$

$\gamma=-\alpha$, $\delta=-\beta$라 하면

$x^4+px^2+q=(x-\alpha)(x+\alpha)(x-\beta)(x+\beta)$

               $=(x^2-\alpha^2)(x^2-\beta^2)$

               $=x^4-(\alpha^2+\beta^2)x^2+\alpha^2\beta^2$

조건 (나)에서

$\alpha(\beta+\gamma+\delta)+\beta(\gamma+\delta)+\gamma\delta$

$=\alpha(\beta-\alpha-\beta)+\beta(-\alpha-\beta)+(-\alpha)(-\beta)$

$=-\alpha^2-\alpha\beta-\beta^2+\alpha\beta$

$=-\alpha^2-\beta^2$

$-\alpha^2-\beta^2=-9$에서 $\alpha^2+\beta^2=9$

$\alpha^2+\beta^2=(\alpha+\beta)^2-2\alpha\beta$에서

$9=(-1)^2-2\alpha\beta$이므로 $\alpha\beta=-4$

즉, $p=-(\alpha^2+\beta^2)=-9$, $q=\alpha^2\beta^2=(\alpha\beta)^2=(-4)^2=16$

주어진 사차방정식은 $x^4-9x^2+16=0$

$(x^4-8x^2+16)-x^2=0$, $(x^2-4)^2-x^2=0$

$(x^2-x-4)(x^2+x-4)=0$

이때 $x^2-x-4=0$의 두 근의 합이 1이므로 두 근은 $-\alpha$, $-\beta$이고

$x^2+x-4=0$의 두 근의 합이 -1이므로 두 근은 α, β이다.

$x^2+x-4=0$의 해는

$x=\dfrac{-1\pm\sqrt{17}}{2}$

$\alpha>\beta$이므로 $\alpha=\dfrac{-1+\sqrt{17}}{2}$

따라서 $\alpha(p+q)=\dfrac{-1+\sqrt{17}}{2}(-9+16)=\dfrac{7}{2}(-1+\sqrt{17})$

          답 $\dfrac{7}{2}(-1+\sqrt{17})$

02 (i) $x\leq-3$일 때,

   $-2(x-2)-(x+3)\leq n$에서 $-3x+1\leq n$

   $x\geq\dfrac{1-n}{3}$

   $\dfrac{1-n}{3}\leq-3$, 즉 $n\geq10$일 때 $\dfrac{1-n}{3}\leq x\leq-3$

   $\dfrac{1-n}{3}>-3$, 즉 $n<10$일 때 조건을 만족시키는 x의 값이 없다.

(ii) $-3<x\leq2$일 때,

   $-2(x-2)+(x+3)\leq n$에서 $-x+7\leq n$

   $x\geq7-n$

   $7-n\leq-3$, 즉 $n\geq10$일 때 $-3<x\leq2$

   $-3<7-n\leq2$, 즉 $5\leq n<10$일 때 $7-n\leq x\leq2$

   $7-n>2$, 즉 $n<5$일 때 조건을 만족시키는 x의 값이 없다.

(iii) $x>2$일 때,

   $2(x-2)+(x+3)\leq n$에서 $3x-1\leq n$

   $x\leq\dfrac{n+1}{3}$

   $\dfrac{n+1}{3}\leq2$, 즉 $n\leq5$일 때 조건을 만족시키는 x의 값이 없다.

   $\dfrac{n+1}{3}>2$, 즉 $n>5$일 때 $2<x\leq\dfrac{n+1}{3}$

(i), (ii), (iii)에서 $n<5$일 때, 조건을 만족시키는 x의 값은 없다.

$5\leq n<10$일 때, $7-n\leq x\leq\dfrac{n+1}{3}$

n의 값이 클수록 x의 값의 범위가 커지고

$n=10$일 때, $-3\leq x\leq\dfrac{11}{3}$이므로 정수 x의 개수는 -3, -2, -1, 0, 1, 2, 3의 7이므로 조건을 만족시키지 않는다.

$n\geq10$일 때, $\dfrac{1-n}{3}\leq x\leq\dfrac{n+1}{3}$

이때 x에 대한 부등식 $2|x-2|+|x+3|\leq n$을 만족시키는 서로 다른 정수 x의 개수가 12이려면

$\dfrac{n+1}{3}-\dfrac{1-n}{3}=\dfrac{2}{3}n$에서

$11\leq\dfrac{2}{3}n<13$, $\dfrac{33}{2}\leq n<\dfrac{39}{2}$

그러므로 가능한 n의 값은 17, 18, 19이다.

$n=17$일 때, $-\dfrac{16}{3}\leq x\leq6$이므로 정수 x의 개수는 -5, $\cdots$, 5, 6의 12이고 조건을 만족시킨다.

$n=18$일 때, $-\dfrac{17}{3}\leq x\leq\dfrac{19}{3}$이므로 정수 x의 개수는 -5, $\cdots$, 5, 6의 12이고 조건을 만족시킨다.

$n=19$일 때, $-6 \le x \le \dfrac{20}{3}$이므로 정수 x의 개수는 -6, -5, $\cdots$, 5, 6의 13이고 조건을 만족시키지 않는다.

따라서 조건을 만족시키는 자연수 n의 값은 17, 18이므로 그 합은 35이다.

답 35

03 x에 대한 사차방정식 $x^4-x^3-(a^2-7|a|+10)x^2-x+1=0$의 양변을 x^2으로 나누면

$x^2-x-(a^2-7|a|+10)-\dfrac{1}{x}+\dfrac{1}{x^2}=0$

$\left(x^2+\dfrac{1}{x^2}\right)-\left(x+\dfrac{1}{x}\right)-(a^2-7|a|+10)=0$

$\left(x+\dfrac{1}{x}\right)^2-\left(x+\dfrac{1}{x}\right)-(a^2-7|a|+12)=0$

$x+\dfrac{1}{x}=t$로 놓으면

$t^2-t-(a^2-7|a|+12)=0$

$t^2-t-(|a|^2-7|a|+12)=0$

$t^2-t-(|a|-3)(|a|-4)=0$

$(t-|a|+3)(t+|a|-4)=0$

$t=|a|-3$ 또는 $t=-|a|+4$이므로

$x+\dfrac{1}{x}=|a|-3$ 또는 $x+\dfrac{1}{x}=-|a|+4$

(ⅰ) $x+\dfrac{1}{x}=|a|-3$일 때

$x^2-(|a|-3)x+1=0$의 판별식을 D_1이라 하면

$D_1=(-|a|+3)^2-4$

$\quad=|a|^2-6|a|+5$

$\quad=(|a|-1)(|a|-5)$

① $(|a|-1)(|a|-5)>0$, 즉 $|a|<1$ 또는 $|a|>5$에서

$-1<a<1$ 또는 $a<-5$ 또는 $a>5$이면

서로 다른 실근의 개수는 2

② $(|a|-1)(|a|-5)=0$, 즉 $|a|=1$ 또는 $|a|=5$에서

$a=-5$ 또는 $a=-1$ 또는 $a=1$ 또는 $a=5$이면

서로 다른 실근의 개수는 1

③ $(|a|-1)(|a|-5)<0$, 즉 $1<|a|<5$에서

$-5<a<-1$ 또는 $1<a<5$이면

서로 다른 실근의 개수는 0

(ⅱ) $x+\dfrac{1}{x}=-|a|+4$일 때

$x^2+(|a|-4)x+1=0$의 판별식을 D_2라 하면

$D_2=(|a|-4)^2-4$

$\quad=|a|^2-8|a|+12$

$\quad=(|a|-2)(|a|-6)$

① $(|a|-2)(|a|-6)>0$, 즉 $|a|<2$ 또는 $|a|>6$에서

$-2<a<2$ 또는 $a<-6$ 또는 $a>6$이면

서로 다른 실근의 개수는 2

② $(|a|-2)(|a|-6)=0$, 즉 $|a|=2$ 또는 $|a|=6$에서

$a=-6$ 또는 $a=-2$ 또는 $a=2$ 또는 $a=6$이면

서로 다른 실근의 개수는 1

③ $(|a|-2)(|a|-6)<0$, 즉 $2<|a|<6$에서

$-6<a<-2$ 또는 $2<a<6$이면

서로 다른 실근의 개수는 0

(ⅰ), (ⅱ)에서 실근의 개수가 2인 경우이어야 x에 대한 사차방정식

$x^4-x^3-(a^2-7|a|+10)x^2-x+1=0$

의 서로 다른 실근의 개수가 4이므로 조건을 만족시키는 a의 값의 범위는

$a<-6$ 또는 $-1<a<1$ 또는 $a>6$

따라서 조건을 만족시키는 $|a| \le 10$인 정수 a의 개수는

-10, -9, -8, -7, 0, 7, 8, 9, 10

의 9이다.

답 9

04 $-1 \le x \le 1$인 모든 실수 x에 대하여 부등식

$(a^2-3a-6)x+a+6 \ge 0$이 항상 성립하려면

직선 $y=(a^2-3a-6)x+a+6$이 x축 또는 x축 위쪽에 있어야 하므로 $x=-1$, $x=1$에서 y좌표가 모두 0 이상이어야 한다.

즉, $(a^2-3a-6)+a+6 \ge 0$이고 $-(a^2-3a-6)+a+6 \ge 0$이어야 한다.

$(a^2-3a-6)+a+6 \ge 0$에서 $a^2-2a \ge 0$

$a(a-2) \ge 0$이므로

$a \le 0$ 또는 $a \ge 2$ $\quad$ …… ㉠

$-(a^2-3a-6)+a+6 \ge 0$에서

$a^2-4a-12 \le 0$

$(a+2)(a-6) \le 0$이므로

$-2 \le a \le 6$ $\quad$ …… ㉡

㉠, ㉡의 공통부분을 구하면

$-2 \le a \le 0$ 또는 $2 \le a \le 6$

따라서 정수 a의 개수는 -2, -1, 0, 2, 3, 4, 5, 6의 8이다.

답 ③

Ⅲ. 도형의 방정식

07 평면좌표와 직선의 방정식

본문 121~123쪽

개념 확인하기

01 4	**02** 6	**03** 3	**04** 7	**05** 5
06 $\sqrt{2}$	**07** $\sqrt{34}$	**08** $2\sqrt{5}$	**09** 1	**10** -13

11 17   **12** 2   **13** $(0, 0)$ **14** $\left(-\dfrac{14}{5}, -\dfrac{7}{5}\right)$

15 $\left(5, \dfrac{5}{2}\right)$ **16** $\left(-7, -\dfrac{7}{2}\right)$ **17** $\left(-1, -\dfrac{1}{2}\right)$

18 $(0, 1)$ **19** $(1, 2)$ **20** $y=x+2$

21 $y=-2x+1$ **22** $y=-x-1$

23 $y=2x+8$ **24** $y=\dfrac{1}{4}x$ **25** $y=x+1$

26 $y=\dfrac{1}{2}x+\dfrac{5}{2}$ **27** $x=2$ **28** $y=-1$

29 제2사분면   **30** 제1사분면

31 제3사분면   **32** 제4사분면   **33** 3

34 $\dfrac{1}{2}$ **35** $y=\dfrac{1}{2}x+3$ **36** $y=2x-6$

37 6   **38** 1   **39** $\dfrac{8}{5}$ **40** $\dfrac{2\sqrt{5}}{5}$

01 $|5-1|=4$

目 4

02 $|-5-1|=6$

目 6

03 $|-3-0|=3$

目 3

04 $|-4-(-11)|=7$

目 7

05 $\sqrt{(3-0)^2+(4-0)^2}=5$

目 5

06 $\sqrt{(3-2)^2+(2-1)^2}=\sqrt{2}$

目 $\sqrt{2}$

07 $\sqrt{\{3-(-2)\}^2+(-2-1)^2}=\sqrt{34}$

目 $\sqrt{34}$

08 $\sqrt{\{-3-(-1)\}^2+\{1-(-3)\}^2}=2\sqrt{5}$

目 $2\sqrt{5}$

09 $\dfrac{2\times(-1)+1\times5}{2+1}=1$

目 1

10 $\dfrac{3\times(-1)-2\times5}{3-2}=-13$

目 -13

11 $\dfrac{2\times(-1)-3\times5}{2-3}=17$

目 17

12 $\dfrac{5+(-1)}{2}=2$

目 2

13 $\left(\dfrac{1\times(-4)+2\times2}{1+2}, \dfrac{1\times(-2)+2\times1}{1+2}\right)$
즉, $(0, 0)$

目 $(0, 0)$

14 $\left(\dfrac{4\times(-4)+1\times2}{4+1}, \dfrac{4\times(-2)+1\times1}{4+1}\right)$
즉, $\left(-\dfrac{14}{5}, -\dfrac{7}{5}\right)$

目 $\left(-\dfrac{14}{5}, -\dfrac{7}{5}\right)$

15 $\left(\dfrac{1\times(-4)-3\times2}{1-3}, \dfrac{1\times(-2)-3\times1}{1-3}\right)$
즉, $\left(5, \dfrac{5}{2}\right)$

目 $\left(5, \dfrac{5}{2}\right)$

16 $\left(\dfrac{3\times(-4)-1\times2}{3-1}, \dfrac{3\times(-2)-1\times1}{3-1}\right)$
즉, $\left(-7, -\dfrac{7}{2}\right)$

目 $\left(-7, -\dfrac{7}{2}\right)$

17 $\left(\dfrac{2+(-4)}{2}, \dfrac{1+(-2)}{2}\right)$, 즉 $\left(-1, -\dfrac{1}{2}\right)$

目 $\left(-1, -\dfrac{1}{2}\right)$

18 $\left(\dfrac{0+(-2)+2}{3}, \dfrac{0+1+2}{3}\right)$, 즉 $(0, 1)$

目 $(0, 1)$

19 $\left(\dfrac{-4+1+6}{3}, \dfrac{5+(-2)+3}{3}\right)$, 즉 $(1, 2)$

답 $(1, 2)$

20 답 $y=x+2$

21 답 $y=-2x+1$

22 $y+2=-(x-1)$, 즉 $y=-x-1$

답 $y=-x-1$

23 $y-2=2(x+3)$, 즉 $y=2x+8$

답 $y=2x+8$

24 $y-0=\dfrac{1-0}{4-0}(x-0)$, 즉 $y=\dfrac{1}{4}x$

답 $y=\dfrac{1}{4}x$

25 $y+1=\dfrac{3-(-1)}{2-(-2)}(x+2)$, 즉 $y=x+1$

답 $y=x+1$

26 $y-3=\dfrac{3-2}{1-(-1)}(x-1)$, 즉 $y=\dfrac{1}{2}x+\dfrac{5}{2}$

답 $y=\dfrac{1}{2}x+\dfrac{5}{2}$

27 답 $x=2$

28 답 $y=-1$

29 기울기가 $-\dfrac{a}{b}>0$이고, y절편이 $-\dfrac{c}{b}<0$이므로 제2사분면을 지나지 않는다.

답 제2사분면

30 기울기가 $-\dfrac{a}{b}<0$이고, y절편이 $-\dfrac{c}{b}<0$이므로 제1사분면을 지나지 않는다.

답 제1사분면

31 기울기가 $-\dfrac{a}{b}<0$이고, y절편이 $-\dfrac{c}{b}>0$이므로 제3사분면을 지나지 않는다.

답 제3사분면

32 기울기가 $-\dfrac{a}{b}>0$이고, y절편이 $-\dfrac{c}{b}>0$이므로 제4사분면을 지나지 않는다.

답 제4사분면

33 두 직선이 평행하면 기울기가 같으므로
$2=m-1$, $m=3$

답 3

34 두 직선이 수직이면 기울기의 곱이 -1이므로
$2\times(m-1)=-1$, $m=\dfrac{1}{2}$

답 $\dfrac{1}{2}$

35 직선 $y=\dfrac{1}{2}x+1$에 평행한 직선의 기울기는 $\dfrac{1}{2}$이다.

따라서 기울기가 $\dfrac{1}{2}$이고 점 $(2, 4)$를 지나는 직선의 방정식은

$y-4=\dfrac{1}{2}(x-2)$, 즉 $y=\dfrac{1}{2}x+3$

답 $y=\dfrac{1}{2}x+3$

36 직선 $x+2y-4=0$의 기울기가 $-\dfrac{1}{2}$이므로 구하는 직선의 기울기는 2이다.

따라서 기울기가 2이고 점 $(1, -4)$를 지나는 직선의 방정식은
$y-(-4)=2(x-1)$, 즉 $y=2x-6$

답 $y=2x-6$

37 $|-2-4|=6$

답 6

38 $|4-3|=1$

답 1

39 $\dfrac{|4\times4-3\times3+1|}{\sqrt{4^2+(-3)^2}}=\dfrac{8}{5}$

답 $\dfrac{8}{5}$

40 $\dfrac{|2\times4-1\times3-3|}{\sqrt{2^2+(-1)^2}}=\dfrac{2}{\sqrt{5}}=\dfrac{2\sqrt{5}}{5}$

답 $\dfrac{2\sqrt{5}}{5}$

01 ④	**02** ⑤	**03** ④	**04** ①	**05** ②
06 ①	**07** ②	**08** ⑤	**09** ③	**10** ③
11 ④	**12** ③	**13** ③	**14** ④	**15** 15
16 ④	**17** 5	**18** ①	**19** ②	**20** $13\sqrt{2}$
21 ④	**22** ④	**23** $(0, 2)$	**24** ②	**25** ⑤
26 ②	**27** ⑤	**28** ②	**29** ⑤	**30** ③
31 $y=-2x$		**32** ①	**33** ①	**34** ④
35 ⑤	**36** ③	**37** 4	**38** ⑤	**39** ③
40 ②	**41** ②	**42** ④	**43** ③	**44** ⑤
45 ①	**46** ①	**47** ④	**48** 3	**49** ②
50 ⑤	**51** ②	**52** ④	**53** ③	**54** ④
55 ①	**56** ①	**57** ③	**58** ④	**59** ②
60 ⑤	**61** ②	**62** ④	**63** ⑤	**64** ①
65 ③	**66** 4	**67** ④	**68** ②	**69** ③
70 ⑤	**71** ①	**72** ②	**73** ④	**74** ④
75 ③	**76** ⑤	**77** -6	**78** ③	**79** ④
80 ①	**81** ③	**82** ②		

01 $|4-a|=5$

(ⅰ) $4-a>0$일 때

$4-a=5$에서 $a=-1$

(ⅱ) $4-a<0$일 때

$-4+a=5$에서 $a=9$

(ⅰ), (ⅱ)에서 모든 상수 a의 값의 합은

$-1+9=8$

답 ④

02 두 점 A$(3, -1)$, B$(a, 2)$ 사이의 거리가 5이므로

$\sqrt{(a-3)^2+(2+1)^2}=5$

$\sqrt{a^2-6a+18}=5$

양변을 제곱하면

$a^2-6a+18=25$

$a^2-6a-7=0$

$(a-7)(a+1)=0$

$a<0$이므로 $a=-1$

답 ⑤

03 $\overline{AB}=\overline{AC}$이므로 $\overline{AB}^2=\overline{AC}^2$이 성립한다.

$(1-0)^2+(-2-2)^2=(k-0)^2+(3-2)^2$에서

$17=k^2+1$, $k^2=16$

$k>0$이므로 $k=4$

답 ④

04 점 P가 y축 위에 있으므로 $a=0$

$\overline{AP}=\overline{BP}$이므로 $\overline{AP}^2=\overline{BP}^2$이 성립한다.

$(0-1)^2+\{b-(-5)\}^2=(0-2)^2+(b-1)^2$에서

$b^2+10b+26=b^2-2b+5$

$12b=-21$, $b=-\dfrac{7}{4}$

따라서 $a+b=-\dfrac{7}{4}$

답 ①

05 점 P가 직선 $y=2x-3$ 위에 있으므로 점 P의 좌표를

$(a, 2a-3)$이라 하면 $\overline{AP}=\overline{BP}$이므로 $\overline{AP}^2=\overline{BP}^2$이 성립한다.

$(a-2)^2+(2a-6)^2=(a-1)^2+(2a)^2$에서

$5a^2-28a+40=5a^2-2a+1$

$26a=39$, $a=\dfrac{3}{2}$

이때 $b=2a-3$이므로 $a=\dfrac{3}{2}$을 대입하면

$b=0$

따라서 $a+b=\dfrac{3}{2}$

답 ②

06 외심의 성질에 의하여 $\overline{AP}=\overline{BP}=\overline{CP}$이므로 $\overline{AP}^2=\overline{BP}^2=\overline{CP}^2$

이 성립한다.

$\overline{AP}^2=\overline{BP}^2$에서 $(a-4)^2+b^2=(a+2)^2+b^2$

$a^2-8a+b^2+16=a^2+4a+b^2+4$

$12a=12$이므로 $a=1$

$\overline{BP}^2=\overline{CP}^2$에서 $(a+2)^2+b^2=(a-2)^2+(b-4)^2$

$a^2+4a+b^2+4=a^2-4a+b^2-8b+20$

$a+b=2$이므로 $b=1$

따라서 $ab=1\times1=1$

답 ①

07 $\sqrt{(a+1)^2+(b-2)^2}$은 두 점 (a, b), $(-1, 2)$ 사이의 거리이고, $\sqrt{(a-3)^2+(b+4)^2}$은 두 점 (a, b), $(3, -4)$ 사이의 거리이므로 주어진 식은 점 (a, b)가 두 점 $(-1, 2)$와 $(3, -4)$를 잇는 선분 위에 있을 때 최솟값을 갖는다.

따라서 최솟값은 두 점 $(-1, 2)$, $(3, -4)$ 사이의 거리이므로

$\sqrt{\{3-(-1)\}^2+(-4-2)^2}=2\sqrt{13}$

답 ②

08 (ⅰ) $a<4$일 때

$\overline{AP}+\overline{BP}=4-a+8-a\leq10$에서

$-2a+12\leq10$, $a\geq1$

그런데 $a<4$이므로 $1\leq a<4$

(ⅱ) $4\leq a<8$일 때

$\overline{AP}+\overline{BP}=4\leq10$

이므로 $4\leq a<8$에서는 항상 조건을 만족한다.

(ⅲ) $a\geq8$일 때

$\overline{AP}+\overline{BP}=a-4+a-8\leq10$에서

$2a\leq22$, $a\leq11$

그런데 $a\geq8$이므로 $8\leq a\leq11$

(ⅰ), (ⅱ), (ⅲ)에서 $1 \le a \le 11$
따라서 실수 a의 최댓값과 최솟값의 합은
$11+1=12$

답 ⑤

09 그림과 같이 사각형 ABCD의 내부의 임의의 점 P에 대하여 점 P와 네 꼭짓점을 잇는 네 선분의 길이의 합 $\overline{PA}+\overline{PB}+\overline{PC}+\overline{PD}$의 값은 점 P가 사각형 ABCD의 두 대각선 AC와 BD의 교점일 때 최소이다.
따라서 구하는 최솟값은
$\overline{AC}+\overline{BD}=\sqrt{6^2+8^2}+\sqrt{(2-5)^2+(4-0)^2}$
$\qquad =10+5=15$

답 ③

10 y축 위의 점 P의 좌표를 $(0, a)$라 하면
$\overline{AP}^2+\overline{BP}^2=(0-3)^2+(a-6)^2+(0+1)^2+(a+4)^2$
$\qquad =2a^2-4a+62$
$\qquad =2(a-1)^2+60$
따라서 $\overline{AP}^2+\overline{BP}^2$의 최솟값은 $a=1$일 때 60이다.

답 ③

11 삼각형 ABC가 $\overline{AC}=\overline{BC}$인 이등변삼각형이므로
$\overline{AC}^2=\overline{BC}^2$이 성립한다.
$(a-2)^2+b^2=a^2+(b-4)^2$에서
$a^2-4a+b^2+4=a^2+b^2-8b+16$
따라서 $2b-a=3$

답 ④

12 선분 AB의 중점을 M이라 하면
$\overline{PA}^2+\overline{PB}^2=2(\overline{AM}^2+\overline{PM}^2)$
$\overline{AM}^2=12$이므로 $\overline{PM}^2$이 최소일 때 주어진 식은 최솟값을 갖는다.
점 M에서 $\overline{AC}$에 내린 수선의 발을 H라 하면
점 P가 점 H일 때, $\overline{PM}^2$은 최솟값을 갖는다.
$\overline{AB}:\overline{BC}=\sqrt{3}:1$에서 $\angle A=30°$이고
$\overline{AM}=2\sqrt{3}$이므로 $\overline{HM}=\sqrt{3}$이다.
$\overline{PA}^2+\overline{PB}^2 \ge 2(\overline{AM}^2+\overline{HM}^2)$
$\qquad\qquad\qquad =2(12+3)=30$
따라서 $\overline{PA}^2+\overline{PB}^2$의 최솟값은 30이다.

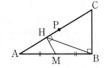

답 ③

다른 풀이
주어진 도형을 좌표평면 위에 놓고 세 점의 좌표를 $A(0, 0)$, $B(4\sqrt{3}, 0)$, $P(\sqrt{3}a, a)$라 하면
$\overline{PA}^2+\overline{PB}^2=(\sqrt{3}a)^2+a^2+(\sqrt{3}a-4\sqrt{3})^2+a^2$
$\qquad\qquad\qquad =8a^2-24a+48$
$\qquad\qquad\qquad =8\left(a-\dfrac{3}{2}\right)^2+30$
따라서 $a=\dfrac{3}{2}$일 때, $\overline{PA}^2+\overline{PB}^2$의 최솟값은 30이다.

13 선분 AB를 $1:2$로 내분하는 점을 P라 하면
$P\left(\dfrac{1\times(-1)+2\times2}{1+2}, \dfrac{1\times4+2\times a}{1+2}\right)$
즉, $P\left(1, \dfrac{4+2a}{3}\right)$
점 P가 직선 $y=2x+1$ 위에 있으므로
$\dfrac{4+2a}{3}=3$, $4+2a=9$
따라서 $a=\dfrac{5}{2}$

답 ③

14 선분 AB를 $k:(k+1)$로 내분하는 점의 좌표는
$\left(\dfrac{-k+a(k+1)}{k+(k+1)}, \dfrac{6k+3(k+1)}{k+(k+1)}\right)$이므로
$\dfrac{-k+a(k+1)}{2k+1}=3$, $\dfrac{9k+3}{2k+1}=4$
$\dfrac{9k+3}{2k+1}=4$에서 $k=1$
$\dfrac{2a-1}{3}=3$에서 $a=5$
따라서 $a+k=5+1=6$

답 ④

15 선분 AB를 $t:(1-t)$로 내분하는 점 P의 좌표는
$\left(\dfrac{-3t+7-7t}{t+(1-t)}, \dfrac{-5t+1-t}{t+(1-t)}\right)$
즉, $(-10t+7, -6t+1)$
점 P가 제4사분면에 있기 위해서는
$-10t+7>0$, $-6t+1<0$
두 부등식을 풀면 $\dfrac{1}{6}<t<\dfrac{7}{10}$이므로
$5<30t<21$
따라서 $30t$가 될 수 있는 자연수의 값은 6, 7, 8, …, 20으로 그 개수는 15이고, 각각에 대하여 t가 존재하므로 $30t$가 자연수가 되게 하는 실수 t의 개수도 15이다.

답 15

16 선분 AB를 $2:1$로 외분하는 점의 좌표는
$\left(\dfrac{2\times3-1\times(-1)}{2-1}, \dfrac{2\times(-2)-1\times1}{2-1}\right)$
즉, $(7, -5)$
이 점이 직선 $3x+ky-1=0$ 위에 있으므로
$21-5k-1=0$, $5k=20$
따라서 $k=4$

답 ④

17 선분 AB를 $5:1$로 외분하는 점 P의 좌표는
$P\left(\dfrac{5\times(-6)-1\times2}{5-1}, \dfrac{5\times7-1\times1}{5-1}\right)$
즉, $P\left(-8, \dfrac{17}{2}\right)$
선분 AB를 $3:1$로 내분하는 점 Q의 좌표는

$$Q\left(\frac{3\times(-6)+1\times2}{3+1}, \frac{3\times7+1\times1}{3+1}\right)$$

즉, $Q\left(-4, \dfrac{11}{2}\right)$

따라서 $\overline{PQ}=\sqrt{(-4+8)^2+\left(\dfrac{11}{2}-\dfrac{17}{2}\right)^2}=\sqrt{16+9}=5$

답 5

다른 풀이

수직선 위에서 임의로 선분 AB를 나타내어 4등분한 후 외분점 P와 내분점 Q의 위치를 수직선 위에 나타내면 다음과 같다.

따라서 $\overline{PQ}=\dfrac{1}{2}\overline{AB}=5$

18 조건 (가)에서 점 B가 선분 DC를 $1:3$으로 외분하므로 점 D는 선분 BC를 $1:2$로 내분한다.

$\overline{DC}=\dfrac{2}{3}\overline{BC}$

조건 (나)에서 점 E가 선분 BC를 $3:1$로 외분하므로

$\overline{CE}=\dfrac{1}{2}\overline{BC}$

$\overline{DE}=\overline{DC}+\overline{CE}=\dfrac{2}{3}\overline{BC}+\dfrac{1}{2}\overline{BC}=\dfrac{7}{6}\overline{BC}$

삼각형 ABC의 넓이를 S_1, 삼각형 ADE의 넓이를 S_2라 하면

$S_1:S_2=\overline{BC}:\overline{DE}=6:7$이므로

$S_2=\dfrac{7}{6}S_1=\dfrac{7}{6}\times18=21$

답 ①

19 선분 AB를 내분하는 점 C가 $\overline{AB}=3\overline{BC}$를 만족하므로 점 C는 선분 AB를 $2:1$로 내분한다.

선분 AB를 외분하는 점 D는 $\overline{BC}=\overline{BD}$를 만족하므로 점 D는 선분 AB를 $4:1$로 외분한다.

$\overline{AC}=\dfrac{2}{3}\overline{AB}$이고, $\overline{AD}=\dfrac{4}{3}\overline{AB}$이므로

$\overline{AD}=2\overline{AC}$

따라서 $k=2$

답 ②

20 조건 (다)에 의하여 점 D는 선분 AB를 $1:3$으로 내분하고, 조건 (나)에 의하여 점 A는 선분 CD의 중점이므로 점 C는 선분 AB를 $1:5$로 외분한다.

조건 (라)에 의하여 점 E는 선분 AB를 $11:3$으로 외분한다.

$\overline{AB}=\sqrt{\{7-(-1)\}^2+(-5-3)^2}=8\sqrt{2}$이므로

$\overline{CE}=\overline{CA}+\overline{AB}+\overline{BE}$

$\quad=\dfrac{1}{4}\overline{AB}+\overline{AB}+\dfrac{3}{8}\overline{AB}=\dfrac{13}{8}\overline{AB}$

$\quad=13\sqrt{2}$

답 $13\sqrt{2}$

21 직선 AP가 삼각형 ABC의 넓이를 $1:3$으로 나누므로 점 P는 선분 BC를 $1:3$ 또는 $3:1$로 내분한다.

선분 BC를 $1:3$으로 내분하는 점의 좌표는

$$\left(\frac{1\times5+3\times3}{1+3}, \frac{1\times2+3\times(-3)}{1+3}\right)$$

즉, $\left(\dfrac{7}{2}, -\dfrac{7}{4}\right)$

선분 BC를 $3:1$로 내분하는 점의 좌표는

$$\left(\frac{3\times5+1\times3}{3+1}, \frac{3\times2+1\times(-3)}{3+1}\right)$$

즉, $\left(\dfrac{9}{2}, \dfrac{3}{4}\right)$

$b>0$이므로

$a=\dfrac{9}{2}$, $b=\dfrac{3}{4}$

따라서 $\dfrac{a}{b}=6$

답 ④

22 두 양수 m, n에 대하여 삼각형 ABC의 세 변 AB, BC, CA를 $m:n$으로 내분하는 세 점 D, E, F를 꼭짓점으로 하는 삼각형 DEF의 무게중심과 삼각형 ABC의 무게중심은 같다.

이때 삼각형 DEF의 무게중심의 좌표는

$\left(\dfrac{1-3+5}{3}, \dfrac{4+5+0}{3}\right)$, 즉 $(1, 3)$

따라서 $a=1$, $b=3$이므로 $a+b=4$

답 ④

23 점 C의 좌표를 (a, b)라 하면 변 AC를 $3:1$로 내분하는 점의 좌표는 $\left(\dfrac{3a+1}{4}, \dfrac{3b+9}{4}\right)$이므로

$\dfrac{3a+1}{4}=-5$, $\dfrac{3b+9}{4}=3$

$a=-7$, $b=1$

따라서 $C(-7, 1)$

점 B의 좌표를 (c, d)라 하면 삼각형 ABC의 무게중심의 좌표는

$\left(\dfrac{1+c-7}{3}, \dfrac{9+d+1}{3}\right)$

이때 무게중심의 좌표는 $(-2, 4)$이므로

$\dfrac{1+c-7}{3}=-2$, $\dfrac{9+d+1}{3}=4$에서

$c=0$, $d=2$

따라서 점 B의 좌표는 $(0, 2)$이다.

답 $(0, 2)$

24 선분 BC의 중점을 M이라 하면 삼각형 ABC의 무게중심 G에 대하여

$\overline{AM}=\dfrac{3}{2}\overline{AG}=\dfrac{3}{2}\sqrt{(2-4)^2+(3+1)^2}=3\sqrt{5}$

삼각형 ABC에서 $\overline{AB}^2+\overline{AC}^2=2(\overline{AM}^2+\overline{BM}^2)$이 성립하므로

$26+98=2(45+\overline{BM}^2)$에서

$\overline{BM}=\sqrt{17}$이고 $\overline{BC}=2\overline{BM}=2\sqrt{17}$

따라서 $\overline{BC}^2=68$

답 ②

25 사각형 ABCD가 평행사변형이므로 두 대각선 AC와 BD의 중점의 좌표가 같다.

$\dfrac{3+2}{2}=\dfrac{-3+a}{2}$에서 $a=8$

$\dfrac{3-4}{2}=\dfrac{2+b}{2}$에서 $b=-3$

따라서 $a+b=5$

답 ⑤

26 사각형 ABCD가 마름모이므로 두 대각선 AC와 BD의 중점의 좌표가 같다.

$\dfrac{1+b}{2}=\dfrac{a-1}{2}$에서 $b=a-2$ …… ㉠

또, $\overline{AB}=\overline{AD}$이므로 $\overline{AB}^2=\overline{AD}^2$이 성립한다.

$(a-1)^2+(-3+1)^2=(-1-1)^2+(3+1)^2$에서

$(a-1)^2=16$

$a>0$이므로 $a=5$

이것을 ㉠에 대입하면 $b=3$

따라서 $ab=5\times3=15$

답 ②

27 마름모 ABCD에서 삼각형 ABD와 삼각형 CBD는 합동이다.
삼각형 BCD의 무게중심을 G라 하면

$\overline{AC}=\dfrac{3}{2}\overline{AG}$

즉, 점 G는 선분 AC를 $2:1$로 내분하므로 점 C의 좌표를 (c, d)라 하면

$\dfrac{2\times c+1\times0}{2+1}=3$, $\dfrac{2\times d+1\times0}{2+1}=\dfrac{\sqrt{3}}{3}$에서

$c=\dfrac{9}{2}$, $d=\dfrac{\sqrt{3}}{2}$

그러므로 점 C의 좌표는 $\left(\dfrac{9}{2}, \dfrac{\sqrt{3}}{2}\right)$이다.

마름모의 두 대각선의 중점은 일치하므로

$\dfrac{5}{2}+a=\dfrac{9}{2}$에서 $a=2$이고

$-\dfrac{\sqrt{3}}{2}+b=\dfrac{\sqrt{3}}{2}$에서 $b=\sqrt{3}$

따라서 $a+b^2=2+3=5$

답 ⑤

28 $\overline{AB}=\sqrt{2^2+4^2}=2\sqrt{5}$, $\overline{AC}=\sqrt{(8-2)^2+(1-4)^2}=3\sqrt{5}$이므로
각의 이등분선의 성질에 의하여

$\overline{AB}:\overline{AC}=\overline{BD}:\overline{CD}=2:3$

점 D가 선분 BC를 $2:3$으로 내분하므로

$D\left(\dfrac{2\times8+3\times0}{2+3}, \dfrac{2\times1+3\times0}{2+3}\right)$, 즉 $D\left(\dfrac{16}{5}, \dfrac{2}{5}\right)$

따라서 $a=\dfrac{16}{5}$, $b=\dfrac{2}{5}$이므로

$\dfrac{a}{b}=8$

답 ②

29 직선 l의 기울기를 k라 할 때, 좌표평면에 점 $(1, 0)$을 지나고 y축과 평행한 직선을 그으면 직선 $y=7x$, 직선 l, x축과 각각 점 $(1, 7)$, $(1, k)$, $(1, 0)$에서 만난다.

이 세 점을 각각 A$(1, 7)$, B$(1, k)$, C$(1, 0)$이라 하자.
원점 O에 대하여 직선 l이 $\angle AOC$를 이등분하므로

$\overline{OA}:\overline{OC}=\overline{AB}:\overline{BC}=5\sqrt{2}:1$

즉, 점 B는 선분 AC를 $5\sqrt{2}:1$로 내분하므로

$k=\dfrac{7}{5\sqrt{2}+1}=\dfrac{1}{7}(5\sqrt{2}-1)$

따라서 $a=5$, $b=-1$이므로

$a^2+b^2=25+1=26$

답 ⑤

30 삼각형 ABC의 넓이를 S라 하면

$\overline{AB}:\overline{AC}=\overline{BD}:\overline{DC}=3:1$이므로

(삼각형 ADC의 넓이)$=\dfrac{1}{4}S=S_2$

$\overline{EC}=\dfrac{1}{2}\overline{BC}$에서 $\overline{ED}=\dfrac{1}{4}\overline{BC}$이므로

(삼각형 AED의 넓이)$=\dfrac{1}{4}S$

점 G는 삼각형 ABC의 무게중심이므로 $\overline{AG}:\overline{GE}=2:1$

삼각형 DGE의 넓이는 삼각형 AED의 넓이의 $\dfrac{1}{3}$이므로

(삼각형 DGE의 넓이)$=\dfrac{1}{3}\times\dfrac{1}{4}S=\dfrac{1}{12}S=S_1$

따라서 $\dfrac{S_2}{S_1}=3$

답 ③

31 선분 AB를 $2:1$로 내분하는 점의 좌표는

$\left(\dfrac{2\times4+1\times1}{2+1}, \dfrac{2\times(-7)+1\times(-4)}{2+1}\right)$, 즉 $(3, -6)$

점 $(3, -6)$을 지나고 기울기가 -2인 직선의 방정식은

$y+6=-2(x-3)$에서

$y=-2x$

답 $y=-2x$

32 점 $(-1, 3)$을 지나고 기울기가 2인 직선의 방정식은

$y-3=2(x+1)$에서 $y=2x+5$

직선 l의 x절편은 $-\dfrac{5}{2}$이고 y절편은 5이므로 직선 l과 x축, y축으로 둘러싸인 부분의 넓이는

$\dfrac{1}{2}\times\dfrac{5}{2}\times5=\dfrac{25}{4}$

답 ①

33 x축의 양의 방향과 이루는 각의 크기가 $30°$이므로 직선의 기울기는 $\dfrac{\sqrt{3}}{3}$이다.

기울기가 $\dfrac{\sqrt{3}}{3}$이고 점 $(\sqrt{3}, 4)$를 지나는 직선의 방정식은

$y-4=\dfrac{\sqrt{3}}{3}(x-\sqrt{3})$

$x-\sqrt{3}y+3\sqrt{3}=0$

따라서 $a=-\sqrt{3}$, $b=3\sqrt{3}$이므로

$ab=-9$

답 ①

34 x절편이 3, y절편이 4인 직선의 방정식은

$\dfrac{x}{3}+\dfrac{y}{4}=1$

점 $(a, -8)$이 이 직선 위에 있으므로

$\dfrac{a}{3}-2=1$에서 $a=9$

답 ④

35 선분 AB를 $3:2$로 외분하는 점의 좌표는

$\left(\dfrac{3\times1-2\times3}{3-2}, \dfrac{3\times1-2\times(-1)}{3-2}\right)$, 즉 $(-3, 5)$

직선 l이 두 점 $(-3, 5)$, $(-2, 0)$을 지나므로 직선 l의 방정식은

$y=\dfrac{0-5}{-2-(-3)}(x+2)$에서 $y=-5x-10$

따라서 직선 l의 y절편은 -10이다.

답 ⑤

36 두 점 $A\left(-5, -\dfrac{13}{3}\right)$, $B\left(31, \dfrac{167}{3}\right)$을 지나는 직선의 방정식은

$y+\dfrac{13}{3}=\dfrac{5}{3}(x+5)$에서 $y=\dfrac{5}{3}x+4$

선분 AB 위의 점 중에서 x좌표와 y좌표가 모두 정수인 점은 x좌표가 $-3, 0, 3, \cdots, 30$일 때이다.

따라서 x좌표와 y좌표가 모두 정수인 점의 개수는 12이다.

답 ③

37 세 점이 한 직선 위에 있으므로 두 점을 잇는 직선의 기울기는 같다.

$\dfrac{a-1}{2-1}=\dfrac{10-a}{a-2}$에서 $a^2-2a-8=0$

$(a-4)(a+2)=0$

$a>0$이므로 $a=4$

답 4

38 세 점이 삼각형을 이루지 않으려면 세 점이 한 직선 위에 있어야 한다.

$\dfrac{8-a}{3-1}=\dfrac{-7-8}{-a-3}$에서 $a^2-5a+6=0$

$(a-2)(a-3)=0$

$a=2$ 또는 $a=3$

따라서 모든 실수 a의 값의 합은 5이다.

답 ⑤

39 (ⅰ) 세 점 P, A, B가 한 직선 위에 있지 않을 때,

삼각형 PAB의 세 변 AB, PA, PB 중

① $\overline{PB}$가 가장 긴 변이면

삼각형 APB에서 $\overline{AB}+\overline{PA}>\overline{PB}$가 성립하므로

$|\overline{PA}-\overline{PB}|=\overline{PB}-\overline{PA}<\overline{AB}$

② $\overline{PA}$가 가장 긴 변이면

같은 방법으로

$|\overline{PA}-\overline{PB}|=\overline{PA}-\overline{PB}<\overline{AB}$

③ $\overline{AB}$가 가장 긴 변이면

$|\overline{PA}-\overline{PB}|<\overline{AB}$는 항상 성립한다.

(ⅱ) 세 점 P, A, B가 한 직선 위에 있을 때

$|\overline{PA}-\overline{PB}|=\overline{AB}$

(ⅰ), (ⅱ)에서 세 점 P, A, B가 한 직선 위에 있을 때, $|\overline{PA}-\overline{PB}|$의 값은 최대이다.

두 점 $A(2, 4)$, $B(3, 6)$을 지나는 직선의 방정식은

$y-4=\dfrac{6-4}{3-2}(x-2)$에서 $y=2x$

두 직선 $y=2x$, $y=x-1$의 교점의 x좌표는

$2x=x-1$에서 $x=-1$이고 $y=2\times(-1)=-2$

이므로 점 $P(-1, -2)$일 때 세 점이 한 직선 위에 있다.

따라서 $a=-1$, $b=-2$이므로 $a+b=-3$

답 ③

40 직선 $y=mx+4$가 점 A를 지나므로 삼각형 ABC의 넓이를 이등분하기 위해서는 변 BC의 중점을 지나야 한다.

변 BC의 중점을 M이라 하면 $M\left(3, -\dfrac{9}{2}\right)$이므로

$-\dfrac{9}{2}=m\times3+4$, $3m=-\dfrac{17}{2}$

따라서 $m=-\dfrac{17}{6}$

답 ②

41 두 직사각형의 넓이를 동시에 이등분하는 직선은 두 직사각형의 대각선의 교점 $\left(2, \dfrac{3}{2}\right)$, $\left(4, \dfrac{9}{2}\right)$를 모두 지나야 한다.

두 점 $\left(2, \dfrac{3}{2}\right)$, $\left(4, \dfrac{9}{2}\right)$를 지나는 직선의 방정식은

$y-\dfrac{3}{2}=\dfrac{3}{2}(x-2)$에서 $y=\dfrac{3}{2}x-\dfrac{3}{2}$

따라서 구하는 y절편은 $-\dfrac{3}{2}$이다.

답 ②

42 두 점 B, C의 x좌표가 같으므로 삼각형 ABC의 넓이는

$\dfrac{1}{2}\times16\times4=32$

두 점 A, C를 지나는 직선의 방정식은 $y=3x+7$이고 두 점 A, B를 지나는 직선의 방정식은 $y=-x-1$이다.

직선 $x=0$으로 삼각형 ABC를 나누었을 때, 점 A가 포함된 삼각형 조각의 넓이는 $\dfrac{1}{2}\times8\times2=8$이므로 $a>0$이어야 한다.

직선 $x=a\,(0<a<2)$와 $\overline{AC}$, $\overline{AB}$가 만나는 점을 각각 D, E라 하면 $D(a, 3a+7)$, $E(a, -a-1)$

이때 삼각형 ADE의 넓이는 $\dfrac{1}{2}(a+2)(4a+8)$이고, 삼각형 ADE의 넓이는 삼각형 ABC의 넓이의 $\dfrac{1}{2}$이어야 하므로

$\dfrac{1}{2}(a+2)(4a+8)=16$

$a^2+4a-4=0$

$a=-2\pm2\sqrt{2}$

$0<a<2$이므로 $a=-2+2\sqrt{2}$

답 ④

다른 풀이

선분 BC와 직선 $x=a$가 서로 평행하므로 직선 $x=a$가 두 선분 AB, AC와 만나는 점을 각각 D, E라 하면 두 삼각형 ADE와 ABC는 서로 닮음이다.

이때 점 A에서 두 선분 DE, BC에 내린 수선의 발을 각각 F, G라 하면 두 삼각형 ADE와 ABC의 닮음비는

$\overline{AF} : \overline{AG} = (a+2) : 4$이고

두 삼각형의 넓이의 비가 $1 : 2$이므로

$(a+2)^2 : 4^2 = 1 : 2$에서

$2(a+2)^2 = 16$

$a^2 + 4a - 4 = 0$

$0 < a < 2$이므로 $a = -2 + 2\sqrt{2}$

43 $b \neq 0$이므로 $ax+by+c=0$에서

$y = -\dfrac{a}{b}x - \dfrac{c}{b}$

$ab > 0$이므로 기울기는 음수이고,

$ab > 0$, $ac < 0$에서 b와 c의 부호가 다르므로 y절편은 양수이다.

따라서 직선 $ax+by+c=0$의 개형은 ③과 같다.

답 ③

44 ㄱ. $b=0$이고 $ac>0$이면 $a \neq 0$이므로 $ax+by+c=0$에서

$x = -\dfrac{c}{a}$

이때 $-\dfrac{c}{a} < 0$이므로 직선은 제2사분면과 제3사분면을 지난다. (참)

ㄴ. $ab<0$, $bc>0$이면 $b \neq 0$이므로 $ax+by+c=0$에서

$y = -\dfrac{a}{b}x - \dfrac{c}{b}$

이때 기울기는 양수이고, y절편은 음수이므로 직선은 제2사분면을 지나지 않는다. (참)

ㄷ. $c=0$이고 $ab>0$이면 $b \neq 0$이므로 $ax+by+c=0$에서

$y = -\dfrac{a}{b}x$

이때 기울기가 음수이고 원점을 지나므로 직선은 제2사분면과 제4사분면을 지난다. (참)

따라서 옳은 것은 ㄱ, ㄴ, ㄷ이다.

답 ⑤

45 $(2k+1)x-(3k+2)y-3k=0$을 k에 대하여 정리하면

$(2x-3y-3)k+x-2y=0$

실수 k의 값에 관계없이 등식이 성립하려면

$2x-3y=3$, $x-2y=0$

위의 두 식을 연립하여 풀면

$x=6$, $y=3$

즉, 실수 k의 값에 관계없이 항상 점 $(6, 3)$을 지나므로

$a=6$, $b=3$

따라서 $ab=18$

답 ①

46 $(2k+1)x+(1-k)y+2-ak=0$을 k에 대하여 정리하면

$(2x-y-a)k+x+y+2=0$

실수 k의 값에 관계없이 등식이 성립하려면

$2x-y=a$, $x+y=-2$

이때 주어진 직선이 실수 k의 값에 관계없이 점 $(1, b)$를 지나므로

$1+b=-2$에서 $b=-3$이고,

$2x-y=a$에 $x=1$, $y=-3$을 대입하면

$2+3=a$, $a=5$

따라서 $a-b=5-(-3)=8$

답 ①

47 점 $P(a, b)$가 직선 $2x+y=3$ 위에 있으므로 $2a+b=3$에서

$b=3-2a$

이것을 $ax+3by=1$에 대입하면

$ax+3(3-2a)y=1$

$(x-6y)a+9y-1=0$

위의 식이 실수 a의 값에 관계없이 성립하려면

$x-6y=0$, $9y-1=0$에서 $x=\dfrac{2}{3}$, $y=\dfrac{1}{9}$

즉, 점 P의 위치에 관계없이 점 $\left(\dfrac{2}{3}, \dfrac{1}{9}\right)$을 지나므로

$c=\dfrac{2}{3}$, $d=\dfrac{1}{9}$

따라서 $c+d=\dfrac{7}{9}$

답 ④

48 $kx-y-2k-1=0$을 k에 대하여 정리하면

$(x-2)k-y-1=0$

이므로 직선 $kx-y-2k-1=0$은 실수 k의 값에 관계없이 점 $(2, -1)$을 지난다.

두 직선 $y=x+6$, $kx-y-2k-1=0$이 제2사분면에서 만나기 위해서는 직선 $kx-y-2k-1=0$이 경계가 되는 두 점인 $(-6, 0)$과 $(0, 6)$을 지날 때의 실수 k의 값을 구하면 된다.

(i) 직선 $kx-y-2k-1=0$이 점 $(-6, 0)$을 지날 때,

$-8k-1=0$에서 $k=-\dfrac{1}{8}$

(ii) 직선 $kx-y-2k-1=0$이 점 $(0, 6)$을 지날 때,

$-2k-7=0$에서 $k=-\dfrac{7}{2}$

(i), (ii)에서 $-\dfrac{7}{2}<k<-\dfrac{1}{8}$이므로 조건을 만족시키는 정수 k의 값은 -1, -2, -3으로 그 개수는 3이다.

답 3

49 $kx+y-3k-4=0$을 k에 대하여 정리하면

$(x-3)k+y-4=0$

이므로 직선 $kx+y-3k-4=0$은 실수 k의 값에 관계없이 점 $(3, 4)$를 지난다.

선분 AB를 지나는 범위를 구하려면 두 점 A, B를 지날 때의 실수 k의 값을 각각 구하면 된다.

이때 직선의 기울기가 $-k$이므로

점 A$(-3, 1)$을 지날 때 k는 최댓값 $-\dfrac{1}{2}$을 갖고,

점 B$(1, -4)$를 지날 때 k는 최솟값 -4를 갖는다.

따라서 실수 k의 최댓값과 최솟값의 곱은

$-\dfrac{1}{2}\times(-4)=2$

답 ②

50 $(2k+1)x-(3k+1)y+k-1=0$을 k에 대하여 정리하면

$(2x-3y+1)k+x-y-1=0$

연립방정식 $2x-3y+1=0$, $x-y-1=0$의 해를 구하면

$x=4$, $y=3$이므로 주어진 직선은 실수 k의 값에 관계없이 점 $(4, 3)$을 지난다.

점 $(4, 3)$을 지나는 직선의 x절편과 y절편이 같으려면 직선의 기울기가 -1이어야 하므로

$\dfrac{2k+1}{3k+1}=-1$에서 $k=-\dfrac{2}{5}$

즉, $K=-\dfrac{2}{5}$

$k=-\dfrac{2}{5}$를 $(2k+1)x-(3k+1)y+k-1=0$에 대입하면

$\dfrac{1}{5}x+\dfrac{1}{5}y-\dfrac{7}{5}=0$에서 $x+y=7$

이 직선의 x절편과 y절편이 7로 같으므로

$a=7$

따라서 $aK=7\times\left(-\dfrac{2}{5}\right)=-\dfrac{14}{5}$

답 ⑤

51 두 직선이 평행할 조건에 의하여

$\dfrac{a}{3}=\dfrac{5}{-2}\neq\dfrac{-2}{5}$

따라서 $a=-\dfrac{15}{2}$

답 ②

52 두 직선 $(k+1)x-y+3=0$, $kx+2y+1=0$이 서로 수직이므로

$(k+1)\times k-2=0$

$k^2+k-2=0$

$(k+2)(k-1)=0$

$k<0$이므로 $k=-2$

답 ④

53 $(2k+1)x+(1-3k)y+k-7=0$을 k에 대하여 정리하면

$(2x-3y+1)k+x+y-7=0$

연립방정식 $2x-3y+1=0$, $x+y-7=0$의 해를 구하면

$x=4$, $y=3$이므로 주어진 직선은 실수 k의 값에 관계없이 점 $(4, 3)$을 지난다.

원점에서 직선 $(2k+1)x+(1-3k)y+k-7=0$에 내린 수선의 길이가 최대가 되려면 직선 $(2k+1)x+(1-3k)y+k-7=0$이 원점과 점 $(4, 3)$을 지나는 직선 $y=\dfrac{3}{4}x$에 수직이어야 하므로

$\dfrac{2k+1}{3k-1}=-\dfrac{4}{3}$

$6k+3=-12k+4$

따라서 $k=\dfrac{1}{18}$

답 ③

54 연립방정식 $x-y-3=0$, $2x+3y+4=0$을 풀면

$x=1$, $y=-2$이므로 두 직선의 교점의 좌표는 $(1, -2)$이다.

두 점 $(1, -2)$, $(7, 2)$를 지나는 직선의 방정식은

$y+2=\dfrac{2}{3}(x-1)$, 즉 $y=\dfrac{2}{3}x-\dfrac{8}{3}$

따라서 구하는 직선의 x절편은 4이다.

답 ④

55 직선 $(3x-2y+3)k+(x+4y-13)=0$은

두 직선 $3x-2y+3=0$, $x+4y-13=0$의 교점을 지나는 직선이다.

연립방정식 $3x-2y+3=0$, $x+4y-13=0$을 풀면

$x=1$, $y=3$이므로 두 직선의 교점은 $(1, 3)$이고 점 B와 일치한다.

점 B$(1, 3)$을 지나는 직선이 삼각형 ABC의 넓이를 이등분하므로 선분 AC의 중점 $(-2, -1)$을 지나야 한다.

따라서 $(3x-2y+3)k+(x+4y-13)=0$에 $x=-2$, $y=-1$을 대입하면

$-k-19=0$, $k=-19$

답 ①

56 연립방정식 $2x+y+a=0$, $3x-y+2=0$을 풀면

$x=-\dfrac{a+2}{5}$, $y=-\dfrac{3a-4}{5}$이므로 두 직선의 교점의 좌표는

$\left(-\dfrac{a+2}{5}, -\dfrac{3a-4}{5}\right)$이다.

직선 $4x-2y+3=0$과 평행한 직선의 기울기는 2이므로 구하는 직선의 식은

$y+\dfrac{3a-4}{5}=2\left(x+\dfrac{a+2}{5}\right)$

이 직선이 점 $(3, b)$를 지나므로

$b+\dfrac{3a-4}{5}=2\left(3+\dfrac{a+2}{5}\right)$

$b=\dfrac{-a+38}{5}$

따라서 $a+5b=38$

답 ①

57 세 직선이 삼각형을 이루지 않는 조건은 다음과 같다.

(i) 직선 $ax+2y+3=0$이 직선 $x-y=0$과 평행할 때

$\dfrac{1}{a}=\dfrac{-1}{2}\neq 0$에서 $a=-2$

(ii) 직선 $ax+2y+3=0$이 직선 $2x-y-1=0$과 평행할 때

$\dfrac{2}{a}=\dfrac{-1}{2}\neq\dfrac{-1}{3}$에서 $a=-4$

(iii) 직선 $ax+2y+3=0$이 두 직선 $x-y=0$, $2x-y-1=0$의 교점을 지날 때

두 직선 $x-y=0$, $2x-y-1=0$의 교점의 좌표는 $(1, 1)$이므로

$ax+2y+3=0$에 $x=1$, $y=1$을 대입하면

$a+2+3=0$, $a=-5$

(i), (ii), (iii)에서 모든 실수 a의 값의 합은

$-2+(-4)+(-5)=-11$

답 ③

58 세 직선 $3x+y=0$, $-x+y+2=0$, $x+ay-1=0$을 각각 l, m, n이라 하자.

세 직선이 좌표평면을 6개로 나누는 경우는 다음과 같다.

(i) 세 직선 l, m, n이 한 점에서 만날 때

두 직선 l, m의 교점의 좌표는 $\left(\dfrac{1}{2}, -\dfrac{3}{2}\right)$이므로 $x=\dfrac{1}{2}$, $y=-\dfrac{3}{2}$

을 직선 n의 방정식에 대입하면

$\dfrac{1}{2}-\dfrac{3}{2}a-1=0$, $a=-\dfrac{1}{3}$

(ii) 두 직선 l, n이 평행할 때

$\dfrac{3}{1}=\dfrac{1}{a}\neq 0$에서 $a=\dfrac{1}{3}$

(iii) 두 직선 m, n이 평행할 때

$\dfrac{-1}{1}=\dfrac{1}{a}\neq\dfrac{2}{-1}$에서 $a=-1$

(i), (ii), (iii)에서 모든 실수 a의 값의 곱은

$\left(-\dfrac{1}{3}\right)\times\dfrac{1}{3}\times(-1)=\dfrac{1}{9}$

답 ④

59 (i) $a=2$일 때

세 직선을

$l : x+3y-2=0$, $m : 2x+6y-4=0$, $n : 4x-9y+4=0$

이라 하면 두 직선 l, m은 일치하고, 직선 n과는 한 점에서 만난다.

즉, 좌표평면은 4개로 나누어지므로 $p=4$

(ii) $a=3$일 때

세 직선을

$l : x+3y-2=0$, $m : 3x+6y-4=0$, $n : 4x-9y+6=0$

이라 하면 서로 다른 세 직선 l, m, n에 대하여 두 직선 l, m의 교점은 $\left(0, \dfrac{2}{3}\right)$이고, 직선 n도 점 $\left(0, \dfrac{2}{3}\right)$를 지난다.

즉, 세 직선은 한 점에서 만나고 좌표평면은 6개로 나누어지므로 $q=6$

(i), (ii)에서 $p+q=4+6=10$

답 ②

60 직선 $2x+3y+1=0$에 평행하고 점 $(-1, 2)$를 지나는 직선은 $2x+3y-4=0$이다.

이 직선이 점 $(k, -2)$를 지나므로

$2k-10=0$에서 $k=5$

답 ⑤

61 $2x+(3k-1)y-4=0$을 k에 대하여 정리하면

$3yk+2x-y-4=0$

$3y=0$, $2x-y-4=0$에서 $x=2$, $y=0$

즉, 실수 k의 값에 관계없이 점 $(2, 0)$을 지나므로 x절편은 2이다.

x절편이 2이고 점 $(6, 2)$를 지나는 직선의 기울기는 $\dfrac{1}{2}$이므로 직선 $2x+(3k-1)y-4=0$의 기울기는 -2이어야 한다.

따라서 $\dfrac{2}{1-3k}=-2$에서 $k=\dfrac{2}{3}$

답 ②

62 점 P는 선분 OB를 $2:3$으로 내분하는 점이므로

$P\left(\dfrac{8}{5}, \dfrac{6}{5}\right)$

직선 OB의 기울기가 $\dfrac{3}{4}$이므로 직선 OB에 수직인 직선의 기울기는 $-\dfrac{4}{3}$이고, 점 P를 지나고 기울기가 $-\dfrac{4}{3}$인 직선의 방정식은

$y-\dfrac{6}{5}=-\dfrac{4}{3}\left(x-\dfrac{8}{5}\right)$

이 직선의 x절편은 $\dfrac{5}{2}$이므로 점 Q의 좌표는 $\left(\dfrac{5}{2}, 0\right)$이다.

(사각형 ABPQ의 넓이)=(삼각형 OAB의 넓이)−(삼각형 OQP의 넓이)

$\qquad = \dfrac{1}{2}\times 4\times 3 - \dfrac{1}{2}\times\dfrac{5}{2}\times\dfrac{6}{5}$

$\qquad = \dfrac{9}{2}$

답 ④

63 직선 $y=\dfrac{2}{3}x+2$가 x축과 만나는 점은 $A(-3, 0)$이고, y축과 만나는 점은 $B(0, 2)$이다.

선분 AB의 중점은 $\left(-\dfrac{3}{2}, 1\right)$이고 직선 $y=\dfrac{2}{3}x+2$와 수직인 직선의 기울기는 $-\dfrac{3}{2}$이므로 선분 AB의 수직이등분선의 방정식은

$y-1=-\dfrac{3}{2}\left(x+\dfrac{3}{2}\right)$, 즉 $6x+4y+5=0$

따라서 $a=6$, $b=4$이므로 $ab=24$

답 ⑤

64 선분 AB의 중점 $\left(\dfrac{a+2}{2}, \dfrac{b+4}{2}\right)$가 직선 $2x-4y+1=0$ 위에 있으므로

$a+2-2b-8+1=0$

$a-2b=5$ ...... ㉠

직선 AB가 직선 $2x-4y+1=0$에 수직이므로

$\dfrac{b-4}{a-2}=-2$에서 $2a+b=8$ ...... ㉡

㉠, ㉡을 연립하여 풀면 $a=\dfrac{21}{5}$, $b=-\dfrac{2}{5}$

따라서 $5(a+b)=19$

답 ①

65 삼각형의 세 변의 수직이등분선은 한 점에서 만나고 이 점이 외심이다.

선분 AB의 수직이등분선은 기울기가 $-\dfrac{1}{4}$이고 선분 AB의 중점 $(0, 2)$를 지나므로

$y-2=-\dfrac{1}{4}x$, 즉 $y=-\dfrac{1}{4}x+2$ ······ ㉠

선분 BC의 수직이등분선은 기울기가 $-\dfrac{3}{2}$이고 선분 BC의 중점 $(2, 0)$

을 지나므로

$y=-\dfrac{3}{2}(x-2)$ ······ ㉡

㉠, ㉡을 연립하면 $-\dfrac{1}{4}x+2=-\dfrac{3}{2}(x-2)$에서

$-x+8=-6x+12$, $x=\dfrac{4}{5}$

$x=\dfrac{4}{5}$를 ㉠에 대입하면 $y=\dfrac{9}{5}$

따라서 $a=\dfrac{4}{5}$, $b=\dfrac{9}{5}$이므로

$a+b=\dfrac{13}{5}$

답 ③

66 직선 $4x+3y+3=0$과 점 $(a, -3)$ 사이의 거리가 2이므로

$\dfrac{|4a-9+3|}{\sqrt{4^2+3^2}}=2$

$|4a-6|=10$

$a>0$이므로 $a=4$

답 4

67 점 $(1, 4)$에서 두 직선 $4x-2y+3=0$, $2x+y+a=0$에 이르는

거리가 같으므로

$\dfrac{|4-8+3|}{\sqrt{4^2+(-2)^2}}=\dfrac{|2+4+a|}{\sqrt{2^2+1^2}}$

$\dfrac{1}{2\sqrt{5}}=\dfrac{|a+6|}{\sqrt{5}}$

$a+6=\pm\dfrac{1}{2}$에서 $a=-\dfrac{11}{2}$ 또는 $a=-\dfrac{13}{2}$

따라서 모든 실수 a의 값의 합은

$-\dfrac{11}{2}+\left(-\dfrac{13}{2}\right)=-12$

답 ④

68 $x^2=a$에서 $x=\pm\sqrt{a}$이므로 점 P의 좌표는 $(-\sqrt{a}, a)$이다.

점 P와 직선 $y=-x$, 즉 $x+y=0$ 사이의 거리 $f(a)$는

$f(a)=\dfrac{|-\sqrt{a}+a|}{\sqrt{1^2+1^2}}=\dfrac{|a-\sqrt{a}|}{\sqrt{2}}$

이므로 $f(4)=\dfrac{2}{\sqrt{2}}=\sqrt{2}$, $f(9)=\dfrac{6}{\sqrt{2}}=3\sqrt{2}$

따라서 $f(4)+f(9)=4\sqrt{2}$

답 ②

69 두 점 A, H를 지나는 직선의 기울기는 $\dfrac{1}{2}$이므로

$\dfrac{3-5}{b-7}=\dfrac{1}{2}$에서 $b=3$

점 H$(3, 3)$이 직선 $y=-2x+a$ 위에 있으므로

$3=-6+a$에서 $a=9$

따라서 $a+b=9+3=12$

답 ③

70 직선 $x-2y+1=0$에 수직이고, 점 $(3, 7)$을 지나는 직선을 l이

라 하면 직선 l의 방정식은

$y-7=-2(x-3)$, 즉 $y=-2x+13$

$y=-2x+13$을 $x-2y+1=0$에 대입하면

$x+4x-26+1=0$에서 $x=5$이고,

$x=5$를 $y=-2x+13$에 대입하면 $y=3$

즉, 직선 l과 직선 $x-2y+1=0$의 교점은 $(5, 3)$이므로

$a=5$, $b=3$

따라서 $a+b=8$

답 ⑤

71 직선 $l: (k+1)x+(k-1)y-2k+6=0$을 k에 대하여 정리하면

$(x+y-2)k+x-y+6=0$

연립방정식 $x+y-2=0$, $x-y+6=0$을 풀면 $x=-2$, $y=4$이므로

직선 l은 실수 k의 값에 관계없이 점 $(-2, 4)$를 지난다.

원점에서 직선 l까지의 거리가 최대인 경우는 수선의 발 H의 좌표가

$(-2, 4)$일 때이므로

$a=-2$, $b=4$

이때 직선 OH의 기울기가 -2이므로 직선 l의 기울기는 $\dfrac{1}{2}$이다.

즉, $\dfrac{k+1}{1-k}=\dfrac{1}{2}$에서

$2k+2=1-k$, $k=-\dfrac{1}{3}$

따라서 $K=-\dfrac{1}{3}$이므로 $\dfrac{ab}{K}=24$

답 ①

72 연립방정식 $y=3x$, $x+2y-6=0$을 풀면 $x=\dfrac{6}{7}$, $y=\dfrac{18}{7}$이므로

두 직선 $y=3x$, $x+2y-6=0$의 교점의 좌표는 $\left(\dfrac{6}{7}, \dfrac{18}{7}\right)$이다.

또, 직선 $x+2y-6=0$의 x절편은 6이므로 구하는 삼각형의 넓이는

$\dfrac{1}{2}\times 6\times\dfrac{18}{7}=\dfrac{54}{7}$

답 ②

73 세 점 O$(0, 0)$, A$(a, 3)$, B$(1, 4)$를 꼭짓점으로 하는 삼각형

OAB의 넓이를 S라 하면

$S=\dfrac{1}{2}|4a-3|=\dfrac{21}{2}$

$|4a-3|=21$, $4a-3=\pm 21$

$a>0$이므로 $a=6$

답 ④

다른 풀이

두 점 O$(0, 0)$, B$(1, 4)$를 지나는 직선의 방정식이 $y=4x$이고,

$\overline{\text{OB}}=\sqrt{1^2+4^2}=\sqrt{17}$

점 A$(a, 3)$과 직선 $y=4x$, 즉 $4x-y=0$ 사이의 거리는

$\dfrac{|4a-3|}{\sqrt{4^2+(-1)^2}}=\dfrac{|4a-3|}{\sqrt{17}}$이므로 삼각형 OAB의 넓이는

$\dfrac{1}{2}\times\sqrt{17}\times\dfrac{|4a-3|}{\sqrt{17}}=\dfrac{21}{2}$

$|4a-3|=21$, $4a-3=\pm 21$

$a>0$이므로 $a=6$

74 삼각형 OAB의 넓이는

$\dfrac{1}{2}|4\times 2-(-1)\times 5|=\dfrac{13}{2}$

삼각형 OAB의 넓이가 삼각형 OAD의 넓이의 2배이므로

$2\times \dfrac{1}{2}|4\times 0-5t|=\dfrac{13}{2}$에서 $|5t|=\dfrac{13}{2}$

$t<0$이므로 $t=-\dfrac{13}{10}$

$D\left(-\dfrac{13}{10},\ 0\right)$이므로 두 점 A, D를 지나는 직선 l의 방정식은

$y-5=\dfrac{50}{53}(x-4)$, 즉 $y=\dfrac{50}{53}x+\dfrac{65}{53}$

이때 직선 l의 y절편은 $\dfrac{65}{53}$이므로

$p=53$, $q=65$

따라서 $p+q=118$

답 ④

75 두 직선 l과 m이 평행하고 직선 m의 y절편이 $\dfrac{1}{4}$이므로

두 직선 l과 m 사이의 거리는 점 $\left(0,\ \dfrac{1}{4}\right)$과 직선 l 사이의 거리와 같다.

$\dfrac{|1+a|}{\sqrt{3^2+4^2}}=1$에서 $|1+a|=5$

a는 음수이므로 $a=-6$

답 ③

76 직선 CD의 기울기는 두 점 A(1, 0), B(0, 3)을 지나는 직선의 기울기와 같으므로 -3이고, 점 A(1, 0)과 직선 CD 사이의 거리는 $\sqrt{10}$이다.

직선 CD의 방정식을 $y=-3x+a$, 즉 $3x+y-a=0$으로 놓으면

$\dfrac{|3-a|}{\sqrt{3^2+1^2}}=\sqrt{10}$에서 $|3-a|=10$

$a=-7$ 또는 $a=13$

두 점 C, D가 모두 제1사분면 위에 있으므로

$a=13$

따라서 직선 CD의 y절편은 13이다.

답 ⑤

77 이차함수 $y=x^2-2x+3$의 그래프 위의 점 중에서 직선 $y=2x+k$에 이르는 거리가 최소가 되는 점은 기울기가 2이고 이 이차함수의 그래프에 접하는 접선과 이차함수의 그래프의 접점이다.

기울기가 2이고 이차함수 $y=x^2-2x+3$에 접하는 직선을 $y=2x+a$라 하면 $x^2-2x+3=2x+a$에서

$x^2-4x+3-a=0$

이차방정식 $x^2-4x+3-a=0$의 판별식을 D라 하면

$\dfrac{D}{4}=(-2)^2-(3-a)=0$에서 $a=-1$

즉, 기울기가 2인 접선의 방정식이 $y=2x-1$이므로

평행한 두 직선 $y=2x-1$, $y=2x+k$ 사이의 거리는 $\sqrt{5}$이다.

즉, 직선 $y=2x-1$ 위의 한 점 $(0,\ -1)$과 직선 $y=2x+k$ 사이의 거리가 $\sqrt{5}$이므로

$\dfrac{|1+k|}{\sqrt{5}}=\sqrt{5}$에서 $|1+k|=5$

$k=-6$ 또는 $k=4$

이때 $k=4$이면 직선 $y=2x+k$가 이차함수의 그래프와 두 점에서 만나므로

$k=-6$

답 -6

78 점 P(a, b)가 직선 $2x+y-1=0$ 위에 있으므로

$2a+b-1=0$ ······ ㉠

또, 점 P가 두 점 A(0, 3), B(8, 1)로부터 같은 거리에 있으므로

$\sqrt{a^2+(b-3)^2}=\sqrt{(a-8)^2+(b-1)^2}$

양변을 제곱하면

$a^2+(b-3)^2=(a-8)^2+(b-1)^2$

$a^2+b^2-6b+9=a^2-16a+64+b^2-2b+1$

$4a-b-14=0$ ······ ㉡

㉠, ㉡을 연립하여 풀면

$a=\dfrac{5}{2}$, $b=-4$

따라서 $ab=-10$

답 ③

79 직선 $5y=12x$와 x축의 양의 방향이 이루는 각을 이등분하는 직선을 l이라 하고, 직선 l 위의 점을 P(x, y)라 하자.

직선 l이 각의 이등분선이므로 점 P와 직선 $5y=12x$ 사이의 거리는 점 P와 x축 사이의 거리와 같다.

$\dfrac{|12x-5y|}{\sqrt{12^2+(-5)^2}}=|y|$에서

$|12x-5y|=13|y|$

$12x-5y=\pm 13y$

$12x=18y$ 또는 $12x=-8y$

이때 직선 l의 기울기는 양수이므로 $\dfrac{2}{3}$이다.

답 ④

80 B(p, q), C(x, y)라 하면 A(-1, 2)이고, 삼각형 ABC의 무게중심 G의 좌표가 (1, 3)이므로

$\dfrac{-1+p+x}{3}=1$, $\dfrac{2+q+y}{3}=3$

$p=4-x$, $q=7-y$ ······ ㉠

점 B가 직선 $y=2x-7$ 위에 있으므로

$q=2p-7$ ······ ㉡

㉠을 ㉡에 대입하면

$7-y=2(4-x)-7$

$y=2x+6$

따라서 $a=2$, $b=6$이므로 $a+b=8$

답 ①

81 출발 후의 시각 t(시간)($t \geq 0$)에 대하여 A지점에서 출발하는 버스와 B지점에서 출발하는 승용차의 위치는 각각
$(-8+2t, 0)$, $(0, -6+4t)$
이므로 버스와 승용차의 거리를 d라 하면
$d = \sqrt{(8-2t)^2 + (-6+4t)^2}$
이때 거리는 양수이므로 d^2이 최소일 때 d도 최소이다.
$d^2 = 20t^2 - 80t + 100$
$\quad = 20(t-2)^2 + 20$
따라서 $t=2$일 때, d가 최소이므로 버스와 승용차의 거리가 가장 가까워질 때는 출발 후 2시간이 지났을 때이다.

답 ③

82 출발 후의 시각 t($t \geq 0$)에 대하여 두 점 A, B의 좌표는 각각
$A(t, 3t)$, $B(-10+2t, 0)$
이므로 두 점 A, B 사이의 거리를 d라 하면
$d = \sqrt{(-10+t)^2 + (-3t)^2}$
이때 $d>0$이므로 d^2이 최소이면 d도 최소이다.
$d^2 = 10t^2 - 20t + 100$
$\quad = 10(t-1)^2 + 90$
따라서 $t=1$일 때 d^2의 최솟값은 90이므로 d의 최솟값은 $\sqrt{90} = 3\sqrt{10}$이다.
즉, 두 점 A, B 사이의 거리의 최솟값은 $3\sqrt{10}$이다.

답 ②

서술형 완성하기 본문 138쪽

01 $\overline{AC} = \overline{BC}$인 이등변삼각형   **02** -18 **03** $(9, 3)$
04 -4 **05** $(4, 7)$ **06** 60

01 $A(1, 2)$, $B(7, -2)$, $C(8, 6)$이므로
$\overline{AB} = \sqrt{(7-1)^2 + (-2-2)^2} = 2\sqrt{13}$
$\overline{BC} = \sqrt{(8-7)^2 + (6+2)^2} = \sqrt{65}$
$\overline{AC} = \sqrt{(8-1)^2 + (6-2)^2} = \sqrt{65}$ ...... ❶
따라서 삼각형 ABC는 $\overline{AC} = \overline{BC}$인 이등변삼각형이다. ...... ❷

답 $\overline{AC} = \overline{BC}$인 이등변삼각형

단계	채점 기준	비율
❶	삼각형의 세 변의 길이를 구한 경우	60%
❷	삼각형의 모양을 판정한 경우	40%

02 $P(a, b)$라 하면
$\overline{PA}^2 - \overline{PB}^2 + \overline{PC}^2$
$= a^2 + (b-1)^2 - (a-3)^2 - (b-7)^2 + (a-6)^2 + (b-4)^2$
$= a^2 - 6a + b^2 + 4b - 5$
$= (a-3)^2 + (b+2)^2 - 18$ ...... ❶

따라서 $a=3$, $b=-2$일 때 최솟값 -18을 갖는다. ...... ❷

답 -18

단계	채점 기준	비율
❶	거리 공식으로 이차식을 세운 경우	60%
❷	최솟값을 구한 경우	40%

03 삼각형 OCB와 삼각형 ABC의 넓이의 비는 5 : 3이므로 점 C는 선분 OA를 5 : 3으로 내분한다.
점 C의 좌표는 $(10, 0)$이다. ...... ❶
삼각형 ODB와 삼각형 OCD의 넓이의 비는 4 : 1이므로 점 D는 선분 BC를 4 : 1로 내분한다. ...... ❷
따라서 점 D의 좌표는
$\left(\dfrac{4 \times 10 + 1 \times 5}{4+1}, \dfrac{4 \times 0 + 1 \times 15}{4+1} \right)$, 즉 $(9, 3)$ ...... ❸

답 $(9, 3)$

단계	채점 기준	비율
❶	점 C의 좌표를 구한 경우	40%
❷	점 D가 선분 BC를 4 : 1로 내분하는 점임을 안 경우	20%
❸	점 D의 좌표를 구한 경우	40%

04 세 직선 $x-y+1=0$, $ax+2y+3=0$, $3x+ay+2=0$을 차례대로 l, m, n이라 하자.
(i) 두 직선이 평행할 때,
l, m이 평행: $\dfrac{1}{a} = \dfrac{-1}{2} \neq \dfrac{1}{3}$에서 $a=-2$
두 직선 l, m의 기울기는 1이고, 직선 n의 기울기는 $\dfrac{3}{2}$이므로 조건을 만족시킨다.
l, n이 평행: $\dfrac{1}{3} = \dfrac{-1}{a} \neq \dfrac{1}{2}$에서 $a=-3$
두 직선 l, n의 기울기는 1이고, 직선 m의 기울기는 $\dfrac{3}{2}$이므로 조건을 만족시킨다.
m, n이 평행: $\dfrac{a}{3} = \dfrac{2}{a} \neq \dfrac{3}{2}$에서 $a = \pm\sqrt{6}$
두 직선 m, n의 기울기는 $\pm\dfrac{\sqrt{6}}{2}$이고, 직선 l의 기울기는 1이므로 조건을 만족시킨다. ...... ❶
(ii) 세 직선이 한 점에서 만날 때,
두 직선 l, m의 교점의 좌표는 $\left(\dfrac{-5}{a+2}, \dfrac{a-3}{a+2} \right)$이므로
$x = \dfrac{-5}{a+2}$, $y = \dfrac{a-3}{a+2}$을 직선 n의 방정식에 대입하면
$\dfrac{-15}{a+2} + \dfrac{a^2 - 3a}{a+2} + 2 = 0$
$a^2 - a - 11 = 0$
이 이차방정식의 판별식을 D라 하면 $D>0$이므로 서로 다른 두 실근을 갖고, 근과 계수의 관계에 의하여 두 근의 합은 1이다. ...... ❷
(i), (ii)에서 조건을 만족시키는 모든 실수 a의 값의 합은
$-2 -3 + \sqrt{6} - \sqrt{6} + 1 = -4$ ...... ❸

답 -4

단계	채점 기준	비율
❶	두 직선이 평행할 때의 실수 a의 값을 구한 경우	40 %
❷	세 직선이 한 점에서 만날 때의 실수 a의 값의 합을 구한 경우	40 %
❸	조건을 만족시키는 모든 실수 a의 값의 합을 구한 경우	20 %

05 삼각형의 중점연결정리에 의하여 선분 PQ는 변 CA에 평행하고 선분 QR는 변 AB에 평행하다.

두 점 A, B를 지나는 직선은 기울기가 3이고, 점 P(3, 4)를 지나므로

$y-4=3(x-3)$

즉, $y=3x-5$ ...... ❶

두 점 A, C를 지나는 직선은 기울기가 -2이고, 점 R(5, 5)를 지나므로 $y-5=-2(x-5)$

즉, $y=-2x+15$ ...... ❷

두 직선의 방정식 $y=3x-5$, $y=-2x+15$를 연립하여 풀면

$x=4$, $y=7$

따라서 점 A의 좌표는 $(4, 7)$이다. ...... ❸

답 (4, 7)

단계	채점 기준	비율
❶	두 점 A, B를 지나는 직선의 방정식을 구한 경우	40 %
❷	두 점 A, C를 지나는 직선의 방정식을 구한 경우	40 %
❸	점 A의 좌표를 구한 경우	20 %

06 $\overline{BC}$의 중점을 M이라 하면 무게중심의 성질에 의하여

$\overline{GM}=\dfrac{1}{2}\overline{AG}$

$=\dfrac{1}{2}\times 10=5$ ...... ❶

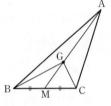

삼각형 BCG에서 $\overline{BM}=x$라 하면

$\overline{BG}^2+\overline{CG}^2=2(\overline{BM}^2+\overline{GM}^2)$

$(4\sqrt{5})^2+(2\sqrt{5})^2=2(x^2+5^2)$

$100=2(x^2+25)$

$x=5$

즉, $\overline{BM}=5$이므로

$\overline{BC}=2\overline{BM}=10$ ...... ❷

$\overline{BC}^2=\overline{BG}^2+\overline{CG}^2$이 성립하므로 삼각형 BCG는 $\angle BGC=90°$인 직각삼각형이고 삼각형 BCG의 넓이는

$\dfrac{1}{2}\times 4\sqrt{5}\times 2\sqrt{5}=20$

따라서 삼각형 ABC의 넓이는

$3\times 20=60$ ...... ❸

답 60

단계	채점 기준	비율
❶	선분 GM의 길이를 구한 경우	20 %
❷	선분 BC의 길이를 구한 경우	40 %
❸	삼각형 ABC의 넓이를 구한 경우	40 %

내신 + 수능 고난도 도전   본문 139쪽

01 14   **02** 13   **03** $a=5, b=2$ **04** $\sqrt{10}$

01 A(0, 4), B(-2, 6), C(1, a)이므로

$\overline{AB}^2=(-2-0)^2+(6-4)^2=8$

$\overline{AC}^2=(1-0)^2+(a-4)^2=a^2-8a+17$

$\overline{BC}^2=(1+2)^2+(a-6)^2=a^2-12a+45$

(i) $\overline{AB}$가 빗변일 때

$\overline{AB}^2=\overline{BC}^2+\overline{AC}^2$이므로

$8=a^2-12a+45+a^2-8a+17$

$a^2-10a+27=0$

이 이차방정식의 판별식을 D라 하면 $D<0$이므로 해가 없다.

(ii) $\overline{AC}$가 빗변일 때

$\overline{AC}^2=\overline{AB}^2+\overline{BC}^2$이므로

$a^2-8a+17=8+a^2-12a+45$

$4a=36$에서 $a=9$

(iii) $\overline{BC}$가 빗변일 때

$\overline{BC}^2=\overline{AC}^2+\overline{AB}^2$이므로

$a^2-12a+45=a^2-8a+17+8$

$4a=20$에서 $a=5$

(i), (ii), (iii)에서 모든 a의 값의 합은

$9+5=14$

답 14

02 삼각형 PBC에서 $\overline{AD}\#\overline{PC}$이므로 $\triangle BAD\backsim\triangle BPC$

$\overline{BC}:\overline{DC}=\overline{BP}:\overline{AP}$이고

$\overline{BC}=\sqrt{(4+8)^2+5^2}=13$

$\overline{DC}=\overline{AC}=\sqrt{4^2+(-3)^2}=5$

이므로 $\overline{BP}:\overline{AP}=13:5$

즉, 점 P는 선분 BA를 13 : 5로 외분하므로

$P\left(\dfrac{13\times 0-5\times(-8)}{13-5}, \dfrac{13\times 3-5\times(-5)}{13-5}\right)$

즉, P(5, 8)

따라서 $a=5$, $b=8$이므로

$a+b=13$

답 13

03 점 G(2, b)가 삼각형 OAB의 무게중심이므로

$\dfrac{1+a}{3}=b$에서 $a=3b-1$ ...... ㉠

직선 OA의 방정식은 $x-7y=0$이므로 점 G와 직선 OA 사이의 거리는

$\dfrac{|2-7b|}{\sqrt{1^2+(-7)^2}}=\dfrac{6\sqrt{2}}{5}$

$|2-7b|=12$

$2-7b=\pm 12$

$b=2$ 또는 $b=-\dfrac{10}{7}$

㉠에서 $b=2$일 때 $a=5$, $b=-\dfrac{10}{7}$일 때 $a=-\dfrac{37}{7}$

$a>0$이므로 $a=5$, $b=2$

답 $a=5, b=2$

04 세 점 $A\left(\dfrac{1}{5},\ \dfrac{12}{5}\right)$, $B(-3,\ 0)$, $C(2,\ 0)$에 대하여 직선 AB, BC, CA의 방정식은 각각

$3x-4y+9=0$, $y=0$, $4x+3y-8=0$

$I(a,\ b)$라 하면 $-3<a<2$, $0<b<\dfrac{12}{5}$이고

점 I에서 삼각형 ABC의 세 변에 이르는 거리가 모두 같으므로

$$b=\frac{|3a-4b+9|}{5}=\frac{|4a+3b-8|}{5}$$

(i) $b=\dfrac{|3a-4b+9|}{5}$일 때

$|3a-4b+9|=5b$

$3a-4b+9=5b$ 또는 $3a-4b+9=-5b$

$3a+9=9b$ 또는 $3a+9=-b$

$a>-3$이므로 $3a+9>0$이고 $b>0$이므로

$3a+9\neq -b$

따라서 $3a+9=9b$, 즉 $a+3=3b$

(ii) $b=\dfrac{|4a+3b-8|}{5}$일 때

$|4a+3b-8|=5b$

$4a+3b-8=5b$ 또는 $4a+3b-8=-5b$

$4a-8=2b$ 또는 $4a-8=-8b$

$a<2$이므로 $4a-8<0$이고 $b>0$이므로

$4a-8\neq 2b$

따라서 $4a-8=-8b$, 즉 $a-2=-2b$

(i), (ii)에서 $a+3=3b$, $a-2=-2b$이므로 두 식을 연립하여 풀면

$a=0$, $b=1$

즉, $I(0,\ 1)$이므로

$\overline{AI}=\sqrt{\left(-\dfrac{1}{5}\right)^2+\left(1-\dfrac{12}{5}\right)^2}=\sqrt{2}$

$\overline{BI}=\sqrt{3^2+1^2}=\sqrt{10}$

$\overline{CI}=\sqrt{(-2)^2+1^2}=\sqrt{5}$

따라서 점 I에서 세 꼭짓점에 이르는 거리 중 가장 큰 값은 $\sqrt{10}$이다.

답 $\sqrt{10}$

08 원의 방정식

개념 확인하기 본문 141쪽

01 $x^2+y^2=4$	**02** $(x-1)^2+(y-3)^2=16$
03 $(x+3)^2+(y-2)^2=4$	**04** $(x-5)^2+(y+2)^2=25$
05 $(x-4)^2+(y+4)^2=16$	
06 중심의 좌표: $(3,\ 0)$, 반지름의 길이: 2	
07 중심의 좌표: $(2,\ -4)$, 반지름의 길이: 3	
08 $k<25$	**09** $k<-1$ 또는 $k>1$
10 한 점에서 만난다.(접한다.)	**11** 만나지 않는다.
12 서로 다른 두 점에서 만난다.	**13** $-4<k<4$
14 $k=\pm 4$	**15** $k<-4$ 또는 $k>4$
16 $y=2x\pm 2\sqrt{5}$	
17 $x+\sqrt{3}y=4\left(\text{또는 } y=-\dfrac{\sqrt{3}}{3}x+\dfrac{4\sqrt{3}}{3}\right)$	
18 $x=-2$	

01 답 $x^2+y^2=4$

02 답 $(x-1)^2+(y-3)^2=16$

03 중심이 점 $(-3,\ 2)$이고 x축에 접하므로 원의 반지름의 길이는 중심의 y좌표의 절댓값과 같다.

답 $(x+3)^2+(y-2)^2=4$

04 중심이 점 $(5,\ -2)$이고 y축에 접하므로 원의 반지름의 길이는 중심의 x좌표의 절댓값과 같다.

답 $(x-5)^2+(y+2)^2=25$

05 중심이 점 $(4,\ -4)$이고 x축과 y축에 동시에 접하므로 원의 반지름의 길이는 4이다.

답 $(x-4)^2+(y+4)^2=16$

06 $x^2+y^2-6x+5=0$에서

$(x-3)^2+y^2=4$

이므로 원의 중심의 좌표는 $(3,\ 0)$이고, 반지름의 길이는 2이다.

답 중심의 좌표: $(3,\ 0)$, 반지름의 길이: 2

07 $x^2+y^2-4x+8y+11=0$에서

$(x-2)^2+(y+4)^2=9$

이므로 원의 중심의 좌표는 $(2,\ -4)$이고, 반지름의 길이는 3이다.

답 중심의 좌표: $(2,\ -4)$, 반지름의 길이: 3

08 $x^2+y^2-8x+6y+k=0$에서

$(x-4)^2+(y+3)^2=25-k$

이 방정식이 원을 나타내므로

$25-k>0$, $k<25$

답 $k<25$

09 $x^2+y^2-4kx+8y+20=0$에서
$(x-2k)^2+(y+4)^2=4(k^2-1)$
이 방정식이 원을 나타내므로
$4(k^2-1)>0$, $(k+1)(k-1)>0$
$k<-1$ 또는 $k>1$

$\qquad\qquad\qquad\qquad\qquad$ 🔁 $k<-1$ 또는 $k>1$

10 원 $x^2+y^2=8$의 중심 $(0,0)$과 직선 $x-y+4=0$ 사이의 거리는
$$\frac{|4|}{\sqrt{1^2+(-1)^2}}=2\sqrt{2}$$
이고, 이는 원의 반지름의 길이 $2\sqrt{2}$와 같으므로 원과 직선은 한 점에서 만난다.(접한다.)

$\qquad\qquad\qquad\qquad$ 🔁 한 점에서 만난다.(접한다.)

11 원 $(x-1)^2+(y+2)^2=4$의 중심 $(1,-2)$와 직선 $2x+y+5=0$ 사이의 거리는
$$\frac{|2-2+5|}{\sqrt{2^2+1^2}}=\sqrt{5}$$
이고, 이는 원의 반지름의 길이 2보다 크므로 원과 직선은 만나지 않는다.

$\qquad\qquad\qquad\qquad\qquad\qquad$ 🔁 만나지 않는다.

12 $x^2+y^2+4x+4y+4=0$에서
$(x+2)^2+(y+2)^2=4$
원의 중심 $(-2,-2)$와 직선 $x-3y+1=0$ 사이의 거리는
$$\frac{|-2+6+1|}{\sqrt{1^2+(-3)^2}}=\frac{\sqrt{10}}{2}$$
이고, 이는 원의 반지름의 길이 2보다 작으므로 원과 직선은 서로 다른 두 점에서 만난다.

$\qquad\qquad\qquad\qquad$ 🔁 서로 다른 두 점에서 만난다.

13 원 $x^2+y^2-8=0$의 중심 $(0,0)$과 직선 $x+y+k=0$ 사이의 거리가 원의 반지름의 길이 $2\sqrt{2}$보다 작아야 하므로
$\dfrac{|k|}{\sqrt{1^2+1^2}}<2\sqrt{2}$에서 $|k|<4$
따라서 $-4<k<4$

$\qquad\qquad\qquad\qquad\qquad\qquad$ 🔁 $-4<k<4$

14 $\dfrac{|k|}{\sqrt{2}}=2\sqrt{2}$에서 $|k|=4$
따라서 $k=\pm4$

$\qquad\qquad\qquad\qquad\qquad\qquad$ 🔁 $k=\pm4$

15 $\dfrac{|k|}{\sqrt{2}}>2\sqrt{2}$에서 $|k|>4$
따라서 $k<-4$ 또는 $k>4$

$\qquad\qquad\qquad\qquad$ 🔁 $k<-4$ 또는 $k>4$

16 원 $x^2+y^2=4$에 접하고 기울기가 2인 직선의 방정식은
$y=2x\pm2\sqrt{2^2+1}$, 즉 $y=2x\pm2\sqrt{5}$

$\qquad\qquad\qquad\qquad\qquad\qquad$ 🔁 $y=2x\pm2\sqrt{5}$

17 원 $x^2+y^2=4$ 위의 점 $(1,\sqrt{3})$에서의 접선의 방정식은
$1\times x+\sqrt{3}\times y=4$, 즉 $x+\sqrt{3}y=4$

$\qquad\qquad$ 🔁 $x+\sqrt{3}y=4$ $\left(또는 y=-\dfrac{\sqrt{3}}{3}x+\dfrac{4\sqrt{3}}{3}\right)$

18 원 $x^2+y^2=4$ 위의 점 $(-2,0)$에서의 접선의 방정식은
$-2\times x+0\times y=4$, 즉 $x=-2$

$\qquad\qquad\qquad\qquad\qquad\qquad$ 🔁 $x=-2$

유형 완성하기
본문 142~153쪽

01 ④	**02** ⑤	**03** ②	**04** ②	**05** ④
06 ②	**07** ①	**08** ③	**09** ③	**10** ②
11 ③	**12** ①	**13** ⑤	**14** ④	**15** ⑤
16 ②	**17** ④	**18** ④	**19** ①	**20** ⑤
21 ③	**22** ②	**23** ③	**24** ④	**25** ②
26 ④	**27** ②	**28** ①	**29** ⑤	**30** ⑤
31 ⑤	**32** ③	**33** ③	**34** ②	**35** ①
36 ③	**37** ②	**38** ⑤	**39** ④	**40** ③
41 ②	**42** ③	**43** ④	**44** ①	**45** ⑤
46 ④	**47** ②	**48** ①	**49** ⑤	**50** ③
51 ④	**52** ②	**53** ①	**54** ⑤	**55** ②
56 ③	**57** ④	**58** ②	**59** ②	**60** ⑤
61 ②	**62** ③	**63** ⑤	**64** ①	**65** ④
66 ①	**67** ②	**68** ②	**69** ⑤	**70** ③

01 주어진 방정식을 변형하면
$(x+5)^2+(y+2)^2=4^2$
①, ② 중심의 좌표가 $(-5,-2)$이고 반지름의 길이가 4인 원이다.
③, ④, ⑤ 원의 중심과 x축 사이의 거리는 2, y축 사이의 거리는 5이다. 이때 원의 반지름의 길이는 4이므로 x축과 두 점에서 만나고 y축과는 만나지 않으며, 제2사분면과 제3사분면을 지난다.
따라서 옳지 않은 것은 ④이다.

$\qquad\qquad\qquad\qquad\qquad\qquad$ 🔁 ④

02 주어진 방정식을 변형하면
$(x-2)^2+(y+1)^2=4^2$
이므로 중심의 좌표가 $(2,-1)$이고 반지름의 길이가 4인 원이다.
따라서 도형의 넓이는 $\pi\times4^2=16\pi$

$\qquad\qquad\qquad\qquad\qquad\qquad$ 🔁 ⑤

03 중심의 좌표가 $(2, -3)$인 원의 반지름의 길이를 r라 하면 원의 방정식은
$(x-2)^2+(y+3)^2=r^2$
이 원이 원점을 지나므로
$(0-2)^2+(0+3)^2=r^2$, $r^2=13$
구하는 원의 방정식은
$(x-2)^2+(y+3)^2=13$
즉, $x^2+y^2-4x+6y=0$이므로
$A=-4$, $B=6$, $C=0$
따라서 $A+B+C=2$

답 ②

04 주어진 방정식을 변형하면
$(x-4)^2+(y+3)^2=-3k+25$
반지름의 길이가 2 이상인 원이 되려면
$-3k+25 \geq 4$, $k \leq 7$
따라서 자연수 k의 값은 1, 2, 3, …, 7로 그 개수는 7이다.

답 ②

05 주어진 방정식을 변형하면
$(x+4)^2+(y-k)^2=30-6k$
이므로 원이 되려면
$30-6k>0$, $k<5$
자연수 k의 값은 1, 2, 3, 4이다.
이때 원의 중심의 좌표가 $(-4, k)$이고 반지름의 길이가 $\sqrt{30-6k}$이므로
(i) $1 \leq k \leq 3$일 때,
$\sqrt{30-6k}>k$이므로 원이 제2사분면만 지나는 것은 아니다.
(ii) $k=4$일 때,
$\sqrt{30-6k}<k$이므로 원은 제2사분면만 지난다.
(i), (ii)에서 구하는 자연수 k의 값은 4이다.

답 ④

06 $\left(1+\dfrac{y^2}{20}\right)k^2+\left(7-\dfrac{y^2}{20}\right)k+x^2+10=0$에서
$x^2+\dfrac{1}{20}(k^2-k)y^2=-k^2-7k-10$
이고, 원의 방정식의 표준형은 x^2의 계수와 y^2의 계수가 모두 1이므로
$\dfrac{1}{20}(k^2-k)=1$에서
$k^2-k-20=0$, $(k+4)(k-5)=0$
$k=-4$ 또는 $k=5$ ······ ㉠
또, $-k^2-7k-10>0$이어야 하므로
$k^2+7k+10<0$에서 $(k+5)(k+2)<0$
$-5<k<-2$ ······ ㉡
㉠, ㉡에서 $k=-4$이므로 주어진 방정식은
$x^2+y^2=2$
따라서 중심의 좌표가 $(0, 0)$이고 반지름의 길이가 $\sqrt{2}$인 원이므로 원의 넓이는
$\pi \times (\sqrt{2})^2=2\pi$

답 ②

07 $x^2+y^2-4x+10y+13=0$에서
$(x-2)^2+(y+5)^2=16$
이므로 원의 중심의 좌표는 $(2, -5)$이다.
두 점 $(2, -5)$, $(-2, 2)$를 지나는 직선의 방정식은
$y-2=-\dfrac{7}{4}(x+2)$, 즉 $7x+4y+6=0$
따라서 $a=7$, $b=4$이므로
$ab=28$

답 ①

08 원의 중심의 좌표는 $(1, -2)$이고 반지름의 길이가 r인 원의 방정식은
$(x-1)^2+(y+2)^2=r^2$
$x^2+y^2-2x+4y+5-r^2=0$
이 식이 $x^2+y^2+ax-2ay+10a=0$과 같으므로
$a=-2$이고 $5-r^2=10a$에서 $r=5$
따라서 원의 방정식은 $(x-1)^2+(y+2)^2=25$이고 이 원 위의 점이 아닌 것은 ③ $(2, 3)$이다.

답 ③

09 원 $(x-a)^2+(y-b)^2=r^2$이 x축과 두 점 $(1, 0)$, $(-3, 0)$에서 만나므로 중심의 x좌표는 -1이고, y축과 두 점 $(0, 2-\sqrt{7})$, $(0, 2+\sqrt{7})$에서 만나므로 중심의 y좌표는 2이다.
즉, 원의 중심의 좌표는 $(-1, 2)$이므로
$a=-1$, $b=2$
또, 원의 반지름의 길이는 원의 중심 $(-1, 2)$와 원 위의 한 점 $(1, 0)$까지의 거리와 같으므로
$\sqrt{2^2+(-2)^2}=2\sqrt{2}$에서 $r^2=8$
따라서 $a+b+r^2=-1+2+8=9$

답 ③

10 $x^2+y^2-2x+4y-11=0$에서
$(x-1)^2+(y+2)^2=16$
이므로 원의 중심의 좌표는 $(1, -2)$이고 반지름의 길이는 4이다.
직선 $y=ax-4$가 원의 둘레의 길이를 이등분하려면 원의 중심 $(1, -2)$를 지나야 하므로
$-2=a-4$에서 $a=2$

답 ②

11 주어진 두 원의 방정식을 변형하면
$(x+5)^2+(y+2)^2=4$, $(x-7)^2+(y-3)^2=9$
이므로 원의 중심의 좌표는 각각 $(-5, -2)$, $(7, 3)$이다.
두 원의 넓이를 동시에 이등분하는 직선은 두 원의 중심을 모두 지나므로
$y-3=\dfrac{5}{12}(x-7)$
이 직선이 점 $(a, 8)$을 지나므로
$5=\dfrac{5}{12}(a-7)$에서 $a=19$

답 ③

12 $x^2+y^2-4x-12y+15=0$에서

$(x-2)^2+(y-6)^2=25$

이므로 원의 중심의 좌표는 $(2, 6)$이고 반지름의 길이는 5이다.

직선 $y=ax$가 원점을 지나므로 원의 중심을 지나게 하여 원을 먼저 이등분하고, 직선 $y=bx+c$가 원의 중심을 지나면서 직선 $y=ax$와 수직이 되도록 하면 두 직선에 의하여 원의 넓이가 사등분된다.

직선 $y=ax$가 원의 중심 $(2, 6)$을 지나므로

$6=2a$, $a=3$

이때 직선 $y=bx+c$의 기울기는 $-\dfrac{1}{3}$이고 원의 중심 $(2, 6)$을 지나므로

$y-6=-\dfrac{1}{3}(x-2)$에서

$y=-\dfrac{1}{3}x+\dfrac{20}{3}$

즉, $b=-\dfrac{1}{3}$, $c=\dfrac{20}{3}$

따라서 $a+b+c=3-\dfrac{1}{3}+\dfrac{20}{3}=\dfrac{28}{3}$

탑 ①

13 원의 중심의 좌표를 $(0, a)$라 하면 원의 중심에서 두 점 $(2, -3)$, $(-1, 0)$까지의 거리가 같으므로

$4+(a+3)^2=1+a^2$에서 $a^2+6a+13=a^2+1$

$6a=-12$, $a=-2$

따라서 중심의 좌표가 $(0, -2)$이므로 원의 반지름의 길이는 두 점 $(0, -2)$, $(-1, 0)$ 사이의 거리인 $\sqrt{5}$이다.

탑 ⑤

14 원의 중심이 직선 $y=3x-4$ 위에 있으므로 원의 중심의 좌표를 $(a, 3a-4)$라 하자.

원의 중심에서 원이 지나는 두 점 $A(-2, 2)$, $B(2, 6)$까지의 거리가 같으므로

$(a+2)^2+(3a-6)^2=(a-2)^2+(3a-10)^2$에서

$10a^2-32a+40=10a^2-64a+104$

$32a=64$, $a=2$

따라서 원의 중심의 좌표는 $(2, 2)$이므로

$a+b=2+2=4$

탑 ④

15 두 직선 $2x+y-1=0$, $2x+y+9=0$이 평행하므로 두 직선에 동시에 접하는 원의 중심은 두 직선과 평행하고 거리가 같은 직선 $2x+y+4=0$ 위에 있어야 한다.

즉, 원의 중심 $(1, k)$가 직선 $2x+y+4=0$ 위에 있으므로

$2+k+4=0$, $k=-6$

원의 반지름의 길이는 원의 중심 $(1, -6)$과 직선 $2x+y-1=0$ 사이의 거리와 같으므로

$r=\dfrac{|2-6-1|}{\sqrt{2^2+1^2}}=\sqrt{5}$

따라서 $k+r^2=-6+(\sqrt{5})^2=-1$

탑 ⑤

16 두 점 $A(3, 2)$, $B(-1, 6)$을 지름의 양 끝점으로 하는 원의 중심을 C라 하면 점 C는 선분 AB의 중점이므로 $C(1, 4)$이고, 원의 반지름의 길이는

$\overline{AC}=\sqrt{(1-3)^2+(4-2)^2}=2\sqrt{2}$

따라서 $a=1$, $b=4$, $r^2=8$이므로

$a+b+r^2=1+4+8=13$

탑 ②

17 두 점 $(1, -1)$, $(7, 3)$을 지름의 양 끝점으로 하는 원의 중심은 두 점 $(1, -1)$, $(7, 3)$을 이은 선분의 중점이므로 점 $(4, 1)$이고, 원의 반지름의 길이는 원의 중심과 원 위의 한 점 $(1, -1)$ 사이의 거리와 같으므로

$\sqrt{(4-1)^2+(1+1)^2}=\sqrt{13}$

원의 중심 $(4, 1)$을 C라 하고, 점 C에서 x축에 내린 수선의 발을 H, 원과 x축의 교점 중 하나를 A라 하면 삼각형 CHA는 직각삼각형이다.

$\overline{CH}=1$, $\overline{CA}=\sqrt{13}$이므로 피타고라스 정리에 의하여

$\overline{AH}=\sqrt{(\sqrt{13})^2-1^2}=2\sqrt{3}$

따라서 원이 x축과 만나는 두 점 사이의 거리는

$2\overline{AH}=4\sqrt{3}$

탑 ④

18 $3x+y-7=0$에서 $y=7-3x$이므로 원의 방정식에 대입하면

$x^2+(7-3x)^2+4x-6(7-3x)-7=0$

$x^2-2x=0$, $x(x-2)=0$

$x=0$ 또는 $x=2$

원과 직선의 두 교점은 $(0, 7)$, $(2, 1)$이므로 두 교점을 지름의 양 끝점으로 하는 원의 중심의 좌표는 $(1, 4)$이고, 원의 반지름의 길이는

$\sqrt{(1-0)^2+(4-7)^2}=\sqrt{10}$

따라서 $a=1$, $b=4$, $r=\sqrt{10}$이므로

$abr^2=1\times4\times10=40$

탑 ④

19 $x^2+y^2+4x-2y-a+10=0$에서

$(x+2)^2+(y-1)^2=a-5$

이 원의 중심의 좌표는 $(-2, 1)$이고 반지름의 길이는 $\sqrt{a-5}$이다.

이 원이 y축에 접하려면 반지름의 길이가 2이어야 하므로

$\sqrt{a-5}=2$에서 $a=9$

탑 ①

20 점 $(4, 0)$에서 x축에 접하는 원의 중심의 좌표를 $(4, k)$라 하면 원의 방정식은 다음과 같이 표현할 수 있다.

$(x-4)^2+(y-k)^2=k^2$

이 원이 점 $(8, 8)$을 지나므로

$16+(8-k)^2=k^2$

$-16k+80=0$, $k=5$

따라서 원의 넓이는 $\pi\times5^2=25\pi$

탑 ⑤

21 중심이 직선 $4x+y+2=0$ 위에 있고 x축에 접하므로 원의 중심의 좌표를 $(a, -4a-2)$라 하면 원의 방정식은
$$(x-a)^2+(y+4a+2)^2=(4a+2)^2$$
이 원이 점 $(10, -4)$를 지나므로
$$(10-a)^2+(4a-2)^2=(4a+2)^2$$
$$a^2-52a+100=0, \ (a-2)(a-50)=0$$
$$a=2 \ \text{또는} \ a=50$$
따라서 두 원의 반지름의 길이는 10, 202이므로 큰 원의 반지름의 길이는 202이다.

답 ③

22 x축과 y축에 동시에 접하므로 원의 중심은 x좌표의 절댓값과 y좌표의 절댓값이 같다.
따라서 원의 중심은 직선 $y=x$ 또는 $y=-x$ 위에 있다.
직선 $y=2x+4$와 직선 $y=x$의 교점의 x좌표는
$2x+4=x$에서 $x=-4$
즉, 중심의 좌표가 $(-4, -4)$이고 반지름의 길이가 4인 원이 조건을 만족시킨다.
직선 $y=2x+4$와 직선 $y=-x$의 교점의 x좌표는
$2x+4=-x$에서 $x=-\dfrac{4}{3}$
즉, 중심의 좌표가 $\left(-\dfrac{4}{3}, \dfrac{4}{3}\right)$이고 반지름의 길이가 $\dfrac{4}{3}$인 원이 조건을 만족시킨다.
따라서 두 원의 반지름의 길이의 합은
$$4+\dfrac{4}{3}=\dfrac{16}{3}$$

답 ②

23 점 $(6, -2)$를 지나고 x축과 y축에 동시에 접하므로 원이 제4사분면에 위치한다.
양수 a에 대하여 원의 방정식을
$$(x-a)^2+(y+a)^2=a^2$$
으로 놓으면 점 $(6, -2)$를 지나므로
$$(6-a)^2+(-2+a)^2=a^2$$
$$a^2-16a+40=0$$
$$a=8\pm2\sqrt{6}$$
따라서 두 원의 중심의 좌표는 $(8-2\sqrt{6}, -8+2\sqrt{6})$, $(8+2\sqrt{6}, -8-2\sqrt{6})$이므로 두 원의 중심 사이의 거리는
$$\sqrt{(4\sqrt{6})^2+(-4\sqrt{6})^2}=8\sqrt{3}$$

답 ③

24 (i) 중심이 원 $(x-3)^2+(y+4)^2=49$와 직선 $y=x$의 교점일 때,
$y=x$를 $(x-3)^2+(y+4)^2=49$에 대입하면
$(x-3)^2+(x+4)^2=49$에서
$x^2+x-12=0, \ (x+4)(x-3)=0$
$x=-4$ 또는 $x=3$
이때 원의 반지름의 길이는 4, 3이다.

(ii) 중심이 원 $(x-3)^2+(y+4)^2=49$와 직선 $y=-x$의 교점일 때,
$y=-x$를 $(x-3)^2+(y+4)^2=49$에 대입하면
$(x-3)^2+(-x+4)^2=49$에서
$x^2-7x-12=0, \ x=\dfrac{7\pm\sqrt{97}}{2}$
이때 원의 반지름의 길이는 $\dfrac{7+\sqrt{97}}{2}$, $\dfrac{\sqrt{97}-7}{2}$이다.

(i), (ii)에서 구하는 모든 원의 반지름의 길이의 합은
$$4+3+\dfrac{7+\sqrt{97}}{2}+\dfrac{\sqrt{97}-7}{2}=7+\sqrt{97}$$
따라서 $a=7$, $b=97$이므로 $a+b=104$

답 ④

25 $x^2+y^2=4$는 중심이 원점 $O(0, 0)$이고 반지름의 길이가 2인 원이다.
따라서 선분 AP의 길이의 최댓값은
$$\overline{OA}+(\text{반지름의 길이})=\sqrt{6^2+(-8)^2}+2=12$$

답 ②

26 $x^2+y^2-24x-10y+144=0$에서
$$(x-12)^2+(y-5)^2=25$$
이므로 중심의 좌표가 $(12, 5)$이고 반지름의 길이가 5인 원이다.
원의 중심을 C라 하면 $\overline{OC}=\sqrt{12^2+5^2}=13$이므로 선분 OP의 길이의
최댓값은 $M=\overline{OC}+(\text{반지름의 길이})=13+5=18$
최솟값은 $m=\overline{OC}-(\text{반지름의 길이})=13-5=8$
따라서 $\dfrac{m}{M}=\dfrac{8}{18}=\dfrac{4}{9}$

답 ④

27 원 $(x-1)^2+(y+6)^2=16$은 중심이 점 $(1, -6)$이고 반지름의 길이가 4인 원이다.
$x^2+y^2+8x-12y+43=0$에서
$$(x+4)^2+(y-6)^2=9$$
이므로 중심이 점 $(-4, 6)$이고 반지름의 길이가 3인 원이다.
선분 PQ의 길이의 최댓값은 두 점 $(1, -6)$, $(-4, 6)$ 사이의 거리에 두 원의 반지름의 길이를 더한 값과 같으므로
$$\sqrt{(-4-1)^2+(6+6)^2}+4+3=20$$

답 ②

28 두 점 P, M의 좌표를 각각 (a, b), (x, y)라 하자.
점 M은 선분 PA의 중점이므로
$$x=\dfrac{a+8}{2}, \ y=\dfrac{b-4}{2}$$
$$a=2x-8, \ b=2y+4 \quad \cdots\cdots \ \ominus$$
점 P가 원 $x^2+y^2=4$ 위의 점이므로
$$a^2+b^2=4$$
위의 식에 $\ominus$을 대입하면
$(2x-8)^2+(2y+4)^2=4$에서
$$(x-4)^2+(y+2)^2=1$$
따라서 점 M이 나타내는 도형은 중심의 좌표가 $(4, -2)$이고 반지름의 길이가 1인 원이므로 넓이는 π이다.

답 ①

29 $\overline{PA} : \overline{PB} = 1 : 3$이므로 $3\overline{PA} = \overline{PB}$

$P(x, y)$라 하면 $9\overline{PA}^2 = \overline{PB}^2$에서

$9(x+2)^2 + 9y^2 = (x-6)^2 + y^2$

$x^2 + 6x + y^2 = 0$

$(x+3)^2 + y^2 = 9$

따라서 점 P가 나타내는 도형은 중심의 좌표가 $(-3, 0)$이고 반지름의 길이가 3인 원이므로 둘레의 길이는 6π이다.

답 ⑤

30 $\overline{PA}^2 + \overline{PB}^2 = 34$에서

$(a-1)^2 + (b+2)^2 + (a+3)^2 + (b-4)^2 = 34$

$2a^2 + 4a + 2b^2 - 4b + 30 = 34$, $a^2 + 2a + b^2 - 2b - 2 = 0$

$(a+1)^2 + (b-1)^2 = 4$

이므로 점 $P(a, b)$가 그리는 도형은 중심의 좌표가 $(-1, 1)$이고 반지름의 길이가 2인 원이다.

이때 $(a-3)^2 + (b+2)^2$은 점 (a, b)와 점 $(3, -2)$ 사이의 거리의 제곱이므로 $(a-3)^2 + (b+2)^2$의 최댓값은

점 $(3, -2)$와 원 $(a+1)^2 + (b-1)^2 = 4$ 위의 점과의 거리의 최댓값의 제곱과 같다.

점 $(3, -2)$와 원의 중심 $(-1, 1)$ 사이의 거리는

$\sqrt{(-1-3)^2 + (1+2)^2} = 5$이므로 원 위의 점과의 거리의 최댓값은

$5+2 = 7$

따라서 $(a-3)^2 + (b+2)^2$의 최댓값은 $7^2 = 49$

답 ⑤

31 변 AB의 수직이등분선의 방정식은

$y - \dfrac{7}{2} = -3\left(x + \dfrac{1}{2}\right)$ ······ ㉠

변 BC의 수직이등분선의 방정식은

$y - \dfrac{5}{2} = 7\left(x - \dfrac{3}{2}\right)$ ······ ㉡

㉠, ㉡을 연립하면 풀면

$x = 1$, $y = -1$

이므로 외접원의 중심의 좌표는 $(1, -1)$이고, 외접원의 반지름의 길이는 원의 중심과 점 A 사이의 거리와 같으므로

$\sqrt{(1-1)^2 + (4+1)^2} = 5$

따라서 $a = 1$, $b = -1$, $r = 5$에서 $a + b + r = 5$

답 ⑤

32 세 직선 $x + y = 0$, $x - y + 1 = 0$, $3x + y + 5 = 0$을 각각 l, m, n이라 하자.

두 직선 l, m의 교점을 $A\left(-\dfrac{1}{2}, \dfrac{1}{2}\right)$,

두 직선 l, n의 교점을 $B\left(-\dfrac{5}{2}, \dfrac{5}{2}\right)$,

두 직선 n, m의 교점을 $C\left(-\dfrac{3}{2}, -\dfrac{1}{2}\right)$이라 하면

이때 두 직선 l, m이 수직이므로 선분 BC의 중점 $(-2, 1)$이 직각삼각형 ABC의 외접원의 중심이다.

외접원의 반지름의 길이는 원의 중심에서 원 위의 한 점 A까지의 거리와 같으므로

$\sqrt{\left(-2 + \dfrac{1}{2}\right)^2 + \left(1 - \dfrac{1}{2}\right)^2} = \dfrac{\sqrt{10}}{2}$

따라서 외접원의 방정식은

$(x+2)^2 + (y-1)^2 = \dfrac{5}{2}$

즉, $x^2 + y^2 + 4x - 2y + \dfrac{5}{2} = 0$이므로

$A = 4$, $B = -2$, $C = \dfrac{5}{2}$

따라서 $A + B + C = \dfrac{9}{2}$

답 ③

33 두 점 A, B를 지나는 직선의 기울기가 1이고, 두 점 A, C를 지나는 직선의 기울기가 -1이므로 삼각형 ABC는 $\angle CAB = 90°$인 직각삼각형이다.

이때 삼각형 ABC의 외심은 빗변 BC의 중점 $(-2, 1)$이고, 외접원의 반지름의 길이는 외심으로부터 원 위의 한 점 A까지의 거리와 같으므로

$\sqrt{(1+2)^2 + (-3-1)^2} = 5$

따라서 외접원의 방정식은

$(x+2)^2 + (y-1)^2 = 25$

외접원이 직선 $y = 2x$와 만나는 점의 x좌표는

$(x+2)^2 + (2x-1)^2 = 25$에서

$5x^2 = 20$, $x = \pm 2$

제3사분면에서 만나는 점 D의 좌표는 $D(-2, -4)$

따라서 선분 BD의 길이는

$\sqrt{(-2-2)^2 + (-4+2)^2} = 2\sqrt{5}$

답 ③

34 두 원의 교점을 지나는 직선의 방정식은

$x^2 + y^2 + 2x + ay - 11 - (x^2 + y^2 + ax - 2y + 1) = 0$

$(2-a)x + (a+2)y - 12 = 0$

이 직선이 점 $(4, 6)$을 지나므로

$4(2-a) + 6(a+2) - 12 = 0$

$8 - 4a + 6a + 12 - 12 = 0$

따라서 $a = -4$

답 ②

35 $(x-4)^2 + (y+1)^2 = a$에서

$x^2 + y^2 - 8x + 2y + 17 - a = 0$ ······ ㉠

$(x-5)^2 + (y-1)^2 = 9$에서

$x^2 + y^2 - 10x - 2y + 17 = 0$ ······ ㉡

㉠ - ㉡을 하면 두 원의 교점을 지나는 직선의 방정식은

$2x + 4y - a = 0$

이 직선이 원 $(x-5)^2 + (y-1)^2 = 9$의 중심 $(5, 1)$을 지나야 하므로

$10 + 4 - a = 0$, $a = 14$

답 ①

36 중심이 원점이고 반지름의 길이가 3인 원의 방정식은

$x^2+y^2=9$ ...... ㉠

두 점 P, Q를 지나고 점 $(-1, 0)$에서 x축에 접하는 원은 반지름의 길이가 3인 원의 일부이므로 원의 중심은 점 $(-1, 3)$임을 알 수 있다.

즉, 원의 방정식은

$(x+1)^2+(y-3)^2=9$ ...... ㉡

㉡−㉠을 하면 두 원의 교점 P, Q를 지나는 직선의 방정식은

$2x-6y+10=0$에서 $x-3y+5=0$

따라서 구하는 직선의 y절편은 $\dfrac{5}{3}$이다.

답 ③

37 두 원의 공통인 현을 지나는 직선의 방정식은

$x^2+y^2-20-(x^2+y^2-16x+12y)=0$에서

$4x-3y-5=0$

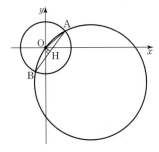

두 원의 교점을 A, B라 하고, 원점 O에서 공통인 현에 내린 수선의 발을 H라 하면 삼각형 OHA는 직각삼각형이다.

$\overline{OH}=\dfrac{|-5|}{\sqrt{4^2+(-3)^2}}=1$, $\overline{OA}=\sqrt{20}$

이므로 피타고라스 정리에 의하여

$\overline{AH}=\sqrt{(\sqrt{20})^2-1^2}=\sqrt{19}$

따라서 공통인 현의 길이는 $\overline{AB}=2\overline{AH}=2\sqrt{19}$이므로

$d=2\sqrt{19}$에서 $d^2=76$

답 ②

38 주어진 원 C의 방정식을 변형하면

$(x+1)^2+(y+1)^2=25$ ...... ㉠

㉠은 중심이 $C(-1, -1)$이고 반지름의 길이가 5인 원이다.

두 점 A, B를 지나고 점 $(-3, 0)$에서 x축에 접하는 원은 반지름의 길이가 5인 원의 일부이므로 원의 중심은 점 $(-3, -5)$임을 알 수 있다.

즉, 원의 방정식은

$(x+3)^2+(y+5)^2=25$ ...... ㉡

㉡−㉠을 하면 두 원의 교점 A, B를 지나는 직선의 방정식은

$4x+8y+32=0$에서 $x+2y+8=0$

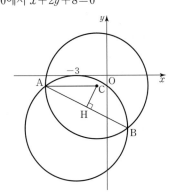

중심 C에서 $\overline{AB}$에 내린 수선의 발을 H라 하면 삼각형 CAH는 직각삼각형이고

$\overline{CH}=\dfrac{|-1-2+8|}{\sqrt{1^2+2^2}}=\sqrt{5}$, $\overline{CA}=5$

이므로 피타고라스 정리에 의하여

$\overline{AH}=\sqrt{5^2-(\sqrt{5})^2}=2\sqrt{5}$

따라서 $\overline{AB}=2\overline{AH}=4\sqrt{5}$

답 ⑤

39 주어진 두 원이 두 점 P, Q에서 만나므로 두 교점을 지나는 직선의 방정식은

$(x^2+y^2-6x-2y-1)-(x^2+y^2-8x-2ay+a^2+15)=0$

$2x+(2a-2)y-a^2-16=0$ ...... ㉠

원의 방정식 $x^2+y^2-8x-2ay+a^2+15=0$을 변형하면

$(x-4)^2+(y-a)^2=1$ ...... ㉡

두 점 P, Q는 원 ㉡ 위의 점이므로 직선 ㉠이 원 ㉡의 중심 $(4, a)$를 지날 때, 선분 PQ의 길이가 최대가 된다.

㉠에 $x=4$, $y=a$를 대입하면

$8+2a^2-2a-a^2-16=0$

$a^2-2a-8=0$

$(a-4)(a+2)=0$

$a>0$이므로 $a=4$

답 ④

40 원 $x^2+y^2-4x-6=0$은

$(x-2)^2+y^2=10$

에서 중심의 좌표가 $(2, 0)$이고 반지름의 길이가 $\sqrt{10}$이다.

이 원과 직선 $y=3x+k$가 서로 다른 두 점에서 만나려면 원의 중심과 직선 사이의 거리가 원의 반지름의 길이보다 작아야 한다.

즉, $\dfrac{|6+k|}{\sqrt{3^2+(-1)^2}}<\sqrt{10}$에서

$|6+k|<10$

$-10<6+k<10$

$-16<k<4$

따라서 정수 k의 값은 $-15, -14, -13, \cdots, 3$으로 그 개수는 19이다.

답 ③

41 원의 중심 $(0, -6)$과 직선 $12x+5y-60=0$ 사이의 거리가 원의 반지름의 길이보다 작아야 하므로

$\dfrac{|-30-60|}{\sqrt{12^2+5^2}}<r$에서 $r>\dfrac{90}{13}=6.\times\times\times$

따라서 자연수 r의 최솟값은 7이다.

답 ②

42 원의 중심 $(-4, -a)$와 직선 $4x-3y+a=0$ 사이의 거리가 원의 반지름의 길이보다 작아야 하므로

$\dfrac{|-16+3a+a|}{\sqrt{4^2+(-3)^2}}<4$

$|4a-16|<20$, $-20<4a-16<20$

$-1<a<9$

따라서 정수 a의 최댓값은 8, 최솟값은 0이므로 그 합은
$$8+0=8$$
탑 ③

43 원의 중심 $C(1, 1)$에서 직선 $2x-y+4=0$에 내린 수선의 발을 H라 하면
$$\overline{CH}=\frac{|2-1+4|}{\sqrt{2^2+(-1)^2}}=\sqrt{5}$$
$\overline{CA}=3$이므로 직각삼각형 CHA에서
$$3^2=(\sqrt{5})^2+\overline{AH}^2$$
$$\overline{AH}^2=4, \overline{AH}=2$$
따라서 $\overline{AB}=2\overline{AH}=4$
탑 ④

44 원의 중심 $O(0, 0)$과 직선 $3x-y+10=0$ 사이의 거리는
$$\frac{10}{\sqrt{3^2+(-1)^2}}=\sqrt{10}$$
원의 중심에서 현 AB에 내린 수선의 발을 H라 하면
$$\overline{AH}=\frac{1}{2}\overline{AB}=3$$
직각삼각형 OHA에서 피타고라스 정리에 의하여
$$r^2=(\sqrt{10})^2+3^2, r^2=19$$
$r>0$이므로 $r=\sqrt{19}$
탑 ①

45 $x^2+y^2-4x-2y-3=0$에서
$$(x-2)^2+(y-1)^2=8$$
이고, 직선 $y=mx$는 원점을 지나는 직선이다.
원의 중심을 C라 할 때, 점 C에서 직선 $y=mx$에 내린 수선의 발을 H라 하면 현 AB의 길이는 $\overline{CH}$의 길이가 길수록 짧아지고, $\overline{CH}$는 원점 O에 대하여 직선 OC와 직선 $y=mx$가 수직일 때 가장 길다.
즉, 직선 OC의 기울기가 $\frac{1}{2}$이므로 $m=-2$일 때, 현 AB의 길이가 가장 짧다.
이때 $\overline{CH}=\frac{|4+1|}{\sqrt{2^2+1^2}}=\sqrt{5}$이고 직각삼각형 CHA에서
피타고라스 정리에 의하여
$$8=\overline{AH}^2+(\sqrt{5})^2$$
$$\overline{AH}^2=3, \overline{AH}=\sqrt{3}$$
따라서 현 AB의 길이의 최솟값은 $2\sqrt{3}$이다.
탑 ⑤

46 원과 직선이 접하므로 원의 중심 $(2, 3)$과
직선 $2x-y+k=0$ 사이의 거리는 원의 반지름의 길이 $\sqrt{5}$와 같다.
즉, $\frac{|4-3+k|}{\sqrt{2^2+(-1)^2}}=\sqrt{5}$에서
$$|k+1|=5$$
k는 양수이므로 $k=4$
탑 ④

47 원의 넓이가 9π이므로 원의 반지름의 길이는 3이다.
원과 직선이 접하므로 원의 중심 $(2, -1)$과 직선 $4x+3y+k=0$ 사이의 거리는 원의 반지름의 길이와 같다.
즉, $\frac{|8-3+k|}{\sqrt{4^2+3^2}}=3$에서
$$|k+5|=15$$
k는 음수이므로 $k=-20$
탑 ②

48 원의 중심 (a, b)와 두 직선 $3x-4y=0$, $3x+4y-10=0$ 사이의 거리가 같으므로
$$\frac{|3a-4b|}{5}=\frac{|3a+4b-10|}{5}$$에서
$$|3a-4b|=|3a+4b-10|$$
$$3a-4b=\pm(3a+4b-10)$$
$$b=\frac{5}{4} \text{ 또는 } a=\frac{5}{3}$$
그런데 $a<0$이므로
$$b=\frac{5}{4}$$
원의 중심이 직선 $x+4y=0$ 위에 있으므로
$a+4b=0$에 $b=\frac{5}{4}$를 대입하면
$$a+5=0, a=-5$$
이때 원의 반지름의 길이는 원의 중심 $\left(-5, \frac{5}{4}\right)$와 직선 $3x-4y=0$ 사이의 거리와 같으므로
$$r=\frac{|-15-5|}{\sqrt{3^2+(-4)^2}}=4$$
따라서 $a+b+r=-5+\frac{5}{4}+4=\frac{1}{4}$
탑 ①

49 점 P에서 원에 그은 접선의 접점을 H라 하면 원의 할선과 접선의 관계에 의하여
$$\overline{PA}\times\overline{PB}=\overline{PH}^2$$
삼각형 OHP는 직각삼각형이므로 피타고라스 정리에 의하여
$$\overline{PH}^2=\overline{OP}^2-\overline{OH}^2$$
$$=(5^2+3^2)-2^2=30$$
따라서 $\overline{PA}\times\overline{PB}=30$
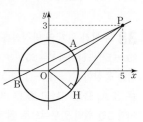
탑 ⑤

50 원의 중심 $O(0, 0)$에서 점 P를 지나는 직선에 내린 수선의 발을 H라 하자.
$\overline{OP}=t$이고 $\angle OPH=45°$이므로
$$\overline{OH}=\overline{HP}=\frac{t}{\sqrt{2}}$$
또, 직각삼각형 OHA에서 피타고라스 정리에 의하여
$$\overline{AH}=\sqrt{2^2-\left(\frac{t}{\sqrt{2}}\right)^2}=\sqrt{4-\frac{t^2}{2}}$$
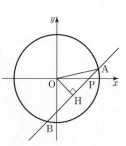

$\overline{AP} = \overline{AH} - \overline{HP} = \sqrt{4 - \dfrac{t^2}{2}} - \dfrac{t}{\sqrt{2}}$

$\overline{BP} = \overline{BH} + \overline{HP} = \overline{AH} + \overline{HP} = \sqrt{4 - \dfrac{t^2}{2}} + \dfrac{t}{\sqrt{2}}$

따라서 $\overline{AP}^2 + \overline{BP}^2 = 2\left(4 - \dfrac{t^2}{2}\right) + t^2 = 8$

답 ③

51 원과 직선이 만나지 않으려면 원의 중심 $(-3, 0)$과 직선 $y = 2x + k$ 사이의 거리가 원의 반지름의 길이 $\sqrt{5}$보다 커야 하므로

$\dfrac{|-6+k|}{\sqrt{2^2+(-1)^2}} > \sqrt{5}$에서 $|k-6| > 5$

$k - 6 < -5$ 또는 $k - 6 > 5$

$k < 1$ 또는 $k > 11$

따라서 자연수 k의 최솟값은 12이다.

답 ④

52 원과 직선이 만나지 않으려면 원의 중심 $(2k, k)$와 직선 $3x + y - 6 = 0$ 사이의 거리가 원의 반지름의 길이 $2\sqrt{10}$보다 커야 하므로

$\dfrac{|6k+k-6|}{\sqrt{3^2+1^2}} > 2\sqrt{10}$에서 $|7k-6| > 20$

$7k - 6 < -20$ 또는 $7k - 6 > 20$

$k < -2$ 또는 $k > \dfrac{26}{7}$

따라서 $\alpha = -2$, $\beta = \dfrac{26}{7}$이므로 $\alpha + 7\beta = 24$

답 ②

53 두 점 $(0, -4)$, $(2k+4, 2k)$를 지름의 양 끝점으로 하는 원의 중심은 $(k+2, k-2)$이고 반지름의 길이는

$\sqrt{(k+2)^2 + (k-2+4)^2} = \sqrt{2(k+2)^2} = \sqrt{2}\,|k+2|$

원과 직선이 만나지 않으려면 원의 중심과 직선 $y = x + 7$ 사이의 거리가 원의 반지름의 길이보다 커야 하므로

$\dfrac{|k+2-k+2+7|}{\sqrt{1^2+(-1)^2}} > \sqrt{2}\,|k+2|$

$|k+2| < \dfrac{11}{2}$, $-\dfrac{11}{2} < k+2 < \dfrac{11}{2}$

$-\dfrac{15}{2} < k < \dfrac{7}{2}$

따라서 정수 k의 값은 -7, -6, -5, $\cdots$, 3이고, 조건에서 $k \ne -2$이므로 그 개수는 10이다.

답 ①

54 원 $(x-2)^2 + (y+\sqrt{3})^2 = 4$의 중심 $(2, -\sqrt{3})$과 직선 $x - \sqrt{3}y + 5 = 0$ 사이의 거리는

$\dfrac{|2+3+5|}{\sqrt{1^2+(-\sqrt{3})^2}} = 5$

이때 원의 반지름의 길이는 2이므로 원 위의 점 P와 직선 사이의 거리의 최댓값과 최솟값은 각각

$M = 5 + 2 = 7$, $m = 5 - 2 = 3$

따라서 $Mm = 21$

답 ⑤

55 원의 중심 $(5, 2)$와 직선 $3x + 4y + 27 = 0$ 사이의 거리는

$\dfrac{|15+8+27|}{\sqrt{3^2+4^2}} = 10$

이때 원의 반지름의 길이가 3이므로 원 위의 점 P와 직선 사이의 거리의 최댓값은 $10 + 3 = 13$이고, 최솟값은 $10 - 3 = 7$이다.

거리 d가 정수인 점은 $d = 13$일 때와 $d = 7$일 때 각각 1개이고, $8 \le d \le 12$일 때 각각 2개이다.

따라서 점 P의 개수는 $1 + 2 \times 5 + 1 = 12$

답 ②

56 선분 AH의 길이는 점 $A(7, -1)$과 직선 $y = -2x + 3$ 사이의 거리이므로

$\dfrac{|14-1-3|}{\sqrt{2^2+1^2}} = 2\sqrt{5}$

두 점 A, H를 지나는 직선은 기울기가 $\dfrac{1}{2}$이고 점 $A(7, -1)$을 지나므로

$y + 1 = \dfrac{1}{2}(x-7)$에서 $x - 2y - 9 = 0$

원의 중심 $(-4, 6)$과 직선 $x - 2y - 9 = 0$ 사이의 거리는

$\dfrac{|-4-12-9|}{\sqrt{1^2+(-2)^2}} = 5\sqrt{5}$

이때 삼각형 AHP에서 밑변을 $\overline{AH}$라 하면 원의 반지름의 길이가 $2\sqrt{5}$이므로 높이의 최댓값은 $5\sqrt{5} + 2\sqrt{5} = 7\sqrt{5}$이고, 최솟값은 $5\sqrt{5} - 2\sqrt{5} = 3\sqrt{5}$이다.

따라서 삼각형 AHP의 넓이의 최댓값과 최솟값은 각각

$M = \dfrac{1}{2} \times 2\sqrt{5} \times 7\sqrt{5} = 35$

$m = \dfrac{1}{2} \times 2\sqrt{5} \times 3\sqrt{5} = 15$

이므로 $M + m = 50$

답 ③

57 직선 $x + 3y + 2 = 0$의 기울기가 $-\dfrac{1}{3}$이므로 수직인 직선의 기울기는 3이다.

기울기가 3이고 원 $x^2 + y^2 = 4$에 접하는 직선의 방정식은

$y = 3x \pm 2\sqrt{3^2+1}$, 즉 $y = 3x \pm 2\sqrt{10}$

따라서 $a = 3$, $b = 2\sqrt{10}$이므로

$a + b^2 = 3 + 40 = 43$

답 ④

58 원 $x^2 + y^2 = (2\sqrt{2})^2$에 접하고 기울기가 $\sqrt{2}$인 직선의 방정식은

$y = \sqrt{2}x \pm 2\sqrt{2}\sqrt{(\sqrt{2})^2 + 1}$에서 $y = \sqrt{2}x \pm 2\sqrt{6}$

이때 두 직선의 x절편은 각각 $-2\sqrt{3}$, $2\sqrt{3}$이므로

$a = 2\sqrt{3}$

두 직선의 y절편은 각각 $2\sqrt{6}$, $-2\sqrt{6}$이므로

$b = 2\sqrt{6}$

따라서 $\dfrac{b}{a} = \sqrt{2}$

답 ②

59 원 $x^2+y^2=4$에 접하고 기울기가 $\frac{1}{2}$인 직선의 방정식은

$y=\frac{1}{2}x\pm2\sqrt{\left(\frac{1}{2}\right)^2+1}$에서 $y=\frac{1}{2}x\pm\sqrt{5}$

$a>b$에서 $a=\sqrt{5}$, $b=-\sqrt{5}$

점 $B(0,\ -\sqrt{5})$를 지나고 y축에 수직인 직선 l_3의 방정식은
$y=-\sqrt{5}$

이때 직선 l_3과 직선 l_1: $y=\frac{1}{2}x+\sqrt{5}$의 교점을 구하기 위해

두 방정식을 연립하여 풀면 $x=-4\sqrt{5}$, $y=-\sqrt{5}$이므로
$C(-4\sqrt{5},\ -\sqrt{5})$

따라서 삼각형 ABC의 넓이는

$\frac{1}{2}\times\overline{AB}\times\overline{BC}=\frac{1}{2}\times2\sqrt{5}\times4\sqrt{5}=20$

답 ②

60 원 $x^2+y^2=25$ 위의 점 $(4,\ 3)$에서의 접선의 방정식은
$4x+3y=25$

이 직선이 원 $(x+1)^2+(y+2)^2=k$에 접하므로
원의 중심 $(-1,\ -2)$와 직선 $4x+3y=25$ 사이의 거리는

$\dfrac{|-4-6-25|}{\sqrt{4^2+3^2}}=7$

따라서 $k=7^2=49$

답 ⑤

61 원 $x^2+y^2=9$ 위의 점 $(3,\ 0)$에서의 접선 l_1의 방정식은
$3x=9$, 즉 $x=3$ ······ ㉠

원 $(x+1)^2+(y-2)^2=5$의 중심 $(-1,\ 2)$와 점 $(1,\ 1)$을 지나는 직선의 기울기는

$\dfrac{1-2}{1-(-1)}=-\dfrac{1}{2}$

이므로 점 $(1,\ 1)$에서의 접선 l_2의 기울기는 2이다.

접선 l_2의 방정식은

$y-1=2(x-1)$, 즉 $y=2x-1$ ······ ㉡

㉠, ㉡에서 두 직선 l_1, l_2의 교점은 $(3,\ 5)$이다.

따라서 $a=3$, $b=5$이므로
$ab=15$

답 ②

62 원 $x^2+y^2=16$ 위의 점 $P(a,\ b)$에서의 접선의 방정식은
$ax+by=16$

이므로 점 Q의 좌표는 $\left(\dfrac{16}{a},\ 0\right)$이고, 점 R의 좌표는 $\left(0,\ \dfrac{16}{b}\right)$이다.

삼각형 OQR가 직각삼각형이므로 피타고라스 정리에 의하여

$\left(\dfrac{16}{a}\right)^2+\left(\dfrac{16}{b}\right)^2=128$

$\dfrac{256}{a^2}+\dfrac{256}{b^2}=128$, $\dfrac{a^2+b^2}{a^2b^2}=\dfrac{1}{2}$ ······ ㉠

한편, 점 $P(a,\ b)$는 원 $x^2+y^2=16$ 위의 점이므로
$a^2+b^2=16$이고, 이것을 ㉠에 대입하면

$\dfrac{16}{a^2b^2}=\dfrac{1}{2}$, $a^2b^2=32$

답 ③

63 점 $(-3,\ -1)$을 지나고 원에 접하는 직선의 기울기를 k라 하면
$y+1=k(x+3)$, 즉 $kx-y+3k-1=0$

원의 중심 $(0,\ 0)$과 이 직선 사이의 거리가 원의 반지름의 길이 $\sqrt{7}$과 같으므로

$\dfrac{|3k-1|}{\sqrt{k^2+(-1)^2}}=\sqrt{7}$에서

$|3k-1|=\sqrt{7(k^2+1)}$

양변을 제곱하면

$9k^2-6k+1=7k^2+7$

$k^2-3k-3=0$

따라서 이차방정식의 근과 계수의 관계에 의하여 두 접선의 기울기의 합은 3이다.

답 ⑤

64 점 $(a,\ 0)$을 지나고 원에 접하는 직선의 기울기를 m이라 하면
$y=m(x-a)$, 즉 $mx-y-ma=0$

원의 중심 $(0,\ -1)$과 이 직선 사이의 거리가 원의 반지름의 길이 4와 같으므로

$\dfrac{|1-ma|}{\sqrt{m^2+(-1)^2}}=4$에서

$|1-ma|=4\sqrt{m^2+1}$

양변을 제곱하면

$1-2am+a^2m^2=16m^2+16$

$(a^2-16)m^2-2am-15=0$ ······ ㉠

(i) $a=4$이면 원의 반지름의 길이가 4이므로 한 접선의 방정식은 $x=4$이다.

그런데 점 $(4,\ 0)$을 지나고 $x=4$에 수직인 직선은 $y=0(x$축$)$이므로 원에 접하지 않는다.

(ii) $a\neq4$이면 두 접선이 수직이므로 이차방정식 ㉠의 두 근의 곱은 -1이다.

따라서 이차방정식의 근과 계수의 관계에 의하여

$\dfrac{-15}{a^2-16}=-1$에서 $a^2=31$

$a>0$이므로 $a=\sqrt{31}$

(i), (ii)에서 $a=\sqrt{31}$

답 ①

65 점 $(0,\ 6)$을 지나고 원에 접하는 직선의 기울기를 m이라 하면
$y=mx+6$, 즉 $mx-y+6=0$

원의 중심 $(0,\ 0)$과 이 직선 사이의 거리가 원의 반지름의 길이 2와 같으므로

$\dfrac{6}{\sqrt{m^2+(-1)^2}}=2$에서

$3=\sqrt{m^2+1}$

양변을 제곱하면

$9=m^2+1$, $m=\pm2\sqrt{2}$

$m=2\sqrt{2}$일 때 두 직선 $y=2\sqrt{2}x+6$, $y=-2$의 교점은 $(-2\sqrt{2},\ -2)$이고, $m=-2\sqrt{2}$일 때 두 직선 $y=-2\sqrt{2}x+6$, $y=-2$의 교점은 $(2\sqrt{2},\ -2)$이다.

따라서 삼각형의 넓이는

$$\frac{1}{2} \times 4\sqrt{2} \times 8 = 16\sqrt{2}$$

답 ④

66 원 $x^2+y^2=5$ 위의 점 $(2, 1)$에서의 접선의 방정식은

$2x+y=5$

$x^2+y^2-12x+4y+k=0$에서

$(x-6)^2+(y+2)^2=40-k$

이때 직선이 원에 접하려면 원의 중심 $(6, -2)$와 직선 $2x+y-5=0$

사이의 거리 $\dfrac{|12-2-5|}{\sqrt{2^2+1^2}}=\sqrt{5}$가 원의 반지름의 길이와 같아야 한다.

따라서 $40-k=5$이므로

$k=35$

답 ①

67 원 $x^2+y^2=36$ 위의 점 $P(a, b)$에서의 접선의 방정식은

$ax+by=36$

이때 이 직선과 원 $(x-6)^2+y^2=4$가 서로 다른 두 점에서 만나려면

원의 중심 $(6, 0)$과 직선 $ax+by-36=0$ 사이의 거리가 원의 반지름

의 길이 2보다 작아야 하므로

$\dfrac{|6a-36|}{\sqrt{a^2+b^2}}<2$ ······ ㉠

한편, 점 $P(a, b)$는 원 $x^2+y^2=36$ 위의 점이므로 $a^2+b^2=36$이고,

이것을 ㉠에 대입하면

$\dfrac{|6a-36|}{6}<2$

$|a-6|<2$, $4<a<8$

점 P가 원 $x^2+y^2=36$ 위의 점이므로

$-6 \le a \le 6$

따라서 $4<a\le6$이므로 정수 a의 값은 5, 6이고 그 합은

$5+6=11$

답 ②

68 이차함수의 식 $x^2-2y=0$에 직선의 방정식 $y=ax+b$를 대입하면

$x^2-2ax-2b=0$

위의 이차방정식의 판별식을 D라 하면 직선이 이차함수의 그래프에 접

하므로

$\dfrac{D}{4}=a^2+2b=0$에서 $a^2=-2b$ ······ ㉠

또, 직선 $y=ax+b$가 원 $x^2+(y+1)^2=1$에 접하므로 원의 중심

$(0, -1)$과 직선 사이의 거리가 원의 반지름의 길이 1과 같다.

즉, $\dfrac{|1+b|}{\sqrt{a^2+(-1)^2}}=1$에서

$|1+b|=\sqrt{a^2+1}$

양변을 제곱하면

$1+2b+b^2=a^2+1$ ······ ㉡

㉠을 ㉡에 대입하여 정리하면

$b^2+4b=0$, $b(b+4)=0$

$b=0$이면 $a=0$이므로 $a\ne0$이라는 조건에 모순이다.

따라서 $b=-4$이고 ㉠에 대입하면 $a^2=8$이므로

$a^2+b^2=8+16=24$

답 ②

69 점 (a, b)에서 원 $x^2+y^2=r^2$에 그은 두 접선으로 생기는 두 접점

을 각각 (x_1, y_1), (x_2, y_2)라 하자.

점 (x_1, y_1)은 원 $x^2+y^2=r^2$ 위의 점이므로

점 (x_1, y_1)을 지나는 접선의 방정식은 $x_1x+y_1y=r^2$

이 접선이 점 (a, b)를 지나므로 $ax_1+by_1=r^2$ ······ ㉠

점 (x_2, y_2)는 원 $x^2+y^2=r^2$ 위의 점이므로

점 (x_2, y_2)를 지나는 접선의 방정식은

$\boxed{x_2x+y_2y=r^2}$

이 접선이 점 (a, b)를 지나므로 $\boxed{ax_2+by_2=r^2}$ ······ ㉡

㉠, ㉡은 두 점 (x_1, y_1), (x_2, y_2)가 직선 $\boxed{ax+by=r^2}$을 지나는 것

을 의미하고, 두 점을 지나는 직선은 유일하게 결정된다.

따라서 점 (a, b)에서 원 $x^2+y^2=r^2$에 그은 두 접선으로 생기는 두 접

점을 지나는 할선의 방정식은 $\boxed{ax+by=r^2}$이다.

답 ⑤

70 점 $(2, 5)$는 원 $x^2+y^2=10$ 밖의 점이므로 두 접선의 접점 A, B

를 지나는 직선의 방정식은

$2x+5y=10$

따라서 직선 $2x+5y=10$의 x절편은 5이다.

답 ③

서술형 완성하기
본문 154쪽

| 01 40 | 02 32π | 03 $2\sqrt{5}$ | 04 $4x+2y-7=0$ |
| **05** $\dfrac{5}{2}$ | **06** 6 | | |

01 두 점 $A(-1, 0)$, $B(5, 0)$을 지름의 양 끝점으로 하는 원의 방

정식은 중심의 좌표가 $(2, 0)$이고, 반지름의 길이가 3이므로

$(x-2)^2+y^2=9$ ······❶

$y^2=9-(x-2)^2$이므로

$8x-y^2=8x-9+(x-2)^2$

$\qquad\quad =x^2+4x-5$

$\qquad\quad =(x+2)^2-9$ ······❷

점 $P(x, y)$는 원 위의 점이므로 x의 값의 범위가 $-1\le x \le 5$이다.

따라서 $x=5$일 때, $8x-y^2$의 최댓값은 40이다. ······❸

답 40

단계	채점 기준	비율
❶	두 점을 지름의 양 끝점으로 하는 원의 방정식을 구한 경우	20 %
❷	$8x-y^2$을 x에 대한 이차식으로 변형한 경우	40 %
❸	$8x-y^2$의 최댓값을 구한 경우	40 %

02 x축과 y축에 동시에 접하는 원의 중심은 직선 $y=x$ 위에 있거나 직선 $y=-x$ 위에 있다.

(i) 원의 중심이 직선 $y=x$ 위에 있을 때,

$x^2-5x+4=x$에서

$x^2-6x+4=0$

$x=3\pm\sqrt{5}$

$x=3\pm\sqrt{5}$이면 반지름의 길이가 각각 $3+\sqrt{5}$, $3-\sqrt{5}$인 원이므로 두 원의 넓이의 합은

$(3+\sqrt{5})^2\pi+(3-\sqrt{5})^2\pi=28\pi$ ...... **❶**

(ii) 원의 중심이 직선 $y=-x$ 위에 있을 때,

$x^2-5x+4=-x$에서

$x^2-4x+4=0$

$(x-2)^2=0$, $x=2$

$x=2$이면 반지름의 길이가 2인 원이고 그 넓이는 4π이다. ...... **❷**

(i), (ii)에서 모든 원의 넓이의 합은

$28\pi+4\pi=32\pi$ ...... **❸**

답 32π

단계	채점 기준	비율
❶	원의 중심이 직선 $y=x$ 위에 있을 때 두 원의 넓이의 합을 구한 경우	40 %
❷	원의 중심이 직선 $y=-x$ 위에 있을 때 원의 넓이를 구한 경우	40 %
❸	모든 원의 넓이의 합을 구한 경우	20 %

03 원 $x^2+y^2=8$과 직선 $2x-y=2$의 두 교점을 지나는 원의 방정식은 상수 k에 대하여

$x^2+y^2-8+k(2x-y-2)=0$ ...... ㉠ ...... **❶**

이 원이 원점 $(0, 0)$을 지나므로

$-8-2k=0$에서 $k=-4$ ...... **❷**

$k=-4$를 ㉠에 대입하여 정리하면

$x^2+y^2-8x+4y=0$

$(x-4)^2+(y+2)^2=20$

따라서 구하는 원의 반지름의 길이는 $2\sqrt{5}$이다. ...... **❸**

답 $2\sqrt{5}$

단계	채점 기준	비율
❶	원과 직선의 두 교점을 지나는 원의 방정식을 구한 경우	40 %
❷	원점을 지날 때 k의 값을 구한 경우	20 %
❸	원의 반지름의 길이를 구한 경우	40 %

04 두 직선을 m에 대하여 정리하고 연립하면

$\dfrac{3y}{x}=\dfrac{6-3x}{y}$ $(x\neq0,\ y\neq0)$ ...... ㉠ ...... **❶**

㉠에서 제외된 두 점 $(0, 0)$, $(2, 0)$을 직선의 방정식에 각각 대입하면 점 $(2, 0)$은 $m=0$일 때 두 직선의 교점이고, 점 $(0, 0)$을 교점이 되게 하는 m의 값은 존재하지 않는다.

㉠을 정리하면 $3y^2=6x-3x^2$

$x^2+y^2-2x=0$

즉, $(x-1)^2+y^2=1$이므로 중심의 좌표가 $(1, 0)$이고 반지름의 길이가 1인 원(원점 제외)이다. ...... **❷**

이 원과 원 $(x+1)^2+(y+1)^2=9$가 두 점에서 만나므로 두 원의 교점을 지나는 직선의 방정식은

$x^2+y^2+2x+2y-7-(x^2+y^2-2x)=0$에서

$4x+2y-7=0$ ...... **❸**

답 $4x+2y-7=0$

단계	채점 기준	비율
❶	m을 소거하고 관계식을 세운 경우	40 %
❷	관계식으로부터 원의 방정식을 만든 경우	30 %
❸	두 원의 교점을 지나는 직선의 방정식을 구한 경우	30 %

05 원 C의 중심을 C라 하면 중심이 직선 $x-y-1=0$ 위에 있으므로 상수 a에 대하여 점 C$(a, a-1)$로 놓을 수 있다. ...... **❶**

원 C가 y축에 접하므로 점 C의 x좌표 a에 대하여 $|a|$가 원의 반지름의 길이가 된다. ...... **❷**

점 C에서 현에 내린 수선의 발을 H라 하면 원 C가 x축에 의하여 잘린 현의 길이가 4이므로 피타고라스 정리를 활용하면

$2^2+(a-1)^2=a^2$에서

$-2a+5=0$, $a=\dfrac{5}{2}$

따라서 원 C의 반지름의 길이는 $\dfrac{5}{2}$이다. ...... **❸**

답 $\dfrac{5}{2}$

단계	채점 기준	비율
❶	원 C의 중심의 좌표를 설정한 경우	40 %
❷	원이 y축에 접할 때 원의 중심의 x좌표의 절댓값이 원의 반지름의 길이가 됨을 안 경우	20 %
❸	원 C의 반지름의 길이를 구한 경우	40 %

06 $x^2+y^2+6x-2y+9=0$에서

$(x+3)^2+(y-1)^2=1$

이므로 중심의 좌표가 $(-3, 1)$이고 반지름의 길이가 1인 원이다.

원의 중심 $(-3, 1)$과 직선 $3x+4y+3n=0$ 사이의 거리를 d라 하면

$d=\dfrac{|-9+4+3n|}{\sqrt{3^2+4^2}}$

$=\dfrac{|-5+3n|}{5}$ ...... **❶**

$1\leq n\leq3$일 때 $d<1$이므로 원과 직선의 교점은 2개이고, $n\geq4$일 때 $d>1$이므로 원과 직선의 교점은 0개이다. ...... **❷**

따라서 $f(1)+f(2)+f(3)+f(4)=2+2+2+0=6$ ...... **❸**

답 6

단계	채점 기준	비율
❶	원의 중심과 직선 사이의 거리를 구한 경우	30 %
❷	n의 값의 범위에 따른 교점의 개수를 구한 경우	40 %
❸	주어진 식의 값을 구한 경우	30 %

01 ④   **02** ③   **03** ③   **04** ①

01 직선 l_n의 방정식은

$y=nx+\sqrt{n^2+1}$

직선 l_n이 원 $x^2+(y-10)^2=1$과 만나지 않으려면 원의 중심 $(0, 10)$과 직선 l_n 사이의 거리가 원의 반지름의 길이 1보다 커야 하므로

$\dfrac{|-10+\sqrt{n^2+1}|}{\sqrt{n^2+(-1)^2}}>1$

$|-10+\sqrt{n^2+1}|>\sqrt{n^2+1}$

(i) $\sqrt{n^2+1}\geq10$이면

    $-10+\sqrt{n^2+1}>\sqrt{n^2+1}$에서

    $-10>0$이므로 해가 없다.

(ii) $\sqrt{n^2+1}<10$이면

    $10-\sqrt{n^2+1}>\sqrt{n^2+1}$에서

    $\sqrt{n^2+1}<5$

    양변을 제곱하면 $n^2+1<25$, $n^2<24$

(i), (ii)에서 자연수 n의 최댓값은 4이다.

    답 ④

02 원 $x^2+y^2=4$ 위의 점 $P(x_1, y_1)$에서의 접선의 방정식은

$x_1x+y_1y=4$

이 직선이 원 $(x-4)^2+(y-2)^2=4$에도 접하므로 원의 중심 $(4, 2)$와 직선 사이의 거리가 원의 반지름의 길이 2와 같다.

$\dfrac{|4x_1+2y_1-4|}{\sqrt{x_1^2+y_1^2}}=2$

이때 $x_1^2+y_1^2=4$이므로

$|4x_1+2y_1-4|=4$

$4x_1+2y_1-4=\pm4$에서

$4x_1+2y_1=8$ 또는 $4x_1+2y_1=0$

(i) $4x_1+2y_1=8$일 때,

    $y_1=4-2x_1$이므로 $x_1^2+y_1^2=4$에 대입하면

    $x_1^2+(4-2x_1)^2=4$

    $5x_1^2-16x_1+12=0$

    $(5x_1-6)(x_1-2)=0$

    $x_1=\dfrac{6}{5}$ 또는 $x_1=2$

    순서쌍 (x_1, y_1)은 $\left(\dfrac{6}{5}, \dfrac{8}{5}\right)$, $(2, 0)$

    두 점 모두 제4사분면의 점이 아니므로 조건을 만족시키지 않는다.

(ii) $4x_1+2y_1=0$일 때,

    $y_1=-2x_1$을 $x_1^2+y_1^2=4$에 대입하면

    $x_1^2+(-2x_1)^2=4$, $x_1^2=\dfrac{4}{5}$

    $x_1=\dfrac{2\sqrt{5}}{5}$ 또는 $x_1=-\dfrac{2\sqrt{5}}{5}$

    순서쌍 (x_1, y_1)은 $\left(\dfrac{2\sqrt{5}}{5}, -\dfrac{4\sqrt{5}}{5}\right)$, $\left(-\dfrac{2\sqrt{5}}{5}, \dfrac{4\sqrt{5}}{5}\right)$

    이 중 제4사분면에 있는 점은 $\left(\dfrac{2\sqrt{5}}{5}, -\dfrac{4\sqrt{5}}{5}\right)$이다.

(i), (ii)에서 $x_1=\dfrac{2\sqrt{5}}{5}$, $y_1=-\dfrac{4\sqrt{5}}{5}$이므로

$40x_1y_1=40\times\dfrac{2\sqrt{5}}{5}\times\left(-\dfrac{4\sqrt{5}}{5}\right)=-64$

    답 ③

03 원점 O에서 직선 l에 내린 수선의 발을 H라 하면 두 삼각형 OHP와 OHA는 직각삼각형이다.

$\overline{OH}=a$, $\overline{HP}=b$라 하면

$a^2+b^2=25$ ……㉠

$a^2+(b+2)^2=45$ ……㉡

㉠, ㉡을 연립하면

$25-b^2=45-(b+2)^2$에서

$4b=16$, $b=4$

$b=4$를 ㉠에 대입하면 $a^2=9$

$a>0$이므로 $a=3$

직선 l의 기울기를 m이라 하면 점 A를 지나므로 직선 l의 방정식은

$y-3=m(x-6)$, 즉 $mx-y-6m+3=0$

이때 원점과 직선 l 사이의 거리가 3이므로

$\dfrac{|-6m+3|}{\sqrt{m^2+(-1)^2}}=3$

$|-6m+3|=3\sqrt{m^2+1}$

양변을 제곱하면

$36m^2-36m+9=9m^2+9$

$3m^2-4m=0$, $m(3m-4)=0$

$m>0$이므로 $m=\dfrac{4}{3}$

    답 ③

04 원 C는 원점 O를 지나므로

$x^2+y^2+mx+ny=0$ (m, n은 상수)으로 나타낼 수 있다.

이 원이 두 점 A$(8, 6)$, B$(1, 7)$을 지나므로

$100+8m+6n=0$ ……㉠

$50+m+7n=0$ ……㉡

㉠, ㉡을 연립하여 풀면

$m=-8$, $n=-6$

원 C의 방정식은 $x^2+y^2-8x-6y=0$이므로

$(x-4)^2+(y-3)^2=25$

원의 중심이 점 $(4, 3)$이므로 선분 OA는 원의 지름이고,

$\overline{OA}=10$

점 B$(1, 7)$과 두 점 O, A를 지나는 직선 $y=\dfrac{3}{4}x$, 즉 $3x-4y=0$ 사이의 거리는 $\dfrac{|3-28|}{\sqrt{3^2+(-4)^2}}=5$이므로 삼각형 OAB의 넓이는

$\dfrac{1}{2}\times10\times5=25$

원 C 위의 점 O에서의 접선 l은 직선 OA에 수직이므로 기울기가 $-\dfrac{4}{3}$이고, 원점을 지나므로 접선 l의 방정식은

$y=-\dfrac{4}{3}x$, 즉 $4x+3y=0$

점 B$(1, 7)$과 직선 l 사이의 거리가 $\dfrac{|4+21|}{\sqrt{4^2+3^2}}=5$이고, 삼각형 OAB의 넓이와 삼각형 OBP의 넓이가 같으므로 직선 l 위의 점 P$\left(a, -\dfrac{4}{3}a\right)$ 에 대하여 $\overline{\text{OP}}=10$이어야 한다.

$\sqrt{a^2+\dfrac{16}{9}a^2}=10$에서 $\dfrac{5}{3}|a|=10$

$a<0$이므로 $-\dfrac{5}{3}a=10$에서 $a=-6$이고,

$b=-\dfrac{4}{3}a=8$

따라서 $ab=-48$

답 ①

09 도형의 이동

개념 확인하기 본문 157쪽

01 $(-2, 2)$ **02** $(1, 4)$
03 $(4, -1)$ **04** $(-2, -6)$
05 $x+2y+1=0$ **06** $x^2+y^2=9$
07 $4x+y-14=0$ **08** $y=(x-5)^2+2$
09 $(1, 2)$ **10** $(-1, -2)$
11 $(-1, 2)$ **12** $(-2, 1)$
13 $(2, -1)$ **14** $y=-2x+3$
15 $(x+2)^2+(y+3)^2=4$ **16** $y=x+2$
17 $y=x^2-x-3$ **18** $y=4x-2$
19 $x^2+(y-3)^2=2$

01 $(3-5, -2+4)$, 즉 $(-2, 2)$

답 $(-2, 2)$

02 $(-3+4, 1+3)$, 즉 $(1, 4)$

답 $(1, 4)$

03 $(1+3, 3-4)$, 즉 $(4, -1)$

답 $(4, -1)$

04 $(-5+3, -2-4)$, 즉 $(-2, -6)$

답 $(-2, -6)$

05 $(x-1)+2(y+2)-2=0$, 즉 $x+2y+1=0$

답 $x+2y+1=0$

06 $(x+2-2)^2+(y-3+3)^2=9$, 즉 $x^2+y^2=9$

답 $x^2+y^2=9$

07 $4x+y-3=0$을 x축의 방향으로 3만큼, y축의 방향으로 -1만큼 평행이동하면
$4(x-3)+(y+1)-3=0$, 즉 $4x+y-14=0$

답 $4x+y-14=0$

08 $y=(x-2)^2+3$을 x축의 방향으로 3만큼, y축의 방향으로 -1만큼 평행이동하면
$y+1=(x-3-2)^2+3$, 즉 $y=(x-5)^2+2$

답 $y=(x-5)^2+2$

09 답 $(1, 2)$

10 답 $(-1, -2)$

11 답 $(-1, 2)$

12 답 $(-2, 1)$

13 답 $(2, -1)$

14 $-y=2x-3$, 즉 $y=-2x+3$

답 $y=-2x+3$

15 $(x+2)^2+(-y-3)^2=4$, 즉 $(x+2)^2+(y+3)^2=4$

답 $(x+2)^2+(y+3)^2=4$

16 $y=-(-x)+2$, 즉 $y=x+2$

답 $y=x+2$

17 $y=(-x)^2-x-3$, 즉 $y=x^2-x-3$

답 $y=x^2-x-3$

18 $-y=-4x+2$, 즉 $y=4x-2$

답 $y=4x-2$

19 $(y-3)^2+x^2=2$, 즉 $x^2+(y-3)^2=2$

답 $x^2+(y-3)^2=2$

유형 완성하기　　　　　　　본문 158~165쪽

01 ⑤	**02** ②	**03** ④	**04** ②	**05** ④
06 ①	**07** ④	**08** ③	**09** ①	**10** ④
11 ①	**12** ③	**13** ②	**14** ⑤	**15** ②
16 ⑤	**17** ④	**18** ③	**19** ①	**20** ③
21 제1사분면		**22** ⑤	**23** ④	**24** ③
25 ④	**26** ④	**27** ②	**28** ③	**29** ①
30 ②	**31** ③	**32** ④	**33** ⑤	**34** ②
35 ②	**36** ⑤	**37** ①	**38** ④	
39 (가): $x+2y+1=0$, (나): $x+2y-1=0$				**40** ③
41 ②	**42** ④	**43** ④	**44** ⑤	**45** ②
46 ③				

01 점 (a, b)를 x축의 방향으로 -2만큼, y축의 방향으로 4만큼 평행이동한 점의 좌표는 $(a-2, b+4)$이므로
$a-2=3$, $b+4=6$
따라서 $a=5$, $b=2$이므로 $ab=10$

답 ⑤

02 점 $(a, -2)$의 y좌표가 -2에서 -4로 옮겨졌으므로
$a=-2$
즉, 주어진 평행이동은 $(x, y) \longrightarrow (x-3, y-2)$이고,
점 $(-2, -2)$는 평행이동에 의하여 점 $(-5, -4)$로 이동되므로
$b=-5$
따라서 $a+b=-2+(-5)=-7$

답 ②

03 점 $(a, -2)$를 x축의 방향으로 -3만큼, y축의 방향으로 4만큼 평행이동한 점의 좌표는 $(a-3, 2)$이다.
원 $(x-3)^2+(y+b)^2=9$의 중심의 좌표는 $(3, -b)$이므로
$a-3=3$, $2=-b$
따라서 $a=6$, $b=-2$이므로
$a+b=4$

답 ④

04 주어진 평행이동에 의하여 점 $(a, 3)$이 점 $(a-2, 3+a)$로 이동되고, 이동된 점이 직선 $y=2x+5$ 위에 있으므로
$3+a=2(a-2)+5$에서
$3+a=2a+1$, $a=2$

답 ②

05 점 $(3, -1)$을 x축의 방향으로 -1만큼, y축의 방향으로 2만큼 평행이동한 점의 좌표는 $(2, 1)$이다.
이 점이 중심이 $(2, -3)$인 원 위에 있으므로 원의 반지름의 길이는 두 점 $(2, -3)$, $(2, 1)$ 사이의 거리와 같다.
따라서 이 원의 반지름의 길이는
$\sqrt{(2-2)^2+(1+3)^2}=4$

답 ④

06 점 $A(2, 4)$를 x축의 방향으로 a만큼, y축의 방향으로 $2a$만큼 평행이동한 점을 A'이라 하면 $A'(2+a, 4+2a)$이다.
$\overline{OA'}=2\overline{OA}$이므로
$\sqrt{(2+a)^2+(4+2a)^2}=2\sqrt{2^2+4^2}$
양변을 제곱하면
$(2+a)^2+(4+2a)^2=80$
$a^2+4a-12=0$
$(a-2)(a+6)=0$
$a<0$이므로 $a=-6$

답 ①

07 직선 $2x-y+1=0$을 x축의 방향으로 2만큼, y축의 방향으로 k만큼 평행이동한 직선은
$2(x-2)-(y-k)+1=0$
$2x-y-3+k=0$
이 직선이 직선 $2x-y-2=0$과 일치하므로
$-3+k=-2$
따라서 $k=1$

답 ④

08 직선 $x+2y+1=0$을 x축의 방향으로 2만큼, y축의 방향으로 1만큼 평행이동한 직선은

$(x-2)+2(y-1)+1=0$

$x+2y-3=0$

이 직선이 점 $(k, 0)$을 지나므로

$k-3=0$

따라서 $k=3$

답 ③

09 직선을 x축 또는 y축의 방향으로 평행이동하여도 직선의 기울기는 변하지 않으므로

$a=2$

직선 $y=2x+b$를 x축의 방향으로 -2만큼, y축의 방향으로 3만큼 평행이동하면

$y-3=2(x+2)+b$

$y=2x+7+b$

이 직선이 $y=2x+3$과 일치하므로

$7+b=3$, $b=-4$

따라서 $a-b=2-(-4)=6$

답 ①

10 $x^2+y^2+4x-2y-11=0$에서

$(x+2)^2+(y-1)^2=16$

이므로 원의 중심의 좌표는 $(-2, 1)$이다.

이 원을 x축의 방향으로 a만큼, y축의 방향으로 b만큼 평행이동한 원의 중심은 점 $(-2+a, 1+b)$이고,

원 $(x-1)^2+(y-2)^2=16$의 중심인 점 $(1, 2)$와 일치하므로

$-2+a=1$, $1+b=2$에서 $a=3$, $b=1$

따라서 $a+b=4$

답 ④

11 원 $x^2+y^2+4x-10y+28=0$은

$(x+2)^2+(y-5)^2=1$

에서 중심의 좌표가 $(-2, 5)$이고 반지름의 길이가 1이다.

이 원을 x축의 방향으로 $3a$만큼, y축의 방향으로 $2a$만큼 평행이동하면 중심의 좌표는 $(-2+3a, 5+2a)$이고,

중심이 직선 $y=-x$ 위에 있으므로

$5+2a=-(-2+3a)$, $5+2a=2-3a$

따라서 $a=-\dfrac{3}{5}$

답 ①

12 x축의 방향으로 -1만큼, y축의 방향으로 3만큼 평행이동한 원의 중심이 $(0, 0)$이므로 평행이동하기 전의 원의 중심은 $(1, -3)$이다.

원 $x^2+y^2+ax+by+6=0$의 중심은 $\left(-\dfrac{a}{2}, -\dfrac{b}{2}\right)$이므로

$-\dfrac{a}{2}=1$, $-\dfrac{b}{2}=-3$

$a=-2$, $b=6$

$x^2+y^2-2x+6y+6=0$을 변형하면

$(x-1)^2+(y+3)^2=4$

평행이동해도 반지름의 길이는 변하지 않으므로 $c=4$

따라서 $a+b+c=-2+6+4=8$

답 ③

13 $y=x^2-4x+3=(x-2)^2-1$이므로 꼭짓점의 좌표는 $(2, -1)$이다.

이 포물선을 x축의 방향으로 -4만큼, y축의 방향으로 6만큼 평행이동한 포물선의 꼭짓점의 좌표는 $(-2, 5)$이므로

$a=-2$, $b=5$

따라서 $b-a=7$

답 ②

14 포물선 $y=x^2+8x+11=(x+4)^2-5$의 꼭짓점의 좌표는 $(-4, -5)$이므로 이 포물선을 x축의 방향으로 $-2a$만큼, y축의 방향으로 $3a$만큼 평행이동한 포물선의 꼭짓점의 좌표는

$(-4-2a, -5+3a)$이다.

이 꼭짓점이 x축 위에 있으므로

$-5+3a=0$, $a=\dfrac{5}{3}$

따라서 평행이동한 포물선의 꼭짓점의 x좌표는

$-4-\dfrac{10}{3}=-\dfrac{22}{3}$

답 ⑤

15 $y=2x^2-12x+17=2(x-3)^2-1$은 꼭짓점이 $(3, -1)$인 포물선이고, $y=2x^2-4x+5=2(x-1)^2+3$은 꼭짓점이 $(1, 3)$인 포물선이다.

점 $(3, -1)$이 점 $(1, 3)$으로 옮겨졌으므로 x축의 방향으로 -2만큼, y축의 방향으로 4만큼 평행이동한 것이다.

이 평행이동에 의하여 직선 l을 평행이동하면

l': $3(x+2)+4(y-4)-6=0$에서 $3x+4y-16=0$

따라서 두 직선 l, l' 사이의 거리는 직선 l 위의 한 점 $(2, 0)$과 직선 l' 사이의 거리와 같으므로

$\dfrac{|6-16|}{\sqrt{3^2+4^2}}=2$

답 ②

16 포물선 $y=x^2-10$을 x축의 방향으로 1만큼, y축의 방향으로 -5만큼 평행이동한 그래프의 식은

$y+5=(x-1)^2-10$

$y=x^2-2x-14$

이 그래프와 직선 $y=x-4$의 교점의 x좌표는

$x^2-2x-14=x-4$에서

$x^2-3x-10=0$

$(x+2)(x-5)=0$

$x=-2$ 또는 $x=5$

따라서 두 교점의 좌표는 $(-2, -6)$, $(5, 1)$이고 선분 AB의 길이는

$\sqrt{(5+2)^2+(1+6)^2}=7\sqrt{2}$

답 ⑤

17 기울기가 a이고 원 $x^2+y^2=9$에 접하는 직선의 방정식은
$$y=ax\pm3\sqrt{a^2+1}$$
직선 l을 y축의 방향으로 18만큼 평행이동하면 다시 주어진 원에 접하므로
$3\sqrt{a^2+1}=9$에서 $a^2=8$이고 $b=-9$
따라서 $a^2+b^2=8+81=89$

답 ④

18 세 직선의 기울기가 모두 다르므로 평행이동한 직선이 두 직선의 교점을 지날 때 삼각형을 이루지 않는다.
두 직선 $3x-y-1=0$, $x+y-5=0$의 교점의 x좌표는
$3x-1=-x+5$에서 $x=\dfrac{3}{2}$
이때 $y=\dfrac{7}{2}$이므로 교점은 $\left(\dfrac{3}{2},\ \dfrac{7}{2}\right)$이다.
직선 $x-2y=0$을 y축의 방향으로 k만큼 평행이동한 직선의 방정식은
$x-2(y-k)=0$이고, 이 직선이 점 $\left(\dfrac{3}{2},\ \dfrac{7}{2}\right)$을 지나므로
$$\dfrac{3}{2}-2\left(\dfrac{7}{2}-k\right)=0$$
따라서 $k=\dfrac{11}{4}$

답 ③

19 점 $(a,\ 7)$을 y축에 대하여 대칭이동한 점은 $(-a,\ 7)$이고 이 점이 직선 $y=2x-3$ 위에 있으므로
$7=-2a-3$, $a=-5$

답 ①

20 점 $\mathrm{P}(5,\ 2)$를 x축에 대하여 대칭이동한 점은 $\mathrm{Q}(5,\ -2)$
y축에 대하여 대칭이동한 점은 $\mathrm{R}(-5,\ 2)$
따라서 삼각형 PQR의 넓이는
$$\dfrac{1}{2}\times\overline{\mathrm{PQ}}\times\overline{\mathrm{PR}}=\dfrac{1}{2}\times4\times10=20$$

답 ③

21 점 $(a,\ b)$를 x축에 대하여 대칭이동한 점 $(a,\ -b)$가 제1사분면 위에 있으므로
$a>0$, $b<0$
$ab=p$, $b-a=q$라 하면 $ab<0$, $b-a<0$이므로
$p<0$, $q<0$
점 $(p,\ q)$를 원점에 대하여 대칭이동한 점은 $(-p,\ -q)$이고,
점 $(-p,\ -q)$를 직선 $y=x$에 대하여 대칭이동한 점은 $(-q,\ -p)$이므로 제1사분면 위에 있다.

답 제1사분면

22 $x^2+y^2-2ax-6y+a^2=0$에서
$(x-a)^2+(y-3)^2=9$
이므로 중심의 좌표가 $(a,\ 3)$인 원이다.

직선 $2x-3y+1=0$을 원점에 대하여 대칭이동한 직선의 방정식은
$-2x+3y+1=0$
이 직선이 원의 넓이를 이등분하려면 원의 중심을 지나야 하므로
$-2a+9+1=0$에서 $a=5$

답 ⑤

23 직선 $y=3x-4$를 x축에 대하여 대칭이동한 직선 l의 방정식은
$-y=3x-4$, 즉 $y=-3x+4$
직선 $y=3x-4$를 y축에 대하여 대칭이동한 직선 m의 방정식은
$y=-3x-4$
두 직선 l과 m 사이의 거리는 직선 l 위의 한 점 $(0,\ 4)$와 직선 m 사이의 거리와 같으므로
$$\dfrac{|4+4|}{\sqrt{3^2+1^2}}=\dfrac{4}{5}\sqrt{10}$$
따라서 $a=\dfrac{4}{5}$

답 ④

24 직선 $ax+(b-2)y+4=0$을 원점에 대하여 대칭이동한 직선의 방정식은 $-ax-(b-2)y+4=0$
$ax+(b-2)y-4=0$
이 직선이 직선 $(b+3)x-(a+5)y-4=0$과 일치하므로
$a=b+3$, $b-2=-a-5$
위의 두 식을 연립하여 풀면 $a=0$, $b=-3$
따라서 $a-2b=6$

답 ③

25 원 $(x+6)^2+(y-4)^2=6$을 y축에 대하여 대칭이동하면
$(x-6)^2+(y-4)^2=6$
이므로 중심이 $\mathrm{C}(6,\ 4)$이고 반지름의 길이가 $\sqrt{6}$인 원이다.
이 원의 중심에서 직선 $y=x$에 내린 수선의 발을 H라 하면
$$\overline{\mathrm{CH}}=\dfrac{|6-4|}{\sqrt{1^2+(-1)^2}}=\sqrt{2}$$
직각삼각형 CHA에서 피타고라스 정리에 의하여
$$\overline{\mathrm{AH}}=\sqrt{(\sqrt{6})^2-(\sqrt{2})^2}=2$$
따라서 $\overline{\mathrm{AB}}=2\overline{\mathrm{AH}}=2\times2=4$

답 ④

26 $x^2+y^2-10x-2ay+64=0$에서
$(x-5)^2+(y-a)^2=a^2-39$
이 원을 직선 $y=x$에 대하여 대칭이동하면
$(x-a)^2+(y-5)^2=a^2-39$
이므로 중심의 좌표는 $(a,\ 5)$이고 반지름의 길이는 $\sqrt{a^2-39}$이다.
이때 원이 x축에 접하므로 반지름의 길이는 중심의 y좌표의 절댓값과 같다.
$\sqrt{a^2-39}=5$에서 $a^2-39=25$
따라서 $a^2=64$

답 ④

27 $x^2+y^2+12x-16y+84=0$에서
$(x+6)^2+(y-8)^2=16$
이므로 원 C_1은 중심의 좌표가 $(-6,\ 8)$이고 반지름의 길이가 4이다.
원 C_1을 원점에 대하여 대칭이동하면 원 C_2는 중심의 좌표가 $(6,\ -8)$이고 반지름의 길이가 4인 원이다.
따라서 선분 PQ의 길이의 최댓값은 두 원 C_1, C_2의 중심 사이의 거리에 두 원의 반지름의 길이를 더한 값과 같으므로
$\sqrt{(6+6)^2+(-8-8)^2}+4+4=28$

답 ②

28 원 $x^2+y^2+4x-10y+28=0$은
$(x+2)^2+(y-5)^2=1$
에서 중심의 좌표가 $(-2,\ 5)$이고 반지름의 길이가 1이다.
이 원을 x축에 대하여 대칭이동하면 원 C는 중심의 좌표가 $(-2,\ -5)$이고 반지름의 길이가 1인 원이다.
직선 $y=2x+a$를 직선 $y=x$에 대하여 대칭이동한 직선 l은
$x=2y+a$이고, 직선 l이 원 C의 둘레의 길이를 이등분하므로 원의 중심 $(-2,\ -5)$를 지난다.
따라서 $-2=-10+a$에서 $a=8$

답 ③

29 직선 l의 방정식을 $y=-x+p$ (p는 상수)라 하면
$x^2-4x+5=-x+p$에서
$x^2-3x+5-p=0$
이 이차방정식의 판별식을 D_1이라 하면
$D_1=9-20+4p=0$에서 $p=\dfrac{11}{4}$

$l:y=-x+\dfrac{11}{4}$
곡선 $y=x^2-4x+5$를 y축에 대하여 대칭이동하면
$y=x^2+4x+5$
직선 m의 방정식을 $y=-x+q$ (q는 상수)라 하면
$x^2+4x+5=-x+q$에서
$x^2+5x+5-q=0$
이 이차방정식의 판별식을 D_2라 하면
$D_2=25-20+4q=0$에서 $q=-\dfrac{5}{4}$

$m:y=-x-\dfrac{5}{4}$

두 직선 l과 m 사이의 거리는 직선 l 위의 한 점 $\left(0,\ \dfrac{11}{4}\right)$과 직선 m 사이의 거리와 같으므로

$\dfrac{\left|\dfrac{11}{4}+\dfrac{5}{4}\right|}{\sqrt{1^2+1^2}}=2\sqrt{2}$

답 ①

다른 풀이

포물선을 y축에 대하여 대칭이동했을 때, 포물선이 어떻게 평행이동했는지를 꼭짓점의 이동을 통해 확인해 보면 포물선의 꼭짓점이 점 $(2,\ 1)$에서 점 $(-2,\ 1)$로 이동했으므로 포물선은 x축의 방향으로만 -4만큼 평행이동한 것을 알 수 있다.

이때 기울기가 -1로 같은 두 접선도 x축의 방향으로만 -4만큼 평행이동했을 것이라는 것을 알 수 있다.
따라서 두 접선 사이의 거리를 구하기 위해서 기울기가 -1인 임의의 직선이 x축의 방향으로 -4만큼 평행이동했을 때, 이동 전과 후의 두 직선 사이의 거리를 구하면 된다.
즉, 두 직선 $y=-x$, $y=-x-4$ 사이의 거리를 구하는 것과 같으므로 직선 $y=-x$ 위의 점 $(0,\ 0)$과 직선 $x+y+4=0$ 사이의 거리는

$\dfrac{|4|}{\sqrt{1^2+1^2}}=2\sqrt{2}$

30 점 P가 원 $(x-5)^2+(y-3)^2=4$ 위에 있으므로 원을 대칭이동하면 점 Q의 위치를 알 수 있다.
원 $(x-5)^2+(y-3)^2=4$를 x축에 대하여 대칭이동하면
$(x-5)^2+(y+3)^2=4$
다시 직선 $y=x$에 대하여 대칭이동하면
$(x+3)^2+(y-5)^2=4$ ...... ㉠
이므로 중심의 좌표가 $(-3,\ 5)$이고 반지름의 길이가 2인 원이다.
두 점 A, B를 지나는 직선의 방정식은
$y+7=\dfrac{1}{2}(x+1)$에서 $x-2y-13=0$
이 직선과 원 ㉠의 중심 $(-3,\ 5)$ 사이의 거리는
$\dfrac{|-3-10-13|}{\sqrt{1^2+(-2)^2}}=\dfrac{26}{\sqrt{5}}$
$\overline{AB}=\sqrt{(-1-5)^2+(-7+4)^2}=3\sqrt{5}$이므로
삼각형 AQB의 넓이의 최댓값은
$\dfrac{1}{2}\times3\sqrt{5}\times\left(\dfrac{26}{\sqrt{5}}+2\right)=39+3\sqrt{5}$
따라서 $a=39$, $b=3$이므로 $a+b=42$

답 ②

31 기울기가 3이고 y절편이 a인 직선의 방정식은
$y=3x+a$
이 직선을 x축의 방향으로 2만큼 평행이동하면
$y=3(x-2)+a$
다시 원점에 대하여 대칭이동하면
$-y=3(-x-2)+a$
이 직선이 점 $(2,\ 4)$를 지나므로
$-4=3\times(-4)+a$에서 $a=8$

답 ③

32 포물선 $y=x^2+ax+6$을 원점에 대하여 대칭이동하면
$-y=x^2-ax+6$
이 포물선을 다시 x축의 방향으로 -2만큼 평행이동하면
$-y=(x+2)^2-a(x+2)+6$
이 포물선이 점 $(0,\ 6)$을 지나므로
$-6=4-2a+6$에서 $a=8$

답 ④

33 $x^2+y^2-8x+2y+k=0$에서
$(x-4)^2+(y+1)^2=17-k$

이 원을 y축의 방향으로 4만큼 평행이동하면
$$(x-4)^2+(y-3)^2=17-k$$
다시 직선 $y=x$에 대하여 대칭이동하면
$$(x-3)^2+(y-4)^2=17-k$$
이 원이 점 $(3, -2)$를 지나므로
$$0^2+(-6)^2=17-k에서 k=-19$$

답 ⑤

34 방정식 $f(-x, -y+1)=0$이 나타내는 도형은 방정식 $f(x, y)=0$이 나타내는 도형을 원점에 대하여 대칭이동한 후 y축의 방향으로 1만큼 평행이동한 것이므로 ②와 같다.

답 ②

35 ㄱ. $f(x+1, y+1)=0$은 $f(x, y)=0$이 나타내는 도형을 x축의 방향으로 -1만큼, y축의 방향으로 -1만큼 평행이동한 것이므로 옳은 등식이다.

ㄴ. $f(x-2, y-1)=0$은 $f(x, y)=0$이 나타내는 도형을 x축의 방향으로 2만큼, y축의 방향으로 1만큼 평행이동한 것이므로 옳지 않은 등식이다.

ㄷ. $f(y, x)=0$은 $f(x, y)=0$이 나타내는 도형을 직선 $y=x$에 대하여 대칭이동한 것이므로 옳지 않은 등식이다.

ㄹ. $f(-y, -x)=0$은 $f(x, y)=0$이 나타내는 도형을 직선 $y=x$에 대하여 대칭이동한 후, 원점에 대하여 대칭이동한 것이므로 옳은 등식이다.

따라서 옳은 것은 ㄱ, ㄹ이다.

답 ②

36 곡선 $P: y=x^2+2x-8$을 원점에 대하여 대칭이동하면 곡선 P'은
$$-y=x^2-2x-8, 즉 y=-x^2+2x+8$$
두 곡선 P, P'의 교점의 x좌표는
$$x^2+2x-8=-x^2+2x+8에서$$
$$2x^2=16, x=\pm 2\sqrt{2}$$
따라서 두 점 A, B의 좌표는 $(-2\sqrt{2}, -4\sqrt{2})$, $(2\sqrt{2}, 4\sqrt{2})$이므로
$$\overline{AB}=\sqrt{(2\sqrt{2}+2\sqrt{2})^2+(4\sqrt{2}+4\sqrt{2})^2}=4\sqrt{10}$$

답 ⑤

37 직선 $l: 3x-4y+50=0$을 원점에 대하여 대칭이동한 직선 l'의 방정식은
$$-3x+4y+50=0$$
직선 l 위의 한 점 $(-6, 8)$과 직선 l' 사이의 거리는
$$\frac{|18+32+50|}{\sqrt{(-3)^2+4^2}}=20$$
두 직선 l, l' 사이의 거리가 20이므로 두 직선에 모두 접하는 원 C의 반지름의 길이는 10이다.

또, 두 직선 l, l'에 모두 접하기 위해서는 원 C의 중심은 직선 $y=\frac{3}{4}x$ 위에 있어야 한다.

상수 k에 대하여 원 C의 방정식을
$$(x-4k)^2+(y-3k)^2=10^2$$
으로 놓으면 원 C가 원점을 지나므로
$$16k^2+9k^2=10^2에서 k=\pm 2$$
원 C의 중심의 좌표는 $k=2$일 때 $(8, 6)$이고, $k=-2$일 때 $(-8, -6)$이므로
$$a=8, b=6 \text{ 또는 } a=-8, b=-6$$
따라서 $ab=48$

답 ①

38 주어진 식 $\dfrac{b+d}{a+c}$를 두 점 P, Q의 좌표를 활용하여 변형하면
$$\frac{b+d}{a+c}=\frac{b-(-d)}{a-(-c)}$$
이 식은 두 점 (a, b), $(-c, -d)$를 지나는 직선의 기울기이다.
원 $x^2+y^2-10x-6y+30=0$을 C라 하면
$$(x-5)^2+(y-3)^2=4$$
이므로 원 C는 중심의 좌표가 $(5, 3)$이고 반지름의 길이가 2인 원이고, 점 $(-c, -d)$는 원 C를 원점에 대하여 대칭이동한 원 C' 위의 점이다.

따라서 $\dfrac{b+d}{a+c}$의 최댓값과 최솟값의 합은 원 C 위의 점 P와 원 C' 위의 점 $(-c, -d)$를 지나는 직선의 기울기의 최댓값과 최솟값의 합이다.

두 원 C, C'이 원점에 대하여 대칭이므로 두 원에 접하는 4개의 직선 중 기울기가 최대일 때와 최소일 때의 직선은 원점을 지난다.

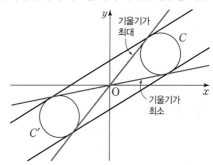

직선 $mx-y=0$(m은 실수)에 대하여
$$\frac{|5m-3|}{\sqrt{m^2+1}}=2에서 |5m-3|=2\sqrt{m^2+1}$$
양변을 제곱하면
$$25m^2-30m+9=4m^2+4$$
$$21m^2-30m+5=0$$
따라서 이차방정식의 근과 계수의 관계에 의하여 구하는 최댓값과 최솟값의 합은 $\dfrac{10}{7}$이다.

답 ④

39 주어진 두 직선을 x축의 방향으로 -2만큼 각각 평행이동하면
$$2(x+2)+y-3=0, x-y=0$$
직선 $2x+y+1=0$을 직선 $y=x$에 대하여 대칭이동하면
$$\boxed{x+2y+1=0}$$
이번에는 두 직선 $\boxed{x+2y+1=0}$, $y=x$를 x축의 방향으로 2만큼 각각 평행이동하면
$$\boxed{x+2y-1=0}, x-y-2=0$$

따라서 대칭이동한 직선의 방정식은 $\boxed{x+2y-1=0}$

답 (가): $x+2y+1=0$, (나): $x+2y-1=0$

40 대칭이동한 점을 $A'(a,b)$라 하면

선분 AA'의 중점 $\boxed{\left(\dfrac{5+a}{2},\ \dfrac{1+b}{2}\right)}$는 직선 $y=2x+1$ 위에 있으므로

$\dfrac{1+b}{2}=2\times\dfrac{5+a}{2}+1$

$2a-b=-11$ ······ ㉠

두 점 A, A'을 지나는 직선은 직선 $y=2x+1$과 수직이므로 두 직선의 기울기의 곱이 $\boxed{-1}$이다.

즉, $\dfrac{1-b}{5-a}\times2=\boxed{-1}$에서

$a+2b=7$ ······ ㉡

㉠, ㉡을 연립하여 풀면 $a=-3$, $b=5$이므로 점 A'의 좌표는 $(-3,5)$이다.

답 ③

41 점 A를 x축에 대하여 대칭이동한 점을 A'이라 하면

$A'(-2,-2)$

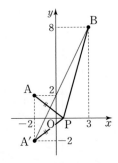

이때 $\overline{AP}=\overline{A'P}$이므로

$\overline{AP}+\overline{BP}=\overline{A'P}+\overline{BP}\geq\overline{A'B}$

두 점 A', B를 지나는 직선은 $y=2x+2$이므로 직선 $y=2x+2$의 x절편이 $\overline{AP}+\overline{BP}$가 최소가 될 때의 점 P의 x좌표이다.

따라서 점 P의 x좌표는 -1이다.

답 ②

42 점 A를 y축에 대하여 대칭이동한 점을 A',
점 B를 x축에 대하여 대칭이동한 점을 B'이라 하면

$A'(-1,3)$, $B'(5,-1)$

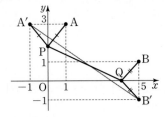

이때 $\overline{AP}=\overline{A'P}$, $\overline{QB}=\overline{QB'}$이므로

$\overline{AP}+\overline{PQ}+\overline{QB}=\overline{A'P}+\overline{PQ}+\overline{QB'}\geq\overline{A'B'}$

따라서 $\overline{AP}+\overline{PQ}+\overline{QB}$의 최솟값은

$\overline{A'B'}=\sqrt{(5+1)^2+(-1-3)^2}=2\sqrt{13}$

답 ④

43 점 B가 직선 $y=x$ 위의 점이므로 점 A를 $y=x$에 대하여 대칭이동한 점을 A'이라 하면

$A'(1,-1)$

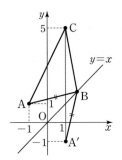

이때 $\overline{AB}=\overline{A'B}$이므로

$\overline{AB}+\overline{BC}=\overline{A'B}+\overline{BC}\geq\overline{A'C}$

직선 A'C의 방정식은

$x=1$

직선 $x=1$과 직선 $y=x$의 교점의 좌표는 $(1,1)$이고, 점 B의 좌표가 $(1,1)$일 때 삼각형 ABC는 $\angle B=90^\circ$인 직각삼각형이 된다.

따라서 점 B의 좌표가 $(1,1)$일 때 삼각형 ABC의 둘레의 길이가 최소이고, 이때 삼각형 ABC의 넓이는

$\dfrac{1}{2}\times2\times4=4$

답 ④

44 직선 $y=2x-4$ 위를 움직이는 점 $P(x,y)$를 y축에 대하여 대칭이동한 점이 이루는 도형의 방정식은

$l:y=-2x-4$

점 P를 직선 $y=x$에 대하여 대칭이동한 점이 이루는 도형의 방정식은

$m:y=\dfrac{1}{2}(x+4)$

두 직선 l, m의 교점의 x좌표는

$-2x-4=\dfrac{1}{2}(x+4)$에서 $x=-\dfrac{12}{5}$이고,

이때 y좌표는 $y=\dfrac{4}{5}$

따라서 $a=-\dfrac{12}{5}$, $b=\dfrac{4}{5}$이므로

$b-a=\dfrac{16}{5}$

답 ⑤

45 $P(x,y)$라 하면 $\overline{PA}:\overline{PB}=2:1$에서

$\overline{PA}^2=4\overline{PB}^2$이므로

$x^2+(y+1)^2=4\{x^2+(y-2)^2\}$

$x^2+(y-3)^2=4$

즉, 도형 C는 중심의 좌표가 $(0,3)$이고 반지름의 길이가 2인 원이다.

도형 C를 직선 $y=x$에 대하여 대칭이동한 도형 D는 중심의 좌표가 $(3,0)$이고 반지름의 길이가 2인 원이다.

따라서 두 점 P, Q 사이의 거리의 최댓값은 두 원의 중심 사이의 거리에 두 원의 반지름의 길이를 더한 것과 같으므로

$\sqrt{(3-0)^2+(0-3)^2}+2+2=4+3\sqrt{2}$

$a=4$, $b=3$이므로 $a+b=7$

답 ②

46 $a^2+b^2=2b$에서 $a^2+(b-1)^2=1$이므로 점 (a, b)는 중심의 좌표가 $(0, 1)$이고 반지름의 길이가 1인 원 위를 움직인다.

점 $(-2, 0)$을 x축의 방향으로 a만큼, y축의 방향으로 b만큼 평행이동하면 중심의 좌표가 $(-2, 1)$이고 반지름의 길이가 1인 원이므로 도형 C의 방정식은

$(x+2)^2+(y-1)^2=1$

따라서 도형 C 위의 점 P와 직선 $3x-4y-45=0$ 사이의 거리의 최댓값은 원의 중심 $(-2, 1)$과 직선 $3x-4y-45=0$ 사이의 거리에 원의 반지름의 길이를 더한 것과 같으므로

$$\frac{|-6-4-45|}{\sqrt{3^2+(-4)^2}}+1=12$$

답 ③

서술형 완성하기   본문 166쪽

01 -2 **02** 6 **03** 4 **04** $(7, 3)$ **05** 3
06 26

01 점 $(2, -3)$을 지나는 직선의 기울기를 m이라 하면

$y+3=m(x-2)$ ❶

이 직선을 x축의 방향으로 4만큼 평행이동시키면

$y+3=m(x-6)$

다시 직선 $y=x$에 대하여 대칭이동시키면

$x+3=m(y-6)$ ❷

이 직선이 점 $(5, 2)$를 지나므로

$8=-4m$에서 $m=-2$ ❸

답 -2

단계	채점 기준	비율
❶	점 $(2, -3)$을 지나는 직선의 식을 구한 경우	20 %
❷	평행이동과 대칭이동시킨 직선의 방정식을 각각 구한 경우	60 %
❸	m의 값을 구한 경우	20 %

02 중심의 좌표가 $(1, a)$이고 반지름의 길이가 2인 원을 y축의 방향으로 -3만큼 평행이동하면 중심의 좌표가 $(1, a-3)$이고 반지름의 길이가 2인 원이 된다.   ❶

이 원이 x축에 접하므로 원의 중심의 y좌표의 절댓값은 반지름의 길이와 같다.

$|a-3|=2$에서 $a-3=\pm2$

$a=1$ 또는 $a=5$ ❷

따라서 모든 실수 a의 값의 합은

$1+5=6$ ❸

답 6

단계	채점 기준	비율
❶	평행이동한 원의 중심과 반지름의 길이를 구한 경우	20 %
❷	x축에 접하는 원의 중심과 반지름의 관계를 이용하여 a의 값을 구한 경우	60 %
❸	a의 값의 합을 구한 경우	20 %

03 $x^2+y^2+2x-6y=0$에서

$(x+1)^2+(y-3)^2=10$

이므로 원 C_1의 중심의 좌표는 $(-1, 3)$이다.

원 C_1을 x축의 방향으로 3만큼, y축의 방향으로 a만큼 평행이동한 원 C_2의 중심의 좌표는 $(2, 3+a)$이므로   ❶

두 원 C_1, C_2의 중심 사이의 거리는

$\sqrt{\{2-(-1)\}^2+\{(3+a)-3\}^2}=5$ ❷

$\sqrt{9+a^2}=5$, $9+a^2=25$

$a^2=16$

a는 양수이므로 $a=4$ ❸

답 4

단계	채점 기준	비율
❶	원 C_1의 중심을 평행이동하여 원 C_2의 중심을 구한 경우	40 %
❷	두 원의 중심 사이의 거리를 구한 경우	40 %
❸	a의 값을 구한 경우	20 %

04 점 P의 좌표를 (a, b)라 하면 점 Q의 좌표는 (b, a), 점 R의 좌표는 $(-b, -a)$, 점 S의 좌표는 $(a, -b)$이다.

이때 점 R를 x축의 방향으로 10만큼, y축의 방향으로 4만큼 평행이동한 점 $(-b+10, -a+4)$가 점 S$(a, -b)$와 일치하므로   ❶

x좌표와 y좌표를 각각 비교하면

$-b+10=a$, $-a+4=-b$ ❷

두 식을 연립하여 풀면

$a=7$, $b=3$

따라서 점 P의 좌표는 $(7, 3)$이다.   ❸

답 $(7, 3)$

단계	채점 기준	비율
❶	각 점의 좌표를 구한 경우	60 %
❷	x좌표와 y좌표를 비교한 경우	20 %
❸	점 P의 좌표를 구한 경우	20 %

05 원 $(x-1)^2+(y+2)^2=5$를 x축의 방향으로 a만큼, y축의 방향으로 $3-a$만큼 평행이동하면 원의 중심은 점 $(1, -2)$에서 점 $(1+a, 1-a)$로 옮겨진다.   ❶

중심이 $(1+a, 1-a)$이고 반지름의 길이가 $\sqrt{5}$인 원이 직선 $y=2x-3$과 서로 다른 두 점에서 만나려면

$$\frac{|2(1+a)-(1-a)-3|}{\sqrt{2^2+(-1)^2}}<\sqrt{5}$$ ❷

$|3a-2|<5$, $-5<3a-2<5$

$-1 < a < \dfrac{7}{3}$

따라서 조건을 만족시키는 정수 a의 값은 0, 1, 2로 그 개수는 3이다.
　　　　　　　　　　　　　　　　　　　　…… ❸
　　　　　　　　　　　　　　　　　　　🅐 3

단계	채점 기준	비율
❶	평행이동한 원의 중심을 구한 경우	20 %
❷	원의 중심과 직선 사이의 거리의 관계를 이용하여 부등식을 세운 경우	60 %
❸	정수 a의 개수를 구한 경우	20 %

06 직선 $12x+5y=0$을 x축의 방향으로 a만큼, y축의 방향으로 b만큼 평행이동한 직선의 방정식은
$12(x-a)+5(y-b)=0$
$12x+5y-12a-5b=0$
　　　　　　　　　　　　　　　　　　　　…… ❶
이 직선이 원 $x^2+y^2=4$에 접하므로 원의 중심 $(0,\,0)$과 직선 사이의 거리가 원의 반지름의 길이와 같다.
즉, $\dfrac{|-12a-5b|}{\sqrt{12^2+5^2}}=2$
　　　　　　　　　　　　　　　　　　　　…… ❷
따라서 $|12a+5b|=26$이고 a, b가 모두 양수이므로
$12a+5b=26$
　　　　　　　　　　　　　　　　　　　　…… ❸
　　　　　　　　　　　　　　　　　　　🅐 26

단계	채점 기준	비율
❶	평행이동한 직선의 방정식을 구한 경우	20 %
❷	원의 중심과 직선 사이의 거리의 관계를 이용하여 식을 세운 경우	60 %
❸	$12a+5b$의 값을 구한 경우	20 %

내신 + 수능 고난도 도전
본문 167쪽

01 ⑤　　**02** ④　　**03** ①　　**04** $2\sqrt{13}$

---

01 점 $P(-2,\,3)$을 원점에 대하여 대칭이동한 점 Q의 좌표는 $(2,\,-3)$, 직선 $y=x$에 대하여 대칭이동한 점 R의 좌표는 $(3,\,-2)$이다.
두 점 P, Q를 지나는 직선의 방정식이
$y-3=-\dfrac{3}{2}(x+2)$, 즉 $3x+2y=0$
이므로 점 R와 이 직선 사이의 거리는
$\dfrac{|9-4|}{\sqrt{3^2+2^2}}=\dfrac{5}{\sqrt{13}}$이고,
$\overline{\mathrm{PQ}}=\sqrt{4^2+(-6)^2}=2\sqrt{13}$
따라서 삼각형 PQR의 넓이는
$\dfrac{1}{2}\times2\sqrt{13}\times\dfrac{5}{\sqrt{13}}=5$
　　　　　　　　　　　　　　　　　　　🅐 ⑤

다른 풀이

세 점 $P(-2,\,3)$, $Q(2,\,-3)$, $R(3,\,-2)$에 대하여 점 P를 원점(P')으로 옮기는 평행이동에 의하여 세 점을 평행이동하면 평행이동된 삼각형 $P'Q'R'$의 넓이는 삼각형 PQR의 넓이와 같다.
$P'(0,\,0)$, $Q'(4,\,-6)$, $R'(5,\,-5)$에 대하여
삼각형 $P'Q'R'$의 넓이는
$\dfrac{1}{2}\times|4\times(-5)-(-6)\times5|=5$

02 두 직선 l, m은 직선 $y=x$에 대하여 대칭이고, 두 직선이 모두 이차함수의 그래프에 접하므로 0이 아닌 상수 a에 대하여
$l:y=ax+b$, $m:x=ay+b$
로 놓을 수 있다.
직선 l이 곡선 $y=\dfrac{1}{2}x^2+4$에 접하므로 이차방정식
$\dfrac{1}{2}x^2+4=ax+b$, 즉 $x^2-2ax+8-2b=0$의 판별식을 D_1이라 할 때,
$\dfrac{D_1}{4}=a^2-(8-2b)=0$에서
$2b=8-a^2$
　　　　　　　　　　　　…… ㉠
직선 m도 곡선 $y=\dfrac{1}{2}x^2+4$에 접하므로 이차방정식
$\dfrac{1}{2}x^2+4=\dfrac{1}{a}x-\dfrac{b}{a}$, 즉 $ax^2-2x+8a+2b=0$의 판별식을 D_2라 할 때,
$\dfrac{D_2}{4}=1-a(8a+2b)=0$　　…… ㉡
㉠을 ㉡에 대입하면
$1-a(8a+8-a^2)=0$
$a^3-8a^2-8a+1=0$
$(a+1)(a^2-9a+1)=0$
$a=-1$이면 l, m이 서로 다른 직선이라는 조건을 만족시키지 않으므로 $a\neq-1$이고
$a^2-9a+1=0$
이때 이 이차방정식의 두 근이 직선 l, m의 기울기이므로 근과 계수의 관계에 의하여 기울기의 합은 9이다.
　　　　　　　　　　　　　　　　　　　🅐 ④

---

03 두 점 B, C가 직선 $y=-2x$ 위에 있고 원점이 선분 BC를 $3:1$로 내분하므로 상수 p에 대하여
$B(-3p,\,6p)$, $C(p,\,-2p)$로 나타낼 수 있다.
점 C를 직선 $y=x$에 대하여 대칭이동한 점의 좌표는 $(-2p,\,p)$이고, 이것이 삼각형 ABC의 무게중심이므로
$-2p=\dfrac{12-3p+p}{3}$에서 $p=-3$
$p=\dfrac{k+6p-2p}{3}$에서 $k=-p=3$
이때 점 C의 좌표가 $(-3,\,6)$이므로
$a=-3$, $b=6$
따라서 $abk=(-3)\times6\times3=-54$
　　　　　　　　　　　　　　　　　　　🅐 ①

---

04 선분 PQ의 길이가 길어질수록 $\overline{\mathrm{AP}}+\overline{\mathrm{QB}}$의 길이는 짧아지므로 $\overline{\mathrm{PQ}}=3$이어야 한다.

이때 점 A를 x축의 방향으로 3만큼 평행이동한 점을 A′이라 하면
A′(3, 4)이고, 점 A′을 x축에 대하여 대칭이동한 점을 A″이라 할 때
점 A″(3, −4)에 대하여
$$\overline{AP}+\overline{QB}=\overline{A''Q}+\overline{QB}\geq\overline{A''B}$$

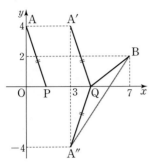

따라서 $\overline{AP}+\overline{QB}$의 최솟값은
$$\overline{A''B}=\sqrt{(7-3)^2+(2+4)^2}=2\sqrt{13}$$

🖹 $2\sqrt{13}$

memo

memo

memo

EBS 올림포스 유형편

수학(상)

올림포스
고교 수학
커리큘럼

내신기본	올림포스
유형기본	올림포스 유형편
기출	올림포스 전국연합학력평가 기출문제집
심화	올림포스 고난도

정답과 풀이

수능

수능, 모의평가, 학력평가에서 뽑은
800개의 핵심 기출 문장으로
중학 영어에서 수능 영어로

학력평가

업그레이드!

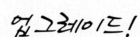
모의평가

고1~2 내신 중점 로드맵

과목	고교 입문	기초	기본	특화	+	단기
국어	고등 예비 과정	내 등급은?	윤혜정의 개념의 나비효과 입문편/워크북 어휘가 독해다!	**기본서** 올림포스 올림포스 전국연합 학력평가 기출문제집	**국어 특화** 국어 독해의 원리 ㅣ 국어 문법의 원리 **영어 특화** Grammar POWER ㅣ Reading POWER Listening POWER ㅣ Voca POWER	단기 특강
영어			정승익의 수능 개념 잡는 대박구문			
수학			**기초** 50일 수학	**유형서** 올림포스 유형편	**고급** 올림포스 고난도	
			매쓰 디렉터의 고1 수학 개념 끝장내기	**수학 특화** 수학의 왕도		
한국사 사회		**인공지능** 수학과 함께하는 고교 AI 입문 수학과 함께하는 AI 기초	**기본서** 개념완성 개념완성 문항편	고등학생을 위한 多담은 한국사 연표		
과학						

과목	시리즈명	특징	수준	권장 학년
전과목	고등예비과정	예비 고등학생을 위한 과목별 단기 완성	●	예비 고1
	내 등급은?	고1 첫 학력평가 + 반 배치고사 대비 모의고사	●	예비 고1
국/영/수	올림포스	내신과 수능 대비 EBS 대표 국어·수학·영어 기본서	●	고1~2
	올림포스 전국연합학력평가 기출문제집	전국연합학력평가 문제 + 개념 기본서	●	고1~2
	단기 특강	단기간에 끝내는 유형별 문항 연습	●	고1~2
한/사/과	개념완성 & 개념완성 문항편	개념 한 권+문항 한 권으로 끝내는 한국사·탐구 기본서	●	고1~2
국어	윤혜정의 개념의 나비효과 입문편/워크북	윤혜정 선생님과 함께 시작하는 국어 공부의 첫걸음	●	예비 고1~고2
	어휘가 독해다!	7개년 학평·모평·수능 출제 필수 어휘 학습	●	예비 고1~고2
	국어 독해의 원리	내신과 수능 대비 문학·독서(비문학) 특화서	●	고1~2
	국어 문법의 원리	필수 개념과 필수 문항의 언어(문법) 특화서	●	고1~2
영어	정승익의 수능 개념 잡는 대박구문	정승익 선생님과 CODE로 이해하는 영어 구문	●	예비 고1~고2
	Grammar POWER	구문 분석 트리로 이해하는 영어 문법 특화서	●	고1~2
	Reading POWER	수준과 학습 목적에 따라 선택하는 영어 독해 특화서	●	고1~2
	Listening POWER	수준별 수능형 영어듣기 모의고사	●	고1~2
	Voca POWER	영어 교육과정 필수 어휘와 어원별 어휘 학습	●	고1~2
수학	50일 수학	50일 만에 완성하는 중학~고교 수학의 맥	●	예비 고1~고2
	매쓰 디렉터의 고1 수학 개념 끝장내기	스타강사 강의, 손글씨 풀이와 함께 고1 수학 개념 정복	●	예비 고1~고1
	올림포스 유형편	유형별 반복 학습을 통해 실력 잡는 수학 유형서	●	고1~2
	올림포스 고난도	1등급을 위한 고난도 유형 집중 연습	●	고1~2
	수학의 왕도	직관적 개념 설명과 세분화된 문항 수록 수학 특화서	●	고1~2
한국사	고등학생을 위한 多담은 한국사 연표	연표로 흐름을 잡는 한국사 학습	●	예비 고1~고2
기타	수학과 함께하는 고교 AI 입문/AI 기초	파이선 프로그래밍, AI 알고리즘에 필요한 수학 개념 학습	●	예비 고1~고2